人体微生态与健康

Human Microecology and Health

主　审　陈东波
主　编　武庆斌

科学出版社

北　京

内 容 简 介

本书基于人体解剖和生理基础知识，系统介绍了微生态系统与人体健康的关联。本书共十一章，分别为人体微生态系统，免疫系统与人体微生态，疫苗与肠道微生态，大脑发育、呼吸系统、口腔、消化系统、皮肤、女性生殖系统等与微生态的关系，并对衰老与肠道微生态也做了讨论，同时对微生态制剂做了详尽的论述。

本书内容新颖丰富，可读性和实用性强，可作为从事营养与健康管理的人员、微生态领域的科研人员，以及消化内科、儿科医务人员的参考书。

图书在版编目（CIP）数据

人体微生态与健康 / 武庆斌主编. —北京：科学出版社，2024.5
ISBN 978-7-03-078109-3

Ⅰ.①人… Ⅱ.①武… Ⅲ.①肠道微生物–关系–健康 Ⅳ.①Q939 ②R161

中国国家版本馆CIP数据核字（2024）第044564号

责任编辑：康丽涛 刘 川 / 责任校对：张小霞
责任印制：肖 兴 / 封面设计：吴秀瑞 吴朝洪

科学出版社 出版
北京东黄城根北街16号
邮政编码：100717
http://www.sciencep.com
三河市春园印刷有限公司印刷
科学出版社发行 各地新华书店经销

*

2024年5月第 一 版 开本：787×1092 1/16
2024年5月第一次印刷 印张：20 1/4
字数：393 000

定价：80.00元
（如有印装质量问题，我社负责调换）

编 委 会

前　言

　　直到近20年，人们才逐渐认识到人体是由人的细胞和所有共生微生物构成的"超级生物体"，是一个非常复杂、庞大的生态系统。在人体内外，如皮肤、口咽、肺、肠道和生殖器等部位栖息着数以万亿计的细菌和其他微生物，由此形成人体微生态系统。科学研究证实，人体微生态系统是一个动态、丰富多样，以及具有重要辅助功能的系统，参与宿主的生理功能发育、成熟和衰退的同时，在空间和时间梯度上协同发展。目前，人体微生态学领域已经从微生物丰度和多样性分类发展到剖析微生物菌群影响人类健康的分子机制，如生命早期微生物菌群发育训练免疫功能、肠道功能发育与成熟，以及大脑的发育与成熟。因此，通过垂直传递、水平传递（母乳、饮食）和环境获得的微生物及其代谢产物有可能对健康产生终身影响。越来越明确的是，从慢性炎症和代谢疾病到神经系统疾病和癌症等一系列疾病都与微生态功能紊乱相关。这些病变可能发生在局部，也可能发生在远处的黏膜部位或器官系统，从而影响宿主的代谢和免疫变化。

　　微生态学是基础研究与临床转化应用发展很快的一门学科。本书探讨了各微生态系统与组织、器官的相互作用，尤其是肠道微生态对免疫系统在大脑的发育、发展和成熟中的作用，旨在阐述人体微生态系统对人体健康的作用。疫苗接种是守护人类健康的一个重要方法和手段，肠道微生态对疫苗预防接种的效果有显著影响。提高对老年人肠道微生态的认识是实现健康老龄化的一个重要举措。本书还对干预和调节微生态系统的制剂，如益生菌、益生元、共生元（合生元）和后生元的作用机制和安全性做了详细阐述，可为正确使用微生态制剂提供帮助。

　　本书从人体解剖和生理基础着手，便于读者更好地理解和掌握医学基础知识与微生态系统及人体健康的关联，内容新颖、丰富，可读性和实用性强。本书可供微生态学领域的科研人员、营养与健康管理人员，以及消化内科、儿科医务人员参考使用，希望本书能够对微生态学知识在健康、临床医学领域的普及和应用起到推动作用。

武庆斌

2023年8月

目　　录

第一章　人体微生态系统 ·· 001

第一节　人体微生态系统概述 ·· 001

第二节　人体微生态系统的分布和组成 ································ 007

第三节　人体微生态系统的生理功能 ································· 013

第四节　人体微生态研究的技术方法 ································· 015

第五节　微生态研究应用与人体健康的关系 ····················· 023

第二章　免疫系统与人体微生态 ··· 028

第一节　免疫学概要 ·· 028

第二节　固有免疫 ··· 029

第三节　适应性免疫 ·· 039

第四节　免疫系统与人体微生态研究现状 ························· 056

第三章　疫苗与肠道微生态 ·· 065

第一节　疫苗发展史 ·· 065

第二节　疫苗的概念、分类及免疫学机制 ························· 069

第三节　接种疫苗，预防疾病 ··· 080

第四节　疫苗与肠道微生态研究现状 ································· 090

第四章　大脑发育与肠道微生态 ··· 097

第一节　神经系统的结构和功能 ··· 097

第二节　儿童脑发育 ·· 103

第三节　肠道微生态与脑发育研究现状 ····························· 108

第五章　呼吸道与呼吸微生态 ·· 116

第一节　呼吸道解剖、组织和生理特征 ····························· 116

第二节　呼吸道微生态特征及其生理功能 ························· 128

第三节　呼吸道黏膜免疫 ·· 134

第六章　口腔与口腔微生态 ·· 145
　第一节　口腔解剖、组织和生理特征 ·································· 145
　第二节　口腔微生态特征及生理功能 ·································· 148
　第三节　口腔生物膜微生态种群的演替 ································ 153
　第四节　口腔生物膜微生态及影响因素 ································ 156

第七章　消化系统与肠道微生态 ·· 161
　第一节　消化系统解剖、组织和生理特征 ······························ 161
　第二节　肠道微生态特征及生理功能 ·································· 192
　第三节　肠道黏膜免疫系统与肠道微生态 ······························ 195

第八章　皮肤与皮肤微生态 ·· 211
　第一节　皮肤解剖、组织结构特征 ···································· 211
　第二节　皮肤微生态特征与生理功能 ·································· 226
　第三节　肠-皮肤轴 ·· 236

第九章　女性生殖系统与生殖微生态 ·· 247
　第一节　女性生殖系统解剖和生理特征 ································ 247
　第二节　阴道微生态特征、影响因素及生理功能 ······················ 264

第十章　衰老与肠道微生态 ·· 272
　第一节　衰老概述 ·· 272
　第二节　衰老机制的研究 ·· 275
　第三节　衰老与肠道微生态研究现状 ·································· 279
　第四节　肠道微生态与老年相关性疾病 ································ 283

第十一章　微生态制剂 ·· 290
　第一节　益生菌 ·· 290
　第二节　益生元 ·· 299
　第三节　合生元 ·· 303
　第四节　后生元 ·· 306
　第五节　微生态制剂的安全性 ·· 309

第一章　人体微生态系统

20多年前，医学界认为人体是一座生理之岛，可以自行调控身体内部的运转。人体分泌消化酶消化食物，合成营养物质维护身体组织和器官；免疫细胞识别危险的微生物（病原体），向它们发起进攻，同时避免伤害自身组织；人体的重要器官，如心、脑、肺、肾、肝等，每时每刻都在泵出液体、排出废物、输送氧气与营养、传递信号，维系人体的生命活动，保证人类得以感知周遭的世界。一旦任何器官失灵，我们轻则得病，重则昏迷，甚至死亡。

如今科学家惊人地发现，人体并不是一座自给自足的世外小岛。它更像一个复杂的生态系统，一个庞大的社会。在我们的身体内外，住着数以万亿计的细菌和其他微生物。它们寄生在我们的皮肤、生殖器、口腔，特别是肠道等部位。人体细胞并不是人体内数量最多的细胞，共生微生物的数量是人体细胞的10倍。由微生物细胞和它们所包含的基因组成的细菌群落，不仅不会危害我们的健康，反而对人体有益，能帮助身体进行消化、生长和防御。

第一节　人体微生态系统概述

一、微生物是地球的主宰者

地球的历史始于大约46亿年前。生命起源至今仍然没有一个圆满的解释。细菌通过固碳作用和固氮作用，成为地球上所有生命体的碳循环和氮循环开端，是地球真正的主宰者，已经存在了35亿年。它们占据了陆地、天空、水体的每一个角落，推动着化学反应，创造了生物圈，并为多细胞生命的演化创造了条件。植物光合作用制造氧气，提供了海洋生态系统赖以维系的食物链和网络。在漫长的岁月中，它们经过不断地试错，最终创造出复杂而稳定的反馈系统，并造就了今天的生命形式。科学家描绘出地球上微生物、动物进化发育进程，微生物约35亿年、植物和多细胞动物7亿～

8亿年、哺乳类动物约2000万年、人科动物约1000万年、现代人类约25万年。通过分析和比较人类的基因发现，人类的基因包含了地球生物进化各个阶段生物的基因，其中细菌的基因占37%，原核生物的基因占28%，动物的基因占16%，脊椎动物的基因占13%，灵长类动物的基因仅占6%。人类的基因组成完整展示了人类与细菌及各种生物的相互联系。

微生物世界浩瀚无垠，绝大多数微生物都非常微小，若不借助显微镜，我们就没办法直接看到这些微小的有机体。100万个微生物也不过针眼大小。但是假如把地球上所有的微生物都聚拢起来，它们的数目将超过所有哺乳动物、鸟类、昆虫、树木等肉眼可见的生命形式的总和。此外，微生物的总质量也将远远超过肉眼可见的所有生命形式的总和。可以说不可见的微生物组成了地球上生物量的主体。例如，为期10年的国际海洋微生物普查计划，对全球1200多个采样点进行了取样分析。结果表明，实际存在的微生物种类可能是传统观点认为的100倍以上。无论放眼何处，总有些微生物在数量与功能上占据统治地位。有人对此做了估算：海洋中至少有2000万种至10亿种微生物，占据了海洋生物总重量的50%～90%。海洋微生物的细胞数量超过10^{30}。

在陆地上，微生物主宰着最珍贵的土壤资源。目前，多项对世界各地土壤微生物取样的计划正在进行之中，有专家称之为"探寻地球上的暗物质"，将其与探索宇宙中的暗物质相提并论。微生物使地球变得适宜人类栖居。它们分解死尸残骸——这对其他生物来讲相当重要。它们可以将空气中惰性的氮元素转化或者"固定"成活细胞可以利用的游离氮的形式，造福于所有的动植物。因此，没有微生物，人类将无法消化，无法呼吸。相反，没有人类，绝大多数微生物却可安然无恙。微生物是地球碳循环的主要驱动力，是支持地球上所有生命的"生物地球化学引擎"。

在35亿年的演化史中，细菌不断分裂，新细胞不断产生——这个过程最快每12分钟就进行一次。这期间出现过的细菌数不胜数，包含了无数种可能的变异。在这个近乎永恒的进程中，新的细菌不断出生、繁衍，逐渐占尽了地球的每一个角落。细菌可以稳定地生活在一起，互惠互利的合作将更加强大，形成一个联盟。已知的最古老的证据来自于澳大利亚发现的"微生物垫"化石，它们已有35亿年之久。这些微生物垫里包含了巨大的片状结构，好似一整个微型生态系统。很有可能，有些层的微生物执行光合作用，有些层呼吸氧气，有些进行发酵，还有一些负责摄入不寻常的无机物质。正所谓甲之砒霜，乙之蜜糖，一个物种排出的废物可能恰好是另外一个物种的食物。它们分层而居，团结协作，最终结果则惠及全体。这些合作互助型的集体在环境中屡见不鲜：在土壤里、溪流中、腐朽的木头上和热泉里，也存在于动物之中以及人类身体里，生命几乎无处不在。著名的生物学家斯蒂芬·杰伊·古尔德曾为地球上所有的生命形式描绘了一个更宏大的参照系，他写道，"……这是微生物的时代，过去如此，现在如此，将来还是如此，直至世界终结……"

二、人体微生态研究概况

微生态是指特定环境或者生态系统中的全部微生物，包括其细胞群体、数量和全部遗传物质（基因组），它涵盖了微生物群及其全部遗传与生理功能，其内涵也包括微生物与其环境和宿主的相互作用。微生物种类繁多、数量巨大，广泛分布于自然生态和人工环境中。微生态研究是当前国际公认的重要科技前沿领域，已广泛用于人体健康、生态环境、能源、工农业等领域，对于经济和社会的可持续发展起到巨大推动作用。

自21世纪初以来，世界主要国家均高度关注微生态相关研究，美国、欧盟等先后有多个科技计划支撑微生态相关研究。广泛分布于各大环境介质和生命圈的微生物种群具有高度的多样性和复杂性，形成多样复杂的微生态体系，其中人体微生态研究是重要领域。

人体微生态主要研究分布在人体的胃肠道、口腔、呼吸道、泌尿生殖道等部位的人体共生微生物的数量、种类、基因组及其与人体生理、病理机制相关性，既往大量的研究表明，人体共生微生物可至少从以下几个方面影响人类健康：①调节人体免疫系统；②重建人体菌群平衡，抗感染；③影响人体代谢；④调节神经系统、心血管系统等。以肠道微生态为典型代表的人体微生态研究是当前国际生物医学研究热点领域，重点聚焦人体微生态平衡及其与多种重大慢性疾病间的相互关系。但由于人体微生态本身特征及其与疾病的关系过于复杂，目前相关研究还处于初级阶段，但随着宏基因组学、宏转录组学、宏蛋白质组学、宏代谢组学等组学技术的飞速发展，人体微生态相关研究正得以快速、深入、系统地推进。

（一）人类基因组计划

2003年4月15日，由六国科学家共同参与的人类基因组计划（HGP）绘制出完整的人类基因组图谱。这个被誉为生命科学"登月计划"的研究项目，历时10多年、耗资30亿美元完成人类染色体中30亿个碱基对组成的核苷酸序列测定，为人类揭开自身奥秘奠定了坚实的基础。在人类基因组计划完成后，许多科学家认识到解密人类基因组并不能完全掌握人类疾病与健康的关键问题，因为人类对与自己共生的巨大数量的微生物群落还几乎一无所知。据估算，人体内存在着数以万亿计的微生物，仅人体肠道内就寄生着10万亿个以上细菌。正常情况下一个人排出的粪便，除去水分的固体物中约有50%都是肠道细菌的"尸体"。多项研究发现，这些寄生在人体中的微生物在人体多种生理生化功能中发挥着重要作用。比如它们能够影响体重和消化能力，能够抵御感染，影响自身免疫病的患病风险，甚至还会影响人体对癌症治疗药物的效果。

但一个人的健康状态与体内微生物群落联系背后的机制仍未得到解释。人体内究竟有多少种微生物共生？在一个人怀孕或病毒感染过程中，微生物群落如何动态变化？微生物群落的哪些变化代表了健康变化的原因？它们如何与免疫系统和新陈代谢等生理过程相结合？微生物移植为何又成为一些人疾病成功治疗的条件？

为了更加科学全面地了解人类微生物组，探究人体微生物与疾病健康之间的关联，2007年美国国立卫生研究院联合众多研究机构正式启动人类微生物组计划（HMP），该项目也被认为是人类基因组计划的延伸。

（二）人类微生物组计划

HMP项目的第一阶段从2007年启动至2013年结束。HMP也被称为"人类第二基因组计划"。在该阶段，通过对300名健康个体鼻腔、口腔、皮肤、胃肠道和泌尿生殖道的微生物群落进行16S rRNA测序，研究分析身体五大部位的微生物群体（包括细菌、真菌及病毒），揭示了人体微生物群落的复杂性，证明了寄生在人体内的微生物是人类生物学不可或缺的一部分，探究固定部位的微生物群是否与人体的特定疾病存在联系，也挑战了医学界认为微生物只是传染病病原体的传统观点。在第一阶段中，HMP制定了五大部位的临床样本标准。除此之外，HMP还建立了各类微生物的全基因组序列，目前这些序列在美国国家生物技术信息中心（NCBI）上都能直接获取。

HMP采用的是16S rRNA测序。16S rRNA基因是每个细菌的"身份证"，即每种细菌中，这种基因都不一样。该基因可以编码核糖体中特定的RNA分子（核糖体是细胞中负责合成蛋白质的细胞器）。通过确定这类基因的序列，可打造一整套"人体细菌手册"。随后采用计算机和超快的基因测序仪分析细菌群落中的其他基因，明确哪些细菌在人体中比较活跃、有什么功能。2010年初，欧洲小组发表了对人体消化系统中细菌基因数目的统计结果——330万个基因（来自1000多个菌种），约为人类基因数量的150倍（人类有2万～2.5万个基因）。

2019年5月，HMP项目第二阶段——人类微生物组整合计划（iHMP）研究成果重磅发布，iHMP是利用各种组学技术（16S rRNA多样性、宏基因组学、宏转录组学、宏蛋白质组学、宏代谢组学等组学分析）对怀孕和早产群体、炎症性肠病（IBD）患者和2型糖尿病患者三个不同队列人群的微生物组和宿主进行分析，建立综合的纵向数据集，探索微生物组和宿主的时间动态变化（如免疫响应和新陈代谢）。研究阐述了人类微生物组和宿主之间的相互作用及其对怀孕和早产、炎症性肠病及糖尿病等疾病的影响。这一阶段提供了迄今为止对宿主和微生物群最全面的分析，开始从机制上阐明宿主和微生物组之间的关系，揭示了它们之间复杂的相互作用及其随着时间的推移而变化的重要洞见，并为未来的研究提供了实验方案、数据及生物样本。

美国国立卫生研究院HMP项目和其他许多项目的研究成果均表明，微生物群落是人体生物学不可缺少的组成部分，在健康和幸福方面起着重要的作用。HMP项目结束的同时，它也带来了更多亟须解答的问题：机体许多免疫和生化反应似乎与特定菌株有关，这对于一个或几个单独的个体是独一无二的，但目前尚不清楚这些菌株对于疾病来说是因还是果。人类相关的微生物组在最近的十几年从传染性疾病和胃肠疾病发展到更广阔的领域之中，包括代谢、肿瘤、母婴健康以及中枢神经系统的功能等方面。鉴于人体微生态研究对健康和疾病的重要性，我国于2016年开始酝酿设立"国家微生物组计划"。近年来，国际学界围绕人体微生态领域持续开展了大量的研究，相关研究显示人体共生微生物与消化系统、神经系统、免疫系统等多系统多种生理、病理机制密切相关。未来，人体微生态有望作为重点慢病防治的新的路径，成为生物医学领域重要研究方向。

（三）人体微生态与环境

人体微生态系统与环境是有机结合在一起的。外界有一个稳态的生态平衡，气候、水木、动植物、微生物等形成动态的金字塔平衡。人体也有一个微生态系统，由人体和寄居于人体的微生物共同组成，包括原籍菌（固有菌）、共生菌、外籍菌（过路菌）。细菌一直都在两个生态中变化平衡。环境微生态的变化也会影响到人体微生态。环境中99%以上的微生物难以通过培养的方法获得。近年来，16S rDNA高通量测序技术和生物信息学技术的高速发展，使得科学家能够更全面、系统地研究人体微生物群的构成和功能等，包括宏基因组学、宏转录组学、宏蛋白质组学、宏代谢组学，以及人体微生物与健康和疾病的关系等。

科学研究表明，人体是由人的细胞和所有共生微生物构成的"超级生物体"，是个非常复杂的生态系统（图1-1）。据估算，人的身体由30万亿个细胞组成，但是寄生在人体体表和体腔内的微生物数量可以达到人体自身细胞数量的10倍，有数百万亿之多，包括细菌、古细菌、病毒和真菌等，这些微生物寄居于人体肌肤、口、鼻、耳、胃肠道及女性的阴道。它们的总重量可达2kg左右，其编码的基因数量可达人体基因总数的150倍，这些微生物编码的所有基因统称为人体微生物组。人体微生物在与宿主共进化过程中与宿主形成共生关系，在调节宿主的代谢、内分泌和免疫反应等方面发挥重要作用。

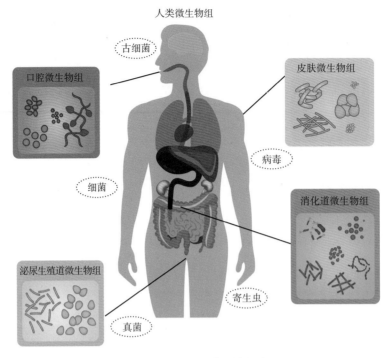

图1-1 人体微生态系统组成

在已知存在于地球上的50个细菌门中,人体内有8～12个。在健康人体的胃肠道细菌中,拟杆菌门和厚壁菌门占90%以上,包括拟杆菌属、普雷沃菌属、卟啉单胞菌属、梭状芽孢杆菌属、柔嫩梭菌属、真杆菌属、瘤胃球菌属和乳杆菌属等。其他丰度较少的门类有放线菌门(双歧杆菌属和产气柯林斯菌属)、变形菌门(肠杆菌科细菌、幽门螺杆菌、华德萨特菌)、疣微菌门等。细菌在物种水平的差异导致肠道微生态具有丰富的多样性及个体差异性。

人体微生物的定植遵循特定于身体部位的轨迹,因此每个机体部位都会呈现特定的微生态。每个个体拥有不相同的微生物组,就如一个人的指纹一样独特。然而,人类微生物组是一个动态系统,会随着人的一生而改变。胎儿期,体内、体表无细菌或有少量细菌存在,随着分娩的进行,机体迅速被数以万亿计的细菌占领。在人出生之后的3年内,环境中的微生物,从起初的拓荒者到后来的乔迁客,陆陆续续地入住到人体,微生物的"移民"是一个井然有序的过程。最终,人体的每一个角落,无论是内脏器官还是外表的皮肤,都有独特的菌群栖息。婴儿期肠道菌群的早期定植可以抵抗病原体定植,促进免疫系统发育成熟和宿主的新陈代谢。人体微生态组成和功能可能会受到多种因素的影响,包括遗传学、分娩方式、年龄、饮食、地理位置和药物治疗。至成年人体的微生态可达到顶峰状态,表现为全部微生态成员间平衡的建立。前述多种因素可导致这一微生态平衡的改变,因此破坏人体微生态平衡,会导致一种所谓的生态失衡状态。微生态失衡通常与有害的作用有关，可产生长期后果，导致疾病，包括过敏、肥胖、糖尿病、炎症性肠病、肿瘤，以及认知和精神障碍等。

第二节 人体微生态系统的分布和组成

HMP通过对300名健康个体鼻腔、口腔、皮肤、胃肠道和泌尿生殖道的微生物群落进行16S rRNA测序，研究分析身体五大部位的微生物群体，揭示了人体微生物群落的分布和组成。MetaHIT（人类肠道宏基因组）的研究表明，肠道微生物组中普遍存在1000～1150种细菌，平均每个个体携带约160种优势菌种。关于细菌等微生物数量和人体细胞数量的比较，有学者在2018年做了重新解读，见图1-2。

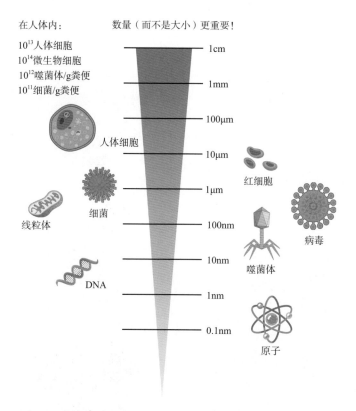

图1-2 宿主细胞及其成分与细菌等微生物的相对大小及数量

一、皮肤微生态系统的分布和组成

皮肤微生态系统是由细菌、真菌、病毒、螨虫等各种微生物与皮肤表面的组织、细胞及各种分泌物、微环境等共同组成的生态系统，它们共同维持着皮肤微生态平衡，在皮肤表面形成第一道生物屏障，具有重要的生理作用。

皮肤是人体最大的器官，皮肤上定植的微生物有100多种，其中绝大多数对宿主是无害甚至是有益的。微生物的类型、丰度和多样性因种族和地理位置而异。微生物的定植受皮肤表面的生态、皮肤的表皮层影响，皮肤不同部位、宿主内源性因素和外源性环境因素不同，所定植的微生物有很大的差异。正常皮肤的微生物群由放线菌、厚壁菌、变形杆菌和拟杆菌等4个主要门组成，其中放线菌门是皮肤丰度最高的微生物群。丙酸杆菌属、棒状杆菌属和葡萄球菌属3个菌属丰度最高。革兰氏阳性的表皮葡萄球菌和痤疮丙酸杆菌分别在人类上皮细胞和皮脂腺中占优势。痤疮丙酸杆菌定植于健康毛孔，主要产生的代谢产物是短链脂肪酸（SCFA）和硫肽，从而抑制金黄色葡萄球菌和化脓性链球菌的生长（图1-3）。如果毛孔过度生长或堵塞，机体免疫系统功能不足，就会导致表皮葡萄球菌和金黄色葡萄球菌的定植。葡萄球菌属、棒状杆菌属、真菌念珠菌属、马拉色菌属通常与皮肤疾病有关，如特应性皮炎合并感染、头皮异常剥落和瘙痒等。

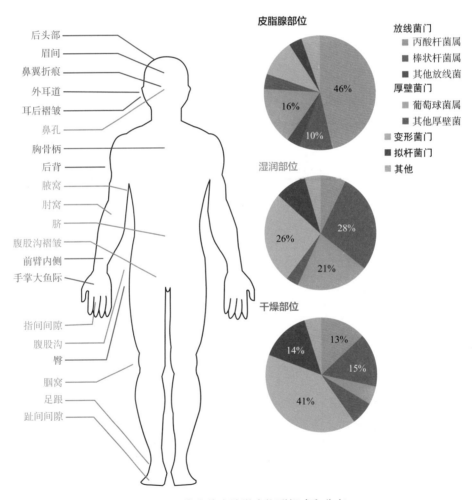

图1-3　正常人体皮肤微生物群组成和分布

示皮脂腺部位（字体蓝色标记）、湿润部位（字体橙色标记）和干燥部位（字体绿色标记）微生物群组成

皮肤微生物群处在皮肤局部免疫系统的自主调控之下，相对独立于由肠道微生物群调节的全身免疫反应。抗菌多肽（AMP），如防御素、抗菌肽LL-37和皮离蛋白等是固有免疫应答的重要组成部分，在皮肤的抗菌防御机制中发挥着重要作用。深入了解皮肤微生物群有助于解读AMP和人类皮肤疾病的固有免疫反应机制。皮肤炎症性疾病，如特应性皮炎、银屑病、湿疹和原发性免疫缺陷综合征，与皮肤微生物群的生态失调有关。皮肤微生物与Toll样受体（TLR）或NOD样受体（NLR）的结合，在不同部位皮肤上皮屏障内实现固有免疫和适应性免疫的可持续内稳态。

二、胃肠道微生态系统的分布和组成

胃肠道（GIT）是一个多器官系统，各区域部位解剖形态学差异度大，栖息了大量的肠道微生物并能够提供多种功能，也可以调节复杂多样的消化、免疫、代谢和内分泌过程。无论是胃液的酸度、胆汁和胰液的分泌、小肠的消化和吸收，还是结肠水分的吸收和粪便形成，这些特性都对微生态环境造成了至关重要的影响，是决定微生物群落组合、适应性和互惠互利的功能条件（图1-4）。各区域微生物群的分布不是随机的，而是通过动态的相互促进作用，根据宿主的特定需求精心选择的结果。

（一）口腔

口腔是消化道的起始部位，结构和功能独特，其组织所寄生的微生物群，如牙齿、牙龈、舌、硬腭和软腭黏膜，以及扁桃体等处的微生物群具有独特结构（详见本书第六章 口腔与口腔微生态）。

（二）食管

食管作为初步消化食物进入胃前的一条管道，具有复杂的微生物和宿主免疫因子环境。食管微生物群组成类似于口腔微生物组，其主要门类包括厚壁菌门、拟杆菌门、放线菌门、变形菌门、梭杆菌门和糖杆菌门，以及普雷沃菌属、韦荣球菌属和链球菌属（图1-4）。

食管微生物群与饮食高度相关。例如，摄入易导致肥胖的饮食可改变食管微生物群的组成，以狭窄梭菌属的增加为主。增加膳食纤维摄入和低脂饮食（LFD）可促进厚壁菌门的丰度增加，并降低变形菌门和革兰氏阴性菌的丰度，而低纤维摄入与普雷沃菌属、奈瑟菌属和艾肯菌属的丰度增加相关。

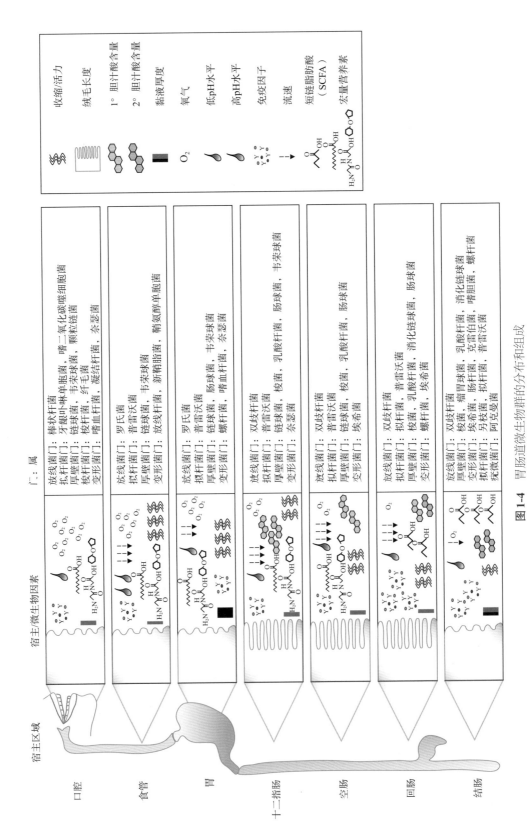

图1-4 胃肠道微生物群的分布和组成

（三）胃

初始消化的食物在胃酸性环境中通过蠕动、研磨继续消化。胃的pH、黏膜厚度和蠕动、研磨可杀灭相当数量的微生物，但胃微生物群仍多种多样，包括主要的门如厚壁菌门、拟杆菌门、梭杆菌门、放线菌门和变形菌门，以及属水平上的普雷沃菌属、链球菌属、韦荣球菌属、罗西娅属和嗜血杆菌属等（图1-4）。胃内包含的总微生物量少于胃肠道远端部位。

胃内微生物的存在可能有助于重要宿主功能，甚至可能导致全身性疾病。例如，与传统饲养的小鼠相比，无菌小鼠的胃肠道激素——胃饥饿素水平显著升高，该激素可刺激食欲、促进食物摄入、增加胃动力和导致肥胖，表明微生物对该激素具有调节作用。由于胃中的G细胞分泌胃饥饿素，因此胃的微生物群可能有影响宿主内分泌信号传导和新陈代谢的作用。

（四）小肠

小肠主要是由单层极化的肠上皮细胞（IEC）组成，包括多种细胞类型，如吸收细胞、杯状细胞、帕内特细胞、簇细胞、肠内分泌细胞等，这些细胞沿小肠延伸差异分布，并赋予决定微生物丰度、多样性和功能的区域特异性聚集准则。与结肠远端区域相比，小肠中的微生物负荷（数量）显著减少，可能是小肠专门为宏量和微量营养素吸收及免疫调节而长期进化的结果。例如，其运动模式主要由非推进环形收缩梯度决定，该梯度可最大限度地混合消化液和内容物，并产生3～5小时的运输时间。相比之下，结肠运输时间要比小肠长得多（＞30小时）。这种差异可能是微生物在小肠定植和建立稳定性的时间减少，导致微生物群多样性和丰度降低的原因。如果小肠蠕动减慢或停滞，肠腔内微生物可能转化为结肠样微生物群，表现出多样性、丰富性和丰度增加。

1. 十二指肠 经胃加工的食物很快成为食糜进入十二指肠。十二指肠是消化和吸收的主要场所，胆汁和胰液可促进大量营养素的分解。小肠黏膜对消化分解的蛋白质、碳水化合物和脂类的吸收从这里开始。胆汁是两亲性溶剂，不但能消化脂肪，而且能促进耐胆汁微生物群生长，并通过核受体发出信号以影响宿主基因的表达。

十二指肠内微生物的数量为10^1～10^3CFU/ml，与十二指肠传输时间短、氧浓度升高、胆汁抗菌活性高、pH水平升高及消化酶等因素有关。十二指肠微生物群成员及其功能变化可能对宿主产生重要影响。十二指肠宏基因组学分析表明，肥胖人群中参与碳水化合物代谢的微生物基因减少，脂质代谢相关的基因增加。因此，十二指肠微生物群可能会影响宿主对膳食营养素的生物利用度。

2. 空肠 空肠是营养吸收的主要部位。内镜样本是主要的信息来源。影响空肠微生物群的因素包括饮食、氧浓度、胆汁酸和传输时间等。据估计，空肠微生物群数量为 $10^4 \sim 10^7 CFU/ml$，厚壁菌门是优势菌群，其他菌群分别为变形菌门、放线菌门和拟杆菌门。

3. 回肠 回肠的消化和吸收与小肠其他部位不同，回肠黏膜是B族维生素、近端小肠未被吸收的残留营养物质和胆汁再吸收（即胆汁的肠肝循环）的部位，胆汁重新进入肠肝循环，后者受肠道微生物的影响很大，因此其微生物群落成员和功能也不同。回肠的微生物数量为 $10^3 \sim 10^8 CFU/ml$，主要由兼性和专性厌氧菌组成。根据对人类的有限研究，回肠微生物群主要由拟杆菌属、梭菌属、肠杆菌属、肠球菌属、乳杆菌属和韦荣球菌属组成。

回肠末端是黏膜免疫的重要部位，这里的黏液较薄，帕内特细胞产生大量的固有免疫因子，如抗菌肽（AMP）类物质，包括抗菌肽、C型凝集素和防御素。多种微生物相关分子模式（MAMP）包括脂多糖（LPS）、肽聚糖、鞭毛、细菌DNA/RNA、真菌细胞壁和脂质A等可诱导AMP和其他黏膜适应性免疫成分，如IgA的表达。

4. 结肠 结肠通过其独特的功能、储存能力和生理作用，具有比小肠更大、更多的微生物丰度和多样性。虽然结肠的长度比小肠短，但其通过时间却比小肠长得多（30小时）。结肠较厚的内外黏液层是抵御 $10^{10} \sim 10^{12} CFU/ml$ 厚壁菌门和拟杆菌门的毛螺菌科、拟杆菌科和普雷沃菌科等科细菌的重要屏障。结肠具有功能不同的区域，其中盲肠和结肠的近端区域是发酵的主要场所，远端结肠主要吸收水分和电解质（约1.3L/d）。

结肠内绝对的厌氧菌，如梭菌属、真杆菌属和罗氏菌属可发酵复合碳水化合物和纤维，产生乙酸、丙酸、丁酸和戊酸等小分子有机酸，含 $2 \sim 5$ 个碳原子，弱酸性，是结肠细胞的主要燃料来源。它们由上皮细胞主动和被动转运，但也可激活结肠和外周组织中的G蛋白偶联受体（GPCR）。丁酸和丙酸可调节与免疫功能和癌症有关的组蛋白脱乙酰酶（HDAC）。此外，小分子有机酸可增强适应性免疫细胞的抗炎特性并影响一系列生理过程。

盲肠和结肠是通过一系列的微生物过程将初级胆汁酸转化为20多种次级胆汁酸的主要部位。研究证实，肠道蠕动受到结肠内微生物种类和功能的影响。

三、呼吸道微生态系统的组成和分布

呼吸道是一个复杂的器官系统，主要负责氧气和二氧化碳的交换。人类呼吸道从鼻孔延伸到肺泡，并栖息着特定生态位的微生物群落。上、下呼吸道定植的微生态群落多样性和丰度存在较大差异。呼吸道的微生物群可能充当守门人，为呼吸道病原体的定植提供定植抗力。呼吸道微生物群也可能参与呼吸生理学和免疫力的成熟和体内平衡的维持。

在生命早期，呼吸道微生物群落动态变化大、高度不稳定，由多种因素驱动，包括出生方式、喂养类型、居住环境和抗生素治疗。宿主和环境因素可改变微生物群的组成，使其处于平衡状态的稳定群落，该群落对病原体过度生长具有抗性，或者相反，形成一个易发生感染和炎症的不稳定群落。

四、阴道微生态系统的组成和分布

人类阴道微生态系统结构组成复杂多变，有200多种微生物，其中最主要的门类是厚壁菌门、拟杆菌门、放线菌门和梭杆菌门。由于乳杆菌属分泌乳酸和过氧化氢，阴道pH较低。如果在抗生素的作用下乳杆菌减少，阴道加德纳菌、消化链球菌、普雷沃菌、动弯杆菌、斯尼思菌、阴道奇异菌、脲原体、支原体等大量增加会引起细菌性阴道病（BV）。BV是一种阴道菌群的生态紊乱，每年影响数百万妇女，与许多不利于健康的后果有关，包括早产和获得性传播感染，如人类免疫缺陷病毒、淋病奈瑟菌、沙眼衣原体和生殖器单纯疱疹病毒-2感染。在BV分级中，1级属正常，以乳杆菌形态型为主。BV3级及以上的特点是乳杆菌数量减少，多样性增加，特别是革兰氏阴性菌和球菌（如阴道加德纳菌和阴道奇异菌）及消化性链球菌含量显著增加。阴道微生物组研究的结果显示与BV相关的细菌群落存在不同模式和失衡，可用于预测非感染性病理状态相关的不孕、自然流产和早产的风险。

第三节　人体微生态系统的生理功能

从微生态学的角度来看，人体被认为是一种微生物组与人体共同组成的共生体或共生功能体，其基因组（全基因组）包括微生物基因组与人类基因组，其中以肠道微生物基因组为最多。在胎儿期人类基因组可以独立主导胎儿生理发育过程，但在胎儿出生后人类基因组需要不断与人体共生微生物基因组之间进行"交互对话"，肠道微生物基因组就会自然而然地直接介入到人体生理系统的控制之中。"共生功能体"概念不仅包括构成宿主身体的整个真核细胞库，还包括宿主体表或体内包含的微生物群，是人类与环境中的微生物长期共同进化之下形成的生态系统。活跃的微生物群与人体细胞相互作用，从而在结构及新陈代谢、免疫和发育等方面影响机体健康或疾病。

随着微生态研究方法或手段如16S rDNA扩增子、18S rDNA/ITS扩增子、宏基因组学、宏转录组学、宏蛋白质组学、宏代谢组学、培养组学、肠道模拟器、类器官等的应用，我们逐渐了解了微生物在各种黏膜表面的生理功能，以及影响宿主健康的机制。目前，对肠道微生态的研究引人注目，以下主要阐述肠道微生态的生理功能（图1-5）。

人体微生态与健康

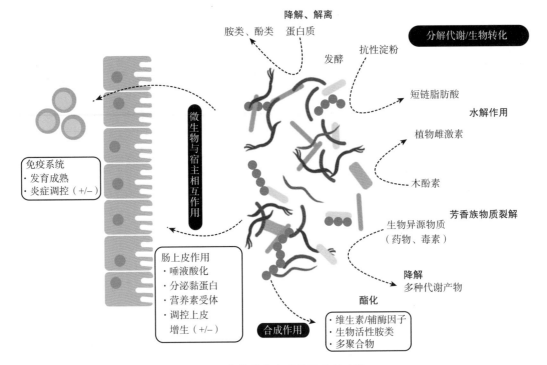

图 1-5 人体微生态系统的生理功能

1. 微生物-宿主相互作用 ①免疫系统的发育、免疫功能的成熟及免疫系统的协调；②均衡细胞因子合成和释放而调节肠道免疫炎症反应，并且通过抑制肠道黏膜过度生成炎症因子降低系统全身性免疫应答反应，对炎症进行调控；③通过对肠上皮细胞的营养作用促进肠上皮细胞的增殖，有利于维持肠道上皮的完整性，维护肠道屏障功能。反之，宿主上皮和免疫系统可以改变微生物群的结构和功能。此外，微生物群可通过影响肿瘤免疫检查点抑制剂——靶向细胞毒性T淋巴细胞相关蛋白4（CTLA-4）或程序性死亡蛋白1（PD-1）抗体而改变免疫疗法的抗肿瘤效果。

2. 合成作用 ①合成维生素，肠道微生物合成的维生素有叶酸、烟酸、维生素 B_1、维生素 B_2、维生素 B_6、维生素 B_{12} 等。②合成和分泌上千种分子，包括：次级胆汁酸、三甲胺、儿茶酚胺、短链脂肪酸，神经递质类分子如多巴胺、5-羟色胺、γ-氨基丁酸、色氨酸、乙酰胆碱、去甲肾上腺素等，可以把肠道微生物群当作人体最大的神经-内分泌器官；这些小分子信号物质进入血流再作用于远处的其他细胞来发挥作用，可以全方位地影响人体健康。

3. 分解代谢/生物转化 微生物群可以进行多种代谢活动，从分解代谢和复杂分子的生物转化到合成多种化合物，从而对微生物群和宿主产生影响。①发酵作用，多糖或抗性淀粉酵解产生小分子有机酸，其中丁酸是结肠肠上皮细胞的优选能源，并且对宿主有多种影响，从抗炎作用到抗肿瘤活性；②水解作用，存在于植物中的木脂素水解成植物雌激素发挥抗氧化作用；③芳香类植物裂解，主要是肠道微生物群对生物异源物质（药物、毒素）的代谢作用，如微生物代谢影响地高辛的生物利用度，其生物利用度的改变易导致药物中毒；④酯化作用，肠内胆盐和胆汁酸在宿主肝脏中合成，以脂溶性胆汁酸的形式分泌，可在肠道内被肠道微生物介导转化，释放未偶联（水溶性）胆汁酸，产生二级胆汁酸；⑤早期解离，蛋白质被结肠微生物分解为胺类和酚类，影响肠道功能。

4. 生物拮抗作用 肠道微生态以双歧杆菌和乳酸杆菌等专性厌氧菌占绝对优势（称为有益菌），其次是以大肠杆菌和链球菌为主的兼性厌氧菌（称为共生菌），数量为前者的 1/100～1/10，而具有机会致病性的需氧菌如变形杆菌、单胞菌等极少（称为外籍菌）。黏膜表层主要是大肠杆菌和肠球菌，中层是以类杆菌为主的兼性厌氧菌，深层则是以厌氧菌为主，它们与黏膜上皮表面特异性受体相结合或插入细胞间隙，形成相当固定的菌膜结构，构成抗定植力的生物屏障，可有效抵抗外籍菌（过路菌）对机体的侵袭，即生物拮抗。

总而言之，人体微生态系统在人类的生命活动中发挥着极其重要的作用。以人体微生态系统为研究切入点，研究人体微生物在健康与疾病过程中的动态变化，阐明微生态失衡与代谢、免疫调控、肠-脑反射中的网络作用关系及其在肿瘤、消化系统疾病、代谢性疾病、神经精神系统疾病等多种慢性病的发生、发展中的作用机制，可推进医学转化研究，为相关慢病的治疗和预防提供新的路径，开发对应的微生态制剂和药品，从而有效降低患者疾病负担，提升人类总体健康水平。

第四节　人体微生态研究的技术方法

肠道菌群的组分可能包括DNA病毒、RNA病毒、细菌和真菌，对应的微生态研究就是还原每个样本真实菌群结构并比较不同样本间的差异，以及菌群差异和个体表型的关联机制。下面分别介绍几种常见的微生态研究的技术方法或工具，包括：16S rDNA扩增子、18S rDNA/ITS扩增子、宏基因组学、宏转录组学、宏蛋白质组学、宏代谢组学、培养组学、胃肠道模拟器、类器官。

一、16S rDNA扩增子

细菌核糖体RNA（rRNA）普遍存在于细菌中，其中16S rDNA（约1540bp），包含9个高变区，间区有较强保守性，具有较好的功能同源性（图1-6）。因此，16S rDNA扩增可用于细菌物种的鉴定，并进一步还原环境样本中的细菌组成和丰度。

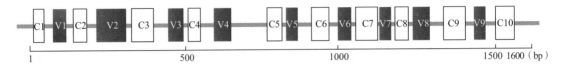

图1-6 细菌16S rDNA序列组成示意图

目前的临床研究已开始大规模采用该技术，分析疾病状态下微生物结构的紊乱，预测疾病风险（发病前早筛，指导预防），以及辅助疾病治疗（病源诊断、辅助用药等）。但该方法的局限性在于两点：①因当前主流测序平台的限制，测序主要集中于几个特定高变区（如V3～V4、V4～V5等），且受限于公共数据库中有限的细菌分类信息，16S rDNA的绝大部分鉴定主要为"属"水平；随着三代测序技术的发展，目前已经有全长16S测序的报道，可以进一步推动细菌的鉴定和分类工作。②微生态中存在大量不常见或未知微生物组分，该技术无法对此进行评估，从而影响疾病预测/判断的准确性。

二、18S rDNA/ITS扩增子

类似于细菌16S rDNA分类，18S rDNA或ITS扩增子分析可用于还原环境中真菌组成和丰度。真菌的核糖体DNA排布为18S+ITS1+5.8S+ITS2+28S序列（图1-7）。其中，5.8S、18S和28S rDNA序列进化上高度保守，18S rRNA基因是编码真核生物核糖体小亚基的DNA序列，其中既有保守区，又有8个可变区。可以通过可变区的测序分析鉴定真菌的不同种类；而ITS序列由于相对变异较快，表现出序列多态性，也常被用于不同种属真菌之间的鉴定和系统发育分析。

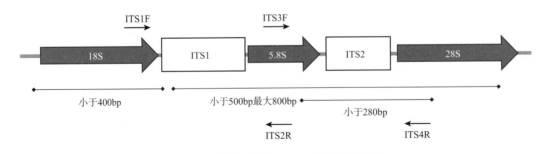

图1-7 真菌核糖体DNA序列组成示意图

因测序技术不断发展，真菌性疾病更多采用了宏基因组技术等来进行检测和鉴定，因此该技术较少被报道用于临床真菌性感染的研究和鉴定。

三、宏基因组

宏基因组学（metagenomics）也称元基因组学，是通过提取和检测所有环境中的生物DNA，还原DNA病毒、细菌、真菌及部分宿主基因组的组成，从而更准确和更全面地分析微生物多样性、种群结构和进化关系。另外，通过DNA序列拼接/功能序列比对，还原所检测的样本中微生物基因的组成，更准确地预测样本中所有微生物共同构建的功能网络和互作关系，发掘潜在的生物学意义。但实际的研究过程中，样本处理方式对于细菌（革兰氏阴性、阳性）、病毒或真菌等会有所不同，更多的实验研究倾向于细菌DNA的检测，同时尚未有统一的实验标准，因此宏基因组技术对于各类微生物的检测也会存在部分偏差。

目前临床上对于宏基因组技术的应用，主要为未知病原体的快速检测，筛选微生物（或靶向基因）作为疾病预测、治疗、恢复等生物标志物，以及从基因功能层面进行评估，通过了解各类物质的合成代谢，为疾病治疗提供微生态干预的参考。同时，宏基因组技术还克服了传统的微生物分离培养限制，为药物的发现和研究提供了更多潜在的途径。

四、宏 转 录 组

宏转录组学（metatranscriptomics）是指对特定时期、特定环境样品中微生物群落的所有RNA进行大规模检测，从而获得微生物群落所有基因在该时空下的表达情况，进而全方位探索微生物群落随环境因子动态变化的研究方法。宏转录组不仅克服了微生物分离培养困难的问题，还能检测出肠道菌群中行使功能的微生物及其活性转录物。目前，二代高通量测序技术是检测肠道菌群宏转录组的常用方法（图1-8）。

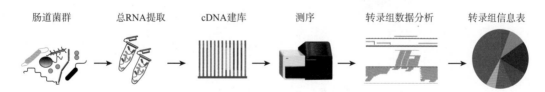

肠道菌群　　　　总RNA提取　　　　cDNA建库　　　　测序　　　　转录组数据分析　　　　转录组信息表

图1-8 宏转录组测序实验流程

基于宏转录组，我们可以获得肠道菌群基因在不同环境下的差异表达和功能富集，挖掘肠道菌群的潜在新基因，揭示微生物在不同环境压力下的适应机制。基于肠道菌群与人体间的互作关系，宏基因组分析不仅能够找到与糖类、脂类、蛋白质等代谢相关的基因，还能够筛选肠道微生物中与肥胖、糖尿病、结直肠癌等疾病相关的分子标志物，从而为确定后续疾病的药物靶点奠定基础。但受限于RNA易降解的特性，宏转录组技术对样本的实验提取要求比较高。同时，由于影响肠道菌群的环境因素较多，研究结果也易出现稳定性低的缺点。

五、宏蛋白质组

宏蛋白质组学（metaproteomics）又称元蛋白质组学，2004年由Rodriguez Valera提出，它是指在特定时间下环境微生物群落中所有蛋白质的组成。肠道菌群的组成和功能非常庞大，但同一菌群在不同时空下所表达的生物功能特点又不相同，通过宏蛋白质组技术，我们能深入了解菌群在不同条件下的蛋白表达及生物功能。目前，宏蛋白质组常使用非标定量法（label free）来分析鉴定样本中的蛋白质组成及数量（图1-9）。

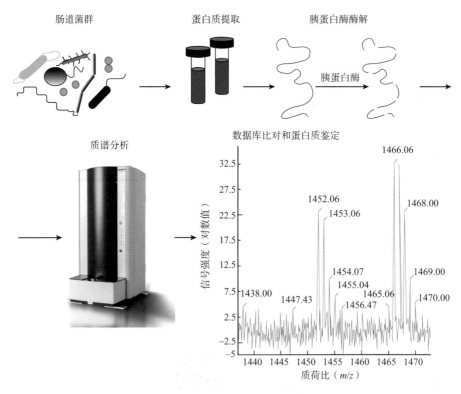

图1-9　宏蛋白质组实验流程

随着肠道菌群研究的深入，宏蛋白质组作为了解特殊环境下细菌基因表达和特殊功能的研究方法，已经受到越来越多研究者的关注。宏蛋白质组不仅规避了分离培养对于微生物研究的限制，还有助于我们了解肠道菌群中未知但具有重要作用的活性蛋白质。此外，基于疾病状态下人体不同蛋白质丰度出现极大改变的事实，宏蛋白质组或可作为后续疾病提前诊断或精准治疗的潜在靶点。当然，宏蛋白质组的研究也充满了挑战：

（1）宏蛋白质组的研究依赖于相对完善且不断更新的蛋白质数据库。

（2）蛋白质功能受结构影响很大，但结构蛋白质组学的研究尚不成熟。

（3）由于蛋白质本身难以扩增，且受环境影响较大，因此宏蛋白质组研究的稳定性仍待提高。

六、宏 代 谢 组

肠道菌群作为长期与人类协同进化的重要"功能器官"，能够通过分泌代谢产物来参与人体神经、免疫、代谢等的信号通路。越来越多的研究证据表明，肠道菌群可通过分泌短链脂肪酸（乙酸、丙酸、丁酸等）、5-羟色胺、胆碱代谢物等代谢产物，从而避免或介导肥胖、糖尿病、炎症性肠病、湿疹等疾病的发生。通过对菌群代谢产物的定性和定量分析，宏代谢组学（meta-metabolomics）能够帮助我们了解微生物的生理状态，探寻肠道微生物与宿主潜在的相互作用机制，对人体疾病的预防和治疗具有重要的意义。目前，基于色谱技术的靶向或非靶向代谢组学是了解人体和肠道菌群代谢产物的主要手段（图1-10）。

图1-10　宏代谢组实验流程

通过对所有代谢物的定性和定量分析，宏代谢组能够帮助我们直观了解肠道细菌与人体相互作用后所有代谢物组分和浓度的变化，展示肠道的代谢状态，从而帮助我们更深入地研究肠道菌群和人体间复杂的代谢互作关系，并为疾病的预防和治疗提供新思路。但由于代谢物随时间和环境变化极快，且代谢产物种类繁多、浓度差异大，因此宏代谢组开展时样本提取的标准化操作对项目的后续分析至关重要。因为代谢产物的鉴定主要是根据数据库注释来完成，所以宏代谢组学在区分代谢产物的菌群和人体来源时仍存在一定的困难。此外，我们还应避免不同仪器、不同检测批次、不同内参对代谢物检测的影响。

七、培 养 组 学

宏基因组学揭示了肠道菌群在生长发育和疾病发生过程中的作用，但对于数量较少的微生物难检测到。此外，通过宏基因组技术检测到80%的微生物都定植于肠道中，不可分离培养，这极大地限制了研究菌群功能及其与人体健康的关系，因此培养组学孕育而生。培养组学使用多重培养条件对环境特异微生物进行培养，再结合基质辅助激光解吸电离飞行时间质谱（matrix-assisted laser desorption/ionization time-of-flight mass spectrometry，MALDI-TOF-MS）和16S rRNA测序的方法对发现的物种进行快速鉴定（图1-11）。

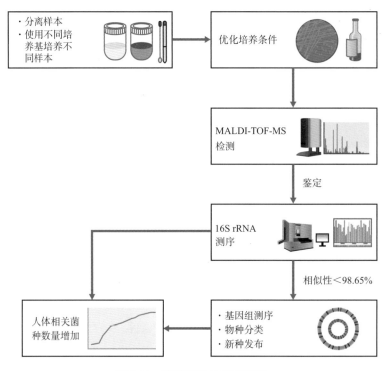

图1-11　培养组学的研究流程

　　培养组学起源于环境细菌的培养，2007年Bollmann等使用扩散盒法（diffusion chamber）培养增加了环境样本中可培养细菌的种类。随后发明的稀释培养法也被广泛用于人肠道菌群的培养与研究。随着技术的不断进步，新的培养方法和培养基不断出现在环境菌群研究领域，比如有研究者通过混合组分成功培养出海洋中的细菌Candidatus Pelagibacter ubique。MALDI-TOF-MS的应用使得培养组学进入快速发展时期：通过不同细菌化学组分不同的原理，使用质谱可以对环境中细菌的物种进行快速鉴定。由于MALDI-TOF-MS在种、属分类水平鉴定上的高效、低成本、高重复性和相对较低的技术培训门槛，该技术很快就在临床上大规模使用。目前培养组学主要应用方向如下：

　　（1）研究人肠道菌群与疾病的关系：虽然宏基因组学在一定程度上可以解释肠道菌群和疾病关系，但是其很少能鉴定到株的水平，此外，也不能提供代谢物相关的信息。

细菌研究更多以株为单位，分类培养是研究细菌和人体关系的必需步骤，而培养组的方法能够鉴定分离得到潜在的致病菌株，再验证其功能代谢物，从而详细研究菌株与健康关系，更有可能寻找到治疗的潜在目标。

（2）增加已知可培养细菌的数量：在培养组学发展前，有2172种与人类相关的物种能被培养，随着培养组学的发展，已经发现了2671种与人体有关的微生物。

（3）鉴定出更多的病原菌：由于物种鉴定技术精度有限，导致部分致病菌被鉴定为共生菌，如 *Christensenella minuta*，通过培养组学技术可确定这些共生菌与人体疾病发生的关系，从而增加能鉴定到的临床致病菌数量。

（4）鉴定到更多的细菌物种：16S rRNA测序按照序列相似性获得可操作分类单元（operational taxonomic unit，OTU），将其与培养组学相结合，能够从中鉴定出更多的细菌，甚至是新的种。

培养组学有着巨大的应用潜力，通过与不同组学研究方法结合，培养组学还将会应用在寻找肠道菌群核心菌株、研究机体免疫调节功能与菌群关系及从人体肠道菌株中寻找新的抗生素等应用研究领域，将成为连接依赖培养型研究和不依赖培养型研究的纽带。

八、胃肠道模拟器

大部分微生物菌群研究都需要通过体外实验来深化研究结果，而动物模型是在体外研究菌群和宿主关系最重要的方法。但是，动物模型价格高昂，且喂养过程中容易出现意外导致研究延期。现在，生物工程材料的发展为研究者提供了体外模拟体内微环境的系统——胃肠道模拟器（gastrointestinal simulator）（图1-12）。虽然它不能模拟肠道器官本身，但通过模拟不同部位肠道的内环境，能够反映出菌群在这些肠道部位中的真实情况。使用胃肠道模拟器进行研究有以下优势：

（1）通过准确地控制模拟器的影响条件（如pH、营养成分等），能够让研究者更加专注于周围环境的改变对菌群的影响，减少宿主器官因素的干预（比如肠上皮的蠕动、食物残渣等）。

（2）可在不同部位的肠道模拟器中监控菌群以及相关代谢产物的动态变化，而不用担心采集时间点不足导致研究数据的缺失。

近几年来，胃肠道模拟器从简单的批量发酵逐步发展为按照肠道不同部位模拟且相互联系的完整系统，让研究者更加专注于不同肠道影响因素下菌群的差异。最新的胃肠道模拟器更是将胃、小肠、升结肠、横结肠和降结肠进行分段模拟，在计算机的精密控制下，能够让研究者观察不同器官（部位）饮食成分的变化对菌群组成及其活性代谢物的影响。

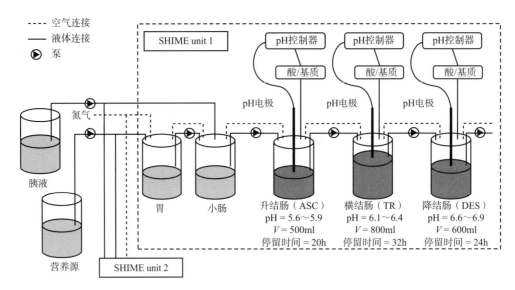

图1-12 胃肠道模拟器结构示意图

SHIME unit 1：人类肠道微生态系统模拟器单元1；SHIME unit 2：人类肠道微生态系统模拟器单元2

九、类 器 官

为了研究微生物和宿主的互作关系，观察不同生理环境下微生物菌群的变化，体外研究方法经常被使用。常见的体外研究方法包括动物模型、器官模拟器等，其最终目的是制造出与健康者或患病者相同的内环境，而类器官就是其中发展最快的一种方法。类器官是三维细胞培养的结果，含有其所代表器官的关键信息（如类似的空间结构组织以及部分功能）。目前，类器官培养已经用于多种组织，包括肠道、肝脏、胰腺、肾脏等。肠道类器官是其中与肠道微生态研究最相关的技术，多用于在体外研究感染情况下微生态致病菌与人体的互作关系，这些致病菌包括沙门氏菌（*Salmonella*）、幽门螺杆菌（*Helicobacter pylori*）、艰难梭菌（*Clostridium difficile*）等。此外，肠道类器官也为体外研究共生菌、益生菌等提供了有力的平台：体外回肠末端类器官的研究发现多形拟杆菌（*Bacteroides thetaiotaomicron*）可以增加岩藻糖基化的作用；对小肠类器官的研究发现鼠李糖乳杆菌GG（*Lactobacillus rhamnosus* GG）可以增加TLR3 mRNA的表达水平；嗜黏蛋白-阿克曼氏菌（*Akkermansia muciniphila*）和普拉梭菌（*Faecalibacterium prausnitzii*）在肠道类器官中表现出能促进短链脂肪酸的产生。这些研究都说明，肠道类器官已经越来越为微生态研究者所接受，逐渐成为体外研究的工具之一（图1-13）。

类器官研究还在不断完善，但其在菌群和宿主互作、药物代谢、精准治疗、器官移植等方面表现出巨大的潜力。随着类器官技术的不断发展，必将成为基础研究、临床研究及转化的利器。

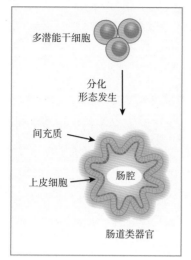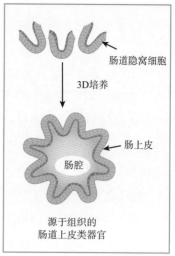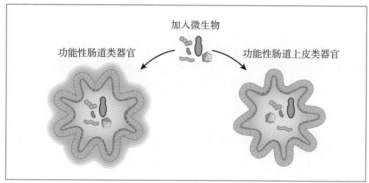

图1-13　功能性肠道类器官与功能性肠道上皮类器官的产生过程

第五节　微生态研究应用与人体健康的关系

一、生物信息学分析技术在揭秘微生态与人体健康中的作用

生物信息学分析已经成为医学领域中不可或缺的一部分，可以帮助我们更深入地了解人体内的免疫和代谢等各种过程。微生态数据类型复杂、数量庞大，从海量零散的数据中挖掘出与人类健康和疾病紧密相关的信息，成为微生态领域重点关注的问题。

（一）基于肠道微生物构建生物信息学过敏预测模型

过敏是影响人体健康的常见问题之一，研究发现导致过敏症状增多的原因除了遗传易感性，还包括剖宫产率的上升、抗生素的不当使用和不良饮食生活习惯等众多因素。

如何有效识别过敏，是目前临床迫切需要解决的问题。常用的过敏检测方式：通过检测血清中IgE的浓度来判定一些过敏性疾病的发生；以少量过敏原经皮下注射，或于特定的皮肤位置上做表皮刮擦，辨识和确认过敏反应。然而，通过血清或皮肤点刺检测的方式检测覆盖的物质有限，并非所有过敏原都能查出，且常规检测方式会对机体造成一定程度的伤害，特别是对于儿童等特殊人群。

研究发现儿童在成长期间如未充分接触周围环境的微生物，缺乏相应抗原的刺激，后期发生过敏性疾病的概率就可能增加。微生物与人体存在共生和协同进化的关系，可以促进宿主免疫系统的发育及调节机体免疫系统平衡。越来越多的研究表明肠道微生物和过敏性疾病之间存在密切的关系，例如患有过敏性鼻炎的婴儿与正常婴儿相比，在出生1个月时肠道内肠球菌与双歧杆菌的数量都比较低，而到了12月龄时患有过敏性鼻炎的儿童肠道内拟杆菌数量明显低于同期正常儿童。尽管已有研究表明了肠道微生物和免疫疾病之间的关联，但目前还缺乏系统深入的研究。

近些年来，人体微生态与过敏性疾病之间的关联已被研究学者在临床上通过机器学习结合生物信息学分析进行应用探索。作者团队研究发现儿童肠道中常见的卵形布劳特氏菌（*Blautia obeum*）和罕见小球菌属（*Subdoligranulum*）可作为诊断儿童过敏性疾病的微生物标志物，并且在实际样本中证明了这两种微生物对于判断过敏的潜力（图1-14）。另外，也有学者借用机器学习算法和肠型分类的方法，通过肠型的分层和结合机器学习算法对个体过敏进行预测，在2300多例样本中取得了很好的过敏预测效果，模型的曲线下面积（AUC）达到0.92。上述生物信息学过敏预测模型证实了微生态+机器学习可以为个体肠道健康的精准医疗提供潜在的市场价值。

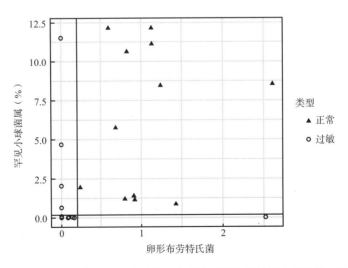

图1-14 卵形布劳特氏菌和罕见小球菌属作为诊断儿童过敏性疾病的微生物标志物

（二）基于肠道微生物的宿主生命早期年龄预测模型

年龄是影响肠道微生物组成和功能的重要因素，生命早期，即从出生到2～3岁，是肠道微生物群落建立和稳定的关键时期。研究表明，随着年龄的增长，肠道微生物群落结构会发生显著改变，比如乳酸菌、双歧杆菌等有益菌含量会逐渐减少，而大肠杆菌、产气荚膜梭菌等潜在致病菌含量会逐渐增加。成年人肠道微生物群中占多数的细菌属都是在发育早期3年内形成的；也有研究发现发育过程中肠道微生物多样性的降低与后期宿主发生过敏症状具有显著的相关性；生命早期1000天是人体肠道微生物定植与成型的关键时期，也是免疫系统发展与成熟的关键时期，这一时期会深刻地影响宿主今后的代谢能力、免疫功能和微生物组成。

生命早期肠道微生物的稳定发展，是宿主健康成长的体现之一。2岁宿主如果只有1岁或者1岁半时的肠道微生物组成，则表明该宿主的肠道微生物发育滞后，可能对宿主免疫、代谢等多方面健康造成影响。国内研究机构通过收集已发表的超过20 000例肠道微生物测序高通量数据，利用生物信息与AI机器学习模型结合的方式，借助递归特征消除（RFE）等算法筛选出重要的微生物标志物，再通过对Glment、Plr、SvmLinear、Rf和XGBoost等模型表现的评估，构建出宿主生命早期肠道年龄最佳预测模型（图1-15），类似的AI预测模型，对于理解肠道微生物与人体健康的关系有着重要的作用。

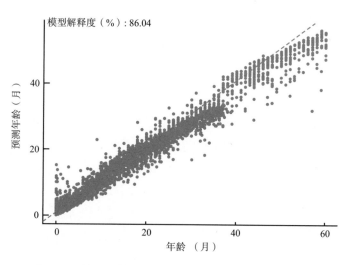

图1-15 基于肠道微生物的宿主生命早期年龄预测模型

二、基于微生态的下一代人体健康监测的潜在趋势

微生态作为人类"超级生物体"不可或缺的组成，已被充分证实与营养吸收、免疫

和代谢等机体功能密不可分；而不健康的现代生活方式和饮食习惯、抗生素等药物的大量使用，会对人体微生态产生一系列不可逆的不利影响，进而诱导过敏和慢性炎症、代谢性疾病，乃至心脑血管疾病等重大疾病。因此，动态监测人体菌群结构及其代谢物变化，对于保障人体健康和减轻医疗负担意义重大。目前医院的血尿等常规检测并不涉及人体微生态范畴，而国内外普遍将菌群高通量测序技术作为微生态检测的单一方法，对于不同微生物类群实际的功能作用及其对人体健康的影响机制，尚缺乏足够的数据佐证，且对于我国多样化的民族和饮食特征、广泛的人口分布也缺少有充分代表性的菌群数据参考。因此，依靠测序技术进行微生态健康监测的科学性和实用性仍有待加强，尚难以进入临床体外诊断阶段。

事实上，随着科学技术日新月异地发展，如今已能通过多种组学技术和检测方法的融合，对人体粪便样本进行宏基因组学和宏代谢组学分析、qPCR定量检测、ELISA蛋白检测、显微镜检和形态鉴定等，从而在肠道营养、免疫炎症、消化代谢、生理生化、显微形态、病原微生物感染风险等多维度，对人体健康进行无创无痛、全方位系统性的评估。因此，人体微生态健康检测的未来，不应该仅仅局限于针对某些益生菌或病原体的检测（如肠道致病菌和病毒等），也并非为了取代医院的粪便常规检测和特定疾病诊断（恶性肿瘤等），而是应立足于现代医学"防大于治"、传统医学"治未病"的两大主流理念。通过建立多学科联合检测（微生态学、形态学、分子生物学、免疫学等）的精准动态监测体系，同时涵盖监测"前、中、后"的问卷调查、康养评估，形成"多位一体"的评估体系，从而更真实地反映人体健康的实际水平，及早发现潜在的健康问题、预判风险。同时，通过对菌群年轻化/老化程度、有益/有害菌群平衡度、营养吸收能力、炎症和过敏风险评估等方面的综合研判，实现面向人体全生命周期的健康状态整体预测和评估，提供专业的检测结果解读和有参考价值的个体化健康管理建议，为医院的进一步诊疗提供参考依据，与医院临床诊断相辅相成，缓解国人"看病难"的瓶颈问题，从而达到"早发现，早预防"的根本目的，服务于我国精准医疗、智慧医疗、个性化医疗的建设。

（庾庆华　武庆斌）

参 考 文 献

胡万金，江伟，庾庆华，等. 2003. 基于肠道微生物的宿主生命早期年龄预测模型构建方法: CN116153414A[P]. 2023-05-23.

江伟，胡万金，庾庆华，等. 2003. 基于肠型分型的微生物组合物、过敏预测模型的构建方法及其模型和应用: CN116662798A[P]. 2023-08-29.

江伟，张姣，庾庆华，等. 2023. 用于诊断儿童过敏性疾病的微生物标志物及其应用：CN116042868A[P]. 2023-05-02.

马丁·布莱泽. 2016. 消失的微生物：滥用抗生素引发的健康危机[M]. 傅贺，译. 长沙：湖南科学技术出版社.

Bäckhed F，Roswall J，Peng Y Q，et al. 2015. Dynamics and stabilization of the human gut microbiome during the first year of life[J]. Cell Host & Microbe，17（5）：690-703.

Belizário J E，Napolitano M. 2015. Human microbiomes and their roles in dysbiosis，common diseases，and novel therapeutic approaches[J]. Front Microbiol，6：1050.

Chen Y E，Tsao H. 2013. The skin microbiome：current perspectives and future challenges[J]. J Am Acad Dermatol，69（1）：143-155.

Leite G，Pimentel M，Barlow G M，et al. 2021. Age and the aging process significantly alter the small bowel microbiome[J]. Cell Rep，36（13）：109765.

Man W H，de Steenhuijsen Piters W A A，Bogaert D. 2017. The microbiota of the respiratory tract：gatekeeper to respiratory health[J]. Nat Rev Microbiol，15（5）：259-270.

Martinez-Guryn K，Leone V，Chang E B. 2019. Regional diversity of the gastrointestinal microbiome[J]. Cell Host Microbe，26（3）：314-324.

Pantazi A C，Mihai C M，Balasa A L，et al. 2023. Relationship between gut microbiota and allergies in children：a literature review[J]. Nutrients，15（11）：2529.

Petersen C，Dai D L Y，Boutin R C T，et al. 2021. A rich meconium metabolome in human infants is associated with early-life gut microbiota composition and reduced allergic sensitization[J]. Cell Reports Medicine，2（5）：100260.

Young V B. 2017. The role of the microbiome in human health and disease：an introduction for clinicians[J]. BMJ，356：j831.

第二章　免疫系统与人体微生态

　　免疫系统就是人体的"武装部队"，时时刻刻保护着机体，抵抗内部变异"垃圾"及外来病原微生物的侵扰。人们常把这种保护功能叫作免疫力，由此建立起来的防御系统统称为免疫系统。

　　免疫系统分为两个互动领域：一个是古老的"先天"领域，亦称固有免疫或非特异性免疫；另一个是最近进化的"适应性"领域，又称获得性免疫或特异性免疫。形成适应性免疫基础的目标细胞的主要挑战是将"自我"（自身的细胞和组织）与"非自我"（外来入侵者）区分开来。

　　近年来的研究显示：固有免疫和适应性免疫的发育成熟均离不开微生物。免疫系统在出生以后处于持续的发育过程中，需要不断地接受外界抗原的刺激，如人体肠道微生态种群、感染和疫苗接种等，以得到"学习"和接受"教育"的机会。因此，肠道微生态种群是最重要的微生物刺激来源，是驱动出生后免疫系统发育成熟，甚至是诱导以后免疫反应平衡的原始的基本因素。人体的免疫系统需要不断进行微生物的学习才能完善，免疫细胞需要微生物训练才能正确高效地执行功能。

第一节　免疫学概要

一、免疫的基本概念和功能

　　1. 免疫　免疫是机体免疫系统对"自我"和"非己"抗原的识别和应答，排出抗原性异物，借以维持自身稳定性的机制。

　　2. 免疫系统　免疫系统是由免疫组织和器官、免疫细胞及免疫活性分子等组成的系统。

　　3. 免疫系统的功能　可以说免疫系统是防御屏障、免疫细胞和可溶性免疫活性分子的集合，它们以极其复杂的方式相互作用和交流。免疫功能的现代模型根据其作用的时间分为三个阶段：①防御屏障：如皮肤和黏膜，瞬间作用以防止致病菌侵入身体组织。②固有免疫反应：快速但非特异性的固有免疫反应，由多种特化细胞和可溶性因子组成。③适应性免疫反应：较慢但更具特异性和更有效的适应性免疫反应，涉及许多免疫细胞类型和可溶性因子，但主要由淋巴细胞控制，有助于控制免疫反应。

免疫有三大基本功能：①免疫防御：抵御病原微生物的入侵，清除已入侵的病原体及其他有害的生物分子（如毒素）。如果免疫应答过强或持续时间过长，则导致超敏反应；应答过低或缺失，则导致免疫缺陷病。②免疫自稳：免疫系统通过调节网络实现免疫系统功能相对稳定。如果自稳机制发生异常（应答过强或过弱），则导致自身免疫病。③免疫监视：免疫系统识别畸变和突变细胞并将其清除的功能。如果免疫监视功能异常，则可能导致肿瘤发生或持续病毒感染。

二、免疫学常用术语

1. 免疫应答　免疫应答是指抗原特异性淋巴细胞对抗原的识别、活化、增殖、分化及产生免疫效应的全过程。

2. 抗原　凡能诱导免疫系统产生免疫应答，并能与所产生的抗体或效应细胞在体内外发生特异性反应的物质，称为抗原。

3. 抗原决定基（簇）　又称表位，是抗原分子表面一些特殊的化学基团，其性质、数目和空间构型决定了抗原的特异性。

4. 体液免疫　由血清中的特异性抗体分子介导，可以由血清或血浆传递给未免疫个体，主要针对细胞外细菌或胞外可溶性抗原。

5. 细胞免疫　由血液中的淋巴细胞介导，可以通过血液中的淋巴细胞传递给未免疫个体，主要针对细胞内细菌或病毒，以及细胞性抗原（如肿瘤细胞、异源细胞）。

第二节　固有免疫

一、防御屏障

在我们的身边，细菌、病毒、真菌和寄生虫时刻都在威胁我们的健康。但奇妙的人体也配备了强大的防御系统，这就是免疫系统。哺乳动物和人体的"健康防御系统"共有两道防线。第一道防线是固有免疫。固有免疫反应会在人体被病毒、细菌、真菌、寄生虫感染后迅速启动，主要作用是在"入侵者"进入人体时作出第一反应，通过发炎等手段消灭入侵微生物，防止它们的进一步侵害。

一旦固有免疫系统这道防线被攻破，人体防御系统的第二道防线立即"进入战斗状态"，这就是获得性免疫，又叫适应性免疫。这道防线会"集中火力"消灭已被感染的细胞，包括T细胞和B细胞在内的"人体卫士"，通过"制造"抗体和杀伤细胞来消灭入侵的细胞。成功阻止一次感染性入侵后，适应性免疫系统就会对这种感染性入侵者产生免疫记忆；如果这类入侵者再次入侵，免疫系统就能更加快速和有效地动员起来对抗感染（图2-1）。

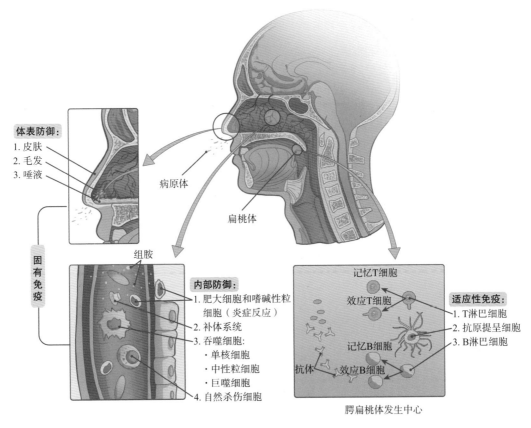

图2-1　固有免疫反应和适应性免疫反应之间的相互协同

固有免疫反应的讨论通常都是从物理屏障开始，这些物理屏障可阻止病原体进入人体，或在病原体进入后将其摧毁，或在病原体于人体软组织中立足之前将其清除。防御屏障是人体最基本的防御机制的一部分。这种防御屏障不是对感染的反应，而是持续不断地阻止各种病原体的入侵。

不同的防御屏障模式与病原体试图进入的身体外表部位有关（表2-1）。微生物进入人体的主要屏障是皮肤。皮肤上覆盖着一层角质化的上皮细胞，这种上皮细胞对细菌来说过于干燥，无法在其中生长，并且随着上皮细胞不断地从皮肤上脱落，脱落上皮会携带走细菌和其他病原体。此外，汗液和其他皮肤分泌物可降低皮肤pH，并含有有毒脂质，可通过物理方式将微生物冲走。

表2-1　防御屏障

部位	特定防御	参与防护
皮肤	表皮表面	表面角质化细胞，朗格汉斯细胞
皮肤（汗液/分泌物）	汗腺、皮脂腺	降低皮肤pH，洗涤作用
口腔	唾液腺	溶菌酶
胃	消化道	高酸度
黏膜表面	黏膜上皮	非角化上皮细胞

　　人体其他屏障，如口腔中的唾液，它富含溶菌酶——一种通过消化细菌细胞壁来破坏细菌的酶；胃的酸性环境对许多病原体都是致命的；胃肠道、呼吸道、生殖道、眼睛、耳朵和鼻子的黏液层会夹住微生物和碎片，并促进它们的清除。以上呼吸道为例，纤毛上皮细胞将被污染的黏液向上移动到口腔，然后吞入消化道，最终进入胃部恶劣的酸性环境。

　　进入血流时，病原体最初可以在不存在单个免疫细胞的情况下通过称为补体系统的机制来检测。该系统与固有免疫和适应性免疫应答同时作用，在感染部位补充免疫细胞。补体系统由肝脏产生的且随血流自由流动的几种惰性蛋白质组成。遇到病原体时，它们可以结合到细菌或寄生虫表面，将其标记为外来威胁。随后，一连串补体蛋白和酶被激活，它们不仅继续标记病原体，还可能形成孔隙（膜攻击复合物）裂解细菌，或将其包裹在蛋白质中，更方便吞噬细胞进行吞噬。将病原体包裹在补体蛋白中的过程称为调理作用。

　　主动参与固有免疫应答的许多细胞，如单核-巨噬细胞、树突状细胞、粒细胞、自然杀伤细胞（NK细胞）和自然杀伤T细胞（NKT细胞），都是在血液和组织中巡查潜在威胁入侵者的吞噬细胞。一旦发现病原体，它们在其细胞膜上使用生殖系编码的模式识别受体（PRR）将入侵者分子识别为外来物。一旦激活，这些细胞引发的级联反应可导致快速免疫应答（几分钟至几小时）。

二、固有免疫反应细胞

　　吞噬细胞是一种能够包围并吞噬颗粒或细胞的细胞，这一过程称为吞噬作用。免疫系统的吞噬细胞吞噬其他颗粒或细胞，以清除一部分碎片、陈旧细胞或杀死细菌等致病生物。人体的吞噬细胞起效快，是针对突破屏障防御后，进入机体病原体的免疫防御的第一道防线。

（一）吞噬细胞

免疫系统的许多细胞都具有吞噬能力，至少在其生命周期的某个时刻是这样。吞噬作用是在固有免疫反应过程中破坏病原体的重要而有效的机制。吞噬细胞将自身内部的有机体作为吞噬体，随后与溶酶体及其消化酶融合，有效杀死病原体。然而，一些细菌，包括引起结核病的结核分枝杆菌，可能对这些酶有耐受性，因此更难从体内清除。巨噬细胞、中性粒细胞和树突状细胞是免疫系统的主要吞噬细胞。

1. 巨噬细胞　巨噬细胞是一种形状不规则、形态多变的吞噬细胞，是体内作用最广泛的吞噬细胞。巨噬细胞通过组织和利用伪足挤压毛细血管壁。它们不仅参与固有免疫反应，还进化为与淋巴细胞合作，成为适应性免疫反应的一部分。巨噬细胞存在于人体的许多组织中，穿梭于结缔组织或固定在特定组织（如淋巴结）内的网状纤维上。当病原体突破人体的防御屏障时，巨噬细胞是第一道防线（表2-2）。分布于不同组织的巨噬细胞名称也不同，如肝脏中的库普弗（Kupffer）细胞、结缔组织中的组织细胞和肺部的肺泡巨噬细胞。

表2-2　固有免疫系统的吞噬细胞

细胞	细胞类型	主要部位	固有免疫反应的功能
巨噬细胞	无颗粒白细胞	体腔 / 器官	吞噬作用
中性粒细胞	粒细胞	血液	吞噬作用
单核细胞	无颗粒白细胞	血液	巨噬细胞 / 树突状细胞的前体

2. 中性粒细胞　中性粒细胞是呈球状的粒细胞，也是一种吞噬细胞，通过趋化作用从血流被吸引到感染组织。这些粒细胞含有胞质颗粒，而胞质颗粒又含有多种血管活性介质，如组胺。相比之下，巨噬细胞很少或没有胞质颗粒。巨噬细胞扮演着"哨兵"的角色，时刻提防着感染，而中性粒细胞则可被视为"援军"，被召唤到"战斗"中加速毁灭"敌人"。

3. 单核细胞　单核细胞是一种循环前体细胞，可分化成巨噬细胞或树突状细胞，可被炎症信号分子迅速吸引到感染区域。

（二）自然杀伤细胞

1. NK细胞　NK细胞是一种具有诱导凋亡（即细胞程序性死亡）能力的淋巴细胞，凋亡发生在细胞内被病原体（如专性细胞内的细菌和病毒）感染的细胞中。NK细胞识别这些细胞的机制尚不清楚，但这可能与它们的表面受体有关。NK细胞可诱导细胞凋亡，即细胞内一系列事件通过以下两种机制之一导致自身死亡。

（1）NK细胞能够响应化学信号，表达Fas配体。Fas配体是一种表面分子，它与感染细胞表面的Fas分子结合，向其发送凋亡信号，从而杀死细胞和细胞内的病原体。

（2）NK细胞颗粒释放穿孔素和颗粒酶。穿孔素是一种在受感染细胞的细胞膜上形成孔道的蛋白质。颗粒酶是一种蛋白质消化酶，通过孔道进入细胞并触发细胞内凋亡。

这两种机制对病毒感染的细胞特别有效。如果在病毒具有合成和组装其所有成分的能力之前诱导细胞凋亡，则不会从细胞中释放传染性病毒，从而防止进一步的感染。

2. NKT细胞 NKT细胞是一种细胞表面既有T细胞受体（TCR），又有NK细胞受体的特殊T细胞亚群。NKT细胞能大量产生细胞因子，且可以发挥与NK细胞相似的细胞毒作用。

NKT细胞能表达T细胞的TCR与NK细胞的NKR-P1两种受体，特别是NKT细胞多数表达Va14TCR，识别CD1抗原，而NKR-P1识别各种糖链。NKT细胞，特别是CD4$^-$NKT细胞，对TCR刺激做出反应可产生大量白细胞介素（IL）-4及干扰素-γ（IFN-γ），同时具有ThO型细胞因子产生能力。NKT细胞不但是产生IL-4的主要细胞，而且强力产生IFN-γ。IFN-γ参与自身Th1诱导，具有极强的Th1诱导能力，促进IL-2产生。它还具有Th2细胞分化抑制功能。IL-12能诱导NKT细胞产生IFN-γ。IL-12对TCR的刺激使IFN-γ的产生显著亢进。综上所述，NKT细胞不但是IL-4和IFN-γ的强力产生细胞，同时参与Th1/Th2分化的抑制，而这些作用都不是单纯的。

NKT细胞的主要功能是免疫调节和细胞毒作用，包括肿瘤监测、维持自身耐受性和抗感染性防御。NKT细胞受到刺激后，可以分泌大量的IL-4、IFN-γ、粒细胞-巨噬细胞集落刺激因子（GM-CSF）、IL-13和其他细胞因子及趋化因子，发挥免疫调节作用，NKT细胞是联系固有免疫和获得性免疫的桥梁之一。NKT细胞活化后具有NK细胞样细胞毒活性，可溶解对NK细胞敏感的靶细胞，主要效应分子为穿孔素、Fas配体及IFN-γ。

三、病原体识别

固有免疫反应细胞，如吞噬细胞和细胞毒性NK细胞主要通过病原体特有的代谢分子/结构物质识别病原体，且有一套专门的受体。固有免疫依靠病原体相关分子模式（PAMP）来区分病原体。PAMP只在病原体中存在，而在正常人体不存在。在这些吞噬细胞表面（或者内部），识别病原体相关分子的受体称为模式识别受体。不只外界病原体会产生"不正常"的代谢物，宿主细胞在压力、感染、损伤等情况下也会产生"不正常"的代谢物，如细菌细胞壁成分或细菌鞭毛蛋白。常见的PAMP包括脂多糖（LPS）、肽聚糖（PGN）、鞭毛蛋白及一些微生物的核酸分子。这些分子被称为损伤相关分子模式（DAMP）。模式识别受体是固有免疫细胞感知危险的主要途径，主要包括TLR、NOD样受体（NLR）、RIG-1样受体（RLR）等，起效快，不依赖于特异病原体。

这些受体被认为是在适应性免疫反应之前进化而来的，无论是否需要，它们都存在于细胞表面。然而，它们的多样性受到两个因素的限制。其一，每一种受体必须由特定的基因编码，这要求细胞分配其大部分或全部DNA，使受体能够识别所有病原体。其二，受体的种类受限于有限的细胞膜表面积。因此，固有免疫系统必须只使用有限数量的受体，而这些受体能对抗尽可能多的病原体。这种策略与适应性免疫系统使用的方法形成了鲜明的对比，适应性免疫系统使用大量不同的受体，每个受体对特定的病原体具有高度特异性。

如果固有免疫系统的细胞接触到一种它们认识的病原体，细胞将与病原体结合并启动吞噬作用（或细胞凋亡），以努力消灭有害的微生物。受体根据细胞类型有所不同，但通常包括细菌成分受体和补体受体。

四、固有免疫反应的可溶性介质

（一）细胞因子和趋化因子

细胞因子是主要由免疫细胞分泌的一种信号分子，是能调节细胞功能的小分子多肽。在免疫应答过程中，细胞因子允许细胞在短距离内相互交流。细胞因子分泌到细胞间隙，细胞因子的作用是诱导受体细胞改变其生理功能，对于细胞间相互作用、细胞的生长和分化有重要调节作用。细胞因子包括淋巴细胞产生的淋巴因子和单核巨噬细胞产生的单核因子等。目前已知IL、IFN、CSF、肿瘤坏死因子（TNF）、转化生长因子-β（TGF-β）等均是免疫细胞产生的细胞因子，它们在免疫系统中起着非常重要的调控作用，但在异常情况下也会导致病理反应。

趋化因子是一类由细胞分泌的小细胞因子或信号蛋白。它们具有诱导附近反应细胞定向趋化的能力，是一种类似于细胞因子的可溶性化学介质。趋化因子是专门协调免疫细胞向组织运动的小多肽。细胞因子在炎症、淋巴器官发育、细胞运输、血管生成和伤口愈合中起重要作用，在固有免疫和适应性免疫系统中也起着相当重要的作用。

（二）早期诱导蛋白

早期诱导蛋白是在固有免疫反应早期有需要时制造的蛋白。干扰素是早期诱导蛋白的一个例子。被病毒感染的细胞分泌干扰素到邻近细胞并诱导它们制造抗病毒蛋白。因此，尽管最初的被感染的细胞已死亡，但周围的细胞得到了保护。其他针对细菌细胞壁成分的早期诱导蛋白有甘露糖结合蛋白和C反应蛋白，它们产自肝脏，特异性结合细菌细胞壁的多糖成分。巨噬细胞等吞噬细胞有这些蛋白质的受体，因此当它们与细菌结合时能够被识别。这使吞噬细胞和细菌接近，并通过被称为调理作用的过程增强细菌的吞噬作用。调理作用是通过结合抗体或抗菌蛋白来标记病原体的吞噬作用。

五、补体系统

补体是广泛存在于血清、组织液和细胞膜表面的一组精密调控的蛋白质反应系统，包括30多种可溶性蛋白和膜结合蛋白，故亦称补体系统。补体在肝脏中合成，生理条件下，绝大多数补体成分以无活性酶前体形式存在，在不同激活物作用下发生一系列级联酶促反应而被激活，表现出多种生物学活性。在固有免疫反应中无须通过特异性免疫反应产生抗原-抗体复合物来激活，激活物为细菌或外源性异物，即所谓补体激活的"旁路途径"。此外，在适应性免疫反应中也具有补体功能，称为"经典途径"（图2-2）。一旦补体被激活，这一系列级联反应是不可逆的，并释放出具有以下作用的片段：①与激活病原体的细胞膜结合，标记为吞噬（调理作用）；②扩散远离病原体并作为趋化因子吸引吞噬细胞到达炎症部位；③在病原体的质膜中形成破坏性的孔隙。图2-2显示了补体激活的经典途径，其需要适应性免疫应答的抗体。旁路途径不需要抗体被激活。

C3蛋白的分裂是两种途径的共同步骤。在旁路途径中，C3被自发激活，并在与因子P、因子B和因子D反应后分裂。较大的片段C3b与病原体表面结合，较小的片段C3a从激活部位向外扩散，并将吞噬细胞吸引到感染部位。然后表面结合的C3b激活级联的其余部分，与最后的5个蛋白C5～C9一起，形成膜攻击复合物（MAC）。MAC可以通过破坏某些病原体的渗透平衡来杀死它们。MAC对多种细菌特别有效。经典途径与之类似，除了激活的早期阶段需要抗体与抗原结合，因此依赖于适应性免疫反应。级联反应的早期片段也有重要的功能。吞噬细胞如巨噬细胞和中性粒细胞通过趋化性吸引更小的补体片段到达感染部位。此外，一旦补体片段到达，它们表面结合的C3b受体就会调理病原体进行吞噬和破坏。

六、炎症反应

固有免疫反应的标志是炎症。炎症反应是机体一种重要的免疫防御机制。当组织受到毒素或细菌的破坏或感染，受热或其他原因的伤害时，就会进入正常的自我保护和损伤修复状态，所以炎症反应也是人体对刺激的一种防御反应。正常的炎症反应是人体免疫力

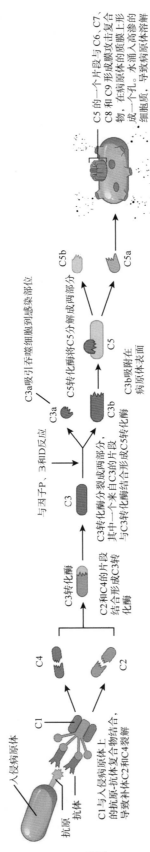

图 2-2　补体级联反应和功能

的一种表现，对人体是有利的。炎症是每个人都经历过的事情，如刺伤脚趾、割伤手指，或做任何导致组织损伤和炎症的活动，都具有四个特征：发热、发红、疼痛和肿胀（"功能丧失"有时作为第五个特征）。需要注意的是，炎症不一定是由感染引起的，也可能是由组织损伤引起的。当受损的细胞内容物释放到损伤部位足以引起刺激反应，即使在物理屏障没有破裂的情况下（例如，用锤子击打拇指），病原体也可以进入。炎症反应将吞噬细胞引入受损区域以清除细胞碎片并为伤口修复奠定基础（图2-3）。但是，炎症也是有潜在危害的，如果不及时处理，还会引起细胞因子风暴等生理功能紊乱。

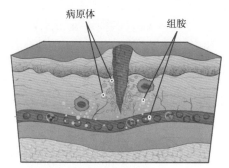
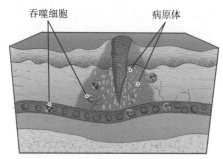

肥大细胞检测附近细胞的损伤并释放组胺，引发炎症反应

组胺促进血液流向伤口处，带来吞噬细胞和其他中和病原体的免疫细胞。血液流入导致伤口肿胀、发红、发热、疼痛

图2-3 炎症反应

（一）炎症反应的过程

当组织受到损伤后，血管会迅速收缩，随后又扩张，血流量增加，这一过程大概持续15分钟到几个小时。随后，血管通透性增加，导致一些蛋白质从血管渗出到组织，其中就包含凝血因子和抗体，前者能帮助阻断病原体的进一步传播，后者则可以杀死入侵的微生物。接着处于血管轴心的白细胞慢慢靠近血管壁，最后穿过管壁到达血管外的组织。受损组织中，白细胞聚集是炎症反应的一大特征，其中最多的是吞噬细胞，能够吞噬细菌和细胞残骸。急性炎症中涉及的炎症细胞主要为中性粒细胞，中性粒细胞内含有很多小颗粒，里面包有许多能将细菌杀死的酶和蛋白质。

除了血管和细胞的变化，还有一些重要的细胞因子和化学因子值得关注，炎症中的许多变化都是由这些因子介导的。这些因子来源广泛，如血清、白细胞（嗜碱性粒细胞、中性粒细胞、单核/巨噬细胞）、血小板、肥大细胞、血管内皮细胞，以及损伤细胞等。组胺是其中最广为人知的一种，能够刺激血管扩张，并增加血管渗透性。正常情况下，组胺储存在血液中的嗜碱性粒细胞和肥大细胞中，当这些细胞遭到破坏时，组胺便被释放出来。此外，中性粒细胞释放的溶酶体、补体系统的C3a和C5a（两种小分子蛋白）也具有血管扩张作用。激活的补体是中性粒细胞的趋化因子，可以增加血管通透性，还可以刺激肥大细胞释放组胺，同时还能结合到细菌表面，诱导吞噬细胞向细菌转移。由凝血因子Ⅶ激活缓激肽，能够增加血管通透性。缓激肽与炎症的疼痛和瘙痒密切相关。

炎症反应使受累部位能够摆脱可能的感染源。炎症是免疫反应的一种最常见的基本形式的一部分。该过程不仅将体液和细胞带入该炎症部位以破坏病原体，并且能将病原体及其碎片从该部位清除，还有助于隔离该部位，从而限制病原体的传播。

（二）炎症反应的四个重要组成部分

1. 组织损伤　受损细胞释放的内容物刺激肥大细胞颗粒及其强效炎症介质（如组胺、白三烯和前列腺素）的释放。组胺可增加局部血管的直径（血管舒张），导致血流量增加，还可增加局部毛细血管的通透性，导致血浆渗漏并形成间质液，可导致与炎症相关的肿胀。此外，受损细胞、吞噬细胞和嗜碱性粒细胞是炎症介质的来源，包括前列腺素和白三烯。白三烯通过趋化性从血液中吸引中性粒细胞并增加血管通透性。前列腺素通过松弛血管平滑肌引起血管舒张，是炎症相关疼痛的主要原因。非甾体抗炎药如阿司匹林和布洛芬通过抑制前列腺素的产生以缓解疼痛。

2. 血管舒张　许多炎症介质（如组胺）可增加局部毛细血管的直径，导致血流量增加，并导致炎症组织的发热和发红，并使血液更多地进入炎症部位。

3. 血管通透性增加　炎症介质可增加局部脉管系统的通透性，导致液体渗漏到间质间隙，导致与炎症相关的肿胀或水肿。

4. 吞噬细胞聚集　白三烯擅长通过趋化性将中性粒细胞从血液吸引到感染部位。在巨噬细胞、细胞因子刺激的早期，中性粒细胞浸润后，会招募更多的巨噬细胞来清理留在该部位的碎片。当局部感染严重时，中性粒细胞被大量吸引到感染部位，在吞噬病原体后随即死亡，因此，在感染部位会积累大量的细胞残骸，即表现为脓液。

总体而言，炎症的产生有很多原因。炎症反应不仅是病原体被杀死及清除碎片，而且血管通透性的增加促进了凝血因子的进入，这是伤口修复的第一步。炎症反应还可促进抗原通过树突状细胞运输到淋巴结，从而形成适应性免疫反应。

（三）炎症反应的类型

1. 急性炎症　急性炎症是对身体受损的短期炎症反应。然而，如果炎症的原因没有得到解决，还可能导致慢性炎症，这主要与反复组织破坏和纤维化有关。

2. 慢性炎症　慢性炎症是持续的炎症，可能由异物、持续性病原体和自身免疫性疾病（如类风湿关节炎）引起。

（四）炎症反应的结局

炎症发展到最后，通常有以下几种结局：

1. 愈合　在愈合过程中，损伤组织中幸存的细胞可以分裂再生。不同种类的细胞再生能力不同，如内皮细胞再生能力比较强，很容易将伤口愈合。肝细胞虽然正常情况下不分裂，但受损后能在某些细胞因子的刺激下产生分裂能力，因此也能痊愈。但结构比较复杂的组织（如腺体组织），一旦损伤就很难恢复到炎症前的组织结构。

2. 瘢痕　当损伤比较严重或损伤组织无法恢复时，便会形成瘢痕。在修复过程中，内皮细胞形成新的血管，成纤维细胞形成疏松的结缔组织，它们与内部的炎症细胞一起，构成一个新生的组织，称为肉芽组织。新生血管为肉芽组织提供血液循环，而成纤维细胞则负责产生胶原蛋白，为肉芽组织提供机械支撑，最终形成瘢痕组织。

3. 化脓　当促炎因子不能及时消除时，便会形成脓。脓是一种比较黏稠的液体，其中包含有死亡的中性粒细胞、细菌、细胞残骸以及从血管中渗出的液体。脓肿通常是由感染后可形成化脓改变的细菌引起，比如葡萄球菌和链球菌。脓肿常常被包裹在一层膜内，很难接触抗体和抗生素，因此脓肿很难愈合，要么破裂后再进行组织修复，要么通过外科手术去除。

第三节　适应性免疫

固有免疫反应（和早期诱导反应）在许多情况下无法完全控制病原体的生长。然而，它们可减缓病原体的生长，并为适应性免疫反应留出时间来加强控制或消灭病原体。固有免疫系统也可以向适应性免疫系统的细胞发送信号，指导它们如何攻击病原体。

适应性免疫也称获得性免疫或特异性免疫，是人类为适应生存环境，接触抗原物质后产生的针对性强、进化水平上更高级的免疫功能。适应性免疫的特点：后天获得，稍后发挥效应；具有特异性和记忆性。适应性免疫能识别特定病原微生物（抗原）或生物分子，最终将其清除。适应性免疫在识别自我、排除异己中起到了重要作用。

一、T细胞介导的免疫反应

控制适应性免疫反应的原代细胞是淋巴细胞：T细胞和B细胞。T细胞尤其重要，一个成年人的体内大约有3000亿个T细胞，这一数量已经充分地显示了T细胞的重要性。而且在许多情况下，T细胞也控制B细胞的免疫反应。因此，许多关于如何攻击病原体的决定都是在T细胞水平上作出的，了解它们的功能类型对于从整体上理解适应性免疫反应的功能至关重要。

T细胞有三种主要的类型：细胞毒性T细胞（或称杀伤性T细胞）、辅助性T细胞（Th细胞）及调节性T细胞（Treg细胞）。细胞毒性T细胞是可以摧毁病毒感染细胞的强有力的武器。通过识别并杀死那些被病毒感染的细胞，细胞毒性T细胞解决了"隐藏病毒"的问题。Th细胞通过分泌对其他免疫系统细胞有强大作用的化学信使（细胞因子），指挥免疫应答的过程。这些细胞因子包括IL-2和IFN-γ等。Treg细胞的作用就是防止免疫系统反应过度，但是其具体作用机制目前还没有完全研究透彻。

T淋巴细胞基于双链蛋白受体识别抗原。其中，最常见和最重要的是α、βT细胞受体（图2-4）。

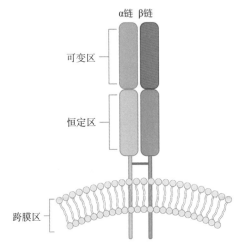

图2-4 α、βT细胞受体

每条链的恒定区和可变区，由跨膜区域锚定

T细胞受体的可变区结构域距离T细胞膜最远，但是可变区结构域氨基酸序列的差异是受体能够识别抗原多样性的分子基础。因此，受体的抗原结合位点由两个受体链的末端组成，并且这两个区域的氨基酸序列结合以确定其抗原特异性。每个T细胞只产生一种类型的受体，因此对单个特定抗原具有特异性。

二、抗原处理和提呈

病原体上的抗原通常大而复杂，由许多抗原决定簇组成。抗原决定簇（表位）是抗原内受体可以结合的小区域之一，抗原决定簇受受体本身大小的限制，它们通常由蛋白质中的六个或更少的氨基酸残基或碳水化合物抗原中的一个或两个糖部分组成。碳水化合物抗原上的抗原决定簇通常不如蛋白质抗原上的多样化。碳水化合物抗原存在于细菌细胞壁和红细胞（ABO 血型抗原）上。蛋白质抗原是复杂的，是由于蛋白质可以呈现多种三维形状。抗原的形状和抗原结合位点氨基酸的互补形状的相互作用解释了特异性的化学基础（图2-5）。

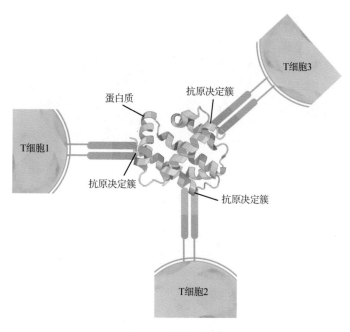

图2-5 抗原决定簇

（一）抗原的处理和提呈机制

虽然图2-5显示了T细胞受体与抗原决定簇直接的相互作用，但实际上T细胞用于识别抗原的机制要复杂得多。当抗原出现在病原体表面时，T细胞不能识别它们，只识别抗原提呈细胞（APC）上的特异性表面抗原。抗原被APC内化形成内体。抗原加工是一种酶促作用，将抗原切割成更小的碎片，然后将抗原片段带到细胞表面，并与一种称为主要组织相容性复合体（MHC）的分子（特殊类型的抗原提呈蛋白）结合。MHC是编码这些抗原提呈分子的一组基因。抗原片段与细胞表面MHC分子的结合称为抗原提呈，并导致抗原被T细胞识别。抗原和MHC的这种结合发生在细胞内部，并且是两者的复合物被带到细胞表面。肽结合槽是MHC分子末端的一个小压痕，距离细胞膜最远，经过处理的抗原片段与肽结合槽结合。MHC分子能够在其肽结合槽中呈现多种抗原，具体取决于氨基酸序列。它是MHC分子和原始肽或碳水化合物片段的组合，实际上被T细胞受体直接识别（图2-6）。

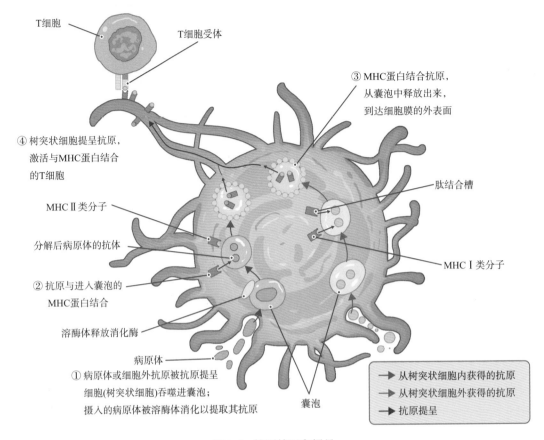

图2-6　抗原处理和提呈

　　两种不同类型的MHC分子：MHC I类和MHC II类，在抗原提呈中起作用。MHC通过运输囊泡将加工的抗原带到细胞表面，并将抗原提呈给T细胞及其受体。病原体抗原类别不同所对应的MHC类别也不同，并通过不同的途径到达细胞表面进行提呈。

　　MHC I类分子在机体大多数细胞表面都有分布，但是数量上却有很大的差别。MHC I类分子就像是一块"广告牌"，告知细胞毒性T细胞这些细胞内部的情况。例如，当一个人体细胞被病毒感染后，病毒蛋白的片段——多肽就会装载到MHC I类分子上，并被运输到病毒感染细胞表面。通过检查这些被MHC I类分子展示的蛋白片段，细胞毒性T细胞可以用其受体窥探到这些细胞内部的情况，发现该细胞已经被病毒感染并且应该被消灭。

　　MHC II类分子也发挥一种"告示牌"的作用，但这种展示主要针对辅助性T细胞的激活。在机体中，只有一些特定类型的细胞才能产生MHC II类分子，这些细胞被称作抗原提呈细胞，比如巨噬细胞就是一种优秀的抗原提呈细胞。在细菌感染过程中，巨噬细胞会吞噬细菌，并将消化了的细菌蛋白片段装载到MHC II类分子上，以复合物形式展示在巨噬细胞表面。通过T细胞受体的识别，Th细胞可扫描到巨噬细胞MHC II类分子上的细菌感染信息。综上所述，MHC I 类分子可在细胞内出现异常时向细胞毒性 T 细胞发出警告，而 MHC II 类分子则展示在抗原提呈细胞表面，将细胞外出现异常的消息告知 Th 细胞。

抗原通过消化处理，被带入细胞的内膜系统，然后在抗原提呈细胞的表面表达，以便 T 细胞识别抗原。细胞内抗原是病毒的典型特征，病毒以及某些其他细胞内寄生虫和细菌在细胞内复制。这些抗原在细胞质中被一种称为蛋白酶体的酶复合体加工，然后通过与抗原加工相关的转运体（TAP）系统进入内质网，与 MHC I 类分子相互作用，最终通过转运囊泡运输到细胞表面。

细胞外抗原是许多细菌、寄生虫和真菌的特征，它们不能在细胞质内复制，通过受体介导的内吞作用进入细胞内膜系统。由此产生的囊泡与高尔基复合体的囊泡融合，高尔基复合体包含预先形成的 MHC II 类分子。两个小泡融合后，抗原和 MHC 结合，新的小泡到达细胞表面。

（二）专业抗原提呈细胞

许多细胞类型表达 MHC I 类分子以提呈细胞内抗原。这些 MHC 分子可能会刺激细胞毒性 T 细胞的免疫反应，最终摧毁细胞和其中的病原体。对于最常见的细胞内病原体——病毒而言，这一点尤为重要。病毒几乎感染身体的每一个组织，所以所有这些组织必须能够表达 MHC I 类分子，否则就不能产生 T 细胞反应。

MHC II 类分子只在免疫系统的细胞上表达，特别是影响免疫反应其他部分的细胞。因此，这些细胞被称为"专业"抗原提呈细胞，以区别于携带 MHC I 类细胞。专业抗原提呈细胞有巨噬细胞、树突状细胞和 B 细胞三种（表 2-3）。

表 2-3　抗原提呈细胞的类别

MHC 类型	细胞类型	有无吞噬作用	功能
I 类	多种细胞	无	刺激细胞毒性 T 细胞免疫反应
II 类	巨噬细胞	有	刺激原发感染部位的吞噬作用和提呈
II 类	树突状细胞	有，在组织内	将抗原引入淋巴结区域
II 类	B 细胞	有，内化表面 Ig 和抗原	刺激 B 细胞分泌抗体

巨噬细胞刺激 T 细胞释放增强吞噬作用的细胞因子。树突状细胞也通过吞噬作用杀死病原体（图 2-6），但其主要功能是将抗原引流到淋巴结区域。淋巴结是大多数 T 细胞对间质组织病原体反应的部位。巨噬细胞存在于皮肤和黏膜表面，如鼻咽、胃、肺和肠黏膜。B 细胞也可能向 T 细胞提供抗原，这对于某些类型的抗体反应是必要的。

三、T细胞发育和分化

消除可能攻击自身细胞的T细胞的过程被称为T细胞耐受。胸腺细胞位于胸腺皮层，具有"双阴性"，即不携带CD4或CD8分子，由此来跟踪T细胞的分化途径（图2-7）。在胸腺的皮层，T细胞暴露于皮层上皮细胞。在一个被称为阳性选择的过程中，双阴性胸腺细胞与T细胞在胸腺上皮中观察到的MHC分子结合，并选择"自我"的MHC分子。这种机制在T细胞分化过程中会杀死许多胸腺细胞。事实上，只有2%的胸腺细胞进入胸腺后将其保留为成熟的功能性T细胞。

之后，这些T细胞变成双阳性，同时表达CD4和CD8，并从皮层移动到皮层和髓质之间的交界处，阴性选择就在此发生。在阴性选择中，自身抗原被专业的抗原提呈细胞从身体其他部位带入胸腺，与这些自身抗原结合的T细胞被选择为阴性，并被细胞凋亡杀死。最后，唯一剩下的T细胞是那些可以结合MHC分子的T细胞，其结合槽中存在外来抗原，至少在正常情况下可以防止对自身组织的攻击。然而，耐受可以通过自身免疫反应的发展来打破。

离开胸腺的细胞成为单个阳性，表达CD4或CD8，但不是同时表达（图2-8）。$CD4^+$ T细胞将与MHC II结合，$CD8^+$细胞将与MHC I结合。$CD8^+$ T细胞也称为细胞毒性T细胞或细胞毒性T淋巴细胞（CTL），其细胞表面标志物为$CD3^+$、$CD4^+$、$CD8^+$、$TCRa\beta$，它主要识别特异性抗原和 I 类MHC分子的肿瘤细胞，并杀伤这些肿瘤细胞，在防止一些淋巴系统的肿瘤及杀伤某些抗原调变的肿瘤细胞变异株方面具有一定的意义。

$CD4^+$ T细胞又分为四个主要子集：Th1、Th2、Th17和Treg细胞，它们产生并分泌能够警告和激活其他免疫细胞的分子，Th2细胞通过提醒B细胞、粒细胞和肥大细胞，对于协调针对细胞外病原体（如蠕虫）的免疫反应非常重要。Th17细胞因其产生IL-17的能力而得名，IL-17是激活免疫和非免疫细胞的信号分子。Th17细胞对于募集中性粒细胞很重要。

四、T细胞介导的免疫反应的机制

成熟T细胞通过识别与自身MHC分子相关并被加工过的外来抗原而被激活，并通过有丝分裂迅速分裂。T细胞的这种增殖被称为克隆扩增，是使免疫反应足够强以有效控制病原体所必需的。同样，T细胞的特异性是基于T细胞受体两条链的可变区域形成的抗原结合位点的氨基酸序列和三维形状。克隆选择是抗原只与那些有该抗原特异性受体的T细胞结合的过程。每个被激活的T细胞都有一个特异性受体"固有的连线"到DNA中，从此后代将具有相同的DNA和T细胞受体，形成原始T细胞的克隆。

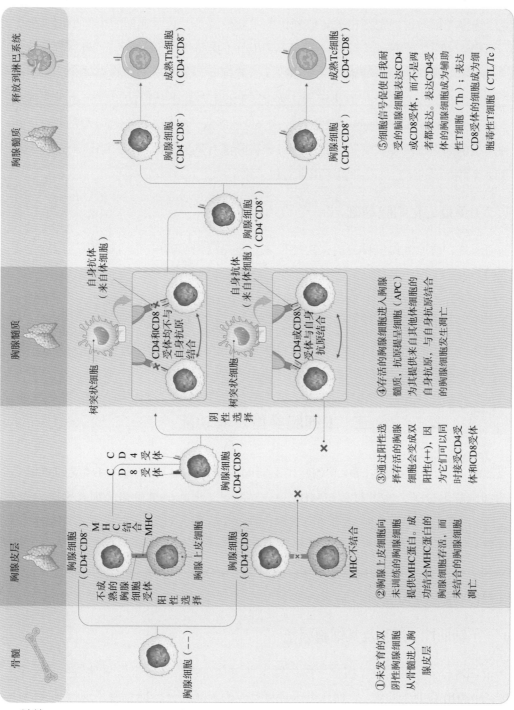

图 2-7 胸腺

不成熟的 T 细胞，称为胸腺细胞，它们进入胸腺并经历一系列的发育阶段，在离开并成为适应性免疫反应的功能组成部分之前，确保其功能和耐受性

（一）克隆选择和扩增

克隆选择与扩增过程密切相关。该理论的主要原则是，一个典型的个体根据其受体有 10^{11} 种不同类型的T细胞克隆。每一个克隆在体内的数量都很低。否则，身体就没有空间容纳这么多特异性的淋巴细胞。只有那些受体被抗原激活的淋巴细胞克隆才会被刺激增殖。大多数抗原具有多个抗原决定簇，因此，T细胞对典型抗原的反应包括多克隆反应。多克隆反应是对多个T细胞克隆的刺激，一旦被激活，被选中的克隆会增加数量，并对每种类型的细胞进行多次复制，并保持每个克隆都有其独特的受体。当这一过程完成时，身体将有大量的特定淋巴细胞可用来对抗感染。

（二）免疫记忆细胞基础

如前所述，适应性免疫反应的主要特征之一是免疫记忆的进化。在初级适应性免疫反应期间，会产生记忆T细胞和效应T细胞。记忆T细胞寿命很长，甚至可以持续一生。这时，任何随后接触的病原体都会引发非常快速的T细胞反应。这种快速的二次适应性反应产生大量效应T细胞的速度非常快，以至于在病原体引起任何疾病症状之前就已被消灭。这也是人体对疾病具有免疫力的含义。B细胞和抗体反应中的初级和次级免疫反应模式相同，将在本节"八、初级与次级B细胞反应"中讨论。

五、T细胞类型及其功能

成熟的T细胞只能表达CD4或CD8，不能同时表达CD4和CD8。CD4或CD8标志物作为细胞黏附分子，通过直接与MHC分子结合使T细胞与抗原提呈细胞紧密接触。因此，T细胞和抗原提呈细胞以两种方式保持在一起：通过CD4或CD8附着在MHC上以及通过T细胞受体与抗原结合（图2-8）。含CD4标志物的T细胞与辅助功能有关，而含CD8标志物的T细胞与细胞毒性有关。这些基于CD4和CD8标志物的功能区分有助于定义每种T细胞类型的功能。

（一）辅助性T细胞及其细胞因子

携带CD4分子的辅助性T细胞（Th细胞）通过分泌细胞因子来增强其他免疫反应。Th细胞分为Th1和Th2两类，它们作用于免疫反应的不同成分。Th细胞不通过其表面分子来区分，而是通过分泌的特征细胞因子集来区分（表2-4）。

Th1细胞分泌调节各种细胞（包括巨噬细胞和其他类型的T细胞）的免疫活性和发育的细胞因子。

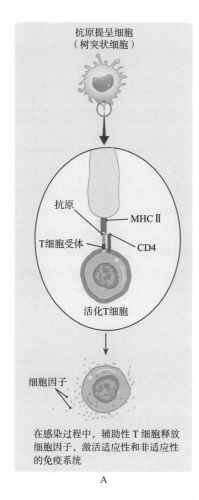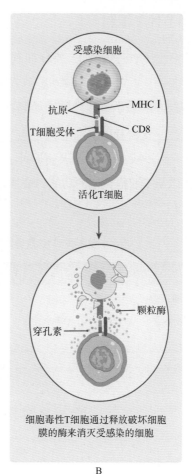

图2-8 病原体提呈

A. CD4与辅助性和调节性T细胞（CD4⁺T细胞）有关。细胞外病原体在MHC Ⅱ类分子的结合裂隙中被加工和提呈，并且这种相互作用被CD4分子加强。B. CD8与细胞毒性T细胞（CD8⁺T细胞）有关。细胞内病原体由MHC Ⅰ分子提呈，CD8与其相互作用

Th2细胞分泌细胞因子，作用于B细胞，促使其分化为产生抗体的浆细胞。事实上，抗体对大多数蛋白质抗原反应都需要T细胞的帮助，这些蛋白质抗原被称为T细胞依赖性抗原。

（二）细胞毒性T细胞

细胞毒性T细胞（Tc细胞）是一种通过诱导凋亡杀伤靶细胞的T细胞，其作用机制与NK细胞相同。它们要么表达Fas配体，与靶细胞上的Fas分子结合，要么利用细胞质颗粒中的穿孔素和颗粒酶发挥作用，在病毒完成复制周期之前杀死病毒感染的细胞，不会产生感染性颗粒。随着免疫应答过程中产生更多的Tc细胞，具有"压制"病毒引起疾病的能力。此外，每个Tc细胞可以杀死多个靶细胞。Tc细胞在抗病毒免疫应答中非常重要。

（三）调节性T细胞

调节性T细胞（Treg细胞），或称抑制性T细胞，Treg细胞除含CD4分子外，还含有CD25和FOXP3分子。它们的具体功能仍在研究中，但已知可以抑制其他T细胞的免疫反应。这是免疫反应的一个重要特征，如果在免疫反应过程中任由克隆扩增继续不受控制，这些反应可能会导致自身免疫性疾病和其他医学问题。

总之，T细胞不仅能直接杀灭病原体，还能调节几乎所有其他类型的适应性免疫反应，这一点可以从T细胞类型的功能、表面标志物、作用的细胞及对抗的病原体类型中得到证明（表2-4）。

表2-4　T细胞类型及其细胞因子的功能

T细胞	主要靶点	功能	病原体	表面标志物	MHC 类型	细胞因子或介质
Tc	受感染的细胞	细胞毒性	胞内	CD8	I 类	穿孔素、颗粒酶和 Fas 配体
Th1	巨噬细胞	辅助诱导剂	胞外	CD4	II 类	IFN-γ 和 TGF-β
Th2	B 细胞	辅助诱导剂	胞外	CD4	II 类	IL-4、IL-6、IL-10 等
Treg	Th 细胞	抑制	无	CD4、CD25	未明确	TGF-β 和 IL-10

六、B淋巴细胞和抗体

适应性免疫系统存在的线索可以追溯到18世纪90年代，英国著名的免疫学家爱德华·詹纳开始用免疫的方法帮助英国人摆脱对天花病毒的恐惧。这就是适应性免疫系统的典型特征：它可以适应并获得免疫能力，抵御特定的"入侵者"。

抗体是研究免疫系统的科学家确定的适应性免疫反应的第一个组成部分。众所周知，从细菌感染中存活下来的人对再次感染同一病原体具有免疫力。早期的微生物学家从免疫病人身上提取血清，并将其与新鲜培养的相同类型的细菌混合，然后在显微镜下观察细菌。细菌在凝集过程中结块。当使用不同的细菌种类时，凝集反应不会发生。因此，在免疫个体的血清中有某种物质可以特异性地结合和凝集细菌。

科学家已经确定导致凝集的原因是一种抗体分子，也被称为免疫球蛋白。表面免疫球蛋白是B细胞受体的另一个名称。分泌的抗体和表面免疫球蛋白都由相同的基因编码，在合成这些蛋白质的方式上有一个微小的差异，将表面有抗体的祖（naïve）B细胞或称初始B细胞与表面没有抗体的分泌抗体的浆细胞区分了出来。浆细胞的抗体与B细胞的前体细胞具有完全相同的抗原结合位点和特异性。抗体有五种不同的类别：IgM、IgD、IgG、IgA和IgE，每一种在适应性免疫反应中都有特定的功能。

B细胞不能以T细胞的复杂方式识别抗原。B细胞可以识别天然的、未加工的抗原，不需要MHC分子和抗原提呈细胞的参与。

（一）B细胞分化和活化

从最初的造血干细胞到成熟的B细胞都是在骨髓中完成分化的。随后在次级淋巴器官，如脾脏或淋巴结中发育成熟并最终在血液中循环。在B细胞成熟过程中，可产生多达100万亿个不同的B细胞克隆，并在其中经历两个标志性事件：功能性B细胞受体（BCR）的表达和自身耐受的形成，其中骨髓微环境发挥重要作用（包括基质细胞表达的细胞因子和黏附分子）。这与T细胞中观察到的抗原受体的多样性相似。中枢耐受是指骨髓中识别自我抗原的B细胞被破坏或失活，其作用至关重要。在克隆缺失过程中，与表达在组织上的自身抗原紧密结合的未成熟B细胞会发出凋亡自杀信号，将其从群体中移除。然而，在克隆无能的过程中，暴露于骨髓中可溶性抗原的 B 细胞依然存在，但是无法发挥作用。

另一种被称为外周耐受的机制是T细胞耐受的直接结果。在外周耐受过程中，功能成熟的B细胞离开骨髓，但尚未暴露于自我抗原。大多数蛋白质抗原需要Th2细胞的信号产生抗体。当B细胞与自身抗原结合，但没有收到来自附近Th2细胞的信号以产生抗体时，B细胞就会收到凋亡的信号并被破坏。这是T细胞控制适应性免疫反应的又一个例子。

B细胞的T细胞非依赖性活化要求B细胞受体聚集在B细胞表面（也称为交联），且具有Toll样受体参与二级信号。当B细胞受体在细菌或病毒表面识别到进化保守的重复表位时，就会发生B细胞受体交联。

B细胞的T细胞依赖性活化需要两种信号。第一种是B细胞受体通过与外源靶点或游离可溶性抗原中的抗原表面分子结合而发生交联。第二种是通过T细胞中的CD40受体发出信号。

B细胞与抗原结合后被激活，大多数分化为浆细胞。浆细胞通常会离开产生反应的次级淋巴器官，并迁移回分化过程开始的骨髓。在分泌抗体一段时间后，浆细胞就会死亡，这是因为浆细胞大部分能量都用于制造抗体，而不是维持自己的存活。因此，浆细胞被认为是终末分化细胞。

免疫系统的主要特征之一是对过去遇到的抗原的免疫记忆。在体液免疫反应中，有两层记忆，即长寿命的记忆B细胞和效应B细胞（即浆细胞）。这些长寿命细胞的产生依赖于辅助性T细胞存在下B细胞的抗原活化，从而诱导生发中心。

与浆细胞相反，记忆B细胞的寿命很长，在重新遇到抗原之前在一直处于休眠状态。再次暴露抗原时，记忆B细胞可立即生成对抗其抗原的抗体。随着再次暴露于外源抗原，记忆B细胞立即重新活化并分化为能分泌抗体的浆细胞。IgG同型抗体由这些浆细胞分泌，对特异性外源性抗原具有高亲和力。这些IgG抗体能有效地快速中和病毒和细菌抗原，是包括免疫记忆（尤其是来自记忆B细胞和记忆T细胞）在内的二次免疫反应的一部分。

（二）抗体结构

抗体是糖蛋白，由两种类型的多肽链和附着的碳水化合物组成。重链和轻链是形成抗体的两种多肽。抗体重链类型直接决定了抗体的类型，哺乳动物抗体重链可分为五类，分别以希腊字母γ、α、μ、δ和ε表示，据此将抗体相应地分为IgG、IgA、IgM、IgD和IgE。形成抗体分子上抗原结合位点的一部分是轻链的一个重要作用。重链和轻链的可变区形同两个相同的"抓手"，与抗原结合。

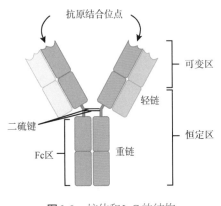

图2-9 抗体和IgG的结构

1. 抗体结构的四链模型 所有抗体分子都有两个相同的重链和两个相同的轻链。一些抗体含有这种四链结构的多个单位。抗体的Fc区由两条重链结合在一起形成，通常由二硫键连接（图2-9）。抗体的Fc区很重要，因为免疫系统的许多效应细胞都有Fc受体。具有这些受体的细胞可以与抗体包被的病原体结合，从而大大增加效应细胞的特异性。在分子的另一端是两个相同的抗原结合位点，即"抓住"抗原的"抓手"。

2. 五类抗体及其功能 一般来说，抗体有两种基本功能：①作为B细胞抗原受体；②分泌、循环并与病原体结合，通常标记病原体以供其他形式的免疫反应识别。值得注意的是，在这五类抗体中（表2-5），只有两种可以作为祖B细胞的抗原受体：IgM和IgD。成熟B细胞在离开骨髓后同时表达IgM和IgD。

IgM由5个四链结构组成（20个总链，10个相同的抗原结合位点），是最大的抗体分子。IgM通常是在初级反应期间产生的第一个抗体。它的10个抗原结合位点和较大形状使其能够很好地与许多细菌表面结合。此外，IgM在结合补体蛋白和激活补体级联反应方面表现出色，与促进趋化、调理和细胞裂解中的作用一致。因此，它在初级抗体反应中是一种非常有效的细菌抗体。随着初级反应的进行，B细胞产生的抗体可以转变为IgG、IgA或IgE，这一过程被称为抗体种类切换。抗体种类切换是指将一个抗体类别转换为另一个抗体类别。虽然抗体的种类转变，但特异性和抗原结合位点不变。因此，产生的抗体仍然对刺激初始IgM反应的病原体具有特异性。

表2-5　五类抗体

五类免疫球蛋白（Ig）				
IgM 五聚体	IgG 单体	分泌型 IgA 二聚体	IgE 单体	IgD 单体
		分泌型二聚体		

	IgM 五聚体	IgG 单体	分泌型 IgA 二聚体	IgE 单体	IgD 单体
重链	μ	γ	α	ε	δ
抗原结合位点数	10	2	4	2	2
分子质量（Da）	900 000	150 000	385 000	200 000	180 000
血清中的抗体百分比	6%	80%	13%	0.002%	1%
穿过胎盘	否	是	否	否	否
修复补体	是	是	否	否	否
Fc 结合		吞噬细胞		肥大细胞和嗜碱性粒细胞	
功能	初级反应抗体，最擅长修复补体；IgM 单体是 B 细胞受体	血液中次级反应的主要抗体，中和毒素，调理作用	分泌黏液、泪液、唾液、初乳	抗过敏和抗寄生虫活性抗体	B 细胞受体

　　IgG是初级反应晚期和血液中次级反应的主要抗体。这是因为抗体种类切换发生在初级响应期间。IgG是一种单体抗体，可清除血液中的病原体，并利用其抗菌活性激活补体蛋白（尽管不如 IgM）。此外，这类抗体可穿过胎盘至胎儿血液和间质液，以保护发育中的胎儿免受病原体的侵袭。

　　IgA以两种形式存在：一种是血液中的四链单体，一种是黏膜外分泌腺的八链结构或二聚体IgA，包括黏液、唾液和眼泪。因此，二聚体IgA是唯一离开身体内部保护身体表面的抗体。IgA对新生儿也很重要，因为这种抗体存在于母乳（初乳）中，可以保护婴儿免受疾病的伤害。

　　IgE通常与过敏反应有关。IgE在血液中的浓度最低，因为它的Fc区与肥大细胞表面的IgE特异性Fc受体紧密结合。IgE使肥大细胞的脱颗粒作用非常特异，如果一个人对花生过敏，那么他（她）的肥大细胞会结合花生-特异性IgE。此时，这个人摄入花生会导致肥大细胞脱颗粒，可能会引起严重的过敏反应，包括速发型超敏反应，一种严重的、可导致死亡的全身过敏反应。

七、B细胞的克隆选择

克隆选择和扩增在B细胞中的模式与T细胞的模式大致相同。仅选择具有适当抗原特异性的B细胞并扩增（图2-10）。最终，浆细胞分泌的抗体具有与所选B细胞表面相同的抗原特异性。需注意，浆细胞和记忆B细胞同时产生。

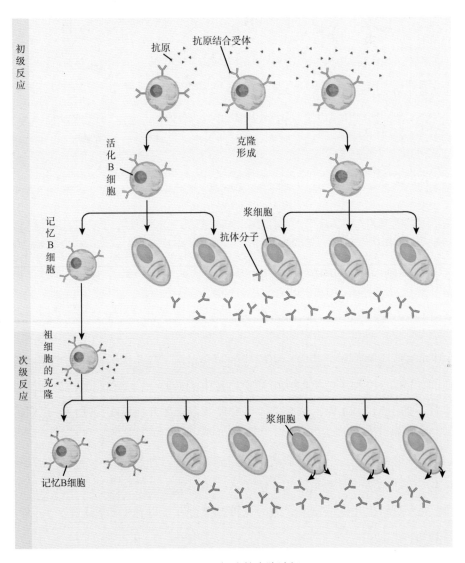

图2-10 B细胞的克隆选择

在初级B细胞免疫应答过程中，会产生分泌抗体的浆细胞和记忆B细胞。这些记忆B细胞导致更多的浆细胞和记忆B细胞在次级反应中分化

八、初级与次级B细胞反应

由于抗体很容易从血液样本中获得，因此它们易于跟踪和绘制（图2-11）。从图中可以看出，对病原体的最初反应会延迟几天，这是B细胞克隆扩大并分化为浆细胞所需的时间，尽管产生的抗体水平较低，但足以起到免疫保护作用。如果第二次遇到同样的病原体，在非常短的时间，产生的抗体量会很高，因此，次级抗体反应可以迅速消灭病原体，在大多数情况下，不会感觉有症状。

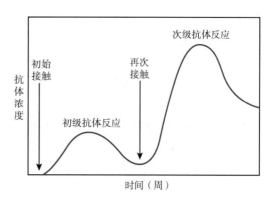

图2-11 初级和次级抗体反应

如果遇到不同的抗原，对应的抗体水平低和时间延迟，则会是另一种初级反应。

九、主动免疫与被动免疫

主动免疫与被动免疫在自然界和医学中都有例子。对病原体的免疫力，以及控制病原体生长从而限制对身体组织的损害的能力，可通过以下途径获得：①受感染者主动发展免疫反应；②免疫成分从免疫个体被动转移到非免疫个体。

（一）主动免疫

主动免疫是机体接触"非己"抗原物质，通过自然感染疾病或接种疫苗获得，是由机体自身免疫系统产生的保护力，它有三个特点：①获得性；②针对性，也就是特异性；③可变性（表2-6）。

表2-6 主动免疫与被动免疫获得方式比较

	自然感染	人工获得
主动免疫	适应性免疫反应	疫苗反应
被动免疫	经胎盘抗体 / 母乳喂养	注射免疫血清 / 免疫球蛋白

有些疾病，机体通过自然感染获得的免疫力是持久的，甚至持续终生，如水痘、麻疹、流行性腮腺炎，一生只会得一次；而有些疾病，当机体长期不再接触同一抗原时，所产生的免疫力可以减少甚至消失，如变异的流感、百日咳、戊型肝炎等，均可能重复感染，而很多疫苗接种一段时间后，抗体会慢慢地减弱或消失，所以，需要进行"加强"

免疫。主动免疫后往往需要经过十几天，或多次接种后才能建立巩固的免疫力。

人工获得的主动免疫包括使用疫苗，疫苗是由被杀死或减毒的病原体或其成分制作的生物制品，当给一个健康个体接种疫苗后，会导致免疫记忆的发生（比较弱的初级免疫反应），而不会引起太多症状。因此，通过使用疫苗，人们可以避免因首次接触病原体而造成的疾病损害，获得免疫记忆保护的好处。疫苗的出现是20世纪医学的重大进步之一，天花被根除，许多传染病得到控制，如脊髓灰质炎、麻疹和百日咳。

（二）被动免疫

被动免疫，是指外界强加给人体的免疫，而不是人体自身产生的免疫。被动免疫有两种情况：一种是6个月内的婴儿，从母乳中获得免疫。此种免疫在6个月之后会消失。所以，母乳喂养可以很好地保护6个月内的婴儿，避免发生各种传染病。刚出生时人体自身的免疫系统还没有发育成熟，免疫发育需要几年的过程。所以在婴幼儿时期经常发生各种传染病。但是，只要母乳喂养，在前6个月通过母乳获得被动免疫，可以起到有效的保护作用。6个月之后才会经常发生各种传染病，尤其是多次发生上呼吸道感染，也容易引发肺炎。另一种被动免疫是通过注射免疫血清或免疫球蛋白（又称为抗体）获得。譬如受到外伤后打破伤风针，注射破伤风抗毒血清和破伤风免疫球蛋白，视为被动免疫。注射破伤风类毒素抗原视为主动免疫。被犬咬伤比较严重时需要打两种针：一种是狂犬病疫苗，这是主动免疫，另一种是高效免疫球蛋白，这是被动免疫。乙肝母亲分娩后要给新生儿注射两种免疫针：一种是乙肝疫苗，是主动免疫，另一种是高效免疫球蛋白，是被动免疫。因此，在医学上，人为获得的被动免疫通常涉及注射免疫球蛋白，这些免疫球蛋白通常是取自先前暴露于特定病原体的动物。这种治疗是一种快速有效的暂时保护可能暴露于病原体个体的方法。这种被动免疫的缺点是缺乏免疫记忆，注入的免疫球蛋白将在几周后降解，失去保护作用。

十、T细胞依赖性抗原与T细胞非依赖性抗原比较

Th2细胞分泌细胞因子，驱动B细胞产生抗体，这是B细胞对复杂抗原（例如，由蛋白质组成的抗原）作出的反应。然而，一些抗原是T细胞非依赖的。T细胞非依赖性抗原通常是在细菌细胞壁上以重复碳水化合物形式存在。B细胞表面的每个抗体都有两个结合位点，T细胞非依赖性抗原的重复特性导致B细胞表面抗体交联，交联足以在没有T细胞因子的情况下被激活。

T细胞依赖性抗原通常不会在病原体上重复到相同程度，因此不会以相同的效率交联

表面抗体。为了引发对这些抗原的反应，B细胞和T细胞必须靠得很近（图2-12）。B细胞必须接收两个信号才能被激活，其表面免疫球蛋白须识别原生抗原，其中一些抗原被内化、加工并提呈给MHCⅡ分子上的Th2细胞。然后T细胞利用其抗原受体结合，并被激活以分泌细胞因子扩散到B细胞，最终将B细胞完全激活。因此，B细胞通过细胞因子从其表面抗体和T细胞接收信号，并在此过程中充当专业的抗原提呈细胞。

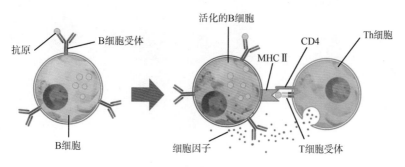

图2-12 T细胞和B细胞结合

综上所述，适应性免疫反应具有特异性识别并对各种病原体作出反应的能力，这是它的巨大优势。抗原通常是与病原体相关的小化学基团，由B和T淋巴细胞表面的特异性受体识别，这种特异性受体可达100万亿个，可识别几乎所有可以想象的病原体。

免疫系统首次接触病原体，被称为初级适应性免疫反应。第一次感染，称为原发疾病，总是相对严重，因为对病原体的初始适应性免疫反应需要一定时间才能生效。当再次暴露于同一病原体时，会产生比最初反应更强、更快的次级适应性免疫反应。这种次级适应性免疫反应通常在病原体造成重大组织损伤或出现症状之前就将其消灭。这种次级反应是免疫记忆的基础，它保护机体免受同一病原体的反复感染。通过这种机制，个体在生命早期接触病原体就可以使其在以后的生活中免受这些疾病的影响。

适应性免疫反应的第三个重要特征是它能够区分自身抗原（通常存在于体内）和外来抗原（可能存在于潜在病原体上）。随着T细胞和B细胞的成熟，存在着可阻止它们识别自我抗原的机制，防止对身体的破坏性免疫反应。然而，这些机制并不是百分之百有效，它们的失效会导致自身免疫性疾病。

简而言之，固有免疫和适应性免疫的主要区别在于，固有免疫产生针对病原体的非特异性免疫反应，而适应性免疫则针对特定病原体产生特异性免疫反应。固有免疫反应与适应性免疫应答的关系：①固有免疫反应启动适应性免疫应答；②固有免疫反应调控适应性免疫应答的类型；③适应性免疫应答协助效应T细胞进入感染或肿瘤发生部位；④协同效应T细胞和抗体发挥免疫效应（图2-13）。

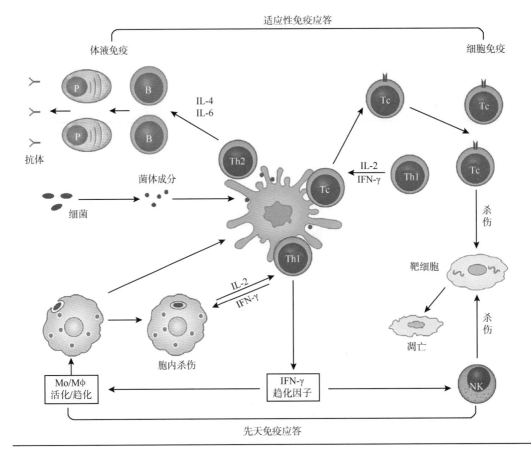

图 2-13 固有免疫反应与适应性免疫反应的关系和作用

Mo：单核细胞；Mφ：巨噬细胞；Tc：细胞毒性T细胞；B：B细胞；P：P物质

第四节　免疫系统与人体微生态研究现状

　　人体皮肤、肠道和其他黏膜环境中栖息着大约100万亿个微生物，即人体微生态系统，亦称微生物组。随着非培养技术和基因组技术的快速发展，人们对于细菌和生态系统中其他微生物（包括病毒、真菌、寄生虫）的独特集合基因组进行了广泛而深入的研究。最新的研究进展表明，人体微生物组不是一个简单的定居者，它还能够积极影响宿主的多种功能，如昼夜节律、营养效应、代谢和免疫等。近年来，众多的研究证实，肠道微生物组对于哺乳动物免疫系统的发育、诱导、教育、功能成熟及功能调整起着至关重要的作用（图2-14），免疫学领域已经发生了转变。

　　哺乳动物的免疫系统包括固有免疫和适应性免疫成分构成了复杂的网络系统，对于宿主防御各种潜在、有害的外部和内源性因素对机体稳态造成的扰动或破坏起着至关重要的作用。哺乳动物和栖息微生物群落共同进化、互惠共生和维持稳态。这种和谐关系需要宿主免疫系统正常运作，阻止微生物过度增殖，同时保持对无害刺激的免疫耐受。肠道微生物群与宿主免疫系统之间的相互作用处在复杂、动态和环境依赖的过程中（图2-14）。

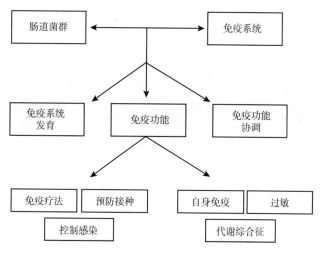

图2-14　肠道微生物组对于哺乳动物免疫系统的作用

一、微生物组在免疫发育中的作用

微生物在人体黏膜表面的早期定植，对于宿主免疫系统的发育成熟起着关键作用。生命早期，人体微生物数量由少数到庞大数量，种属、多样性和丰度由简单到复杂，并且在这个过程中个体内和个体间的微生物群组成也发生了巨大的变化，至3岁左右达到相对趋于稳定的成人样结构。有趣的是，从婴儿出生的那一刻起，免疫系统也开始了发育过程，人体微生态与免疫系统的"通信与对话"，对免疫系统进行"教育和驯化"，使免疫系统尽可能多地学习识别有益菌和有害菌，识别有害抗原和无害抗原。影响免疫发育的大多数关键事件，如出生方式、喂养方式、添加辅食、感染以及预防接种等多是发生在生命最初的1000天。因此，这一时期是人体微生态和免疫发育关键的"时间窗口期"，为在生命早期干预免疫系统发育异常或紊乱提供了依据。

儿童不是成年人的缩影，与其他系统一样，免疫系统在出生以后也处于持续的发育过程中。出生时新生儿免疫系统虽已比较完善，但这一时期的免疫反应仍然处于低下的状态。首先，出生时新生儿B细胞能分化为产生IgM的浆细胞，但不能分化为产生IgG和IgA的浆细胞，因此出生时不能测出分泌型IgA（sIgA），IgG则来自于母体。产生IgA的浆细胞要到10天左右才能分离到。2～4周后，产生IgM和IgG的浆细胞数量迅速增加，而产生IgA的浆细胞要到12个月后达到最高峰。其次，新生儿T细胞，包括

CD4$^+$和CD8$^+$T细胞的总数高于成年人，但大多数在表型和功能上处于原始状态，90%为CDRA45$^+$。新生儿T细胞的激活阈值及共刺激依赖IL-2的程度较高，而产生IL-4和IFN-γ的水平低，CD40表达存在缺陷。针对T细胞依赖和非T细胞依赖性抗原的免疫反应也有年龄相关性，但两者明显不同：一般非T细胞依赖性反应在出生时缺乏，以后缓慢发育，4～6岁时达到成人水平；而T细胞依赖性反应，代表B细胞受体多样性和激活B细胞记忆反应的功能在出生时或出生后不久即可建立（表2-7，表2-8）。

表2-7　在儿童早期与年龄相关的全身B细胞抗体反应特征

年龄	抗原		B细胞反应
	T细胞依赖性抗原	非T细胞依赖性抗原
出生时	B细胞受体多样性，记忆B细胞激活	缺乏
2个月	B细胞对绝大多数抗原反应	对脂多糖抗原反应很低或无反应
17～18个月	B细胞分化成熟和定居	对脂多糖抗原反应低
4～6岁	有效的应答	有效的应答，淋巴结边缘B细胞区

表2-8　新生儿期外周血抗体（Ig）分泌细胞的变化

出生天数（d）	样本数量（n）	样本阳性值（%）		
		IgA	IgM	IgG
0～5	67	0	0	0
6～14	24	58	38	46
15～21	15	67	33	40
22～31	13	78	31	39

出生时胃肠道的黏膜免疫系统的活性较低，在派尔集合淋巴结（PP）和其他黏膜免疫组织中，虽然在妊娠19周时即可以分离到T细胞和B细胞，但是象征B细胞活动的生发中心的次级滤泡尚处在静止状态，直到生后数周才逐步活跃起来（表2-9）。

表2-9　人类PP中与年龄相关的细胞特征

年龄		细胞特征	PP细胞均数（范围）
胎儿至出生	妊娠10～11周	原始小结HLA-DR$^+$，CD4$^+$细胞	—
	妊娠11～16周	CD8$^+$细胞，IgM$^+$，IgD$^+$B细胞	—
	妊娠16～18周	CD5$^+$B细胞，IgA$^+$B细胞	—
	妊娠20～40周	PP中可见T细胞和B细胞区	60（45～70）
	出生时	无	60（50～90）

续表

	年龄	细胞特征	PP 细胞均数（范围）
出生以后	24 小时至 6 周	黏膜暴露抗原以后形成生发中心	94（70～150）
青少年	12～15 岁	无	295（185～325）
成年人	20 岁	无	180（100～285）
	90 岁	无	100（60～170）

一表示无相关数据。

由以上可见，出生后免疫系统持续的发育与成熟需要不断地接受外界抗原的刺激，在接触各种抗原的过程中（如感染、疫苗接种、肠道菌群的刺激等）得以"学习"和接受"教育"，在这些因素中，肠道菌群是最重要的微生物刺激来源，是驱动出生后免疫系统发育成熟，甚至是诱导以后免疫反应平衡的原始的基本因素。目前的研究表明，肠道菌群的作用具有一定的"窗口期"，这也是出生后肠道菌群的"程序化建立"对个体的免疫系统发育成熟及其免疫反应有如此重要性的原因。如果在出生后肠道菌群建立延迟或长期紊乱，由此带来的肠道黏膜免疫和全身免疫反应异常，与过敏性疾病、炎症性肠病、自身免疫性疾病等密切相关，可能影响到一个人的终身健康（图2-15，图2-16）。

近年来的研究表明：固有免疫和适应性免疫的发育成熟均离不开微生物菌群。共生微生物群是人体免疫发育成熟和功能完善的必需条件，而非可选条件。人体的免疫系统需要接受微生物菌群"教育和驯化"才能完善，免疫细胞也需要微生物菌群训练才能正确、高效地执行功能。

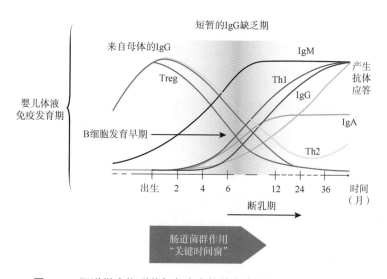

图 2-15 肠道微生物群落与免疫应答的生命早期"关键时间窗"

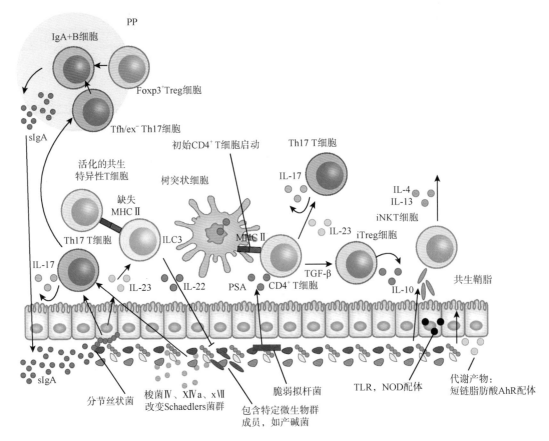

图2-16 稳态下肠道微生物群与免疫的相互作用

二、固有免疫系统与微生物组的相互作用

虽然人类一出生时就拥有固有免疫的基础架构，但固有免疫系统是在与微生物菌群和微生物菌群相关信号的接触过程中逐渐发育分化成熟的。

（一）宿主诱导肠道微生物群落区室化

正常肠道庞大的微生物种群按照各自种群特点，与宿主肠上皮"友好"相处，有序定植在肠道特定位置或区域，称为肠道微生物群区室化。宿主对肠道微生物群落的免疫反应严格划分到黏膜表面，单层上皮将肠腔与下层组织分开。致密的黏液层将肠上皮与常驻微生物隔断分开。黏液屏障围绕高糖基化黏蛋白2（MUC2）组织。MUC2不仅通过静态屏障提供保护，还通过具有抗炎作用的树突状细胞（DC）来限制肠道抗原的免疫原性。紧密连接是限制经上皮通透性的关键结构，通过代谢产物吲哚上调紧密连接和相关细胞骨架蛋白来促进上皮屏障的强化。此外，还有sIgA抗体和AMP维持黏膜屏障功能。肠道DC被认为在分隔肠道微生物群落中起关键作用，其机制包括取样肠道细菌进行抗原提呈。宿主用来维持其与微生物群落的稳态关系的中心策略是尽量减少微生物与上皮细胞表面之间的接触，从而阻断组织炎症和微生物易位。

肠黏膜上皮是宿主-微生物群相互作用的最佳研究界面。肠道免疫系统的一个显著特征是能够建立对巨大且不断变化的无害微生物的免疫耐受性，同时保持对致病性感染或共生菌侵入无菌身体环境的免疫反应。

（二）固有免疫与微生物组间的相互作用

肠道微生物群和固有免疫进行广泛的双向交流（图2-16）。AMP是固有免疫系统中最古老的成员。大多数肠道AMP由帕内特细胞产生，肠道AMP与微生物菌群具有多种相互作用，参与塑造肠道微生物菌群结构。此外，胰液中含有抗菌物质，对维持肠道稳态至关重要。

肠上皮和免疫细胞表达识别病原体相关分子的受体（锁），即模式识别受体，如TLR和核苷酸结合寡聚结构域（NOD）样受体（NLR）。模式识别受体是固有免疫细胞感知危险的主要途径，其特点是不依赖于特异病原体，起效快。肠道微生物菌群（包括病原体）可衍生大量TLR、NLR和RLR相应的配体（钥匙），以及代谢产物小分子有机酸配体和芳香烃（AhR）配体。这些配体可直接作用于局部肠道组织细胞，也可渗透到黏膜之外，进入循环，以调节外周组织的免疫细胞。

人体有10个TLR基因，分别编码不同的蛋白，每一种都能识别不同的病原体相关分子模式，并激活下游相关信号通路，参与宿主对病原体的防御，调节共生微生物的丰度，维持组织的完整性。TLR主要识别的是细胞外的病原体相关物质。

NLR依据核苷酸结合寡聚化结构域包含的蛋白不同，分为NOD1和NOD2。NOD1是一种固有感受器，协助适应性淋巴组织的产生和维持肠道稳态；NOD2作为细菌感受器通过限制共生菌寻常拟杆菌的生长，预防小肠炎症。肠道微生物菌群对NOD2的刺激，可促进肠上皮干细胞存活和上皮细胞的再生。病原菌通过TLR被免疫细胞吞入到细胞后，NLR开始发挥作用，因此NLR主要是在细胞质内识别细菌和病毒相关物质。

髓系分化因子-88（MyD88）是多种固有免疫受体的适配器，主要是识别微生物信号，以及效应分子IL-1和IL-18通过其各自受体诱导的信号通路。MyD88控制多种AMP的上皮表达，限制肠道相关革兰氏阳性菌的数量，限制适应性免疫的激活，调节T细胞分化，通过刺激IgA分泌促进微生物群稳态。

单核细胞和巨噬细胞是关键的固有免疫效应细胞，具有重要的调节稳态的作用。代谢产物SCFA不仅为肠上皮提供能量，还激活造血细胞表达的G蛋白偶联受体，通过抑制组蛋白脱乙酰酶（HDAC）调控巨噬细胞的基因表达，使巨噬细胞和树突状细胞前体的生成增强，控制肠黏膜中单核细胞来源巨噬细胞的稳态补充，从而增强抗菌宿主防御。

固有淋巴细胞（ILC）专门用于快速分泌极化细胞因子和趋化因子，以对抗感染并促进黏膜组织修复。宿主肠道ILC的表型多样性和功能可塑性是通过微生物组的信号整合来实现的。研究表明，早期生命阶段，ILC在黏膜和屏障部位富集，与此同时，肠道微生物的定植和建立处在巨变中。

三、适应性免疫系统与微生物组间的相互作用

微生物群适应性免疫反应的一个重要特征是，肠道微生物群的发展和建立是发生在完全没有炎症的情况下，这一过程称为"免疫稳态"。适应性免疫反应是将微生物群控制在其生理生态位的基础之上，并与组织生理学高度交织，有助于维持肠道组织完整性和整体调节。

对微生物群的免疫稳态研究最多的是与IgA反应（图2-16，图2-17），正常人体肠道每天分泌几克IgA。IgA（包括母体IgA、先天性和适应性IgA）是哺乳动物中含量最丰富的抗体，在塑造与微生物群的早期相互作用，以及维持微生物群多样性和整个生命的区室化方面起着重要作用。sIgA的产生有两种方式：非依赖T细胞（称为先天性IgA细胞）和依赖T细胞（称为适应性IgA）。适应性IgA在塑造与微生物群互利互惠关系方面的作用远远大于先天性IgA，有助于维持微生物组多样性和平衡，有助于Foxp3调节性T细胞的扩增，在调节反馈循环过程中维持稳态IgA的反应。

在有微生物定植的皮肤和黏膜组织中，存在较多效应T细胞和记忆T细胞。尤其是在稳态下，胃肠道或皮肤等屏障部位存在较多Th17和Th1细胞，这些免疫细胞的出现与微生物群高度相关。Th17细胞在维持组织生理学方面起重要作用。Th17细胞标志性细胞因子IL-17A、IL-17F和IL-22可促进上皮细胞产生抗菌肽并加强上皮细胞紧密连接。此外，Th17细胞还可以促进肠道相关淋巴组织产生IgA。

大量研究证明，特定的微生物或细菌群落在稳态下可主导影响免疫系统。这些影响免疫系统的生物被称为"关键物种"，如分节丝状菌（SFB）是胃肠道中关键的物种，SFB作为革兰氏阳性厌氧菌定植于小鼠回肠末端，通过促进小肠中Th17和Th1细胞的积聚和驱动IgA的产生，对黏膜免疫系统的发育成熟具有主导作用。皮肤微生物群掌控着皮肤内产生IL-17的T细胞的积聚，显示出皮肤微生物群调节适应性免疫系统不同分支的能力比肠道更具特异性。

滤泡辅助性T（Tfh）细胞是$CD4^+$ T细胞的一个特殊亚群，特异性用于辅助B细胞，对于刺激生发中心B细胞分化成为浆细胞和记忆B细胞，参与体液免疫至关重要。Tfh细胞还通过分泌IL-21增强$CD8^+$ T细胞功能，参与细胞免疫。Tfh细胞与维持微生物群稳态

有关。研究表明，由于缺乏共受体程序性死亡蛋白-1（PD-1）导致Tfh细胞损伤，可改变肠道微生物群组成。

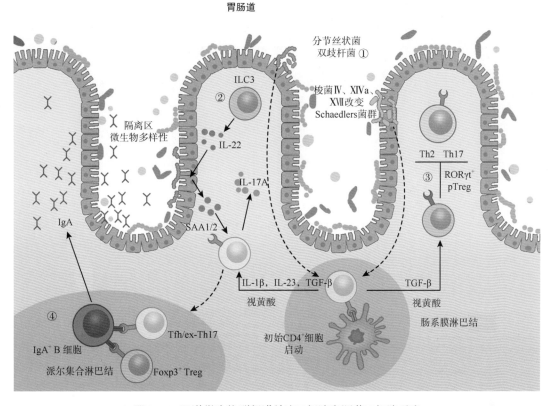

图2-17 肠道微生物群促进效应T细胞和调节T细胞反应

①分节丝状菌（SFB）或青春型双歧杆菌在肠道定植可促进局部Th17细胞分化。②SFB定植驱动ILC3/IL-22/SAA1/2轴，该轴允许回肠末端RORγt⁺Th17细胞产生IL-17A。③梭菌属定植促进RORγt⁺ Foxp3⁺ pTreg细胞聚集，进而限制肠Th2和Th17细胞应答。④Foxp3⁺ Treg细胞和Tfh/ex-Th17细胞定位于派尔集合淋巴结，促进B细胞类别转换和IgA的产生，从而培养多样化的微生物群，确保与肠上皮的共生区室化

最近的研究揭示了微生物群和组织内DC之间的关系，DC是影响免疫反应的一类重要的抗原提呈细胞（APC）。DC能够将树突送到上皮细胞外直接捕获细菌。DC特异性NF-κB诱导激酶（NIK）可改变肠道IgA分泌和微生物群稳态，使小鼠容易受到肠道病原体的侵害。

综上所述，人体微生态与免疫系统两者相互作用，相互制约，处于动态平衡状态（图2-16，图2-17）。微生物来源的TLR和NOD配体及代谢产物（如SCFA、AhR配体）直接作用于肠细胞和肠道免疫细胞，但也可以通过体循环到达远端组织调节免疫。Foxp3⁺Treg细胞和Tfh/ex-Th17细胞定位于派尔集合淋巴结，促进B细胞的类型转换和sIgA的产

生，有助于肠道微生物群落的划分和调节菌群组成的稳态。SFB和许多其他共生菌的定植可促进CD4$^+$Th17细胞的分化。SFB定植通过ILC3/IL-22轴诱导RORγt$^+$Th17细胞产生IL-17A。ILC3衍生的IL-22通过促进Th17细胞产生IL-17A，有助于抑制特定菌群成员。此外，ILC3特异性MHCⅡ缺失激活共生菌特异性CD4$^+$T细胞，以阻止对无害定植菌的免疫应答。脆弱拟杆菌（哺乳动物肠道微生物菌群的重要成员）的定植能够促进CD4$^+$T细胞分化，并平衡Th1和Th2。在激活TGF-β同时存在的情况下，这些细胞可分化为适应性调节T细胞，这些细胞可产生IL-10促进免疫稳态。

（武庆斌）

参 考 文 献

武庆斌，郑跃杰，黄永坤. 2019. 儿童肠道菌群：基础与临床[M]. 2版. 北京：科学出版社.

Belkaid Y，Harrison O J. 2017. Homeostatic immunity and the microbiota[J]. Immunity，46（4）：562-576.

Zheng D P，Liwinski T，Elinav E. 2020. Interaction between microbiota and immunity in health and disease[J]. Cell Res，30（6）：492-506.

第三章　疫苗与肠道微生态

疫苗改变了人类历史。历史上，天花、麻疹、白喉、猩红热、破伤风、鼠疫、霍乱、伤寒、脊髓灰质炎等疾病病毒都曾肆虐一时，夺去无数人的生命。人类在同传染病斗争的历史进程中，发现了免疫预防传染病的方法。通过接种痘苗，全球于20世纪70年代末消灭了天花，这是人类同传染病斗争的伟大胜利，是预防医学史上的重要里程碑，是预防接种为人类建立的丰功伟绩。疫苗是公共卫生领域最伟大的成就之一，每年可预防数百万儿童免于疾病和死亡。我国的计划免疫和全球的扩大免疫规划活动，正朝着消灭脊髓灰质炎和消除新生儿破伤风进而消灭麻疹的目标奋进。

接种疫苗的原理是通过疫苗接种激活免疫系统，对特定疾病保持强大持久的免疫反应，帮助机体免疫系统更高效地抵御感染。但是，许多疫苗诱导的免疫反应在不同地区、不同个体和人群之间差异很大，尤其是在婴幼儿之间。有研究发现，肠道微生物组成的差异已成为解释免疫结果差异的主要因素之一。肠道微生物组的功能包括塑造黏膜和全身免疫，以及保护人类宿主免受病原体繁殖和入侵等方面。因此，人们越来越关注利用肠道微生物组来实现治疗目标，包括提高疫苗诱导的免疫力。

第一节　疫苗发展史

在漫漫历史长河中，人类一直寻求摆脱各种瘟疫的方法。历史上人类与疫病的每一次搏斗，都极大地推动了科学的发展和人类文明的进步。在人类与瘟疫的斗争史中，疫苗总是伴随着与疾病的斗争而得到发展。

一、萌　芽　时　期

公元前，人们开始使用"以毒攻毒"的方法预防传染病。古罗马学者曾提出狂犬的肝能够预防人狂犬病，我国秦汉时代应用患病狂犬的脑敷于被犬咬伤部位以预防狂犬病。

公元284年，葛洪在《肘后备急方》载："疗狂犬咬人方，仍杀所咬犬，取脑敷之，后不复发。"我国采用接种痘苗预防天花是世界上最早的人工免疫成功范例。清朝朱纯嘏著《痘疹定论·种痘论》记载：在公元1023～1063年，北宋丞相王旦因其儿子不幸染上"天花"之毒，遍招天下名医、术士来研制防御天花的方法，其中有一位峨眉山道姑献出"种痘"一法。"种痘"技术在明代渐渐成型，但民间出于恐惧，对种痘术百般禁忌，而种痘术由于缺乏由政府组织的科研集合，本身也很不成熟，因此在我国并没有得到足够的推广。

第一个组织集体科研，让种痘术趋于成熟并大力推广的是清代的康熙皇帝玄烨。他本人曾受过感染天花病毒的切肤之痛。1681年，清政府把人痘接种列入政府计划予以推广，同时这一做法也引起了邻国的注意。1688年沙皇俄国派留学生到中国学习种痘技术，以后人痘接种术很快传入欧洲、美洲等地。可以说，我国是预防接种理念形成、履行实践并取得成功的国家，为近代预防接种的发展奠定了学术理论与实践经验的重要基础。18世纪法国启蒙思想家、哲学家伏尔泰曾写道："我听说一百多年来，中国人一直就有这种习惯（指人痘接种术），这是被认为全世界最聪明最讲礼貌的一个民族的伟大先例和榜样。"

1781年，英国外科医生爱德华·琴纳曾接诊一名发热、背痛和呕吐的挤奶女工，他意识到接种牛痘可以预防天花。为了证实这一设想，于1796年5月14日他从一名正患牛痘的挤奶女工身上的脓疱里取少量脓液接种于一个八岁男孩臂内。6周后，男孩的牛痘反应消退。正如琴纳所说："尽管将假性天花接种于小孩手臂会出现类似的脓疱，除此之外，几乎不可觉察。"于1798年琴纳出版专著《探究》，称此技术为"疫苗接种"（vaccination）。在琴纳的年代，人们全然不知天花是由病毒感染所致，小不知接种牛痘使机体获得针对天花的免疫力的机制。但他在实践中观察，并经实验证实了接种牛痘预防天花的方法，既安全又有效，是划时代的发明。1805年牛痘接种法引入我国，但直到1910年我国才逐步普及。

17世纪后叶，荷兰人列文·虎克发明了显微镜，并发现微生物，研制疫苗的技术得到迅速发展。此后，路易·巴斯德、科赫发明了液体培养基和固体培养基，建立了培养病原微生物的方法，一些疾病的病原微生物相继被发现；贝林发现了抗毒素（抗体）及免疫治疗法；埃尔利希发现了受体-配体专一性结合、特殊化学治疗法、抗体量化的方法。这些发现为疫苗的研究和发展奠定了基础，疫苗研制进入快速发展阶段，至今已经历了四次革命性的跨越。

二、第一次疫苗革命

第一次疫苗革命以研制鸡霍乱疫苗、炭疽疫苗、狂犬病疫苗为标志，应归功于被誉为疫苗之父的巴斯德。他的伟大贡献在于：选用免疫原性强的病原微生物经培养、用物理或化学方法将其灭活后，再经纯化制成疫苗。灭活疫苗使用的毒种一般是强毒株，但使用减毒的弱毒株也有良好的免疫原性，如用萨宾（Sabin）减毒株生产的脊髓灰质炎灭活疫苗。减毒活疫苗是采用人工定向变异的方法，或从自然界筛选出毒力高度减弱或基本无毒的活的微生物制成的疫苗，将此类疫苗给人接种从而达到预防传染病的目的。

在19世纪末，巴斯德首先发现细菌在人工培养基上长时间生长后毒性减弱，如放置2周后的鸡霍乱弧菌，以此菌给小鸡注射后不能使鸡致病。而且重要的是：如果再用新鲜的霍乱弧菌攻击这些已注射的小鸡，它们都不会发生霍乱。巴斯德认为这是由于陈旧培养物中鸡霍乱弧菌的毒力减低，但免疫原性依然存在，因而使小鸡产生了针对霍乱弧菌的免疫力。以此理论为基础，巴斯德将炭疽杆菌在42～43℃的环境下培养2周后，制成了人工减毒炭疽活疫苗，使欧洲大量的绵羊获得了免疫保护。

在炭疽疫苗、鸡霍乱疫苗获得成功后，巴斯德接着开始对狂犬病疫苗进行研究。虽然狂犬病病毒不能像细菌那样分离培养，但已确证引起狂犬病的病原微生物存在于患病动物的脊髓或脑组织中。因此，巴斯德选择将病毒连续接种到兔脑使之传代，以获得减毒株，然后再制成活疫苗，并曾用这种疫苗成功地抢救了被狂犬病狗咬伤的病人的生命。

在巴斯德光辉成就的启发下，卡麦特和古林在1921获得减毒的卡介苗（BCG）。最初卡介苗为口服，20世纪20年代末改为皮内注射，卡介苗在新生儿抵御粟粒性肺结核和结核性脑膜炎方面具有很好的效果。自1928年至今，卡介苗仍在全世界被广泛地用于儿童计划免疫接种，全球已有40多亿人接种过卡介苗。

第二次世界大战后，疫苗研究进入突飞猛进的发展阶段。病毒的体外细胞培养技术的发展和应用，促进了多种减毒和灭活病毒疫苗的研制。1955年，脊髓灰质炎灭活疫苗研制成功，1961年，脊髓灰质炎减毒活疫苗研制成功。1963年，麻疹减毒活疫苗获准生产。20世纪70年代以后，风疹减毒活疫苗、腮腺炎减毒活疫苗等也相继问世。

这一阶段疫苗革命中还包括白喉疫苗、破伤风疫苗、鼠疫疫苗、伤寒疫苗和黄热病疫苗等30多种疫苗的成功研制。

三、第二次疫苗革命

随着分子生物学、生物化学、遗传学和免疫学的迅速发展，疫苗研制的理论依据和技术水平不断完善和提高，一些传统经典疫苗品种又进一步被改造为新的疫苗，而另一些用经典技术无法开发的疫苗则找到了解决的途径。因此，针对不同传染病及非传染病的亚单位疫苗和重组基因疫苗等新型疫苗不断问世。

1. 亚单位疫苗　通过化学分解或可控制性的蛋白质水解方法使天然蛋白质分离，提取细菌、病毒的特殊蛋白质结构，筛选出具有免疫活性的片段制成的疫苗，称为亚单位疫苗。亚单位疫苗仅有几种主要表面蛋白质，因而能消除许多无关抗原诱发的抗体，从而减少了疫苗的副作用和疫苗引起的相关疾病，如1982年的无细胞百日咳疫苗、1987年第一个多糖结合疫苗——b型流感嗜血杆菌结合疫苗和2000年用于婴儿的7价肺炎球菌多糖结合疫苗等。

2. 重组基因疫苗　重组核酸技术在1972年诞生于美国斯坦福大学，此后迅速在全球普及，为生命科学带来了革命性进步，当然，疫苗的制备也不例外。重组基因技术的应用为疫苗研究开辟了一个全新途径。基因工程疫苗是使用DNA重组生物技术，把病原体外壳蛋白中能诱发机体免疫应答的天然或人工合成的遗传物质定向插入细菌、酵母或哺乳动物细胞中，经表达、纯化后而制得的疫苗。在基因工程疫苗中，比较成功的是重组HepBS蛋白（乙型肝炎病毒表面抗原蛋白）乙型肝炎疫苗，具有较好的免疫效果，现全球已有包括中国在内的150余个国家将其列入计划免疫。目前正在研究的重组基因工程疫苗包括卡介苗重组疫苗、SARS疫苗、HIV疫苗、高致病性禽流感疫苗等，已获得许多可喜的进展。

我国使用重组核酸技术主要是应用于乙肝疫苗的研制。"七五"期间我国完成了对乙肝疫苗血源型向重组型的转变，并完成了重组中国仓鼠卵巢（CHO）细胞乙肝疫苗和重组痘苗乙肝疫苗的研制，在1989年引进重组酵母乙肝疫苗研制方法后使得基因重组研制方法完备并沿用至今。

四、第三次疫苗革命

核酸疫苗又称基因疫苗或DNA疫苗，由于核酸疫苗在进行肌内注射时不需要载体和佐剂，因而又称为裸核酸疫苗。1995年美国纽约科学院召开会议专门研讨核酸疫苗，称为疫苗学的新纪元和疫苗的第三次革命。

运用DNA疫苗免疫从根本上改变了人们对疫苗本质的认识。编码抗原的遗传物质（而不是抗原本身）可作为DNA疫苗的有效成分。DNA疫苗不仅可作为病毒、细菌或寄生虫感染的预防性疫苗，也可作为传染病、肿瘤、变态反应和自身免疫病的治疗性疫苗。同时，研究人员发现某些自然或人工减毒的病原微生物可携带病原体信息，这些病原微生物在动物体内复制时，可转录和翻译信息并提呈给宿主免疫系统，于是产生了载体学领域。任何微生物都可作为载体，最常用的细菌载体是结核杆菌和减毒沙门氏菌，最常用的病毒载体是慢病毒、腺病毒和逆转录病毒。

DNA疫苗通过肌内注射，能在肌细胞中获得较持久的抗原表达，该抗原能诱导抗体产生、T细胞增殖和细胞因子释放，尤其是能诱导细胞毒性T细胞的杀伤作用。而细胞毒性T细胞介导的特异性免疫应答在抗肿瘤、抗病毒及清除胞内寄生物感染方面起着重要作用。在众多的疫苗中核酸疫苗因其独特的优势备受人们关注。

核酸疫苗能有效持久地诱发机体产生细胞免疫和体液免疫应答，如乙型肝炎病毒核酸疫苗，使用效果显著。核酸疫苗成本低，不需分离纯化，易操作，性质稳定，可在室温保存，甚至转染食物细胞，如将乙型肝炎病毒核酸疫苗插入西红柿细胞基因组中，在食用西红柿的同时就接种了疫苗。由于核酸疫苗本身具有很多传统疫苗所不具备的优点，因而被广泛用于人类或动物传染性疾病、肿瘤、自身免疫病、超敏反应和免疫缺陷等疾病的免疫预防及治疗。尽管核酸疫苗研究取得了一些可喜的成果，但在实际应用中，短期内仍不能代替目前使用的传统疫苗。

近20年来疫苗研究与开发方面取得了很大的进展和丰硕的成果。安内特巴斯德公司医学科学顾问Plotki把这些成就归纳为10项，即无细胞百日咳疫苗、儿童联合疫苗、水痘疫苗、流感减毒活疫苗、轮状病毒疫苗、细菌多糖-蛋白结合疫苗、基因工程、减毒载体、转基因植物和植物病毒裸DNA。

五、第四次疫苗革命

21世纪后，随着基因组学的发展，人类以减毒、灭活疫苗等为代表的传统疫苗学为基础，开始开发以基因组为基础筛选蛋白质抗原的疫苗研发策略，称为反向疫苗学。反向疫苗学是从病原体基因组序列出发，应用生物信息学技术、蛋白质组学技术、生物芯片技术等工具，预测病原体的毒力因子、外膜抗原、侵袭及毒力相关抗原。应用抗原表位预测工具筛选出能够引起免疫应答的抗原表位分子，对上述抗原基因进行高通量克隆、表达、纯化出重组蛋白，然后再对纯化后的抗原进行体内、体外评价，筛选出保护性抗原进行疫苗研究。

在研究发展过程中，涌现出众多用于预防传染病的经典研究案例，如重组戊型肝炎疫苗、5价轮状病毒疫苗、流感活疫苗、肠道病毒EV71型灭活疫苗、重组乙肝疫苗、呼吸道合胞病毒疫苗、密码子改造活疫苗、埃博拉病毒疫苗、mRNA疫苗等。可喜的是，用于治疗慢性疾病的治疗性疫苗亦有可能即将问世，如用于肿瘤、心血管疾病、高血压和糖尿病的治疗。可以说，随着科技的不断发展，在全球科学家的不懈努力下一定能够研发出新的预防性的和治疗性的疫苗。

第二节 疫苗的概念、分类及免疫学机制

疫苗是现代医学最伟大的成就之一。尽管疫苗学和免疫学在200多年前有着共同的起

源，但这两个学科的发展轨迹截然不同，以至于大多数非常成功的疫苗都是凭经验制造的，很少或没有免疫学的见解。免疫学的最新进展开始为疫苗介导的保护和长期免疫的发展机制提供新的线索。

一、疫苗的概念

疫苗是一种生物制品，可用于安全地诱导免疫应答，从而在随后暴露于病原体时为机体提供针对感染和（或）疾病的保护。

世界卫生组织（WHO）将疫苗定义为含有免疫原性物质，能够诱导机体产生特异性、主动和保护宿主的免疫，能够预防传染性疾病的一类异源性药学产品，包括以传染性疾病为适应证的预防和治疗性疫苗。《中国药典》（2020版）将疫苗定义为以病原微生物或其组成成分、代谢产物为起始材料，采用生物技术制备而成，用于预防、治疗人类相应疾病的生物制品。

疫苗的三大核心要素包括：免疫原、佐剂、疫苗与机体互作。其中，免疫原决定了所诱导免疫应答的特异性和效应的靶向性。传统的疫苗技术多采用减毒/灭活的病原体或者分离对于病原体感染至关重要的蛋白/多糖作为免疫原，后者配合能有效刺激抗体产生但难以诱导细胞免疫应答的铝佐剂（磷酸铝或氢氧化铝），通过注射或口服递送至机体，诱导免疫状态正常的个体产生保护性抗体应答，使人体获得对相应病原微生物的免疫力。疫苗免疫在降低传染病发病率和死亡率方面的益处均是毋庸置疑的。然而，疫苗抗原及其附加物毕竟是异种物质，少数人在获得特异性免疫的同时，不可避免会发生一些不良反应。

二、疫苗的分类

（一）按疫苗的生产工艺分类

1. 传统疫苗　即采用病原微生物及其代谢产物，经过人工减毒、脱毒、灭活等方法制成的疫苗。

（1）灭活疫苗：又称死疫苗，通常选择抗原性较全、免疫原性和遗传稳定性良好的细菌或病毒毒种，一般毒力较强。需比较研究不同来源菌、毒种的生物学性状况，包括不同地区、不同时间、不同年龄及疾病不同严重程度的菌毒种；通过交叉免疫保护水平的比较，选择交叉保护范围广、诱导免疫应答水平高的细菌、病毒毒种。采用适宜的培养方法以获得大量的细菌或病毒，利用物理或化学的方法处理，使其丧失感染性或毒性而保持良好的免疫原性，接种后能产生主动免疫。

优点：易于制备；免疫原性稳定性高；便于储存及运输；易于制备多价疫苗；疫苗安全性高。

缺点：免疫力维持时间短，需要多次重复接种；主要诱发体液免疫，不能产生细胞免疫或黏膜免疫应答；接种剂量较大；需要严格灭活。

随着纯化技术在疫苗制备过程中的应用，灭活疫苗也随之改进为纯化的灭活疫苗。制备疫苗过程中收取的细菌或病毒液含有细菌培养基或病毒培养液中的各类有机物和无机物，病毒疫苗则还含有细胞和细胞碎片，采用分离纯化技术去除杂质可获得高纯度疫苗。目前使用的灭活疫苗已改进为纯化疫苗，如乙型脑炎疫苗、狂犬病疫苗、出血热疫苗和伤寒疫苗等。

（2）减毒疫苗：又称活疫苗，研发减毒活疫苗，关键是选育减毒适宜、毒力低而免疫原性和遗传稳定性均良好的细菌、病毒菌种。减毒疫苗是将微生物的自然强大毒素通过物理、化学方法处理，以及生物的连续继代，使微生物对原宿主动物丧失致病力或只引起轻微的亚临床反应，但仍保存良好的免疫原性而制备的疫苗，接种后能产生主动免疫。防病效果很好的痘苗（天花疫苗）、麻疹疫苗、脊髓灰质炎疫苗，以及腮腺炎、风疹、水痘疫苗等均属于减毒活疫苗。接种减毒活疫苗后，减毒的病原体在机体内有一定程度的生长繁殖能力，类似隐性感染，可产生细胞免疫、体液免疫和局部免疫。接种次数少，受种者接种反应轻微，获得的免疫力较持久。

优点：能诱发全面、稳定、持久的体液免疫、细胞免疫和黏膜免疫应答；一般只需接种一次；可采用口服、喷鼻或气雾途径免疫。

缺点：有效期短和热稳定性差，运输、保存条件要求较高；有回复突变危险；使用范围相对窄。

2. 新型疫苗　病毒学、分子生物学和免疫学的进步创造了许多传统疫苗的替代品。新型疫苗主要是指使用基因工程技术生产的疫苗，包括基因工程亚单位疫苗、载体疫苗、核酸（mRNA、DNA）疫苗、基因缺失疫苗。通常来说，遗传重组疫苗、合成肽疫苗和抗独特型抗体疫苗也属于新型疫苗，是近30年来新发展的疫苗，也是疫苗的发展趋势。由于克隆和合成的速度较快，mRNA和DNA疫苗首先进入了美国的疫苗"赛道"。

（1）亚单位疫苗：是通过化学分解或有控制性的蛋白质水解方法，提取细菌、病毒的特殊蛋白质结构，不含病原体核酸，并去除病原体中与激发保护性免疫无关的甚至有害的成分，保留有效免疫原成分制成的疫苗，也称为组分疫苗。例如，无细胞百日咳疫苗为提取百日咳杆菌的丝状血凝素（FHA）等保护性抗原成分制成，其内毒素含量仅为全菌体疫苗的1/2000，副作用明显减少而保护作用相同。又如，提取细菌多糖成分制成的脑膜炎球菌、肺炎球菌多糖疫苗，以及流感病毒血凝素/神经氨酸酶亚单位疫苗。

优点：除去了病原体中与诱发保护性免疫无关或有害的成分，只保留有效的免疫原成分，因而免疫作用明显增强，稳定性和可靠性提高，对机体引起的副作用少。

缺点：需要选用佐剂；不能诱发细胞免疫和黏膜免疫。

（2）载体疫苗：又称重组载体疫苗，是将有效的目的抗原的编码基因导入活载体（无毒或弱毒的细菌或病毒株）中，构建重组菌株；目的基因可随重组菌株在宿主体内的增殖而大量表达，从而诱发相应的免疫保护作用。载体有腺病毒、牛痘病毒、金丝雀痘病毒、伤寒沙门氏菌减毒株、卡介苗、乳杆菌等。病原体有乙型肝炎病毒、狂犬病病毒、痢疾杆菌等。

（3）合成肽疫苗：是根据有效免疫原的氨基酸序列设计和合成的免疫原性多肽，以期用最小的免疫原性肽来激发有效的特异性免疫应答。目前研究较多的是抗病毒感染和抗肿瘤的合成肽疫苗。

（4）核酸疫苗：包括DNA或mRNA疫苗，是将一种或多种目的抗原的编码基因克隆到真核质粒表达载体上；再将重组质粒直接注入体内，在宿主细胞内表达目的蛋白，诱发特异性免疫应答。核酸疫苗不需要复杂的细胞培养体系和表达纯化体系，可在实验室直接合成，因而可以实现快速大规模生产。比如我国应用的新型乙肝疫苗，这种疫苗安全性好，预防效果与灭活疫苗相似，但要多次强化。目前进入临床试验的核酸疫苗有HIV DNA疫苗和疟疾DNA疫苗。由于核酸疫苗具有构建容易、生产方便、表达稳定及可诱发全面的免疫应答等特点，在抗感染、抗肿瘤免疫及疾病的预防等方面具有广阔的应用前景。

（二）按疫苗的功能用途分类

1. 预防性疫苗　预防性疫苗是用免疫手段将预防传染病的抗原通过适宜途径种入人体，模拟一个轻度的自然感染，刺激机体产生免疫应答，诱发、促使机体处于免疫状态，产生免疫力，从而增强个体和群体对抗相应传染病的能力，达到预防疾病的目的。

2. 治疗性疫苗　治疗性疫苗是指在已感染病原生物或患某些疾病的机体中，可诱导机体产生特异性或非特异性免疫应答，从而达到治疗疾病目的的制品。

（三）黏膜（植物载体）疫苗

此类疫苗的载体是可食用的植物如马铃薯、香蕉、番茄，通过食用其果实或其他成分而启动保护性免疫反应。植物细胞作为天然生物胶囊可将抗原有效递送到黏膜下淋巴系统。这是目前为数不多的有效启动黏膜免疫的形式。因此，对于黏膜感染性疾病有很好的发展前景。

黏膜疫苗的优点：①植物种子、块茎、果实等是蛋白质很好的聚积和保存场所，使黏膜疫苗（重组蛋白）的生产、运输和储存更为容易，免疫途径更简便、安全。②黏膜疫苗（抗原）通过胃内酸性环境时，可受到细胞壁的保护，直接到达肠黏膜部位，诱发黏膜和全身免疫应答，比传统的免疫途径更有效。③黏膜疫苗不需严格的分离纯化程序，经济价廉，可望替代传统的发酵生产，有利于在发展中国家推广。

三、疫苗的免疫学机制

（一）免疫系统概述

人体免疫系统是一支捍卫人体健康的部队，时时刻刻保护着机体，抵抗内部变异垃圾及外来病原微生物的侵扰，包含免疫器官、免疫组织、免疫细胞和免疫分子。根据防范的病原体不同可分为两种：特异性免疫和非特异性免疫。特异性免疫只能防止一种细菌或一种病毒感染。比如服用了小儿麻痹糖丸，只能预防小儿麻痹；注射乙肝疫苗，只能预防乙型肝炎。非特异性免疫则是任何细菌、病毒都能防，比如干扰素任何病毒都"干扰"。

特异性免疫是后天获得的，是人生下来之后，通过服疫苗、打预防针或接触病原微生物患病而获得的某种特定的免疫力；非特异性免疫则是先天的，父母遗传的，生来就有。哺乳动物的免疫系统是固有免疫系统和适应性免疫系统叠加的产物。前者为基础防线，而后者则有特异且具有记忆的特点。两个系统相互协作、互补，为机体提供有效的抗感染免疫防护。

免疫系统存在极其复杂的工作模式。现代免疫学赋予免疫系统三大功能：一是免疫防御，抵御病原微生物侵入；二是免疫监视，排斥自身突变和外来的细胞、组织；三是免疫稳定，调节免疫应答，清除自身生理性死亡的细胞、组织。人体对移植的组织、器官发生排斥，患肿瘤、自身免疫病和感染性疾病都与免疫系统功能密切相关。免疫系统功能的启动是从抗原提呈细胞对病原微生物的"自我"和"非我"的身份识别开始的，外来的或自身发生问题的组织和细胞都能激活免疫系统对靶目标的应答和攻击。

活化、分化、增殖是免疫应答中三个并联的关键步骤。就如同"司令部"接到"边防部队"的敌情报告后，根据"敌情"分析确定"战争"动员的方案下发给有关"部队"（分化）。接到"作战"指令的"部队"迅速补充"兵员"（增殖），向作战区域集结"部队"（趋化）。初次免疫应答中，活化、分化、增殖、趋化至应答局部、发挥应答效应需要7～10天。清除病原微生物，完成免疫应答后，活化的免疫细胞会通过活化诱导的细胞凋亡程序被清除，正常状态下仅维持较少数量的免疫活性细胞是简单、经济、高效的生物模式要求的结果。

信息化的强有力支持是现代战争取得胜利的重要保障，通信联系的基本要求包括私密、高效和稳定。免疫应答过程中，细胞表面功能分子、细胞黏附分子、细胞因子及其受体等共同构成了免疫系统的信息化系统，在免疫突触的屏障结构内，活化和杀伤功能相关信号的传递充分实现了信号的稳定、私密和高效。

免疫应答的核心功能是对靶细胞的监控和杀伤，免疫系统是机体唯一具有主动识别杀伤功能的系统。如果免疫活性细胞的识别发生错误，活化不受约束，应答调节紊乱，会使应答发生错误，甚至产生对自身正常组织的攻击，发生自身免疫病。

（二）疫苗免疫学机制

疫苗主要由抗原和佐剂两大部分组成。抗原是被免疫系统识别和应答的病原体组分，能够诱导机体产生针对病原微生物的特异性免疫应答，佐剂不具有抗原特异性，但能够增强抗原对免疫系统的刺激，激活更强烈的免疫应答反应。

1. 诱导抗体 适应性免疫反应由产生抗体的B细胞（体液免疫）和T细胞（细胞免疫）介导。所有常规的疫苗主要是通过诱导抗体提供保护。

将疫苗注射到肌肉中，蛋白质抗原被树突状细胞（DC）摄取，DC由佐剂中的危险信号通过模式识别受体激活，然后运送到引流淋巴结。在淋巴结中，DC上的MHC分子提呈疫苗蛋白抗原肽，通过T细胞受体激活T细胞。T细胞通过B细胞受体与可溶性抗原信号结合，驱动淋巴结中的B细胞发育。由此，T细胞依赖性B细胞发育导致抗体应答的成熟，以增加抗体亲和力和诱导不同的抗体亚型，包括产生寿命短的浆细胞，主动分泌疫苗蛋白特异性抗体，并在往后的2周内血清抗体水平迅速升高。与此同时，还产生记忆B细胞，介导免疫记忆。长寿浆细胞驻留在骨髓微环境可持续产生抗体数十年。$CD8^+$记忆T细胞在遇到病原体时可以迅速增殖，$CD8^+$效应T细胞对于消除感染细胞十分重要（图3-1），卡介苗（BCG）除外，这是由于卡介苗诱导T细胞应答和固有免疫应答参与的缘故。有相当多的支持性证据表明，各种类型功能性抗体在疫苗诱导的保护中发挥重要作用，这些证据主要来自三个方面：免疫缺陷状态、被动保护和免疫学数据。

（1）免疫缺陷状态：抗体或相关免疫成分中存在某些已知免疫缺陷的个体特别容易感染某些病原体。例如，补体系统缺乏的个体易感染由人脑膜炎奈瑟菌感染引起的脑膜炎球菌病，这种感染的控制在于补体介导的细菌杀灭，补体通过 IgG 抗体引导至细菌表面。肺炎球菌疾病在脾功能下降的个体中尤为常见，经抗体和补体调理的肺炎链球菌通常被脾内吞噬细胞从血液中清除。抗体缺乏的人容易感染水痘-带状疱疹病毒和其他病毒，而一旦感染，如果这类人群体内有正常的T细胞应答，仍然可以像免疫正常的人一样控制疾病。

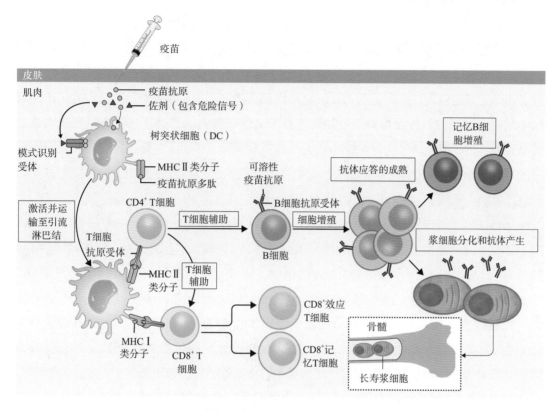

图 3-1　常规蛋白质抗原免疫接种后的免疫应答

（2）被动保护：已经清楚地证明，肌内注射或静脉内输注外源性抗体可以对某些感染提供保护。最明显的例子是母体抗体通过胎盘的被动转移，为新生儿提供了几个月抵御多种病原体的保护。母亲通过接种百日咳疫苗、破伤风疫苗和流感疫苗，利用这一重要的保护性适应，可降低新生儿出生后不久的疾病风险。孕妇接种 B 族链球菌疫苗和呼吸道合胞病毒（RSV）疫苗尚未被证明在预防新生儿或婴儿感染方面有效，但有可能减轻婴儿的疾病负担。其他例子包括使用从免疫供体纯化的特异性中和抗体来防止各种病毒的传播，包括水痘 - 带状疱疹病毒、HBV 和麻疹病毒。患有遗传性抗体缺乏症的个体无法抵御严重的病毒和细菌感染，但定期给予免疫功能正常的供体血清抗体可以为抗体缺陷个体提供几乎完全正常的免疫保护。

（3）免疫学数据：免疫学的发展为疫苗介导的保护机制提供了见解。例如，由脑膜炎球菌和肺炎球菌等侵袭性细菌的表面多糖制成的多糖疫苗为机体提供了相当大的保护作用。目前已知，由于多糖是 T 细胞非依赖性抗原，这些疫苗不能诱导 T 细胞应答，必须通过抗体依赖性机制介导其保护作用。蛋白质 - 多糖结合疫苗含有来自细菌表面的相同多糖，但在这种情况下，它们通过化学方法与蛋白质载体（主要是破伤风类毒素、白喉类毒素或其衍生的突变蛋白，称为 CRM197）结合。疫苗诱导的 T 细胞识别蛋白载体（一种T细胞依赖性抗原），也为识别多糖的B细胞提供帮助，但没有诱导识别多糖的T细胞，因此，只有抗体参与这些疫苗诱导的良好保护。

2. T细胞辅助　已有证据表明抗体是疫苗诱导的杀菌免疫的关键介质，但大多数疫苗也可诱导T细胞应答。除淋巴结为B细胞发育和抗体产生提供帮助外，T细胞的保护作用尚不明确。对遗传性或获得性免疫缺陷患者所做的研究表明，虽然抗体缺陷会增加感染的易感性，但T细胞缺陷会导致感染后无法控制病原体。例如，T细胞缺陷会导致无法控制的致命性水痘-带状疱疹病毒感染，而抗体缺陷的人很容易发生感染，但恢复的方式与免疫正常的人相同。

尽管证明T细胞参与疫苗诱导保护作用的证据有限，部分原因可能是研究中很难获取T细胞（只有血液容易获取，而许多T细胞驻留在淋巴结等组织中），此外，还包括缺乏完全了解应该检测哪些类型T细胞的研究。传统上，T细胞被分为细胞毒性（杀伤）T细胞和辅助性T细胞（Th细胞）。Th细胞的亚型可以通过它们的细胞因子产生谱来区分。Th1细胞和Th2细胞分别是建立细胞免疫和体液免疫的重要细胞，尽管Th1细胞也与IgG抗体亚类IgG1和IgG3的产生相关。其他Th细胞亚型还包括Th17细胞（对肠和肺等器官黏膜表面的免疫很重要）和滤泡辅助性T细胞（位于次级淋巴器官，对产生高亲和力抗体很重要）（图3-1）。研究表明，通过将暴露于肺炎链球菌的供体小鼠的T细胞转移到小鼠体内可获得针对肺炎链球菌携带的杀菌免疫，这表明有必要对T细胞介导的免疫进行进一步研究，以更好地理解T细胞应答的本质，从而改善保护性免疫。

3. 疫苗诱导保护的特点　随着人们对疫苗的免疫学了解的深入，已明确疫苗诱导保护主要通过抗体的产生表现出来。疫苗诱导保护的另一个重要特征是诱导免疫记忆。疫苗的开发通常用于预防感染。有一些疫苗除了预防疾病外，还可以预防无症状感染或病原体的定植，从而减少病原体的感染，进而减少病原体的进一步传播，建立群体免疫。事实上，诱导群体免疫可能是免疫规划最重要的特点，每剂疫苗保护的个体比疫苗接种者多得多。一些疫苗还可能通过长期刺激固有免疫系统激活状态，驱动对未来不同病原体感染的应答发生变化，即所谓的非特异性效应。

（1）免疫记忆：在遇到病原体时，接种过针对特定病原体疫苗的个体，其免疫系统能够更迅速、有力地产生保护性免疫应答。研究已证明，当潜伏期足够长，产生新的免疫应答时，免疫记忆足以抵御病原体（图3-2A）。例如，HBV的潜伏期为6周至6个月，即使接种疫苗后一段时间发生了病原体暴露，而且疫苗诱导的抗体水平已经下降，但接种疫苗的人通常也会得到保护。相反，免疫记忆可能不足以抵御病原体，则在病原体感染后数小时或数天内导致快速侵袭性病原体感染（图3-2B）。例如，对于感染b型流感嗜血杆菌（Hib）和C群脑膜炎球菌荚膜的病例，有证据表明，尽管记忆反应逐渐增强，但速度不快，在抗体水平下降时，仍可导致发病。抗体水平的下降程度取决于接种疫苗者的年龄（抗体在婴儿中衰减非常快，原因为缺乏B细胞存活的骨髓生境）、抗原的性质和接种加强针的次数。例如，HPV疫苗中使用的病毒样颗粒可诱导产生持续数十年的抗体应答，而百日咳疫苗可诱导产生相对短期的抗体应答，与减毒活疫苗相比，麻疹灭活疫苗诱导的抗体反应时间较短。

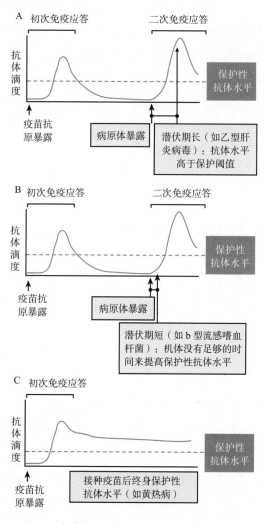

图3-2 免疫记忆是疫苗诱导保护的重要特征

A. 如果病原体暴露和症状发作之间存在较长的潜伏期，则记忆反应足以预防疾病，以允许记忆B细胞产生高于保护阈值的抗体滴度；B. 如果病原体潜伏期短，并且在抗体水平达到保护阈值之前症状迅速发作，则记忆反应可能不足以预防疾病；C. 在某些情况下，初次接种疫苗后的抗体水平保持在保护阈值以上，可以提供终身免疫力

因此，对于在获得病原体后不久就出现的感染，记忆反应可能不足以控制这些感染，并且很难通过疫苗接种实现持续免疫以保护个体。解决这个问题的办法是在整个儿童时

期提供加强剂量的疫苗（如白喉、破伤风、百日咳和脊髓灰质炎疫苗），尽可能将抗体水平维持在保护阈值以上。众所周知，提供5～6剂破伤风或白喉儿童期疫苗可提供终身保护，但是在大多数国家，这些疫苗在成年后的加强剂量不是常规开展，可以通过多剂儿童疫苗实现高覆盖率。

百日咳疫苗规划的重点是预防婴儿感染。通过直接为婴儿接种疫苗以及在特殊情况下为其他人群（包括青少年和孕妇）接种疫苗来实现，以减少向胎儿的传播，通过胎盘抗体转移提供保护。值得注意的是，无细胞百日咳疫苗的反应性低于全细胞百日咳疫苗，无细胞百日咳疫苗诱导的临床百日咳保护持续时间更短，并且对细菌传播的有效性可能不如全细胞百日咳疫苗。

一些减毒活病毒疫苗（如黄热病疫苗）单剂使用后可提供终身保护（图3-2C）。然而，就水痘-带状疱疹和麻疹-腮腺炎疫苗而言，在疾病暴发期间，既往接种过疫苗的人群中出现了一些突破性病例，但目前尚不清楚是这一类人群的免疫力下降（因此需要加强接种），还是初始疫苗未能诱导成功的免疫应答。在接种过两剂麻疹-腮腺炎-风疹疫苗或水痘-带状疱疹疫苗的人群中，发生突破性病例的可能性较小，而且发生的病例通常症状较轻，这表明对病原体有一定的持久免疫力。

"抗原原罪"的概念说明了免疫记忆的复杂性以及理解其潜在免疫机制以改进疫苗接种策略的重要性。这一现象描述了如果宿主之前暴露于一种密切相关的病原体菌株，免疫系统如何无法产生针对该病原体菌株的免疫应答，这已在包括登革热和流感在内的几种感染中得到证明。如果疫苗中只包含单一病原体株或病原体抗原，则可能对疫苗开发产生重要影响，这是由于如果疫苗接种者之后暴露于同一病原体的不同菌株，则可能会产生不完整的免疫应答，从而可能使他们面临更高的感染或更严重疾病的风险。克服这一问题的策略包括使用刺激固有免疫应答的佐剂，诱导足够多的交叉反应性B细胞和T细胞识别同一病原体的不同毒株，或者在疫苗中包含尽可能多的毒株，后者显然受到未来可能出现新毒株的限制。

（2）群体免疫：虽然通过疫苗接种对个人的直接保护一直是大多数疫苗开发的重点，并且对新疫苗获得批准至关重要，但很明显，疫苗诱导保护的一个关键附加成分是群体免疫，或者更准确地说是"群体保护"（图3-3）。这是因为一些人由于各种原因没有接种疫苗，而另一些人即使接种了疫苗也没有产生免疫反应。如果人群中有足够多的人接种了疫苗，并且疫苗不仅可以预防疾病的发生，而且还预防了感染本身，那么病原体的传播可以被阻断，疾病发病率可以比预期的进一步下降，这是对原本易感个体的间接保护的结果。

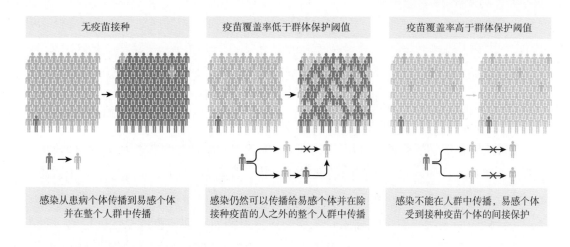

无疫苗接种	疫苗覆盖率低于群体保护阈值	疫苗覆盖率高于群体保护阈值
感染从患病个体传播到易感个体并在整个人群中传播	感染仍然可以传播给易感个体并在除接种疫苗的人之外的整个人群中传播	感染不能在人群中传播,易感个体受到接种疫苗个体的间接保护

患病个体   易感个体   接种个体

图 3-3 群体免疫是疫苗诱导保护的重要特征

麻疹等高度传染性疾病的群体免疫。易感个体包括尚未免疫的人（如青少年）、无法接种疫苗的人群（如由于免疫缺陷）、疫苗未诱导出免疫的人群、初始疫苗诱导免疫力已经减弱的人群和拒绝免疫的人群

对于具有高度传染性的病原体,如引起麻疹或百日咳的病原体,大约95%的人必须接种疫苗,以防止疾病暴发,但对于传染性较低的病原体,较低的疫苗覆盖率可能足以对疾病产生重大影响（例如,脊髓灰质炎、风疹、腮腺炎或白喉的疫苗覆盖率可≤86%）。对于流感,不同季节的群体免疫阈值差异很大,而且每年疫苗效果的差异也会造成混杂影响。适当的疫苗接种率（30%～40%）可能对季节性流感流行产生影响,但≥80%的接种率可能是最理想的。有趣的是,非常高的疫苗接种率可能有一个缺点,因为在这种情况下没有病原体传播,将阻止接种疫苗的人的自然加强,并可能导致免疫力下降,此种状况下需要使用加强剂量的疫苗。

除破伤风疫苗外,常规免疫程序中的所有其他疫苗均可诱导一定程度的群体免疫（图3-3）,这大大提高了人群保护能力,超过了单独接种疫苗所能达到的效果。破伤风是一种毒素介导的疾病,通过感染被环境中产生毒素的破伤风梭状芽孢杆菌污染的皮肤伤口获得。因此,在社区中接种破伤风类毒素疫苗并不能防止未接种疫苗的人在暴露后感染。

（3）预防感染与疾病:疫苗是否能预防感染,更确切地说,预防病原体感染后疾病的发展通常很难确定,但这会对疫苗设计产生重要影响。例如,有证据表明,接种卡介苗可以预防儿童结核性脑膜炎和粟粒性结核等严重疾病。动物研究表明,接种卡介苗可减少由T细胞免疫介导的结核分枝杆菌在血液中的传播,从而明确表明,接种疫苗对感染后的疾病发展具有保护作用。流行病学调查也有充分证据表明接种卡介苗可降低感染风险。

就SARS-CoV-2病毒而言，预防严重疾病导致的住院治疗的疫苗可能会对公共卫生产生重大影响。然而，一种可以阻止病毒获取从而预防无症状和轻度感染的疫苗，将通过减少社区传播及可能建立群体免疫产生更大的影响。

4. 影响疫苗保护的因素　疫苗接种提供的保护水平受许多遗传和环境因素的影响，包括年龄、母体抗体水平、先前的抗原暴露、疫苗接种计划和疫苗剂量。尽管这些因素中的大多数无法改变，但疫苗接种年龄和疫苗接种程序是免疫规划的重要和关键因素，并且疫苗的剂量是在早期临床开发期间根据最佳安全性和免疫原性确定的。对于某些人群，如老年人，较大剂量可能有益，如流感疫苗所显示的保护作用。此外，对于流感、狂犬病和HBV疫苗，已证明皮内注射具有免疫原性，其剂量（分次）远低于肌内注射。

第三节　接种疫苗，预防疾病

自1796年研制出第一支天花疫苗以来，人类已研发出数百种疫苗，数十亿人的寿命得以延长。疫苗接种是公认最成功和最具成本效益的卫生干预措施之一。

WHO数据显示，迄今疫苗可以预防20多种危及生命的疾病，帮助所有的人活得更长、更健康。目前，通过接种疫苗每年可防止数百万人死于白喉、破伤风、百日咳、流感和麻疹等疾病。可以说，疫苗接种是一种简单、安全和有效的方法，疫苗通过训练人的免疫系统来产生抗体，可在人们接触有害疾病之前就提供保护，免受这些疾病的危害。疫苗接种利用人体的天然防御机制来建立对特定感染的抵抗力，并增强人的免疫系统。

我国的免疫接种率已达90%以上，但偏远地区的接种率仍较低，导致部分人群未接种，容易发生本可预防的疫情。同许多国家一样，公众对各种疫苗事件的反应，凸显了保持公众对免疫规划的信心和广泛参与免疫接种的必要性。在应对新冠疫情的过程中，接种新冠疫苗也被证实对预防新冠病毒导致的重症、死亡有效。WHO强调，只有确保公平、公正地获得疫苗，确保每个国家都能获得疫苗，并从最脆弱群体开始推广接种疫苗，才能有效保护民众健康。

我国于2019年出台《中华人民共和国疫苗管理法》（以下简称《疫苗法》），标志着疫苗的研发已成为我国健康战略、国家安全战略、产业结构优化升级战略、精准扶贫战略的重要组成部分。《疫苗法》构建了覆盖疫苗全过程和全生命周期的最严格监管制度，这是我国首次就疫苗管理进行综合立法，在世界上也具有开创性的意义。

根据2019年12月1日实施的《疫苗法》规定，疫苗是指为预防、控制疾病的发生、流行，用于人体免疫接种的预防性生物制品，包括免疫规划疫苗和非免疫规划疫苗。

（一）免疫规划疫苗

免疫规划疫苗，即第一类疫苗，是指居民应当按照政府的规定接种的疫苗。《中华人民共和国疫苗管理法》规定："居住在中国境内的居民，依法享有接种免疫规划疫苗的权利，履行接种免疫规划疫苗的义务。"家长应当依法保证适龄儿童按时接种免疫规划疫苗，不得无故拒绝接种免疫规划疫苗。

1. 免疫规划疫苗儿童免疫程序 2021年，国家卫生健康委员会对《国家免疫规划疫苗儿童免疫程序及说明（2016年版）》进行修订，在此基础上形成了《国家免疫规划疫苗儿童免疫程序及说明（2021年版）》（表3-1）。

2. 疫苗接种可预防的传染性疾病 详见图3-4。

3. 特殊健康状态儿童疫苗接种 《国家免疫规划疫苗儿童免疫程序及说明（2021年版）》对特殊健康状态儿童疫苗接种作出如下建议：

（1）早产儿与低出生体重儿：早产儿（胎龄小于37周）和（或）低出生体重儿（出生体重小于2500g）如医学评估稳定并且处于持续恢复状态（无须持续治疗的严重感染、代谢性疾病、急性肾脏疾病、肝脏疾病、心血管疾病、神经和呼吸道疾病），按照出生后实际月龄接种疫苗。对于卡介苗，早产儿胎龄大于31周且医学评估稳定后，可以接种卡介苗。胎龄小于或等于31周的早产儿，医学评估稳定后可在出院前接种。

（2）过敏：对已知疫苗成分严重过敏或既往因接种疫苗发生喉头水肿、过敏性休克及其他全身性严重过敏反应的，不能继续接种同种疫苗。而单纯"过敏性体质"不是疫苗接种禁忌，比如，对花粉过敏、对海鲜过敏等不是疫苗接种禁忌证。

（3）人类免疫缺陷病毒（HIV）感染母亲所生儿童：对于HIV感染母亲所生儿童的HIV感染状况分为3种：①HIV感染儿童；②HIV感染状况不详儿童（HIV感染母亲所生＜18月龄婴儿在接种前不必进行HIV抗体筛查）；③HIV未感染儿童。对不同HIV感染状况儿童接种国家免疫规划疫苗的建议如图3-5所示。

（4）免疫功能异常：除HIV感染者外的其他免疫缺陷或正在接受全身免疫抑制治疗者，可以接种灭活疫苗，原则上不予接种减毒活疫苗（补体缺陷患者除外）。

表3-1 国家免疫规划疫苗儿童免疫程序表（2021年版）

可预防疾病	疫苗种类	接种途径	剂量	英文缩写	接种年龄														
					出生时	1月	2月	3月	4月	5月	6月	8月	9月	18月	2岁	3岁	4岁	5岁	6岁
乙型病毒性肝炎	乙肝疫苗	肌内注射	10或20μg	HepB	1	2					3								
结核病¹	卡介苗	皮内注射	0.1ml	BCG	1														
脊髓灰质炎	脊灰灭活疫苗	肌内注射	0.5ml	IPV			1	2											
	脊灰减毒活疫苗	口服	1粒或2滴	bOPV					3								4		
百日咳、白喉、破伤风	百白破疫苗	肌内注射	0.5ml	DTaP				1	2	3				4					
	白破疫苗	肌内注射	0.5ml	DT															5
麻疹、风疹、流行性腮腺炎	麻腮风疫苗	皮下注射	0.5ml	MMR								1		2					
流行性乙型脑炎²	乙脑减毒活疫苗	皮下注射	0.5ml	JE-L								1			2				
	乙脑灭活疫苗	肌内注射	0.5ml	JE-I								1、2			3		4		
流行性脑脊髓膜炎	A群流脑多糖疫苗	皮下注射	0.5ml	MPSV-A							1		2						
	A群C群流脑多糖疫苗	皮下注射	0.5ml	MPSV-AC												3	4		
甲型病毒性肝炎³	甲肝减毒活疫苗	皮下注射	0.5或1.0ml	HepA-L										1					
	甲肝灭活疫苗	肌内注射	0.5ml	HepA-I										1	2				

注：1. 主要指结核性脑膜炎、粟粒性肺结核等。

2. 选择乙脑减毒活疫苗接种时，采用两剂次接种程序。选择乙脑灭活疫苗接种时，采用四剂次接种程序；乙脑灭活疫苗第1、2剂间隔7～10天。

3. 选择甲肝减毒活疫苗接种时，采用一剂次接种程序。选择甲肝灭活疫苗接种时，采用两剂次接种程序。

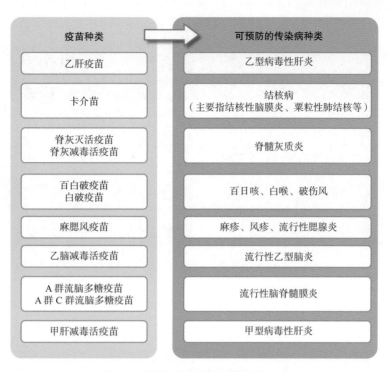

图 3-4 疫苗接种可预防的传染性疾病

疫苗种类	HIV感染儿童		HIV感染状况不详儿童		HIV未感染儿童
	有症状或有免疫抑制	无症状和无免疫抑制	有症状或有免疫抑制	无症状	
乙肝疫苗	√	√	√	√	√
卡介苗	×	×	暂缓接种	暂缓接种	√
脊灰灭活疫苗	√	√	√	√	√
脊灰减毒活疫苗	×	×	×	×	√
百白破疫苗	√	√	√	√	√
白破疫苗	√	√	√	√	√
麻腮风疫苗	×	√	×	√	√
乙脑灭活疫苗	√	√	√	√	√
乙脑减毒活疫苗	×	×	×	×	√

疫苗种类	HIV感染儿童		HIV感染状况不详儿童		HIV未感染儿童
	有症状或有免疫抑制	无症状和无免疫抑制	有症状或有免疫抑制	无症状	
A群流脑多糖疫苗	√	√	√	√	√
A群C群流脑多糖疫苗	√	√	√	√	√
甲肝减毒活疫苗	×	×	×	×	√
甲肝灭活疫苗	√	√	√	√	√

图3-5 人类免疫缺陷病毒（HIV）感染母亲所生儿童疫苗接种

（5）其他特殊健康状况：下述常见疾病不作为疫苗接种禁忌：生理性和母乳性黄疸、单纯性热性惊厥史，癫痫控制处于稳定期，先天性遗传代谢性疾病（先天性甲状腺功能减低、苯丙酮尿症、21三体综合征等），病情稳定的脑疾病、先天性心脏病、先天性感染（梅毒、巨细胞病毒和风疹病毒）等。对于其他特殊健康状况儿童，如无明确证据表明接种疫苗存在安全风险，原则上可按照免疫程序进行疫苗接种。

（二）非免疫规划疫苗

非免疫规划疫苗，即第二类疫苗，是指由居民自愿接种的其他疫苗。第一类疫苗与第二类疫苗是相对的，不是绝对不变。由于国家的经济承受能力、疫苗的供应等多种原因，第二类疫苗暂时实行自费接种，随着条件的成熟，许多第二类疫苗也将纳入国家免疫规划。

截至目前，中国报告的接种非免疫规划疫苗有36种，主要包括：吸附无细胞百白破灭活脊髓灰质炎和b型流感嗜血杆菌联合疫苗（以下简称为五联疫苗）、A群C群脑膜炎球菌多糖结合疫苗、13价肺炎球菌多糖结合疫苗（PCV13）、无细胞百白破b型流感嗜血杆菌联合疫苗（以下简称为四联疫苗）、23价肺炎球菌多糖疫苗（PPV23）、b型流感嗜血杆菌疫苗、乙脑灭活疫苗、水痘减毒活疫苗、狂犬病疫苗、口服轮状病毒减毒活疫苗、肠道病毒71型灭活疫苗、季节性流感疫苗、人乳头瘤病毒疫苗等（图3-6）。

（三）选择应用免疫规划疫苗和非免疫规划疫苗

实际工作中，如何选择应用免疫规划疫苗和非免疫规划疫苗，尚无统一标准，特提出以下建议仅供参考。

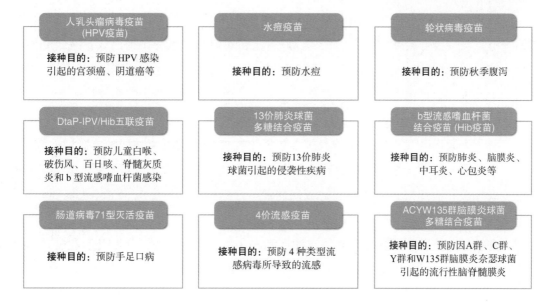

图3-6　部分重点非免疫规划疫苗

1. 优先选择免疫规划疫苗　保证和提高国家免疫规划疫苗的及时接种率，体现疫苗的公益性、均等性。这在国家免疫规划疫苗补种通用原则中有明确要求。

2. 免疫规划疫苗接种禁忌　对有免疫规划疫苗接种禁忌的儿童，可选择有同种预防功效的非免疫规划疫苗替代。比如儿童有免疫功能缺陷或正在接受免疫抑制剂治疗时不能接种减毒活疫苗，这种情况下可以选择非免疫规划疫苗中有同种预防作用的灭活疫苗来替代，即用IPV或者含有IPV的五联疫苗、乙脑灭活疫苗来替代，以保证患病儿童在身体条件允许情况下同样获得疫苗的保护。

3. 免疫规划疫苗的补充　是指选择免疫规划疫苗中没有涵盖抗原成分的非免疫规划疫苗做补充，给儿童提供更多的保护。有一些国际上已广泛使用的疫苗，由于缺乏与这些疫苗相关疾病的流行病学基础数据、经济条件和实施可能等原因，我国目前还不能将其纳入免疫规划疫苗中，比如水痘、带状疱疹、肺炎链球菌性疾病、轮状病毒感染性腹泻、b型流感嗜血杆菌导致的肺炎和脑膜炎等感染、肠道病毒71型导致的重症手足口病等都是人类普遍易感的严重疾病，门诊中可以根据受种者身体健康状况及家庭经济条件选择接种这类疫苗。例如，根据世界卫生组织立场文件，在极高度优先接种疫苗中首选肺炎链球菌疫苗，b型流感嗜血杆菌疫苗也是其优先推荐低龄儿童接种的疫苗，国外很多国家把这2种疫苗纳入免疫规划疫苗中。还有一些非免疫规划疫苗可在规定的特殊时段针对不同年龄特殊人群推荐使用。

4. 国产疫苗和进口疫苗　国产疫苗和进口疫苗二者质量上没有本质区别，不同之处可能是生产工艺、疫苗的抗原成分和含量，以及疫苗的适应证和禁忌证。实际应用中需要充分了解疫苗受众人群的接种年龄、疫苗程序、禁忌证与适应证等内容后再选择接种。

5. 联合疫苗　推荐联合疫苗的接种，特别是特殊原因导致儿童疫苗延迟或疫苗漏种的情况下，联合疫苗会发挥很强的优势。联合疫苗可以明显减少接种次数，降低疫苗不良反应的总体风险和概率。通过接种联合疫苗可以一次性给予受种者多种疾病的保护，既减少了接种次数，也方便了受种者及其监护人，还可以减少偶合疾病发生机会。循证医学数据显示，联合疫苗通常不会增加不良反应的风险，反而还会减少总体不良反应的发生。对于小月龄儿童由于该年龄段按程序要求需要接种的疫苗品种多、接种次数多，更适宜选择联合疫苗接种。非免疫规划联合疫苗中如五联疫苗、四联疫苗等，因其成分与免疫规划疫苗有重复，需要不同地域疾病预防控制机构制定出统一个体化接种计划，便于接种医生操作执行。

6. 免疫规划疫苗和非免疫规划疫苗的区别　非免疫规划疫苗的分类仅仅是根据我国政府可投入的公共卫生资源现状暂时无法纳入免疫规划疫苗范畴，但可给经济承受能力许可的儿童家庭以更多选择。因为各国传染病疾病种类和发病情况各不相同，政府公共卫生财政补贴政策也不相同，所以人为将疫苗进行分类在疾病防控方面并无实际意义，还可能导致儿童家长更多的误读和误解。随着我国经济水平的不断提升，非免疫规划疫苗也在不断地被纳入我国免疫规划之中，转化为免疫规划疫苗。所以，从预防疾病的角度，希望从事预防接种工作的专业人员，理性、合理、科学地推荐儿童家长选择使用疫苗，让疫苗给儿童提供更多保护。

（四）疫苗接种不良事件

WHO对疫苗"预防接种不良反应"（adverse events following immunization，AEFI）的定义为：预防接种后发生的、被认为由预防接种引起的任何不良反应。AEFI可能是真正的不良反应，确实是疫苗或免疫接种过程中引起的结果；也可能是偶合症，即并非是由疫苗或免疫接种过程引起，而仅在事件上与免疫接种有关。我国《预防接种工作规范（2016年版）》中明确了AEFI定义，是指在预防接种后发生的怀疑与预防接种有关的反应或事件，称为疑似预防接种异常反应。AEFI经过调查诊断分析，按照发生原因分为以下5类：不良反应（包括一般反应和异常反应）、疫苗质量事故、预防接种事故、偶合症、心因性反应。

1. 不良反应　合格的疫苗在实施规范预防接种后，发生的与预防接种目的无关或意外的有害反应，包括一般反应和异常反应。

（1）一般反应：是指预防接种后发生，由疫苗本身固有特性引起，对机体造成一过性生理功能障碍的反应，一般程度较轻微，如发热、局部红肿疼痛等，可能伴有全身不适、倦怠、食欲缺乏、乏力等综合症状。

（2）异常反应：是指合格的疫苗在实施规范接种过程中或者实施规范接种后造成

受种者机体组织器官、功能损害，相关各方均无过错的药品不良反应，一般为较严重的组织器官、功能损害，如过敏性休克或死亡等。下列情形不属于预防接种异常反应：①因疫苗本身特性引起的接种后一般反应；②因疫苗质量不合格给受种者造成的损害；③因接种单位违反预防接种工作规范、免疫程序、疫苗使用指导原则、接种方案给受种者造成的损害；④受种者在接种时正处于某种疾病的潜伏期或者前驱期，接种后偶合发病；⑤受种者有疫苗说明书规定的接种禁忌，在接种前受种者或者其监护人未如实提供受种者的健康状况和接种禁忌等情况，接种后受种者原有疾病急性复发或者病情加重；⑥因心理因素发生的个体或者群体的心因性反应。我国《疫苗流通和预防接种管理条例》（2016年修正）明确规定，因预防接种异常反应造成受种者死亡、严重残疾或器官组织损伤的，应当给予一次性补偿。

2. 疫苗质量事故　由于疫苗质量不合格，预防接种后造成的受种者机体组织器官、功能损害。

3. 预防接种事故　由于在预防接种实施过程中违反预防接种工作规范、免疫程序、疫苗使用指导原则、接种方案，造成受种者机体组织器官、功能损害。

4. 偶合症　受种者在接种时处于某种疾病的潜伏期或前驱期，接种后巧合发病；某些AEFI并非由疫苗造成，只是在时间上与疫苗接种有相关性，容易造成公众的误解。免疫规划中，大多数疫苗的接种都是在婴幼儿时期，而该时期本身就是感染及其他先天性或神经性疾病等的高发期。疫苗接种率越高、品种越多，偶合症发生的概率就越大。

5. 心因性反应　接种实施过程中或接种后因受种者心理因素发生的个体或群体反应。任何情况的注射都可引起个体和群体发生反应，这种反应与疫苗无关，而与注射行为有关，所以世界卫生组织将其称为注射反应。群体心因性反应常发生于学校、幼儿园等儿童聚集场所。流行病学调查表明心因性反应占群体性AEFI报道数的一半左右，以头痛、头晕、乏力、恶心等自主神经功能紊乱症状常见，临床检查通常无阳性体征和器质性病变。

医疗机构、接种单位、疾病预防控制机构、药品不良反应监测机构等责任报告单位，需规范AEFI监测工作，调查核实AEFI发生情况和原因，为提高预防接种服务质量提供依据。

（五）常见局部反应、全身反应和异常反应

1. 一般的局部反应　由疫苗本身所固有的性质引起，不会造成生理和功能障碍。这类反应是由于疫苗本身含有的菌体蛋白、内毒素、其他毒性物质及附加物等物理和化学作用所造成的。

（1）局部炎症反应：是机体对各种刺激物的损伤作用所发生的一种以局部组织变性、

渗出、增生病变为主的应答性反应。反应局限于接种的局部，临床表现为局部红肿、浸润，并伴有疼痛。通常多为浆液性炎症，在接种后10小时左右出现，24小时达到高峰，2～3天内消失，不留痕迹。注射局部红肿，根据纵横平均直径分为弱反应（≤2.5cm）、中反应（2.6～5.0cm）及强反应（＞5.0cm）。凡发生局部淋巴管和（或）淋巴结炎者均为局部重反应。

（2）局部感染化脓：在皮内接种卡介苗后2～3周出现红肿、浸润，并可形成硬块，继而中央逐渐软化形成小脓肿，可自行破溃成溃疡、结痂，持续2～3个月，愈合后留下永久性略凹陷的圆形瘢痕，此种反应是皮内接种卡介苗的正常过程。若创面持续半年仍不愈，则为非正常现象。

（3）局部硬结：在注射含有吸附剂的疫苗时偶可发生，它是急性炎症后的一种特殊表现形式。急性炎症过后，渗出物中的纤维蛋白成分逐渐增加而进入修复期，由于吸附剂难于吸收，在局部形成硬结。

2. 异常的局部反应　是免疫接种后发生的、与一般反应性质和临床表现不同且发生概率极低，往往需要医疗处置的反应。

（1）有菌化脓：可因疫苗或注射器被污染或注射器材和皮肤局部消毒不严所致。主要表现为注射局部红、肿、热、痛的炎症表现。脓肿大多表浅，可伴有全身疲乏、头痛、发热等症状。脓肿局限后，中央部位较软，可有波动感。在有菌化脓的早期可热敷或外敷鱼石脂软膏，脓肿形成后可切开排脓；有全身症状者使用抗菌药物或其他对症治疗。

（2）无菌化脓：常见于接种含有吸附剂的疫苗，可因注射部位选择不当、注射过浅、剂量过大，或使用前未将疫苗充分摇匀所致。主要表现为注射局部有较大红晕、浸润，2～3周后出现大小不等的硬结，局部肿胀，但炎症并不剧烈，可持续数周或数月，较重者可形成溃疡。轻者可用热敷促进吸收；若已形成脓肿，未破溃前切忌切开排脓，可用注射器抽脓；若脓肿已破溃或发生潜行性脓肿，必要时扩创，剔除坏死组织，有继发感染者用抗生素治疗。

（3）淋巴结化脓：见于接种卡介苗后1～2个月。由于卡介苗皮内注射过深或超量接种所致，也与疫苗菌株的剩余毒力过高有关。主要发生在接种疫苗侧腋下淋巴结，也有出现在锁骨下及颈部淋巴结者。肿大的淋巴结可经久不消，重则形成溃疡，可在溃疡部脓液中分离到卡介菌。

（4）血管性水肿：是注射类毒素、抗毒素可溶性抗原后，极少数人发生的一种异常反应，并以反复注射者多见。其特点是出现急、消退快和消退后不留痕迹。注射后不久发生反应，最迟注射后1～2天发生。常表现为注射局部红肿、皮肤发亮、范围逐渐扩大，严重者可延至肘关节以下及手臂。有瘙痒、麻木、肿胀感，有时可伴有过敏性皮疹出现。

3. 全身反应　接种疫苗后，由于疫苗本身的特性，如异种蛋白的刺激、疫苗中的热原质或毒性等原因，少数受种者可于接种灭活疫苗后5～6小时出现体温升高，一般持续1～2天，很少有超过3天者。接种活疫苗出现反应的时间稍晚，但消失亦很快。除体温升高外，个别人可能伴有头痛、眩晕、寒战、乏力和周身不适，或出现恶心、呕吐、腹痛等胃肠道反应。一般持续1～2天，可自行消失。一般无需特殊处理，注意适当休息和保暖，多饮水，防止继发其他疾病。对较重的全身反应可用解热镇痛药物等对症处理。

4. 异常反应 异常反应发生率极低，往往需要医学处置，反应程度比较严重，若不及时治疗抢救，可能有一定的危险。按其发生原因，大体上分为非特异性反应、变态反应、精神反应、生物学特异反应、免疫缺陷所致的严重反应及其他一些原因不明的反应等，因免疫反应和免疫功能缺陷而造成的全身性感染扩散较严重，也较难以诊断。

（1）非特异性反应：包括有菌化脓、无菌化脓和淋巴结化脓等（详见前文"2. 异常的局部反应"）。

（2）变态反应：属免疫学特异反应，临床类型复杂，是AEFI最多见的异常反应。常见的临床类型包括以下几种。

1）Ⅰ型变态反应：又称过敏症，该型在预防接种中最常见。该型反应的特点：①反应发生快，通常在数分钟至数小时之内发生。②在反应发生过程中一般不破坏组织细胞。③反应的出现具有明显的个体差异；各种免疫预防制剂都可引起Ⅰ型变态反应，而以蛋白类物质及可溶性抗原为多见，其主要临床表现分为过敏性休克、呼吸道过敏症、消化道过敏症、过敏性肾炎、血管性水肿及荨麻疹。

2）Ⅱ型变态反应：又称细胞溶解型或细胞毒型超敏反应。这类反应依赖抗原来源分为两类：一类是细胞本身的，另一类不是细胞本身的。抗体通常是IgG或IgM，补体常参与反应。主要表现为过敏性紫癜、紫癜性肾炎。

3）Ⅲ型变态反应：又称免疫复合物型超敏反应。在预防接种中免疫复合物病的全身反应典型的代表是血清病，局部反应为阿瑟反应。

4）Ⅳ型变态反应：又称迟发型超敏反应，是针对速发型超敏反应而言的。临床上已经习惯将此型称为变态反应。反应出现较迟，一般需48小时后才达到反应高峰。与预防接种有关的Ⅳ型变态反应有下列几种类型：①传染性超敏反应，人类有很多疾病与此型变态反应有关，如结核病、布鲁菌病、麻风病等；②变态反应性脑炎和脑脊髓炎；③接触性皮炎和剥脱性皮炎。

上述异常反应的诊断以免疫反应机制的发生时间是否吻合来估计，无金标准，造成了过度诊断的趋势。

我国AEFI政策规定接种和被接种方均无过错，但对被接种方应按相关法律法规进行补偿。疫苗的使用是为了保护绝大多数公众的健康，但是，包括疫苗接种在内的几乎所有的有益干预都伴随某些风险，关键问题是确保受益风险比最大化。

第四节　疫苗与肠道微生态研究现状

人体免疫系统和微生物群共同进化，二者之间的平衡关系是基于生命过程中两个系统的交互，这种紧密联系以及微生物群的整体组成和丰度在宿主免疫调节中发挥重要作用，并可能影响对疫苗接种的免疫反应。

一、生命早期肠道微生物菌群的特征

微生物在人体黏膜表面的早期定植，对宿主免疫系统的发育成熟起着关键作用。生命早期，人体微生态数量由少数到庞大数量，种属、多样性和丰度由简单到复杂，并且在这个过程中个体内和个体间的微生物菌群组成也发生了巨大的变化，至3岁左右达到相对趋于稳定的成人样结构。有趣的是，从婴儿出生的那一刻起，免疫系统也开始了发育过程，人体微生态与免疫系统的"通讯与对话"，对免疫系统进行"教育和驯化"，使免疫系统尽可能多地学习识别有益菌和有害菌，识别有害抗原和无害抗原。影响免疫发育的大多数关键事件，如母亲孕期情况、分娩方式、胎龄、喂养方式、添加辅食、感染以及预防接种等多是发生在生命早期1000天。因此，这一时期是人体微生态和免疫发育关键的"时间窗口期"，为在生命早期干预免疫系统发育异常或紊乱提供了依据。

（一）分娩方式对生命早期肠道微生物群的影响

婴儿最先接触到促进免疫系统发育、成熟的环境抗原和微生物，取决于分娩方式。阴道分娩的婴儿暴露于母体阴道和粪便微生物群中，导致肠道微生物分布以埃希菌、乳酸杆菌、拟杆菌和双歧杆菌为主。相比之下，剖宫产分娩的新生儿与母体皮肤和医院微生物的接触更多，通常被链球菌、葡萄球菌和肠球菌定植。

（二）抗生素对生命早期肠道微生物群的影响

早期使用抗生素治疗会对微生物最初的定植、菌群的建立和随后的免疫系统发育产生负面影响，可能会在生命早期导致感染的风险增加，在生命后期，则与免疫和代谢相关疾病（如特应性皮炎）的风险增加有关。因此，在正确的时间由正确的微生物定植对于有效建立免疫防御和稳态至关重要。

（三）喂养方式对生命早期肠道微生物群的影响

母乳诱导新生儿肠道微生态的塑形，母乳喂养对肠道微生物群的发育、成熟有重要作用。母乳中的微生物是婴儿肠道菌群重要的菌种来源，包括葡萄球菌、链球菌、肠球菌、乳杆菌、双歧杆菌等。母乳低聚糖（HMO）是人类母乳中仅次于乳糖和脂肪的第三大固体成分，母乳低聚糖作为"天然益生元"可增强双歧杆菌的定植和持久性（占总微生物群落的80%），与母乳中其他成分协同有助于"导向性肠道菌群"的发育和成熟。母乳喂养提供了抗菌肽、母体抗体和固有免疫因子，促进了对婴儿的被动防护，并提供了塑造婴儿微生物群的关键膳食成分。这在以配方奶喂养的婴儿中不太明显。母乳低聚糖的微生物代谢导致短链脂肪酸的产生，短链脂肪酸被与膜结合的特定G蛋白偶联受体识别，由免疫细胞在全身和胃肠道中表达，关键是用于发展免疫耐受性。母乳还直接通过母乳微生物组引入微生物，进一步播种于婴儿肠道。

断奶和从母乳或以配方食品为基础的营养过渡到固体食物推动了胃肠道微生物群的重大变化，双歧杆菌种类减少，并引入了瘤胃球菌、阿克曼菌和普雷沃菌。

综上所述，在生命早期的第一年，相对简单的婴儿微生物群逐步成熟和发展成为一个更复杂的微生物生态系统。生命的第一年内的微生物组成通常以低物种多样性和高不稳定性为特征。婴儿的肠道菌群开始以双歧杆菌和某些乳酸菌为主导，随着固体食物的引入肠道微生物菌群发生重大变化，双歧杆菌菌群由拟杆菌属、普雷沃菌属、瘤胃球菌属、梭状芽孢杆菌属和韦荣球菌属替代，并逐渐走向稳定和生态多样性，至出生后36个月，婴儿的肠道微生态菌群趋向于成年人菌群样的特征。此后，整个生命周期中60%～70%的微生物群组成将保持稳定。遍布人类胃肠道的复杂的微生物生态正在成为控制人类健康和疾病的关键角色。

二、肠道微生物群落和免疫系统之间的相互作用

微生物菌群与宿主之间持续的相互作用对维持机体正常功能至关重要。免疫系统在维持体内微生物群落的平衡中起着至关重要的作用。与此同时，微生物群在生命早期塑造免疫系统，并在此后继续调节对宿主生理至关重要的免疫功能。

肠上皮细胞、肠道菌群和肠道免疫细胞之间的相互作用，对肠道局部免疫产生影响。肠上皮细胞提取由细菌代谢物、细菌成分和细菌本身构成的肠道菌群信号，调节肠黏膜屏障并向固有层免疫细胞传递，以适应肠道环境的变化，并且通过物理和化学屏障分隔开肠道菌群和宿主免疫细胞，避免产生过度免疫反应，维持共生关系。肠道菌群通过代谢物及致病菌成分调节宿主免疫防御和耐受，诱导固有及适应性免疫功能成熟，维持肠道稳态。反之，肠道免疫细胞可以直接或间接地影响肠道菌群，通过免疫反应调整肠道菌群组成、多样性和迁移。

对肠道菌群的免疫应答稳态取决于多种因素，固有及适应性免疫系统共同提供了

菌群与宿主上皮层间的生化屏障，减少了菌群与上皮细胞的直接接触；菌群产生的信号在上皮细胞或树突状细胞介导下直接或间接与CD4$^+$ T细胞互作，影响后者分化为Th1、Th17、Treg、Th2、iNKT等细胞；菌群还可以通过不同途径影响自身免疫病及炎症性疾病。

微生物群和免疫系统之间的交互作用发生在整个生命过程中，并在婴儿或老年人中受到不同免疫应答的影响。事实上，老年人的免疫系统通过较少的原始细胞进行重塑，主要是由于原始细胞和初级淋巴器官退化的改变，功能失调的记忆细胞增加，以及固有免疫反应的改变，导致老年人对传染病的更强的易感性和对疫苗的应答降低。同时，老年人的免疫系统表现为慢性、无菌、低度炎症的进行性发作。肠道微生物群的显著重塑与免疫衰老和炎症现象相关并且随着年龄的增长而逐步发生。人体生理功能的恶化会导致肠道微生物群中双歧杆菌等的减少，而炎症可能会导致兼性需氧菌（即肠杆菌科、肠球菌科和葡萄球菌科）的增加，严格厌氧厚壁菌门的失活。

三、肠道微生物群在疫苗免疫应答中的作用

（一）影响疫苗接种免疫应答的因素

影响疫苗应答的机制很复杂，包括疫苗、宿主免疫系统和肠道微生物群等相关因素（图3-7）。疫苗制剂的特性，包括配方（即疫苗递送系统、佐剂和免疫调节剂）、抗原性质（即整个微生物、纯化蛋白、多糖和核酸）、抗原剂量、免疫途径（肠外或黏膜）、接种程序（同源和异源的初次免疫和加强免疫策略、接种间隔时间等），对于塑造宿主免疫应答和诱导对特定病原体的最佳应答至关重要。同时，宿主免疫系统受到年龄、遗传和可能的疾病（如过敏、自身免疫病、免疫缺陷等）的影响。

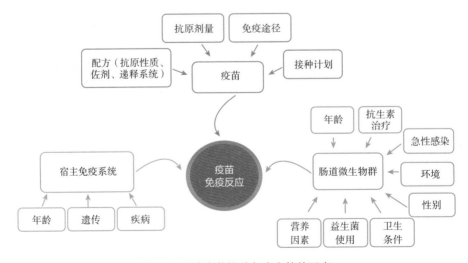

图 3-7　影响疫苗接种免疫应答的因素

疫苗免疫应答也受宿主免疫系统的影响，尤其是在生命周期的特殊情况下，如生命早期免疫不成熟阶段或老年时期。与年轻人相比，老年人的疫苗效力显著降低，这主要是由于老年人的免疫系统发生了改变，其中一些免疫成分下降，而炎症因子增加。由于肠道微生物群在免疫系统的调节中起着至关重要的作用，因此可以认为肠道微生物群是可能影响个体对疫苗反应的另一个因素。微生物群落的组成又受到年龄、环境和社会经济因素、饮食、性别、慢性感染、免疫抑制化疗、抗生素治疗或益生菌使用的影响，环境、社会经济、营养和卫生条件导致的微生物群落差异可以部分解释疫苗应答的地理异质性。疫苗接种结果是这些不同因素复杂的相互作用的结果。

（二）肠道微生物群在疫苗免疫应答中的作用

人们越来越认识到婴儿胃肠道微生物群在疫苗免疫中的作用。胃肠道微生物群已被证明可通过多种机制促进对疫苗的体液和细胞免疫应答的有效刺激。

微生物群的刺激对于产生免疫球蛋白（Ig）的B细胞的发育和成熟、促进IgA类别转换的记忆浆细胞以及派尔集合淋巴结内生发中心的发育至关重要。此外，通过介导浆细胞样树突状细胞产生I型干扰素，微生物群增强了抗原特异性T细胞反应。

肠道微生物群和免疫系统之间的共生关系，以及遗传和环境的影响，可以解释个体对疫苗的免疫反应的可变性。抗生素引起的新生小鼠微生物组紊乱，以及使用免疫缺陷的无菌幼鼠，导致对不同佐剂和减毒活疫苗的体液反应受损，其特征是Th1和Th17反应降低，IgG和IgM水平降低。值得注意的是，在通过施用特定的鞭毛大肠杆菌菌株或粪便微生物群移植来恢复微生物群后，这种损害是可逆的。某些细菌科、属和物种的丰度与人类对疫苗的免疫反应差异有关，无论是正面的还是负面的。一项研究观察到，在孟加拉国婴儿对卡介苗、破伤风、乙型肝炎疫苗和口服脊髓灰质炎疫苗的应答中，放线菌起到积极作用，而如果肠杆菌科占主导地位，则呈现负面影响。针对2岁孟加拉国婴儿的后续研究表明，生命早期的双歧杆菌的高丰度与卡介苗、破伤风和脊髓灰质炎疫苗呈正相关，在15周和2岁时都有$CD4^+$T细胞反应和可检测的IgG和IgA。

短链脂肪酸是由肠道微生物群的不同成员通过发酵膳食复合碳水化合物（包括母乳或益生元中的碳水化合物）产生的。短链脂肪酸可提供许多有益的健康影响，包括肠细胞的能量来源、加强上皮屏障、改变代谢过程、抑制肠道病原体生长、离子吸收的介质，以及作为肠道和全身免疫调节途径中的信号分子。缺乏产生短链脂肪酸的胃肠道细菌的小鼠的浆细胞分化减少，并且在稳态和病原体特异性抗体反应方面存在缺陷。乙酸盐可通过在体外增强针对霍乱毒素的抗原特异性IgA和IgG的产生以及刺激浆细胞分化所必需的树突状细胞中的信号分子来增强疫苗反应。

胞外多糖是一些特殊微生物在生长代谢过程中分泌到细胞壁外、易与菌体分离、分泌到环境中的水溶性多糖，属于微生物的次级代谢产物。胞外多糖是单糖或寡糖簇，包括形成同多糖或杂多糖的葡萄糖、果糖、半乳糖、岩藻糖和鼠李糖。胞外多糖的表达增强了对宿主细胞的黏附，提供了对消化和环境压力的保护，并促进了生物膜的形成和胃肠道中的长期定植。来自不同双歧杆菌菌株的胞外多糖可以被其他微生物发酵，从而改变代谢物环境和短链脂肪酸浓度。胞外多糖可以通过巨噬细胞和树突状细胞表面表达的特定模式识别受体（如TLR1、TLR2或TLR6）被识别为微生物相关的分子模式。脆弱拟杆菌的表面多糖A可激活巨噬细胞上的TLR2，并诱导调节性T细胞的扩增和抗炎IL-10的产生，从而在病毒感染期间促进强烈的抗炎反应。此外，多糖A可激活TLR4和结肠树突状细胞分泌TNF，增加对病毒感染的天然抵抗力。

由于胃肠道微生物组在激活和抑制免疫反应以及随后对疫苗免疫的影响方面具有多因素作用，因此需要研究不同的微生物群及其代谢产物调节的干预措施以最大限度地提高疫苗效力。

四、调节肠道微生物群增强免疫保护

用于调节肠道微生物群的方法，包括益生元、益生菌、合生元和后生元已在许多场景得到广泛研究和应用。由于益生菌和益生元的安全性、成本效益和可扩展性，可能是提高疫苗效力的更具吸引力的干预措施。已证明益生菌是预防坏死性小肠结肠炎、急性腹泻和败血症等疾病的有效干预措施。此外，最近的一项临床前研究表明，合生元可以增强被无反应婴儿微生物群定植的小鼠对口服霍乱疫苗的反应。

乳双歧杆菌Bb12或短双歧杆菌M16V菌株可调节脂质代谢并缓解过敏症状。这两株菌株对疫苗诱导的免疫应答也有有益的影响。在出生后6个月喂养益生菌可增加对HepB疫苗的IgG抗体应答。同样，成人服用乳双歧杆菌Bb12和副干酪乳杆菌，接种流感疫苗6周后，流感疫苗特异性抗体水平升高。另外一项针对婴儿的研究表明，双歧杆菌配方奶粉增加了对IPV的IgA应答，尽管肌内注射IPV引起的黏膜IgA反应较差，但抗脊髓灰质炎病毒IgA滴度在双歧杆菌配方奶粉组中升高，且抗体滴度与长双歧杆菌/婴儿双歧杆菌和短双歧杆菌水平相关。

除双歧杆菌外，乳杆菌和乳球菌菌株也可增加疫苗诱导的免疫反应。口服植物乳杆菌 *GUANKE* 可显著增加小鼠血清和支气管肺泡灌洗液中的COVID-19疫苗特异性中和抗体。含有长链菊粉（lcITF）的嗜酸乳杆菌W37（LaW37）膳食补充剂可使疫苗对鼠伤寒沙门氏菌菌株的效力提高两倍。此外，一项随机、双盲、安慰剂对照研究表明，鼠李糖乳杆菌GG可增加灭活流感疫苗的血凝素抑制滴度。口服含有ORV的干酪乳杆菌菌株制剂可增加ORV特异性IgM分泌细胞和IgA抗体水平。口服7天乳酸乳球菌加伤寒减毒疫苗可增加IgA应答。与安慰剂组相比，在接受乳酸乳球菌免疫的人群中，中性粒细胞表达更高水平的补体受体3。在流感和肺炎球菌疫苗接种前口服副干酪乳杆菌（NCC 2461）4个月可增加70岁以上受试者的NK细胞活性并降低流感感染率。最近的一项研究表明，接受棒状乳杆菌的个体在第一次接种疫苗19天后对COVID-81疫苗具有更高的IgG水平，并且疫苗引起的副作用减少。

然而，并非所有研究表明益生菌可以提高疫苗的有效性。例如，在食用嗜热链球菌、干酪乳杆菌和嗜酸乳杆菌发酵的牛奶的儿童中，未检测到DPT-Hib（白喉和破伤风类毒素以及用Hib结合疫苗吸附的全细胞百日咳疫苗）或肺炎球菌疫苗抗体水平的显著升高。一项包括1104名健康参与者（18～60岁）的随机、双盲、安慰剂对照研究表明，摄入干酪乳杆菌431并未提高流感疫苗的有效性。

最近的一项系统综述报道，迄今开展的26项随机对照试验中，只有约50%的试验发现益生菌对疫苗应答有益。然而，这些试验有几个局限性，如样本量小（许多研究中每组样本量为50）。此外，研究采用益生菌菌株的差异（包括其纯度和活力）及给药时间、持续时间和剂量，使这些研究难以直接进行比较。更重要的是，这些试验都没有专门招募微生物群紊乱的参与者，如暴露于抗生素的参与者。26项随机临床试验（RCT）中有12项未报告参与者是否暴露于抗生素，9项特别排除暴露于抗生素参与者，并且在纳入抗生素暴露参与者的研究中，样本量非常小。给已经有良好定植的健康婴儿施用益生菌不大可能对疫苗的免疫应答产生显著影响。因此，有必要开展功效良好的RCT，评估针对微生物群的干预措施对微生物群紊乱的婴儿的有益效果。

由于大多数疫苗接种是在生命的最初几年进行的，此时人类免疫反应和微生物群落协同发展并相互影响。因此，应特别注意了解早期微生物组如何影响疫苗接种以及疫苗接种如何影响微生物群本身的发展。此外，由于婴儿或儿童的肠道微生物群与成人相比存在显著差异，因此应在不同的年龄组中进行微生物群和疫苗免疫应答的研究。对来自健康婴儿微生物组的关键菌株及其代谢物有更深入的了解，可以催生新一代安全、无针和经济的疫苗促进疗法。

（武庆斌）

参 考 文 献

曹雪涛. 2018. 疫苗守护生命序 [C]// 科技民生报告丛书——疫苗守护生命. 7-8.

刁连东，孙晓冬. 2015. 实用疫苗学 [M]. 上海：上海科学技术出版社.

Ciabattini A，Olivieri R，Lazzeri E，et al. 2019. Role of the microbiota in the modulation of vaccine immune responses[J]. Front Microbiol，10：1305.

Hong S H. 2023. Influence of microbiota on vaccine effectiveness："is the microbiota the key to vaccine-induced responses?" [J]. J Microbiol，61（5）：483-494.

Jordan A，Carding S R，Hall L J. 2022. The early-life gut microbiome and vaccine efficacy[J]. Lancet Microbe，3（10）：e787-e794.

Lynn D J，Pulendran B. 2018. The potential of the microbiota to influence vaccine responses[J]. J Leukoc Biol，103（2）：225-231.

Pollard A J，Bijker E M. 2021. A guide to vaccinology：from basic principles to new developments[J]. Nat Rev Immunol，21（2）：83-100.

第四章　大脑发育与肠道微生态

人的各种日常活动，衣、食、住、行、学习、劳作、交流……，都是由神经系统无意识或有意识地支配着。平时不知不觉，但是又随时存在。比如眼睛看见东西，耳朵听见声音，被东西砸到后感到疼痛，这些现象都是神经系统在背后起作用，神经系统无时无刻不在支配着我们的身体。因此，神经系统是人类实现神经调节的基础，神经系统的稳定对于人的生命活动具有非常重要的作用，神经系统能够调节各种生命进程的顺利进行，也能够调节人体各种体内循环的正常进行。一方面，控制与调节各器官、系统的活动，使人体成为一个统一的整体；另一方面，通过神经系统的分析与综合，使机体对环境变化的刺激作出相应的反应，达到机体与环境的协调统一。

在人体定植的许多微生物群落中，肠道菌群正在成为影响宿主健康状况的主要参与者。肠道菌群的组成是在宿主发育早期建立的，并且可以在一生中经历无数的变化。越来越多的证据表明，肠道微生物组与中枢神经系统（CNS）相通。因此，医学科学家们提出了"微生物-肠-脑轴"（the microbiota-gut-brain axis）的概念。"微生物-肠-脑轴"是将大脑和肠道功能整合的双向信息交流系统。中枢神经系统、肠道神经系统和胃肠道之间的双向相互作用也越来越受到人们重视。肠道微生物参与肠-脑轴的功能反应，在肠道与大脑的信息交流中发挥着非常重要的作用。

第一节　神经系统的结构和功能

一、神经系统的结构

神经系统是人体各系统中结构和功能最为复杂，并起主导作用的调节系统。人体内各系统器官在神经系统的协调控制下，完成统一的生理功能。神经系统分为中枢部和周围部，在结构和功能上二者是一个整体（图4-1）。

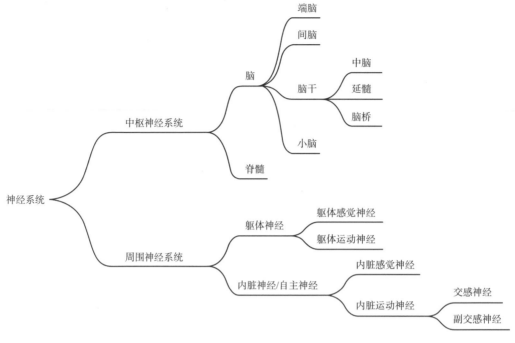

图4-1 神经系统的结构

（一）中枢神经系统

中枢神经系统被称为身体的中央处理单元，由脑和脊髓组成。

1. 脑　大脑是人类神经系统最大的中枢器官之一。脑是神经系统的控制单元，可以帮助我们发现新事物、记忆和理解、作出决定等。脑被封闭在颅骨内，颅骨可提供正面、侧面和背部保护。人脑由以下四个主要部分组成。

（1）端脑（大脑）：指大脑两半球，两半球间有横行的神经纤维相联系。大脑皮质构成了大脑的大部分。大脑皮层是高级神经活动的物质基础。

（2）间脑：由丘脑与下丘脑构成。丘脑与大脑皮质、脑干、小脑、脊髓等联络，负责感觉的中继、控制运动等。下丘脑与保持身体整体性、控制自律神经系统、感情等相关。

（3）脑干：位于大脑下方，脊髓和间脑之间，是中枢神经系统的较小部分，呈不规则的柱状形。脑干自下而上由延髓、脑桥、中脑三部分组成。延髓部分下连脊髓，是大脑、小脑与脊髓相互联系的重要通路。

（4）小脑：位于大脑的后下方，颅后窝内，延髓和脑桥的背面。小脑是运动的重要调节中枢，有大量的传入和传出通路。

2. 脊髓　脊髓是封闭在脊柱内的神经纤维和相关组织的圆柱形束，将身体的所有部位连接到大脑。脊髓从延髓开始并向下延伸。脊髓被封闭在一个称为椎柱的骨笼中，并被脑膜包围。脊髓与脊髓反射和神经冲动进出大脑的传导有关。

（二）周围神经系统

周围神经系统（PNS）涉及大脑和脊髓以外的神经系统部分，是从中枢神经系统发展而来的神经系统的外侧部分。周围神经系统将身体的不同部位与中枢神经系统连接起来。人体在周围神经的帮助下进行自愿和非自愿行动。

1. 周围神经系统包括两种类型的神经纤维 ①传入神经纤维：负责将信息从组织和器官传递到中枢神经系统。②传出神经纤维：负责将信息从中枢神经系统传递到相应的外周器官。

2. 周围神经系统的分类 ①躯体神经系统：是通过将中枢神经系统的脉冲传递到骨骼肌细胞来控制体内自主行为的神经系统。由躯体神经组成，包括脑神经和脊神经。脑神经有12对，从脑发出。脊神经从脊髓发出。脊神经有31对，由背根和腹根在椎间孔处合成。在这两个根的连接处，感觉纤维进入背根，运动纤维进入腹根。②自主神经系统：自主神经系统参与非自愿行为，如调节生理功能（消化、呼吸、唾液分泌等）。自主神经系统是一个自我调节系统，将来自中枢神经系统的脉冲传递到平滑肌和非自主器官（心脏、膀胱和瞳孔）。自主神经系统可进一步分为：交感神经系统和副交感神经系统。交感神经系统由颈部和腰部区域之间的脊髓产生的神经组成，可以使身体为针对异常情况的暴力行为做好准备，并且通常受到肾上腺素的刺激。副交感神经系统位于头颈部前方，骶区位于后部，主要参与在剧烈行动结束后恢复正常条件。

神经系统还有另一个分支来描述功能反应。肠神经系统（ENS）负责控制消化系统中的平滑肌和腺体组织，是周围神经系统的很大一部分，不依赖于中枢神经系统。构成肠神经系统的神经结构是调节消化自主输出的组成部分。

（三）神经组织

神经系统包含两种基本类型的细胞：神经元和神经胶质细胞。

1. 神经元 神经元是神经系统的结构和功能单位，是一种高度特化的细胞，是大多数人与神经系统相关的主要细胞类型。与其他细胞不同，神经元形状不规则，它具有感受刺激和传导兴奋（电化学信号）的功能（图4-2）。

神经系统中含有大量的神经元，据估计，人类中枢神经系统中约含1000亿个神经元，仅大脑皮层中就约有140亿。神经元形态与功能多种多样，在结构上大致都可分成胞体（soma）和突起（neurite）两部分。突起又分树突（dendrite）和轴突（axon）两种。轴突往往很长，由细胞的轴丘（axon hillock）分出，其直径均匀，开始一段称为始段，离开细胞体若干距离后始获得髓鞘，成为神经纤维。习惯上把神经纤维分为有髓纤维与无髓纤维两种，实际上无髓纤维也有一薄层髓鞘，并非完全无髓鞘。

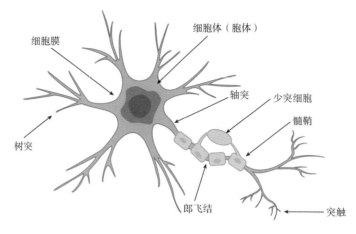

图 4-2 神经元

神经元突起的形态、数量和长短也很不相同。树突多呈树状分支，它可接受刺激并将冲动传向胞体；轴突呈细索状，末端常有分支，称轴突终末（axonal terminal），轴突将冲动从胞体传向终末。通常一个神经元有一个至多个树突，但轴突只有一条。神经元的胞体越大，其轴突越长。

神经元按照用途分为3种：传入神经元、传出神经元和中间神经元（也称联合神经元）。神经元的基本功能是通过接受、整合、传导和输出信息实现信息交换。

2. 神经胶质细胞　神经胶质细胞是提供各种组织框架以支持神经元及其活动的细胞之一。中枢神经系统中，主要有星形胶质细胞、少突胶质细胞和小胶质细胞。周围神经系统中主要有施万细胞和位于脊神经节内的卫星细胞。

神经胶质细胞无树突和轴突之分，细胞之间不形成化学性突触，但普遍存在缝隙连接，不能产生动作电位。细胞膜上有多种神经递质的受体，终身具有分裂和增殖能力。

神经胶质细胞的主要功能：①对神经元起机械性支架和引导神经元迁移的作用；②修复与再生，胶质细胞可转变为巨噬细胞，清除或吞噬变性的神经组织碎片和髓鞘，填充缺损；③为再生轴突芽提供生长的隧道，形成新髓鞘；④绝缘与隔离作用；⑤物质代谢和营养性作用，通过血管周足和突起连接毛细血管为神经元输送营养物质和排除代谢产物；⑥免疫应答作用，星形胶质细胞可成为抗原提呈细胞。

二、神经系统的功能

神经系统不同于其他器官，使人类有别于其他动物。人的中枢神经系统比大部分台式计算机更小，质量更轻，是现存的最复杂的计算装置。它可以接受和翻译一系列的感觉信息，控制许多简单和复杂的运动行为，并且参与理性和感性的逻辑。

神经系统可以根据其功能进行划分，但解剖分区和功能分区是不同的。中枢神经系统和周围神经系统都具有相同的功能，但这些功能可归因于大脑的不同区域（如大脑皮层或下丘脑）或外周不同的神经节。例如，视神经携带来自视网膜的信号，这些信号要么用于大脑皮层对视觉刺激的有意识感知，要么用于平滑肌组织的反射反应，后者通过下丘脑处理。

有两种方法来考虑神经系统是如何在功能上划分的。第一，神经系统的基本功能是感觉、整合和反应。第二，对身体的控制可以是躯体的或自主的，这在很大程度上取决于参与反应的结构。周围神经系统中有一个区域称为肠神经系统，负责与胃肠功能相关的自主控制领域内的一组特定功能。

（一）基本功能

神经系统参与接收有关人类周围环境的信息（感觉）并对该信息产生反应（运动反应）。神经系统可以分为负责感觉（感觉功能）和响应（运动功能）的区域，但是需要包括第三个功能，即感官输入需要与其他感觉以及记忆、情绪状态或学习（认知）相结合。神经系统的某些区域称为整合区或关联区。整合过程结合了感官知觉和更高的认知功能，如记忆、学习和情感，以产生反应。

1. 感觉 神经系统的第一个主要功能是感觉——接收有关环境的信息，以获得有关体外（或有时在体内）发生事件的信息输入。神经系统的感觉功能记录了体内平衡或环境中特定事件的变化，称为刺激。我们最常想到的感官是味觉、嗅觉、触觉、视觉和听觉。味觉和嗅觉的刺激都是化学物质（分子、化合物、离子等），触觉是与皮肤相互作用的物理或机械刺激，视觉是光刺激，听觉是对声音的感知，是类似于触摸某些方面的物理刺激。这五种感官都是接受外界刺激，并且是有意识的感知。额外的感官刺激可能来自内部环境（体内），如器官壁的拉伸或血液中某些离子的浓度。

2. 响应 神经系统根据感觉结构感知的刺激产生的反应。响应可分为自愿或有意识的反应（骨骼肌收缩）和非自愿反应（平滑肌收缩、心肌调节、腺体激活）。自愿反应由躯体神经系统控制，如将手从热炉中抽出，是骨骼肌收缩以移动骨骼所表现出的一个显而易见的反应。非自愿反应由自主神经系统控制，如心肌随着运动期间心率的增加而受到影响，平滑肌在消化系统沿消化道移动食物时收缩，运动后皮肤小汗腺和顶泌汗腺产生和分泌汗液，以降低体温。

3. 整合 整合是指机体感觉结构接收到的刺激被传递至处理该信息的神经系统。此次刺激与其他刺激、记忆中留存的以前的刺激以及个人在特定时间的状态进行综合比较或整合，将导致产生特定的响应。例如，"一朝被蛇咬，十年怕井绳"，表明当人们过度关注使其产生恐惧心理的某一事件或事物时，这种不安和恐惧就会存储在大脑里。当日后遇到相似事件或事物后，大脑则整合这些信息并作出反应，告诉各肌体有危险快回避。

（二）身体控制

根据身体反应的功能差异，神经系统主要分为三部分。

1. 躯体神经系统　躯体神经系统（SNS）是负责躯体意识感知和主动（随意）运动的神经系统。主动运动反应意味着骨骼肌的收缩，但这些收缩并不总是主动的，除非必须主动收缩。如躯体反射性运动反应，即在没有意识决定的情况下发生的运动反应。如果有人从角落里跳出来大喊一声，就会吓人一跳，甚至尖叫或跳回去。这是一种涉及骨骼肌收缩的反射。当一个人学习运动技能（称为"习惯学习"或"程序记忆"）时，其他运动反应就会变得自动或无意识。

2. 自主神经系统　自主神经系统（ANS）为身体非主动控制，是为了保持内环境稳态（调节内环境）。自主神经功能感觉输入可以来自与外部或内部环境刺激相协调的感觉结构。运动输出延伸到平滑肌和心肌及腺体组织。自主神经系统的作用是调节身体器官系统，通常指控制体内稳态。例如，汗腺由自主神经系统控制。在很热的时候，出汗有助于让身体降温，是一种稳态机制。但是当身体紧张时，也可能会出汗，这不是稳态，而是身体对情绪状态的生理反应。

3. 肠神经系统　肠神经系统（ENS）可以用另一个分支来描述功能反应。肠神经系统负责控制消化系统中的平滑肌和腺体组织。肠神经系统是周围神经系统很大的一部分，但不依赖于中枢神经系统。由于构成肠道系统的神经结构是调节消化自主输出的组成部分，也可以将肠道系统视为自主神经系统的一部分（图4-3）。

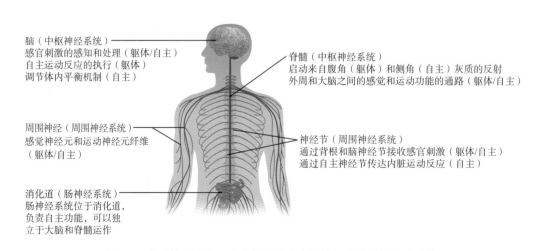

图4-3　躯体神经系统、自主神经系统和肠神经系统的分布及功能

第二节 儿童脑发育

随着神经科学的进步，我们对儿童发展的认识发生了重大转变，也更多地认识到积极经验、消极经验及经验与基因的相互作用对儿童大脑发育所产生的影响。这些科学进步对于全球数百万弱势儿童的未来和他们生存的社会都具有重要意义。无论是后天环境还是先天基因都会对大脑产生影响，而大脑在发育中也存在着一个"早期窗"。刚出生头几年，大脑中的神经元以每秒700～1000个的惊人速度建立着新连接。这些早期的神经突触连接形成了神经可塑性的基础，继而会影响到儿童的身体和心理健康、终身的学习和适应变化能力，以及发展心理弹性的能力。利用这个机会就能为孩子提供大脑所需要的营养、刺激和安全感，让大脑及其潜能都得到充分的开发。

当儿童的大脑无法得到它所期望的需求时——特别是在最敏感、成长最迅速的生命早期，在日后生活中将它"扶回正轨"所需要的付出就会很大，而且也不可能收到最佳效果。那些因早期成长因素的缺失而导致的难以疗愈的后期问题，都可以通过早期的干预得到修复。为更好地利用这些新知识，我们必须进一步了解在何时以及怎样去整合和干预，从而实现影响效果的最大化。人类的大脑非常复杂，遵从着一种"自下而上"的成长模式。早期经验的质量为儿童和青少年时期的大脑最优或次优发育奠定了基础。大脑功能的关联度也非常高，各种功能都是协调发展的。如果我们能依据大脑早期发育的动态性、大脑功能的复杂性和关联性以及关键的机会窗来设计干预措施，就可以实现多重逆境下干预效果的最大化。

一、大脑的发育

随着结构性磁共振成像（sMRI）技术的发展，大脑的解剖学发育从微观结构到整体及区域间的结构一致性被描述得愈加详细。最近的一项发现，皮质厚度和表面积的增长率因大脑区域而异。在大多数大脑区域中观察到的皮质厚度和表面积的增加在出生后的第一年比在生命的第二年更明显。到2岁时，皮质厚度达到成人值的约97%，而皮质表面积仅达到成人值的69%。

皮质折叠也随着年龄的增长而增加。皮质折叠可以通过回旋指数来衡量，即皮质表面积与大脑壳表面积（接触脑回而不潜入脑沟时覆盖大脑的区域）之比。在胎龄30～40周扫描的早产儿皮质折叠随年龄增长已经很明显。出生后第一年的回旋指数增长率高于生命第二年的增长率，分别为16.6%和6.6%。

大脑区域之间的联系也显示出发育-心理变化。纤维束是在结构上将大脑区域相互连接的白质束，可以使用弥散MRI或弥散张量成像（DTI）的束成像进行追踪。研究显示，早在妊娠30周时，人类大脑结构连接显示出一个"丰富的俱乐部"组织，具有相互连接的特定皮质"枢纽"。在接下来的10周内，节点度数增加，路径长度减少，聚类增加。这个早期观察到的"丰富的俱乐部组织"为随后的功能连接网络的发展提供了基础。从出生到青春期前，白质束数量随着年龄的增长而增加，提示脑功能连接网络随着年龄增加整合得更完善、更有效。

除了关注生命最初几年的大脑发育外，研究还在分析结构性大脑发育的纵向轨迹，确定了大量个体的共同轨迹。如大脑成熟指数，该指数能够根据MRI测量的37个区域的脑容量，准确预测出生后5～18年的实际年龄。又如大脑发育指数，该指数可以根据儿童和青少年的大脑解剖结构累积预测8～22岁的实际年龄。总体而言，灰质体积从儿童中期开始减少，而白质体积随着年龄的增长而继续增大。与预测年龄和实际年龄（典型）相似的个体相比，大脑发育指数预测年龄高于实际年龄（提前）的个体灰质体积下降得更早。相比之下，与其他组相比，预测年龄较低（延迟）的个体表现出较晚的发育转变，因此灰质体积的减少较晚。这些研究的结果表明，典型的大脑发育遵循共同的轨迹。

二、大脑功能发育

（一）大脑发育的评估工具

我们可以通过脑电图（EEG）、近红外光谱（NIRS）和功能性磁共振成像（fMRI）等方法直接评估大脑的功能发育情况。

功能性磁共振成像测量的功能性静息状态网络在出生前开始出现，并在生命的最初几年继续发育完善。静息状态网络在产前26周时就很明显。在这个阶段，涉及初级运动和感觉区域的网络看起来更像成人，而涉及高阶处理的网络即使在足月年龄时也显得不完整和碎片化。从出生到1岁，主要的感觉运动和听觉网络是最早出现的网络，其次是视觉网络，然后是注意力和默认模式网络。默认模式网络通常被视为大脑的基线状态，与受试者闭上眼睛但清醒时休息时的激活相比，受累区域在目标导向和认知任务期间的激活减少。在婴儿功能性磁共振成像研究中，成人默认模式网络和其他成人功能网络的区域被用作种子区域，用于对出生至1岁之间的睡眠婴儿进行扫描的连通性分析。最后，参与执行控制的网络开始出现，如显著性网络。静息状态功能网络可用于通过支持向量机方法对6月龄和12月龄大脑发育情况进行分类。这表明静息状态功能网络也表现出共同的发育轨迹，类似于大脑解剖学衍生出的大脑成熟指数和大脑发育指数。

丘脑是重要的皮层下结构，所有感觉信息都通过丘脑传递到皮层。睡眠期间记录的静息状态功能MRI显示，新生儿丘脑与感觉运动区之间以及丘脑与显著网络之间的功能连接已存在。在生命的前2年，丘脑功能与内侧视觉网络和默认模式网络开始发展。丘脑在出生时在拓扑上可分为不同的功能区域，其方式与成人相似，与皮层的一些功能连接更为广泛，而另一些则仅限于皮层的特定区域。在胎龄38～42周时，与足月儿相比较，早产儿丘脑与额顶岛、前扣带和前额叶之间的功能阶梯性降低，但丘脑与感觉运动皮层之间的连通性增加。这表明早产对丘脑和皮层之间的连接有显著影响。

鉴于大脑激活和功能连接之间的关联性，我们现在专注于"社会脑"区域对社会刺激的皮质特化。一项针对1～4天新生儿的功能性近红外光谱成像（fNIRS）研究发现，与机械非社交刺激相比，在观看动态社交视频刺激时，颞后区域的通道表现出更高的反应。有趣的是，颞叶皮质激活对社会刺激的特异性程度随着婴儿年龄（小时数）的增加而增加。这些数据与社会大脑的某些部分在出生后不久就被选择性地激活社会刺激的观点一致，但可能需要短暂的经验来调整它们。使用类似的fNIRS范式，5月龄左右的婴儿对视觉社交刺激表现出特异性反应，颞上沟对人类发声的反应大于非发声听觉刺激。此外，脑电图谱度显示，在6～12个月，社会与非社会自然刺激的大脑激活的广度和深度发生了广泛变化。

（二）生命早期的大脑发育

1. 胎儿期脑发育 人类胚胎发育的第3～4个月是神经元增殖的主要时期，在神经发育过程中，神经元从其"出生地"出发，经过长短不等的路程，迁移到预定的位置，这对于从一个薄壁的神经管演化成结构复杂的脑是十分必要的。大量神经元经过扩张和迁移之后，约50%的神经元在妊娠的末期经历凋亡，只有那些已经整合到神经网络中并由神经营养信号支持的神经元才能存活。神经营养蛋白（如脑源性神经营养因子）可作为神经元存活的信号，也可促进各种细胞群体的维持和分化，并参与介导神经元回路建立的各个阶段。

2. 新生儿期脑发育 新生儿脑的重量已达成人脑重的25%左右，此时神经元数目已与成人接近，但其树突与轴突少而短。出生后脑重的增加主要是神经元体积的增大和树突的增多、加长，以及神经髓鞘的形成和发育，神经髓鞘的形成和发育约在4岁时完成。动物实验表明，完整的肠道微生物组的存在可调节髓鞘形成，微生物组信号可能参与调节神经元的凋亡和突触修剪。在出生后的大脑发育过程中，星形胶质细胞和小胶质细胞可通过补体激活和随后的吞噬作用促进对神经元突触的修剪，改善神经元网络。

三、大脑结构发育与功能发育的关系

一般来说，有强结构连接的区域也往往具有强功能连接。然而，也有研究结果表明，没有明确的结构连通性支持的区域之间的功能连通性很强。此外，静息状态下的功能连续性会随着时间和任务需求而变化，而底层结构解剖结构基本保持稳定。在结构连通性固定的情况下，功能连通性的变化可能是由隔离模块的全球整合来解释的。这种布置中的远程连接是灵活的，并且能够根据任务需求促进集成。

虽然人们普遍认为区域内的解剖学发育能够或允许出现新的大脑功能，但当代脑功能发展理论强调双向结构-功能关系的潜在重要性，其中持续的大脑功能状态可以塑造潜在的神经结构。在人类发育方面，最近的一项研究表明，早产儿受孕后27～46周（胎龄29～48周）微观结构发育较慢与2岁时神经发育功能水平降低有关。出生后不久测量的胎龄30周左右早产儿自发脑活动水平较高，与出生于足月等效年龄或胎龄40周之间的脑的生长速度较快有关。自发性大脑活动水平较低的婴儿在总脑容量和皮质下灰质体积方面表现出更快的增长速度，支持了发育中的大脑结构可以通过先前的活动状态塑造的观点（图4-4）。

四、非典型大脑发育

虽然到目前为止，我们主要关注人类大脑发育的典型发育路径，但人们对测量大脑发育作为疾病的早期生物标志物非常感兴趣。以孤独症（autism）为例，具有孤独症家族风险的婴儿在诊断行为症状出现之前表现出结构、功能和任务相关的差异。例如，结构差异包括未来患孤独症的婴儿在生命早期胼胝体增加。体积差异在6个月大时最大，并在24个月左右减小。此外，6个月大时胼胝体的大小以及6个月大和12个月大时的胼胝体厚度与2岁时的重复行为呈正相关。在功能连接方面，与低风险控制同龄人相比，使用fNIRS检测有孤独症风险的婴儿在3个月时的功能连接增加了。在12个月大时，与另一组相比，有孤独症风险的婴儿表现出功能连接性下降。这些fNIRS结果表明，在生命的第一年，低风险孤独症婴儿的功能连接性有增加的发展趋势，而高风险孤独症婴儿的功能连接性似乎下降，可能表明大脑存在适应性反应。然而，一项独立研究发现，与其他婴儿相比，后来被诊断患有孤独症的14个月大的婴儿在alpha频率范围内显示出脑电图连接增强。高风险孤独症组增加连通性的措施与3岁时重复和限制行为的增加有关。因此，虽然NIRS研究的结果显示12个月时连接不足，但脑电图结果显示14个月时连接过度。这些截然不同的发现可能源于所使用的不同范式——NIRS研究中的被动聆听任务，以及EEG

研究中的观察社交和非社交刺激。其他可能性是两种方法测量的不同潜在机制（血液的氧合与大脑中的电活动）；测量的大脑区域（前部和后部区域与整个头皮），或具有孤独症家族风险的婴儿组与后来被诊断为孤独症的婴儿组之间的差异。最后，5个月大的婴儿患孤独症的家族风险也表现出与任务相关的大脑活动差异。例如，已经发现与孤独症低风险婴儿相比，具有孤独症家族风险的婴儿注视社交刺激的选择性颞叶激活减少的证据。在同一项研究中，具有家族风险的婴儿表现出比低风险婴儿更小的人类声音选择性反应。这些结果证实，至少一部分有孤独症风险的婴儿在4～6个月大时相对缺乏对社会刺激的皮质专门化。

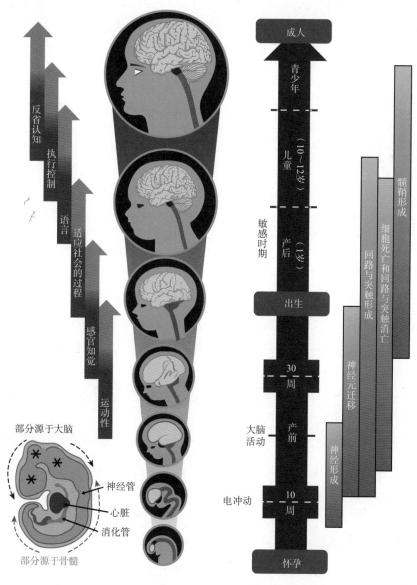

图4-4　大脑发育的时间线与认知能力和主要神经生物学发育
左下角的胚胎显示原始大脑的三个基本部分

最近的研究强调了大脑结构和功能在生命早期的快速发展。核心静息状态网络从产前阶段开始发挥作用，可能有助于塑造随后的静息状态结构和连通性模式。一些与任务相关的神经激活可能在出生后的头几天内变得明显，而另一些则显示出非常长的时间表，并且受到产后经验的严重影响。结构和功能之间复杂的双向关系可能有助于发育中的大脑表现出实质性的弹性和适应性。这种双向关系显示了早期环境和早期教育的重要性。然而，早期大脑发育中的明显非典型性可能与发育障碍（如孤独症）有关。对大脑早期发育的研究也有助于识别认知功能的早期标志物。例如，视觉空间工作记忆是学业成就的有力预测指标，与1～2岁婴儿和6～20岁儿童的大脑结构发育有关。这些早期标志物可以帮助识别有后期认知能力困难风险的婴儿，并作为教育期间早期干预的目标。对早期大脑发育的更细致入微的理解可能是对发育障碍和晚年学业成绩不佳的更有效的早期治疗的关键。

第三节　肠道微生态与脑发育研究现状

肠道微生态对包括神经系统在内的人体生理功能有着巨大的影响。微生物在生命早期的初始定植与神经系统的发育惊人地一致，并且微生物在整个生命周期中与宿主共存。肠道微生物群及其代谢物有助于在发育的关键时间窗口期对重要的身体系统（如免疫系统和中枢神经系统）进行"编程"，在整个生命周期中可能具有结构性和功能性影响。生命早期1000天是发育的关键时间窗口，也是非常容易受到各种因素扰动的时间窗口，如环境、宿主遗传、心理健康、营养、分娩和喂养方式、暴露于抗生素、免疫激活和产前微生物群组成等，都是能够调节母婴微生物群组成的因素，可对肠道微生物群-肠-脑轴产生长期影响，导致一系列神经发育障碍（NDD）和自恋型人格障碍（NPD）。

一、生命早期微生态的建立与发展

生命早期微生物开始定植，并受到分娩方式（正常分娩或剖宫产）的较大影响。研究表明，微生物群落在子宫内的离散定植始于脐带血、胎盘和羊水中，并可能在胎儿发育过程中发挥作用。一些研究定义了胎儿胎粪的微生物组成。也有研究将早产与胎粪微生物组的微生物多样性下降联系起来。有趣的是，最近的一些研究证实，胎盘、胎儿胎粪和羊水之间的微生物谱有相似性。Younge等使用小鼠模型证实了肠道微生物群的母-胎儿子宫易位。早产儿胎粪中含有丰富的微生物如乳酸杆菌属、葡萄球菌属和肠杆菌目。胎粪微生物组多样性低，个体间变异性高，以芽孢杆菌属、埃希菌属/志贺菌属和肠球菌属丰度较高，而拟杆菌属和双歧杆菌属在婴儿的粪便微生物组中丰度较低。胎盘中定植丰度最高的是变形菌门和拟杆菌门，另外还有厚壁菌门、梭菌门、软壁菌门，以及支原体属和脲原体属。出生时通过阴道分娩的婴儿肠道主要由母体阴道微生物群定植，主要是乳杆菌和普雷沃菌。相比之下，剖宫产分娩的婴儿肠道更容易被皮肤微生物群葡萄球菌和棒状杆菌定植。典型的新生儿微生物组组成由变形菌门和放线菌门主导，其中变形菌门在出生后立即占主导地位，一直到4月龄。在生命的第1年内，新生儿肠道主要由双歧杆菌属、肠球菌属、埃希菌属/志贺菌属、链球菌属、拟杆菌属和罗氏菌属等接近母体微生物群的肠道微生物群居住。另外，尚有梭菌属、瘤胃球菌属、韦荣菌属、罗斯布里亚菌属、阿克曼菌属、阿利斯菌属、真杆菌属、粪杆菌属和普雷沃菌属等定植。需要强调的是，母体微生物群的变化也被认为是后代微生物群组成的调节因素。生命的前3年对于建立健康和稳定的结构微生物组尤为关键。据报道，微生物群和神经元发育的过程在这一关键时间窗口期以密集和协同的方式重叠。这个时期，最容易受到各种因素扰动。研究表明，这一时期的肠道生态失调会导致神经发育障碍或自恋型人格障碍，如注意力缺陷与多动障碍、儿童孤独症、精神分裂症、智力和学习障碍，以及行为问题。这一时期之后，微生物群的重建或修复并没有使关键期的行为表型或神经化学紊乱正常化。因此，在产前和产后直至特定的发育阶段，保持健康和结构良好的微生物群至关重要。

二、肠道微生态在早期大脑发育中的作用

目前的研究已取得微生物群在中枢神经系统发育过程中有积极作用的证据。肠道微生态在神经发育过程中，包括血脑屏障（BBB）的建立、神经发生、小胶质细胞的成熟和髓鞘形成等过程中都起着积极的作用（图4-5）。这些过程对于塑造动物行为和认知至关重要。发育中的大脑需要从肠道释放的各种营养成分，以实现神经元的成熟和发挥正常功能。此外，最近的研究证据表明，肠道微生物可以直接促进大脑的发育，对健康产生长期影响。

（一）血脑屏障形成

血脑屏障早期在子宫内已经建立，由紧密连接蛋白、周细胞和星形胶质细胞封闭的毛细血管内皮细胞构成，在脑和体循环之间形成限制性屏障，同时还可促进小分子和营养物质的交换，以适当维持其功能。肠道微生物群的稳态和微生物衍生代谢物（如SCFA）的存在对于调节完整血脑屏障的形成和维持至关重要。动物实验表明，血脑屏障在发育的无菌胎儿中的通透性至成年期仍处在下降状态。在无菌小鼠中，由于脑内皮层

中碱性连接蛋白闭合蛋白和claudin-5的表达减少，血脑屏障对大分子的渗透性增加。肠道的微生物定植或丁酸的应用可降低无菌小鼠的血脑通透性。

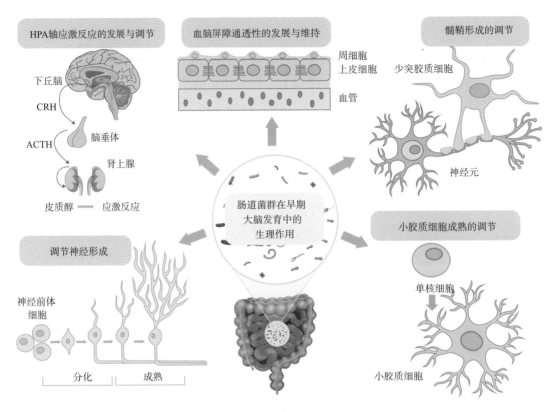

图4-5　肠道微生态在大脑发育中的作用

（二）神经形成

神经形成是指通过神经干/祖细胞分化形成新的功能性神经元。神经形成和神经元可塑性对于学习、记忆、认知和压力反应至关重要，尤其是作为认知中心的海马体。肠道微生物群的稳态直接或间接参与维持微环境以支持神经元发育过程。最近的一项对于无菌和无特定病原体小鼠的比较研究概述了一系列肠道微生物代谢物，这些代谢物可以通过胎盘进入胎儿室，具有诱导和调节产前发育过程的能力。此外，肽聚糖——一种细菌细胞壁成分，可穿过胎盘到达胎儿大脑，在大脑中激活TLR2，触发转录因子FOXG1表达的增加。FOXG1是调节发育和神经发生的关键转录因子，从而诱导了前脑区域的神经元增殖。最近的一项研究为微生物群对微生物功能的调节和相关细胞因子影响神经发生过程提供了直接证据。

此外，肠道微生物群可能通过调节中枢神经系统中的神经元迁移和成熟间接影响神经元的可塑性，可能是通过调节 Ephrin B 蛋白和络丝蛋白途径实现，其中 Ephrin B 在维持肠道上皮屏障完整性、络丝蛋白在负责神经元迁移中起着关键作用。

越来越多的证据表明，肠道微生物可以通过大脑不同区域的神经营养因子和神经递质与复杂的分化和存活途径协调来影响神经干细胞的命运。突触发育和成熟的过程与神经元成熟和可塑性有关。研究显示，在22日龄大鼠的实验中，与其他益生元相比，低聚半乳糖混合物给药可提高突触素和脑源性神经营养因子（BDNF）的海马表达。突触素（一种突触囊泡蛋白）可控制突触囊泡内吞，参与囊泡转运和排放。BDNF可作为神经元存活、生长、各种脑细胞群的成熟维持的信号分子，以及通过突触的形成建立神经元回路。

血清素是一种神经递质和信号分子，也可以由肠道微生物合成并释放到肠腔中，已知可促进成人神经发生。此外，有研究显示，在肠道和大脑多个区域发现了血清素能信号通路，表明血清素具有重要的作用。一些研究还报道了肠道微生物群在调节成人神经发生中的作用。通过用溴脱氧尿苷GF小鼠大脑标记增殖细胞，用溴脱氧尿嘧啶核苷生长因子标记小鼠大脑中增殖的细胞，研究发现与正常生长的小鼠相比，成年小鼠的海马背侧神经发生增加，即使在微生物定植的情况下，这种表型情况也不可逆转。这表明，缺乏微生物会导致成年海马背侧神经发生的失调增加，而生命早期发育窗口期的微生物信号在调节海马神经发生中起着控制力的作用。

抗生素的使用对肠道微生物群有负面影响，与神经发生的减少有关。通过微生物群及其相关代谢物调节成人神经发生过程的分子机制尚不清楚。有学者认为神经炎症机制与体液代谢途径共同介导了这一过程。最近的一些研究提供了支持神经炎症机制作用的证据。肠道细菌通过TLR2诱导的神经发生来维持成年小鼠的肠道神经系统。

生命早期生活压力，如缺乏社交互动，也会改变肠道微生物组的稳定性，与对照组相比，社会孤立小鼠海马体中的神经发生减少和IL-6、IL-10水平均降低。海马体神经发生的减少与学习受损、焦虑、抑郁样行为、神经炎症密切相关，这再次表明神经发生与肠道微生物群的结构改变有明确的关联。

（三）髓鞘形成

研究表明，健康/完整的肠道微生物组可以调节髓鞘形成。人类出生时主要在中枢神经系统中具有无髓鞘轴突。成熟轴突的快速髓鞘化发生在分娩后短短几年内，由少突胶质细胞通过接合和包裹过程发生，髓鞘形成和髓磷脂含量随时间变化，直到成年早期。这个过程中的任何畸变都可能导致长期的缺陷。髓鞘形成在认知功能中具有最关键的作用，髓鞘形成的规模与神经元可塑性和功能有关。肠道微生物群通过调节少突胶质细胞中髓鞘形成相关基因的表达来调节髓鞘形成的关键过程。髓磷脂畸形会对大脑功能和行为产生不利影响。值得注意的是，大脑的前额叶皮层（PFC）区域在婴儿生命的初始阶段后期表现出髓鞘形成，这使得它更容易受到外部影响因素的影响，如发生肠道生态失调。与GF小鼠的情况一样，PFC区域中不受调节的髓磷脂形成对社会行为具有有害影响。此外，SCFA等细菌代谢物已被证明对压力引起的行为困难、肠屏障功能障碍和髓鞘形成过程的调节具有有益的影响。抗生素治疗导致小鼠髓鞘形成损伤，口服SCFA丁酸可使肠道生理和行为缺陷的恢复，表明肠道微生物群通过调节PFC区域的髓鞘形成过程在微生物-肠-脑轴（MGB）中起关键作用。因此，微生物群对于髓鞘形成和维持髓鞘的可塑性至关重要。

下丘脑、垂体和肾上腺之间响应应激的内分泌-神经分泌相互作用被称为下丘脑-垂体-肾上腺轴，其中促肾上腺皮质激素释放因子（CRF）在应激反应中起核心作用，通过启动一系列事件，调节HPA轴导致糖皮质激素从肾上腺皮质释放。在开发HPA轴时，共生微生物群也起着重要作用。在无菌小鼠中，多巴胺缺乏，特别是在额叶皮层海马体和纹状体中缺乏，是压力调节不当和类似焦虑行为的主要原因之一。使用由益生菌菌株瑞氏乳杆菌和长双歧杆菌组成的益生菌制剂，可以显著降低焦虑水平。此外，无菌和无特异性病原体小鼠之间的比较显示无菌小鼠下丘脑中的CRF mRNA水平增加，表明无菌小鼠与HPA轴相关的应激反应增强。

（四）小胶质细胞发育与生理

小胶质细胞属于神经胶质系统的常驻免疫细胞（巨噬细胞），占中枢神经系统神经胶质细胞总数的10%～15%，分布在人脑和脊髓中。与神经元细胞不同，构成中枢神经系统固有免疫系统的小胶质细胞来源于卵黄囊祖细胞的原始巨噬细胞亚群。小胶质细胞的功能包括免疫防御和中枢神经系统的维持。小胶质细胞不断监测其局部微环境，以检测由血脑屏障保护的整个中枢神经系统的致病性入侵或组织损伤。小胶质细胞还调节神经元增殖、分化和突触连接的形成，通过控制小鼠出生后发育期间的突触截断，有助于出生后神经环路的重建。小胶质细胞有助于中枢神经系统的固有和适应性免疫系统防御。小胶质细胞的异常激活可诱发炎症，这在大多数大脑相关病理中都已观察到。新出现的证据还表明，小胶质细胞直接影响神经元病理学并有助于疾病进展，微生物群在小胶质细胞的发育和成熟中起着至关重要的作用。然而，在小胶质巨噬细胞和卵黄祖细胞受损或耗尽时，骨髓来源的巨噬细胞可以在微生物信号的帮助下通过早期发育和分化来进行补充。此外，在无菌小鼠中，小胶质细胞显示出显著改变的发育状态，具有发育和成熟停滞条件的形态特征和基因表达谱。这些无菌小鼠衍生的小胶质细胞通常对病毒感染和微生物相关分子模式（MAMP）表现出有限的反应，有趣的是，SCFA管理挽救了这种反应。

三、肠道微生态-肠-脑轴紊乱参与疾病发生发展

（一）孤独症

孤独症是一种由遗传和环境因素共同作用的复杂神经发育障碍性疾病。临床主要表现为沟通交流障碍、刻板行为和狭窄兴趣。尽管孤独症的确切病因很复杂，而且仍有待充分了解，但最近的证据表明，突触发育和功能异常以及（或）免疫异常均可能是孤独症的驱动因素。已有一些研究发现，孤独症患儿的微生物群中拟杆菌门水平较高，厚壁菌门水平较低。孤独症动物研究和人群研究显示，肠道菌群也是一种有效且安全的孤独症治疗方法。自闭症患者常伴有胃肠道症状，包括腹痛、腹泻、便秘、嗳气及大便异常恶臭，其特殊的胃肠道表型特征是肠道通透性增加，肠道免疫功能异常。

（二）注意缺陷多动障碍

注意缺陷多动障碍是发育行为儿科常见的神经精神障碍性疾病，主要表现为注意力不集中、冲动和（或）多动，常合并学习障碍、抽动障碍和对立违抗等疾病，疾病损害涉及全生命周期，对患者的学习、工作和社会生活产生巨大的负面影响。儿童注意缺陷多动障碍的病因尚不清楚，目前普遍认为是由遗传、环境及交互作用共同导致的。研究显示，注意缺陷多动障碍儿童与正常儿童肠道菌群存在明显不同。孕周是新生儿肠道菌群的一个重要影响因素，早产儿具有较高的儿童注意缺陷多动障碍的发病风险，且被认为有更严重的注意缺陷多动障碍症状。另外，母亲孕期的慢性压力也会对儿童的脑发育产生深远影响，扰乱肠道菌群的平衡，对新生儿的肠道菌群定植产生影响，从而增加儿童注意缺陷多动障碍的发病率。此外，不合理的孕期饮食也可以通过表观遗传改变增加儿童注意缺陷多动障碍的发病率。

（三）抑郁症

抑郁症又称抑郁障碍，是一种常见的精神障碍，主要以心境低落、兴趣缺乏和愉快感缺乏为特征，伴有相应的思维和行为改变。抑郁症在青年人群中发病率不断升高，具有高患病率、高复发率、高致残率的特点，给患者及其家庭带来巨大的疾病负担，给社会带来沉重的经济负担。抑郁症发病机制复杂，尚无共识。目前的研究发现抑郁症患者的肠道菌群组成和健康对照之间存在巨大差异。将抑郁症患者粪便分别移植到无菌小鼠肠道后发现，小鼠出现了抑郁症表型，但机制不明。

（四）精神分裂症

精神分裂症是一种慢性且严重的精神疾患，主要的致病原因有大脑结构的异常、遗

传因素、妊娠分娩的因素、环境的影响等，患者主要表现为感知觉、情感和行为的异常，会给患者及家属的生活带来严重的影响。免疫炎症反应是精神分裂症的重要病理生理机制及治疗靶点之一。全基因组分析发现精神分裂症患者携带的变异基因都与免疫疾病相关。在对精神分裂症患者的研究中发现，将患者暴露于炎症反应、感染源和对食物的过敏反应中，均可通过炎症和免疫途径破坏胃肠道屏障，进而促进精神疾病的发展。此外，肠道微生物的代谢产物可直接或间接参与精神分裂症的发生或发展。肠道内分泌系统也与微生物-肠-脑轴相互作用。

（五）未来的研究方向与挑战

大量研究表明，肠道微生物群和人体神经系统之间相互关联，中枢神经系统可以通过多种方式调节肠道微生物群的组成，而肠道微生物群及其代谢物也可以通过神经内分泌、免疫和自主神经系统等反作用于中枢神经系统，并参与神经系统的结构发育，进而影响大脑的发育、功能和行为。通过粪菌移植、活性炭吸附、补充益生菌和益生元等不同途径调节肠道微生物群的数量与组成，对于维持肠道的微生态平衡、预防和治疗疾病等具有重要的意义。目前益生菌或粪便微生物群移植对肠道微生物群的调节已用于某些神经系统疾病的治疗，包括孤独症和抑郁症及相关的胃肠道症状。遗憾的是，关于肠道菌群在神经发育中作用的许多观察结果仅仅来自无菌动物的实验。尽管多种研究表明不同的细菌种群与某些临床状况相关，但其中的病理生理机制尚不清楚，破译单个细菌或细菌群落对宿主的生理影响，明确不同的微生物种群如何控制健康和疾病，仍是迫在眉睫的挑战。

（陈津津　武庆斌）

参 考 文 献

Al Nabhani Z，Dulauroy S，Marques R，et al. 2019. A weaning reaction to microbiota is required for resistance to immunopathologies in the adult[J]. Immunity，50（5）：1276-1288.e5.

Chen Y W，Zhou J H，Wang L. 2021. Role and mechanism of gut microbiota in human disease[J]. Front Cell Infect Microbiol，11：625913.

Davis E C，Dinsmoor A M，Wang M，et al. 2020. Microbiome composition in pediatric populations from birth to adolescence：impact of diet and prebiotic and probiotic interventions[J]. Dig Dis Sci，65（3）：706-722.

Haartsen R，Jones E J，Johnson M H. 2016. Human brain development over the early years[J]. Curr Opin Behav Sci，10：149-154.

Henderickx J G E，Zwittink R D，Van Lingen R A，et al. 2019. The preterm gut microbiota：an inconspicuous challenge in nutritional neonatal care [J]. Front Cell Infect Microbiol，9：85.

Kang D W，Adams J B，Gregory A C，et al. 2017. Microbiota transfer therapy alters gut ecosystem and improves gastrointestinal and autism symptoms: an open-label study [J]. Microbiome, 5(1): 10.

Matta S M, Hill-Yardin E L, Crack P J. 2019. The influence of neuroinflammation in autism spectrum disorder[J]. Brain Behav Immun, 79: 75-90.

Smyser C D, Neil J J. 2015. Use of resting-state functional MRI to study brain development and injury in neonates[J]. Semin Perinatol, 39(2): 130-140.

Vértes P E, Bullmore E T. 2015. Annual research review: growth connectomics: the organization and reorganization of brain networks during normal and abnormal development[J]. J Child Psychol Psychiatry, 56(3): 299-320.

Wan L, Ge W R, Zhang S, et al. 2020. Case-control study of the effects of gut microbiota composition on neurotransmitter metabolic pathways in children with attention deficit hyperactivity disorder[J]. Front Neurosci, 14: 127.

第五章　呼吸道与呼吸微生态

第一节　呼吸道解剖、组织和生理特征

一、呼吸系统的器官和结构

呼吸系统的主要功能是为身体组织提供氧气以进行细胞呼吸，排除废物二氧化碳，并有助于维持酸碱平衡。呼吸系统的其他功能包括感知气味、说话和用力或屏气（如分娩或咳嗽）（图5-1）。按照功能划分，呼吸系统分为传导区和呼吸区，传导区包括鼻、咽、喉、气管、支气管和细支气管，不直接参与气体交换，呼吸区包括终末细支气管、呼吸性细支气管和肺，负责气体交换。

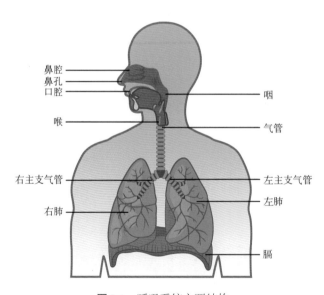

图5-1　呼吸系统主要结构

（一）传导区

传导区的主要功能是为进出空气提供通道，去除（过滤）空气中的杂物碎片和病原体，同时进行加热和加湿。传导区的几种结构也执行其他功能。例如，鼻腔通道的上皮

感知气味（嗅觉），肺部的支气管上皮代谢一些空气中的致癌物。

1. 鼻部及其相邻结构　呼吸系统的主要出入口是鼻部（图5-2）。鼻部分为两个主要部分：外鼻和鼻腔（或内鼻）。

外鼻由鼻部的表面和骨骼结构组成，形成了鼻的外观，并有助于鼻具有多种功能。鼻根是位于眉毛之间鼻的区域。鼻梁连接鼻根和鼻的其余部分。鼻背是鼻的长度，顶点是鼻尖，在鼻尖的两侧是鼻孔，鼻孔由鼻翼组成。鼻翼是一个软骨结构，形成每个鼻孔或鼻孔开口的外侧。人中是连接鼻尖和上唇的凹面。

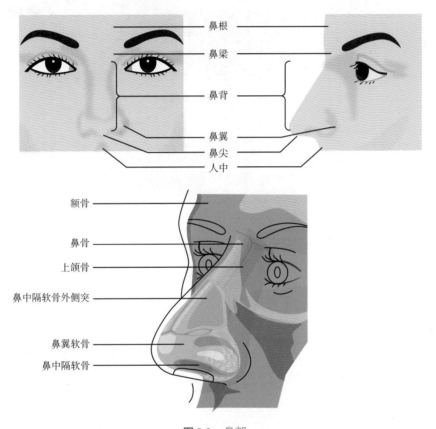

图5-2　鼻部
外鼻的特征（上图）和鼻部的骨骼特征（下图）

薄的皮层下的鼻部具有骨骼特征。鼻根和鼻梁由骨骼组成，而鼻部突出部分是由软骨组成。这也是头骨架鼻部缺失的原因。鼻骨是位于鼻根和鼻梁下的一对骨骼。鼻骨在上方与额骨相连，在侧面与上颌骨相连。鼻中隔软骨是与鼻骨相连的柔性透明软骨，形成鼻背。鼻尖由环绕鼻孔的鼻翼软骨组成。

鼻中隔将鼻腔分为左右两部分（图5-3）。鼻中隔的前部由部分鼻中隔软骨（用手指可触摸到柔软的部分）组成，后部由筛骨的垂直板（位于鼻骨后面的颅骨）和薄的犁形骨组成。鼻腔侧壁有三个骨突起，称为上、中、下鼻甲。下鼻甲的骨骼是单独的，而上鼻甲和中鼻甲是筛骨的一部分。鼻甲可增加鼻腔的表面积，扰乱进入鼻腔的空气，改变空气的流动，导致空气沿着上皮"弹跳"，同时空气得到清洁和加热。鼻甲和鼻腔可保存水分，并在呼气时通过捕获水分防止鼻上皮脱水。鼻腔的底部由上颚组成，鼻腔前部硬腭由骨骼组成，鼻腔后部软腭由肌肉组织组成。空气通过内鼻孔离开鼻腔进入咽部。

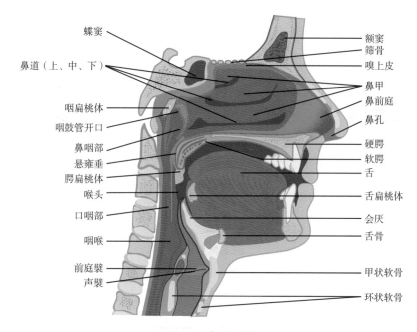

蝶窦　鼻道（上、中、下）　咽扁桃体　咽鼓管开口　鼻咽部　悬雍垂　腭扁桃体　喉头　口咽部　咽喉　前庭襞　声襞

额窦　筛骨　嗅上皮　鼻甲　鼻前庭　鼻孔　硬腭　软腭　舌　舌扁桃体　会厌　舌骨　甲状软骨　环状软骨

图 5-3 上呼吸道

鼻窦（又称鼻旁窦或副鼻窦）是由形成鼻腔壁的几块颅骨组成的含气空间，鼻窦内壁含有黏膜产生黏液，对吸入的空气进行加热和湿润，并可减轻头骨的重量。每个鼻窦按其所在颅骨命名：额窦、上颌窦、蝶窦和筛窦。

鼻前庭位于鼻孔和鼻腔前部，由皮肤覆盖，富有皮脂腺和汗腺，并长有鼻毛，以防止大的颗粒物质，如灰尘、花粉等通过鼻腔进入呼吸道。嗅上皮是用来探测气味的，位于鼻腔深处。

鼻甲、鼻道和鼻窦由假复层纤毛柱状上皮组成。上皮细胞中含有杯状细胞，这是一种特殊类型的柱状上皮细胞，可产生黏液以捕获碎片。假复层纤毛柱状上皮的纤毛通过不断拍打运动，清除鼻腔中的黏液和碎片，将物质扫向咽喉被吞咽。冷空气可减缓纤毛运动，引起黏液堆积，导致在寒冷天气流鼻涕。湿润的上皮细胞功能可使吸入的空气变暖变湿。鼻上皮下方的毛细血管通过对流加热空气。杯状细胞也可分泌具有抗菌作用的溶菌酶和防御素，位于呼吸道上皮下层的结缔组织内，为"巡查"的免疫细胞提供额外保护。

2. 咽部　咽部是由骨骼肌形成的管状结构，其黏膜与鼻腔的黏膜相连（图5-3）。咽部分为三个主要区域：鼻咽部、口咽部和咽喉部（图5-4）。

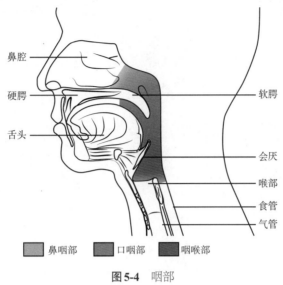

图5-4　咽部

鼻咽部两侧是鼻腔的鼻甲，仅作为气道。咽扁桃体，也称为腺样体，位于鼻咽部的顶部，是由类似淋巴结结构、富集淋巴样网状组织组成。咽扁桃体富含淋巴细胞，由纤毛上皮覆盖，这些上皮捕获和消灭吸入气体中携带的病原体。年龄较小的儿童咽扁桃体较大，往往随着年龄增长而退化，甚至可能消失。悬雍垂是位于软腭顶端，一个小的球形泪滴状结构。吞咽时，悬雍垂和软腭都像钟摆一样移动，向上摆动关闭鼻咽，防止摄入的食物进入鼻腔。此外，咽鼓管是沟通中耳腔（鼓室）与鼻咽部的通道，可以解释为什么感冒经常导致耳部感染。

口咽部是空气和食物的通道。口咽上部与鼻咽部相邻，前部与口腔相邻。咽喉是口腔和口咽部之间的连接处。鼻咽部向口咽部转变时，上皮细胞由假复层纤毛柱状上皮细胞向复层鳞状上皮细胞转变。口咽部包含两组不同的扁桃体：腭扁桃体和舌扁桃体。腭扁桃体是位于咽喉部区域口咽部外侧的一对结构，舌扁桃体位于舌根部。腭、舌扁桃体与咽扁桃体类似，由淋巴组织组成，可捕获和破坏经口腔或鼻腔进入体内的病原体。

咽喉部位于口咽部下方，喉部后方，仍然是摄入食物和吸入空气的通道，直到其下端，即消化和呼吸系统分叉处。口咽部的复层鳞状上皮与咽喉部相连，在前方咽喉部开口进入喉部，在后方进入食管。

3. 喉部　喉部是位于咽喉部下方的软骨结构，连接咽部和气管，协助吸入和呼出肺气量的调节（图5-5）。喉部由甲状软骨（前）、会厌（上）和环状软骨（下）三块软骨组成。甲状软骨是构成喉部最大的一块软骨，甲状软骨由突出的喉结或"亚当苹果样"软骨组成，在男性中更明显。环状软骨是厚厚的一个环状结构，后区宽，前区薄。三个较小成对的软骨——楔状软骨、杓状软骨和环状软骨附着在会厌、声带的肌肉上，协助声带运动发出声音。

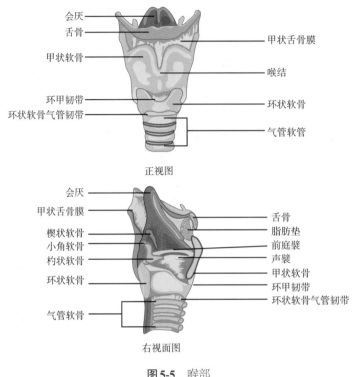

图5-5　喉部

会厌附着在甲状软骨上，是一块非常柔软的弹性软骨，覆盖着气管的开口（图5-3）。当会厌处于"闭合"位置时，未连接的会厌末端位于声门上。声门由前庭褶皱、声带和褶皱之间的间隙组成。前庭襞或假声带，是一对折叠黏膜的一部分。真正的声带是一个白色的膜状褶皱由肌肉连接到甲状软骨和杓状软骨外缘的结构，声带的内缘可不受束缚，允许振动发声。不同个体的声带膜褶皱大小不同，发出的声音具有不同的音域。男性的褶皱往往比女性大，发出的声音低沉。吞咽动作时，咽部和喉部向上抬起，咽部扩张，喉部、会厌向下摆动，关闭气管开口。这些协同运动可扩大食物通过区域，同时也阻止食物和液体进入气管。

喉部上部与咽喉部相连的是复层鳞状上皮，喉部下部过渡为含有杯状细胞的假复层纤毛柱状上皮，与鼻腔和鼻咽部上皮细胞功能相似，产生黏液捕获吸入气管的碎片和病原体。纤毛将黏液向上拍打到咽喉部，而后经食管吞下。

4. 气管　气管是从喉部延伸至肺部的结构（图5-6A）。气管由16～20块一串堆叠的C形（马蹄形）透明软骨组成，软骨间由致密的结缔组织连接。气管肌肉和弹性结缔组织共同构成纤维弹性膜，这是一种柔性膜，可闭合气管后表面，连接C形软骨。纤维弹性膜具有一定的舒缩性，适于气管在吸气和呼气时轻微拉伸和扩张。软骨环提供结构支持，防止气管塌陷。此外，在呼气时，气管肌肉收缩，迫使空气通过气管呼出。

5. 支气管树 气管在隆突处分支为左右主支气管，这些支气管管壁排列着假复层纤毛柱状上皮，含有产生黏液的杯状细胞（图5-6B）。隆突是一种凸起的结构，含有特殊的神经组织，接触到异物（如食物误吸）时，会引起剧烈咳嗽。支气管是与气管相似的软骨环支撑的结构，以防止塌陷。主支气管在肺门进入肺部，肺门是一个凹的区域，血管、淋巴管和神经也从这里进入肺部。支气管继续分支形成支气管树。支气管树（或呼吸树）是这些多分支支气管的统称。与其他传导区结构一样，支气管的主要功能是为空气进出每个肺叶提供通道。此外，黏膜还能捕获碎片和病原体。

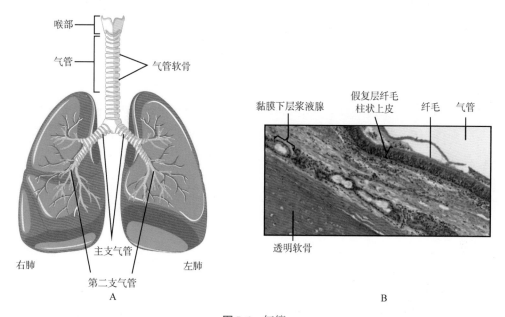

图5-6 气管

A.气管由一串堆叠的C形透明软骨组成；B.气管黏膜层由含有杯状细胞的假复层纤毛柱状上皮组成

细支气管从第三支气管分支而来。细支气管直径约1mm，进一步分支，直至成为微小的终末细支气管和有利于气体交换的结构。每个肺有超过1000个终末细支气管，细支气管管壁肌层不再有像支气管那样有软骨支持，其依赖肌层改变管道的大小，增加或减少管道的气流。

（二）呼吸区

呼吸区与传导区相反，是直接参与气体交换的结构。呼吸区始于终末细支气管与呼吸性细支气管（最小类型的细支气管）的连接处（图5-7），呼吸性细支气管随后通向肺泡管，进入肺泡囊。

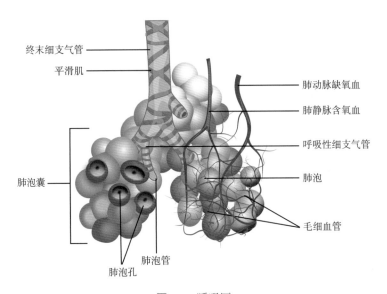

图5-7 呼吸区

细支气管至呼吸区形成肺泡囊，进行气体交换

肺泡管是由平滑肌和结缔组织组成的导管，其开口形成肺泡簇。肺泡是附着在肺泡导管上，多个小的、葡萄状的囊腔。

肺泡囊由多个独立的肺泡组成，其职能是气体交换。肺泡直径约200μm，泡壁具有弹性，肺泡在进气时可伸展，显著增加了可供气体交换的表面积。肺泡通过肺泡孔与相邻的肺泡相连，肺泡孔有助于维持整个肺泡和肺部的气压相等（图5-8）。

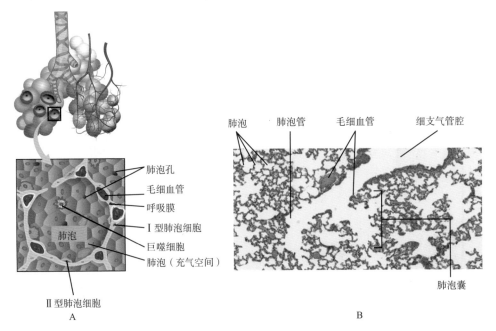

图5-8 呼吸区的结构

A.肺泡负责气体交换；B.显微镜下肺组织内的肺泡结构

肺泡壁由Ⅰ型肺泡细胞、Ⅱ型肺泡细胞和肺泡巨噬细胞三种主要细胞类型组成。Ⅰ型肺泡细胞是鳞状上皮细胞，占肺泡表面积的97%，厚约25nm，气体透过性高。Ⅱ型肺泡细胞散布在Ⅰ型细胞之间，分泌肺表面活性物质。肺表面活性物质是一种由磷脂和蛋白质组成的物质，可降低肺泡表面张力。分布在肺泡壁周围的是肺泡巨噬细胞，是免疫系统的一种吞噬细胞，能够清除到达肺泡的碎片和病原体。

肺泡鳞状上皮细胞附着在一层薄而有弹性的基底膜上，这层上皮非常薄，与毛细血管内皮膜相接。肺泡和毛细血管膜形成了约0.5μm厚的呼吸膜。呼吸膜易于气体扩散交换：氧气被血液带走运送至全身，二氧化碳释放至肺泡由呼气排出。

二、肺

肺是呼吸系统的主要器官，同时构成传导区和呼吸区。肺的主要功能是与大气中的空气进行氧气和二氧化碳的交换。肺是一个气体通透性高，于巨大上皮表面（约70m²）进行呼吸气体交换的器官。

（一）肺的大体解剖

肺是成对的金字塔状器官，通过右、左支气管与气管相连，在肺的底部，肺与膈肌相连。膈肌是位于肺和胸腔底部的圆顶状肌肉组织。肺被胸膜包围，胸膜与纵隔相连。右肺比左肺短、宽，左肺体积比右肺小。心切迹是左肺表面的一个凹陷，为心脏留出了空间（图5-9）。肺尖是上部区域，肺底部靠近膈肌区域，肺的肋面与肋骨毗连，纵隔面面向中线。

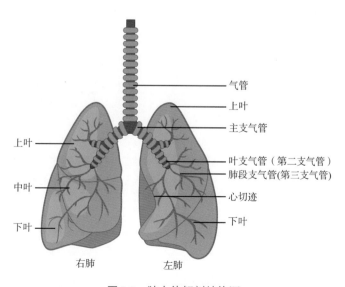

图5-9　肺大体解剖结构图

肺由称为肺叶的单位组成，裂缝将这些肺叶彼此分开。右肺由上、中、下三个肺叶组成。左肺由上、下两叶组成。肺段支气管是一个肺叶的分支（每支第三级支气管及其分支所辖的范围构成一个肺段，支气管在肺内反复分支可达23～25级，最后形成肺泡），每个肺叶包含多个肺段支气管。每个肺段支气管拥有自身第三支气管，可接收空气，并有自身的动脉供血。一些肺部疾病通常累及一个或多个肺段支气管，在某些情况下，病变肺段可以通过手术切除，对邻近段影响较小。肺小叶是由支气管分支形成细支气管的一个亚分支。每个肺小叶接收自身多个分支的大细支气管。肺小叶间隔是由结缔组织组成的壁，将肺小叶彼此分隔开来。

（二）肺的血液供应和神经支配

肺的血液供应在气体交换中起着重要作用，是全身气体的运输系统。此外，副交感神经系统和交感神经系统的神经支配控制气道的扩张和收缩。

1. 血液供应　肺的主要功能是进行气体交换，需要来自肺循环的血液。肺循环血液供应包含脱氧血液，血液被运送至肺部，红细胞在肺部获取氧气，然后被运送到全身组织。肺动脉起源于肺动脉干，可将缺氧的动脉血输送到肺泡。肺动脉沿支气管移动时多次分支，每个分支的直径逐渐变小。一条微动脉和一条伴行静脉供应并引流一个肺小叶。当它们靠近肺泡时，肺动脉成为肺毛细血管网。肺毛细血管网由壁很薄的微小血管组成，缺乏平滑肌纤维。毛细血管沿着细支气管和肺泡结构分支。正是因为这些因素，毛细血管壁与肺泡壁相遇，形成了呼吸膜。一旦血液被氧合，将会通过多条肺静脉从肺泡流出，这些肺静脉通过肺门离开肺部。

2. 神经支配　气道的扩张和收缩是通过副交感神经系统和交感神经系统的神经支配实现的。副交感神经系统引起支气管收缩，而交感神经系统刺激支气管扩张。咳嗽等反射，以及肺调节氧气和二氧化碳水平的能力，也源于这种自主神经系统的控制。感觉神经纤维起源于迷走神经和第2至第5胸神经节。肺丛是肺根上的一个区域，由肺门处的神经进入形成，然后这些神经沿着支气管分支支配肌纤维、腺体和血管。

（三）胸膜

胸膜是围绕肺的一层浆膜，将肺封闭在由胸膜包围的腔内。左、右胸膜分别包围左、右肺，被纵隔隔开。胸膜由两层组成：脏层胸膜和壁层胸膜。脏层胸膜是肺表面的一层，向肺裂延伸并排列在肺裂中（图5-10）。壁层胸膜是连接胸壁、纵隔和膈肌的外层。脏层胸膜和壁层胸膜在胸膜门处相互连接。胸膜腔是脏层胸膜和壁层胸膜之间的空间。

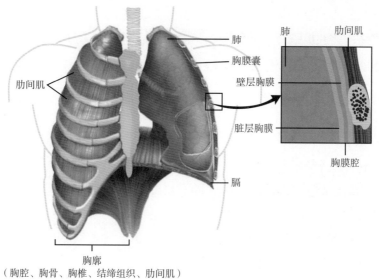

图 5-10 肺胸膜

胸膜有两大功能：产生胸腔积液和形成分隔主要器官的腔隙。胸腔积液由两层胸膜的间皮细胞分泌并起到润滑其表面的作用。润滑可减少两层胸膜之间的摩擦，以防止呼吸时的创伤并产生表面张力，有助于维持肺对胸壁的位置。胸壁在通气过程中扩张，胸腔积液的黏液特性有助于肺扩张，使肺充满空气。胸膜还使胸腔主要器官之间形成分隔，有效阻止器官活动的相互干扰，同时防止感染扩散。

三、呼吸的过程

肺通气是呼吸的过程，由肺和大气之间的压力差驱动。大气压力是大气中存在气体所施加的力。肺泡内气体施加的力称为肺泡内（肺内）压力，而胸膜腔内气体施加的力称为胸膜内压力。通常情况下，胸膜内压力低于或负于肺泡内压力。胸膜内压力和肺泡内压力之间的压力差称为跨肺压。肺泡内压力与大气压力相等。压力由气体占用空间的容积决定，并受电阻影响。当产生压力梯度时，空气从压力较高的空间流向压力较低的空间。玻意耳定律描述了容积和压力之间的关系：气体在较大的容积中处于较低的压力，这是由于气体分子有更多的移动空间。较小容积相同数量的气体会导致气体分子聚集在一起，产生更大的压力。

阻力是由非弹性表面及气道直径产生的，阻力可减少气体流动。由于肺泡表面张力可对抗肺泡扩张，因而肺泡表面张力也影响压力。然而，肺表面活性剂有助于降低表面张力，使肺泡在呼气期间不会塌陷。肺部的伸展能力，称为肺顺应性，在气体流动中发挥作用。肺部伸展越大，肺部潜在容积就越大。肺体积越大，肺内的气压就越低（图 5-11）。

肺通气包括吸气过程（空气进入肺部）和呼气过程（空气离开肺部）。吸气时，膈肌和肋间外肌收缩，胸腔扩张并向外移动，胸腔和肺容积扩大，这样，肺内压力会低于大气压力，空气被吸入肺内。呼气时，膈肌和肋间肌放松，胸腔和肺回缩，肺内气压增加到大气压力以上，空气被挤出肺外。用力呼气时，肋间内肌和腹肌参与将空气从肺部排出。

呼吸量是肺内设定空间的空气量，或被肺可移动的空气量，取决于多种因素。潮气量是指安静呼吸时进入肺部的空气量，吸气储备量是指吸入超过潮气量时进入肺部的空气量。呼气储备量是指在潮气量呼气后，随着用力呼气呼出额外的空气量。残气量是指呼气储备量排出后肺内剩余的空气量。呼吸容量是两个或两个以上容积的总和。解剖无效腔是指呼吸结构内的空气从未参与气体交换，是由于此类气体无法到达功能性肺泡。呼吸频率是每分钟呼吸的次数，在某些疾病或条件下会发生变化（图5-11）。

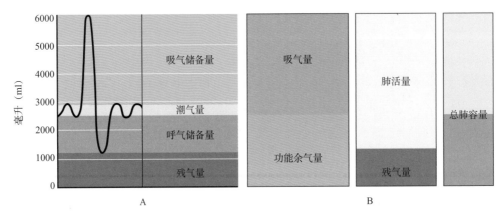

图5-11 呼吸容积和呼吸容量
A. 呼吸容积；B. 呼吸容量的容积组合

呼吸频率和深度均由大脑呼吸中枢控制，并受到血液中化学物质和pH变化等因素的刺激。这些变化由位于大脑中枢化学感受器和位于主动脉弓及颈动脉中外周化学感受器感知。二氧化碳的增加或血液中氧气水平的下降会刺激呼吸频率和深度增加（图5-12）。

四、呼吸功能的改变

正常情况下，大脑呼吸中枢保持一致、有节奏的呼吸周期。但在某些情况下，呼吸系统必须作出调整以适应情境变化，以便为身体提供足够的氧气。例如，运动致通气量增加，或长期暴露于高海拔地区导致循环红细胞数量增加。过度呼吸是通气频率和深度增加，是三种神经机制的作用，包括心理刺激、运动神经元激活骨骼肌，以及肌肉、关节和肌腱内本体感受器的激活。可以说，与运动相关的呼吸过度是在运动启动时开始，不是在组织氧需求增加时开始的。

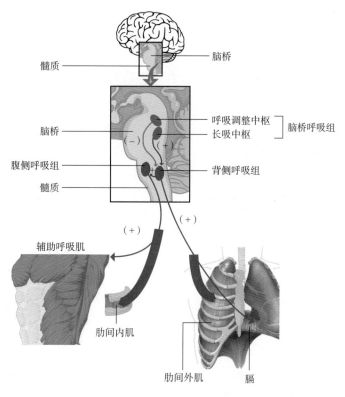

图5-12 大脑呼吸中枢

相比之下，快速暴露在高海拔地区，特别是在体力消耗期间，确实可导致血液和组织氧含量降低，这种变化是由空气中氧分压低（高海拔地区大气压力低于海平面大气压力）引起的，会导致急性高山病（AMS），症状包括头痛、定向障碍、疲劳、恶心和头晕等。经过较长一段时间后，身体会适应高海拔，这个过程称为适应环境。在适应过程中，组织低氧水平将导致肾脏产生更多促红细胞生成素，刺激红细胞生成，提高循环中红细胞水平，提供更多的血红蛋白，为身体提供更多的氧气，减少和预防AMS的发生。

五、呼吸系统的胚胎发育

胎儿呼吸系统的发育从第4周开始并持续到儿童期。头部前部的外胚层组织向后内陷，形成嗅窝，最终与早期咽部的内胚层组织融合。大约在同一时间，内胚层组织的突起从前肠向前延伸，产生一个肺芽，该肺芽继续伸长，直到形成喉气管芽。该结构近端部分将发育成气管，而球根端将分枝形成两个支气管芽（图5-13）。这些芽反复分枝，到第 16 周左右，所有主要气道结构均已出现，第16周后，继续发育进展为呼吸道细支气管和肺泡导管，并发生广泛的血管化。此时，肺泡Ⅰ型细胞也开始形成，Ⅱ型细胞发育并开始产生少量表面活性剂。随着胎儿的生长，呼吸系统继续扩张，表现为更多的肺泡发育和产生更多的表面活性剂。从第36周开始并持续到儿童期，肺泡前体成熟成为功能齐全的肺泡。出生时，胸腔受挤压使肺部大部分液体被排出，第一次吸气使肺部膨胀。胎儿呼吸运动始于第20周或第21周左右。呼吸肌收缩，胎儿吸入和呼出羊水，胎儿呼吸运动一直持续到出生，有助于调节肌肉运动，为出生后的呼吸做准备，也是胎儿健康的标志。

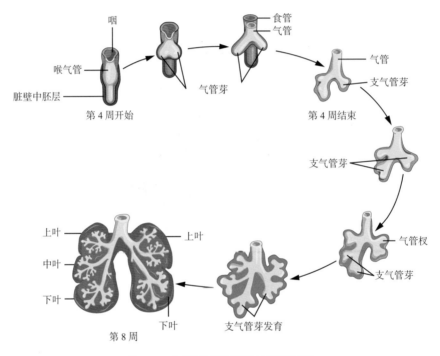

图5-13 下呼吸系统胚胎的发育过程

第二节　呼吸道微生态特征及其生理功能

　　人体的体表和与外界相通的腔道如口腔、鼻咽、呼吸道、消化道和泌尿生殖道中寄居着不同种类（约1000余种）、数量巨大的微生物，正常情况下这些微生物与人体处于共生状态，称为正常微生物群（normal microbial flora），又称为正常菌群（normal microbiota），这些共生微生物群的基因总和称为微生物组（microbiome）。研究人体共生微生物群与人体之间相互关系的学科称为人体微生态学或医学微生态学（medical microecology），所以常用微生态代表菌群及其基因组，以及与人体的相互关系。

一、呼吸道微生态研究技术

在过去一百多年时间里，人们对于微生物的认识和研究主要是建立在纯培养基础上，即针对单一种细菌进行分离培养，然后通过形态学、生化反应和分子生物学进行鉴定等。基于传统的培养技术已经证实，上呼吸道有大量的细菌等微生物定植。鼻腔是呼吸道与外界相通的开端，也是皮肤与黏膜的延续部分，因此鼻腔特别是鼻前庭的菌群与皮肤菌群类似，主要为金黄色葡萄球菌、表皮葡萄球菌、链球菌、棒状杆菌和丙酸杆菌等。咽喉既是呼吸道，又是连接口腔与食管的消化道，接受空气和食物，这种特殊的结构和内容决定了其菌群非常丰富，是呼吸道菌群的主要定植场所，其主要定植菌群为甲型溶血性链球菌（草绿色链球菌），次要菌群包括奈瑟菌、棒状杆菌、葡萄球菌、肺炎链球菌、化脓性链球菌、流感嗜血杆菌、韦荣球菌（厌氧菌）和念珠菌等。由于声门的阻挡作用，既往认为在声门以下的下呼吸道和肺是无菌的，但随着支气管镜检查获取下呼吸道标本如支气管肺泡灌洗液（bronchial alveolar lavage fluid，BALF）技术的普及和不依赖细菌培养的16S rRNA细菌基因测序技术的应用，目前发现在正常健康人的下呼吸道和肺内也有细菌定植。实际上无论是上呼吸道还是下呼吸道，均是通过呼吸运动与外界相通的，又由于上呼吸道分泌物经常通过微量吸入到达气管支气管，所以整个呼吸道均有菌群定植。目前关于呼吸道菌群的研究结果主要是通过微生物组技术得到的。

微生物组研究技术或宏基因组技术是一种不依赖于传统的细菌培养与鉴定，直接从样品中提取基因组DNA后进行测序、生物信息分析，获得活性物质和功能基因的新技术。微生物组检测的微生物既包括可培养的微生物，又包括目前条件下无法培养的微生物的遗传信息。目前认为人体中40%～80%的细菌是不能通过传统纯培养技术培养出来的。微生物组技术绕过了菌种纯培养的缺陷，极大地扩大了我们认识微生物的视野，这是人类继发明显微镜以来研究微生物方法的最重要进展，将是对微生物世界认识的革命性突破。

微生物组研究的核心方法是高通量测序（high-throughput sequencing）和生物信息分析。高通量测序技术又称下一代测序技术（next-generation sequencing，NGS），一次能对几十万到几百万条DNA分子进行序列测定，又被称为深度测序（deep sequencing）。高通量测序技术应用于微生态研究包括16S rDNA测序和宏基因组测序，其中前者针对细菌核糖体的16S亚基，主要用于标本中细菌群落的组成分析，后者能检测出标本中所有微生物基因序列（包括细菌、真菌及病毒等），不仅能够分析微生物群落的组成，还可以分析基因的功能等。生物信息分析中所呈现的结果和统计的方式与传统的微生物检测和研究不同，主要有操作分类单位（operational taxonomic units，OTU）、微生物多样性分析（Shannon-Wiener 指数）、物种组成与丰度分析、进化关系分析、主成分分析（principal

component analysis，PCA）、聚类及相关性分析和基因功能注释分析等。

值得注意的是，在微生物组学研究中微生物群落的组成可以门（phyllum）、纲（class）、目（order）、科（family）、属（genus）和种（species）不同分类水平进行表达。目前的高通量测序能够将大部分微生物鉴定到属水平，常以门水平和属水平进行分析，这与临床医生日常工作中以细菌的种水平来进行分类有所不同。

二、呼吸道微生态特征

（一）呼吸道微环境特点

呼吸道通常以环状软骨下缘为界，分为上、下呼吸道，上呼吸道包括鼻、鼻窦、咽、咽鼓管、会厌及喉；下呼吸道包括气管、支气管、毛细支气管、呼吸性细支气管、肺泡管及肺泡。与胃肠道具有口腔和肛门的两端开放性、流动性及内容物营养丰富相比，呼吸道实际上是一个向外界开放的盲管结构，内容物主要为空气，呼吸道黏膜表面的黏液及分泌物是菌群定植的主要微环境，这就决定了呼吸道正常菌群的密集度和多样性远低于胃肠道，如肺部菌群含量为$10^3\sim10^5$/g组织，而结肠为$10^{11}\sim10^{12}$/g组织。由于持续的呼吸运动和间断的进食，呼吸道菌群处于不断地被吸入获得、清除和再获得的动态变化中，因此经过进化和选择，能够在呼吸道定植的菌群具有比较强的对抗清除和生存能力，如肺炎链球菌、流感嗜血杆菌和卡他莫拉菌都具有荚膜、鞭毛和黏附素等；同一菌种具有很多的荚膜型别，如肺炎链球菌有90多个血清型，各个型别之间没有交叉免疫，为了能够抵御宿主的免疫清除，经常出现不同型别轮替定植的情况。

（二）呼吸道菌群组成特点

2011年Charlson等首先采用16S rDNA Q-PCR扩增和焦磷酸深度测序技术，对6名正常人的鼻咽、口咽、声门水平吸引物，右中叶支气管邻近的支气管肺泡灌洗液（BALF）和左下叶支气管黏膜表面[使用双套保护毛刷（PSB）]等10个部位的标本进行了细菌DNA检测和分析。结果显示，鼻咽部菌群在不同部位有所不同，鼻前庭以葡萄球菌、丙酸杆菌和棒状杆菌为主，与皮肤菌群类似，还有与口腔相同的菌群如链球菌、韦荣球菌和普雷沃菌；口咽部含丰富的链球菌、韦荣球菌、梭杆菌和奈瑟菌；声门水平的菌群种类和分布与口咽部位类似；下呼吸道包括3个部位的支气管肺泡灌洗和保护毛刷收集的菌群类型与分布在6名受试者中相同，也与上呼吸道菌群类似，只是数量低2～4个级别，没有发现下呼吸道特有的菌群。该研究提示整个呼吸道菌群存在高度的同源性，下呼吸道菌群仅仅是上呼吸道菌群的一种延续，只是体现在微生物数量的不同，从上呼吸道到下呼吸道，菌群数量逐渐减少。2015年Dickson RP对15名健康成年人的左舌叶和右中叶进行支气管肺泡灌洗（BAL），然后对右上叶、左上叶和声门上进行保护性毛刷（PSB）收集样本，采用16S rDNA技术测序，了解呼吸道不同部位的微生组空间分布。结果显示2种方法收集的样本检测结果没有区别，肺内不同部分的微生组也没有各自特定的菌群；同一个体不同部位之间的微生物组的差异明显小于不同个体间的差异；在微生物组的丰富程度、组成和相似度方面，右上叶样本比远端部位更接近于上呼吸道样本；肺微生物组依次为拟杆菌门、厚壁菌门和变形菌门。研究认为正常人下呼吸道的菌群是细菌不断迁入（微量咽喉反流、吸入）和不断去除（咳嗽、纤毛运动黏液清除）达到平衡的结果，随着上呼吸道向远端的延伸，菌群的丰富度减少。

依靠高通量测序技术，目前已经发现呼吸道菌群大部分属于5个菌门，见表5-1。由于呼吸道各部位微环境特征不同，菌群组成也有所差异（图5-14）。

表5-1　呼吸道常见菌群在门和属水平的分类对照

门水平分类	属水平分类
厚壁菌门（Firmicutes）	链球菌属（Streptococcus） 葡萄球菌属（Staphylococcus） 韦荣球菌属（Veillonella） 乳杆菌属（Lactobacillus） 狡诈球菌属（Dolosigranulum） 微小杆菌属（Exiguobacterium） 乳球菌属（Lactococcus） 芽孢杆菌属（Bacillus）
拟杆菌门（Bacteroidetes）	拟杆菌属（Bacteroides） 普雷沃菌属（Prevotella） 卟啉单胞菌属（Porphyromonas）
变形菌门（Proteobacteria）	奈瑟菌属（Neisseria） 嗜血杆菌属（Haemophilus） 莫拉菌属（Moraxella） 假单胞菌属（Pseudomonas） 不动杆菌属（Acinetobacter）
放线菌门（Actinobacteria）	棒杆菌属（Corynebacterium） 放线菌属（Actinomyces） 罗氏菌属（Rothia） 微球菌属（Micrococcus）
梭杆菌门（Fusobacteria）	梭形杆菌属（fusobacterium） 纤毛菌属（Leptotrichia）

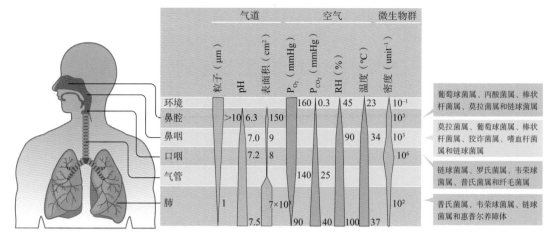

图5-14 呼吸道各部位菌群组成

鼻腔、鼻咽、口咽、气管和肺部存在生理梯度和微生物梯度。pH随着呼吸道深入逐渐增加，而相对湿度（RH）和温度的增加主要发生在鼻腔。此外，氧分压（P_{O_2}）和二氧化碳分压（P_{CO_2}）具有相反的梯度，这是由环境空气条件和肺表面的气体交换决定的。颗粒物从环境中吸入后沉积到呼吸道；直径大于10μm的吸入颗粒物沉积在上呼吸道（URT），而直径小于1μm的颗粒物可到达肺部。这些颗粒包括细菌和病毒，直径通常大于0.4μm。这些生理参数决定了生态位特异性的选择性生长条件，最终塑造了呼吸道沿线的微生物群落。每个生态位测量细菌密度的单位是不同的；环境中的密度表示为室内每平方厘米空气中的细菌，鼻腔和鼻咽部的密度表示为每鼻拭子的细菌估计数量，口咽部和肺部的密度分别表示每毫升口腔冲洗液或支气管肺泡灌洗液中的细菌估计数量

（三）呼吸道菌群的维持

　　为了解肺微生物组的来源，一项研究对28名健康人的口腔、鼻腔、胃液和BALF样本进行了定量PCR和16S rRNA测序，结果表明口腔和胃液含有的细菌量及细菌的丰富度高于鼻腔和肺部。尽管肺部的菌群与口腔、鼻腔和胃液不同，但是肺部与口腔存在一些共同菌群，而鼻腔缺乏这些菌群。研究提示，正常情况下肺部微生物可能主要来源于口腔微生物的微量反流。

　　目前认为，正常呼吸道菌群的组成及其稳定的动态平衡是由三个因素决定的：一是菌群的不断迁入，包括口咽菌群的微量反流吸入、吸入空气中的细菌和菌群沿黏膜表面直接向周围扩散；二是菌群的不断被清除，即以上所介绍的呼吸系统的防御机制和免疫清除机制，包括咳嗽、吞咽、纤毛运动及黏液清除，呼吸道局部的固有免疫和适应性免疫反应选择性识别、杀死和清除菌群；三是呼吸道不同部位及肺泡内与微生物生长有关的微环境，包括pH、温度、氧分压、相对血液灌注、相对肺泡通气量、上皮细胞的结构、吸入颗粒的沉积及炎症细胞的浓度和行为等（图5-15）。从鼻腔、鼻咽、口咽、气管、支气管到肺泡这些影响微生物生长条件的不同决定了呼吸道不同部分菌群的差异，但是通过对正常人群的研究发现，同一个体呼吸道不同部位之间的菌群差异是适度的，并且明显小于不同个体间的差别，说明在正常人群，呼吸道菌群的维持主要是由菌群的不断迁

入和不断清除达到平衡来决定的。而在疾病状态下，呼吸道局部微环境的改变，可能是影响菌群的主要因素。

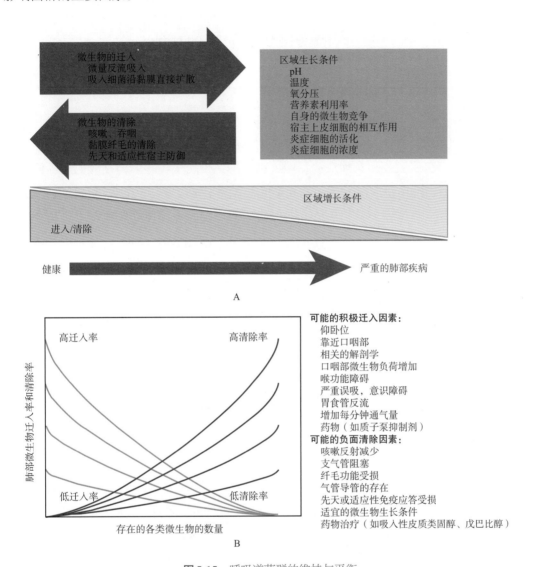

图5-15　呼吸道菌群的维持与平衡

A. 呼吸道菌群的动态平衡是由微生物的不断迁入和清除，以及区域生长条件所决定的；B. 影响呼吸道微生物

迁入和清除的因素

以上关于呼吸道菌群的来源、清除及其稳定性维持的因素，是理解呼吸道菌群紊乱的基础，菌群迁入过多或（和）清除减少将会造成菌群紊乱，感染机会增加，多见于大量吸入外源性的细菌、咳嗽和吞咽反射减弱、气道病变造成的纤毛运动及黏液清除障碍、气管插管、气道阻塞等。急性和慢性呼吸道疾病时，局部微环境的改变是如何引起局部菌群紊乱的，目前确切的机制仍然不清楚，但是已经观察到许多疾病如毛细支气管炎、

肺炎、迁延性细菌性支气管炎、流感、囊性纤维变、肺结核、哮喘、慢性阻塞性肺疾病、肺移植、特发性肺纤维化等均存在各自不同的呼吸道菌群紊乱。

三、呼吸道微生态的生理功能

与肠道菌群一样，呼吸道菌群对人体的健康及某些疾病的发生发展发挥了重要作用。在呼吸道特定部位定植的菌群与宿主保持着稳定的微生态平衡，一方面能够拮抗外来致病菌的侵入和繁殖，另一方面对呼吸道局部的黏膜免疫发育、成熟及调节发挥着重要的作用，包括调节宿主免疫和炎症反应、塑造宿主的免疫耐受性等。但是人们对呼吸道菌群的了解远没有对肠菌群道深入，一方面是由于客观上呼吸道菌群的数量和种类比较少，其重要性可能没有肠道重要；另一方面对呼吸道菌群的研究手段受获取标本及检测技术的限制。随着研究的深入，将来可能通过更全面地了解呼吸道菌群的功能，以及呼吸道菌群在呼吸道疾病发生发展中的作用，为进一步了解呼吸疾病的发病机制、寻找疾病表型的标志物及干预的新靶点以改善治疗和预后提供新的思路。

第三节　呼吸道黏膜免疫

一、黏膜免疫系统概述

（一）黏膜免疫系统概念

黏膜系统包括胃肠道、呼吸道、泌尿生殖道及与之相关联的外分泌腺，如眼结膜和泪腺、唾液腺及泌乳期的乳腺等。黏膜免疫系统（mucosal immune system，MIS）由黏膜系统内表面的黏膜上皮细胞组织、黏膜相关淋巴组织（mucosa-associated lymphoid tissue，MALT）、肠上皮细胞和免疫细胞及其产生的分子或分泌物，以及黏膜正常定植的微生物群（共生菌群）构成。一个成年人的黏膜上皮细胞层覆盖了约400m^{2}的面积，黏膜表面是机体与外界抗原（比如食物、微生物、空气等）直接接触的门户，大部分病原体是经黏膜感染，因此黏膜免疫系统是机体抵抗感染的第一道防线。此外，黏膜免疫系统还对机体的免疫应答具有重要的调节作用。

机体近50%的淋巴组织位于黏膜部位，是机体最大的免疫组织。依据其功能和结构分布，分为诱导部位和效应部位，诱导部位是黏膜接触并摄取、加工和提呈抗原的部位，是免疫应答的传入区，包括肠道相关淋巴组织（gut-associated lymphoid tissue，GALT）、鼻咽或鼻相关淋巴组织（nasopharynx or nasal-associated lymphoid tissue，NALT）、支气管相关淋巴组织（bronchus associated lymphoid tissue，BALT）、眼结膜相关淋巴组织（conjunctival associated lymphoid tissue，CALT）和泌尿生殖道相关淋巴组织（urogenital tract associated lymphoid tissue，UALT）。效应部位是免疫应答的传出区，包括黏膜固有层和上皮细胞内弥散的淋巴组织。浆细胞和致敏淋巴细胞通过归巢迁移至弥散淋巴组织，抗体和致敏淋巴细胞在此发挥体液免疫和细胞免疫功能。

（二）黏膜免疫系统特征

黏膜免疫是机体免疫系统重要的组成部分，但是又具有独特的组织结构和功能，其特征为：①主要由器官化的黏膜相关淋巴组织及散在的淋巴组织和细胞组成，具有独特的抗原摄取机制，通过黏膜上皮及淋巴组织间密切的相互作用发挥效应；②按其功能分为诱导部位和效应部位，前者主要是黏膜相关淋巴组织，后者主要是固有层和上皮细胞内弥散的淋巴组织和细胞；③在诱导部位和效应部位间通过淋巴细胞归巢发生联系，即在一个诱导部位致敏的免疫细胞，通过淋巴系统、胸导管进入血液循环，可归巢到其他黏膜部位，发挥作用；④sIgA是黏膜免疫的主要抗体；⑤对抗原具有选择性的应答，即对无害抗原下调免疫反应或耐受，对有害抗原、病原体进行免疫应答。

二、呼吸道黏膜免疫系统的组成

（一）黏膜组织屏障

气道黏膜由上皮和固有层组成。上皮为假复层纤毛柱状上皮，由纤毛细胞、杯状细胞、基底细胞和小颗粒细胞组成，其中纤毛细胞数量最多，呈柱状，游离面有密集的纤毛，纤毛向咽部定向摆动，将黏液及其黏附的尘埃和细菌等异物推向咽部咳出；杯状细胞散在分布于纤毛细胞之间，分泌黏蛋白，与气管腺的分泌物覆盖于黏膜上皮表面共同构成黏膜屏障，可以黏附溶解吸入的尘埃颗粒、细菌和其他有害物质。基底细胞是一种固定在基底膜上的立方状细胞，基底细胞是呼吸道黏膜中最重要的干细胞，具有分化为杯状细胞、克拉拉细胞和纤毛细胞的能力，在呼吸道损伤修复中有重要作用。克拉拉细胞是一种突出于上皮表面的锥形无纤毛分泌细胞，主要分泌克拉拉细胞蛋白，对粒细胞和巨噬细胞起到负性调节作用，发挥抗炎功能，从而维持黏膜免疫稳态。

固有层为结缔组织，含有大量淋巴细胞、浆细胞和肥大细胞。气管和支气管黏膜上皮组织屏障包括上皮层和黏膜层，形成了黏膜免疫的物理屏障，纤毛的定向摆动可阻止病原体等颗粒物质的附着，是机体防御病原体和有害物质入侵的第一道防线。

（二）黏膜相关淋巴组织

1. 鼻咽或鼻相关淋巴组织（NALT） 又称Waldeyer咽淋巴环，包括咽扁桃体（腺样体）、腭扁桃体、舌扁桃体和鼻后部淋巴组织，其主要作用是抵御经空气传播的病原微生物的感染。NALT结构类似于淋巴结，但缺乏被膜和输入淋巴管（图5-16）。NALT表面覆盖有鳞状上皮细胞，由于所处解剖位置，可直接接触空气和食物中的抗原。抗原从隐窝穿过鳞状上皮到达淋巴滤泡。滤泡内细胞以B细胞为主，占淋巴细胞总数的40%～50%。如同淋巴结滤泡生发中心，是抗原依赖性B细胞区域。扁桃体中定居着一类参与体液免疫的辅助性T细胞亚群，称为滤泡辅助性T细胞（follicular helper T cell，Tfh），Tfh细胞主要分泌IL-21等，刺激B细胞增殖以及免疫球蛋白的转换，通过刺激生发中心，B细胞分化成为浆细胞和记忆B细胞，参与体液免疫（图5-17）。

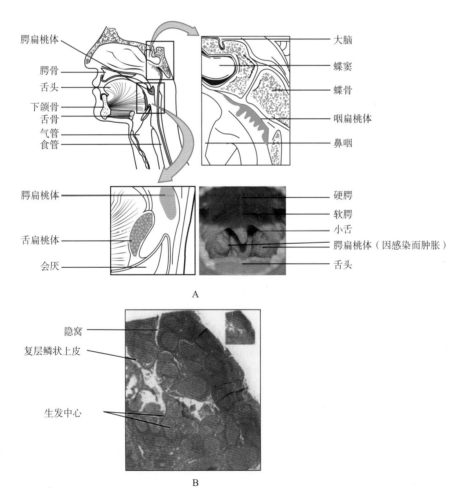

图5-16 扁桃体的分布及组织结构

A. 扁桃体的位置，咽扁桃体位于鼻咽部后上壁顶部，腭扁桃体位于咽的两侧；B. 显微镜下显示腭扁桃体组织结构

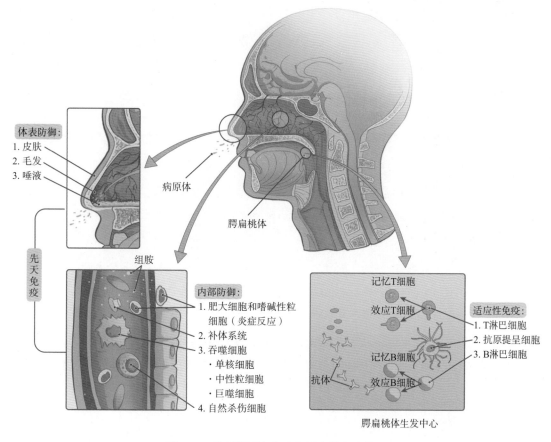

图5-17 鼻咽部固有免疫和适应性免疫作用

2. 支气管相关淋巴组织（BALT） 黏膜上皮细胞下的淋巴组织，主要分布于各肺叶的支气管分杈处，其结构与派尔集合淋巴结相似，BALT的基本结构包括中心的淋巴滤泡，其上覆盖黏膜上皮细胞及某些变异的上皮细胞（M细胞），滤泡中的淋巴细胞受抗原刺激后增殖，形成生发中心，其中主要含有B细胞。

（三）免疫细胞

1. 黏膜上皮细胞 呼吸道黏膜上皮细胞除了构成组织屏障以外，还是黏膜免疫的重要参与者。呼吸道黏膜是最早暴露于外部环境的组织，当受到病原体、过敏原和有害污染物侵入时，可分泌产生溶菌酶、乳铁蛋白和β防御素等。另外，黏膜上皮细胞通过分泌细胞因子调节黏膜免疫应答，如通过模式识别受体如RIG-1和TLR-3等激活免疫通路，分泌干扰素来阻碍病毒复制并上调自身Ⅰ型主要组织相容性复合体（MHC-Ⅰ）分子的表达，还可以通过分泌IL-1、IL-6、GM-CSF等多种细胞因子来募集并激活固有免疫细胞（中性粒细胞和巨噬细胞等）产生抗感染的免疫反应。

此外，呼吸道上皮细胞也可以通过转运抗原，帮助黏膜DC摄取抗原。微皱褶细胞（microfold cell）也称M细胞，是黏膜免疫系统中独有的细胞，在启动免疫反应中发挥重要作用。M细胞通常存在于靠近黏膜相关淋巴组织的上皮中，表现出高度的跨细胞转运活性，主要功能是通过内吞作用，快速地将抗原不经修饰地从表面运输到黏膜固有层，使固有层抗原提呈细胞（APC）与抗原接触。

2. 抗原提呈细胞　呼吸道黏膜免疫中的APC包括DC和巨噬细胞，其中DC是最强的专职APC，稳态条件下，DC形成树突状网络，并通过与支气管上皮细胞形成紧密连接而将树突延伸至气道管腔内，DC在捕获抗原后向黏膜相关淋巴组织迁移并将加工后的抗原肽提呈给初始T细胞从而活化适应性免疫应答，因此DC是连接先天固有应答与适应性免疫应答的桥梁。

在正常状态下，肺脏中存在3种不同的DC亚群，包括CD103经典的DC（conventional DC，cDC）、CD11b cDC和浆细胞样DC（plasmacytoid DC，pDC）。CD103 cDC主要存在于肺脏的结缔组织、黏膜组织及血管周围，它们可以穿过上皮细胞间的紧密连接直接捕获肺泡中的抗原物质，还可以通过清除自身反应性T细胞和诱导抗原特异性的调节性T细胞（Treg细胞）来维持呼吸道黏膜稳态。CD11b cDC主要存在于呼吸道黏膜的固有层中，是活化引流淋巴结中CD8 T细胞的主要DC亚群。pDC分布于传导气道、软组织及肺泡隔中，主要通过分泌Ⅰ型干扰素参与呼吸道免疫应答。

巨噬细胞分布于呼吸道和肺泡表面，是支气管肺泡灌洗液中数量最多的细胞，占细胞总数的90%以上。巨噬细胞在维持肺组织环境稳态的过程中发挥重要的作用，其主要功能是吞噬坏死和凋亡的细胞，清除吸入的尘粒和细菌等，清除肺表面活性物质，抑制对无害吸入物的炎症反应和免疫应答。同时巨噬细胞也是抗原提呈细胞，能够把抗原提呈给T细胞和B细胞。

3. 固有淋巴细胞　固有淋巴细胞（innate lymphoid cell，ILC）是一类大量存在于黏膜或者上皮屏障部位，在形态上具有淋巴细胞的特征，但不表达T、B细胞等表面标记的新定义的细胞家族，由于不表达特异性抗原受体，其活化不依赖对抗原的识别，在固有免疫中具有很强的效应功能。根据表达转录因子和细胞因子的不同，ILC可以分为三个亚群：ILC1、ILC2和ILC3。ILC1主要包括传统的自然杀伤细胞（natural killer cell，NK细胞），表达转录因子T-bet和分泌细胞因子IFN-γ，主要参与抵抗病毒和细菌的感染；ILC2分泌Th2型细胞因子IL-5、IL-9和IL-13，表达转录因子RORα和GATA3，主要参与抵抗寄生虫的感染，也是导致哮喘的ILC亚群；ILC3依赖转录因子RORγt，根据分泌细胞因子的不同，ILC3又可分为3个亚群，即分泌细胞因子IL-17和IL-22的淋巴组织诱导（lymphoid tissue inducer，LTi）细胞，与肠炎、肥胖导致的哮喘等疾病相关的产生IL-17

的细胞，以及在皮肤和肠道中起组织修复作用的产生IL-22的细胞。因此，存在于黏膜组织并具有特定功能的ILC已成为黏膜固有免疫应答反应的新参与者。

4. 上皮内淋巴细胞 上皮内淋巴细胞（intraepithelial lymphocyte，IEL）位于黏膜上皮细胞的基底层，主要为T细胞，少数为B细胞，按T细胞表面抗原不同可分为$CD4^-CD8^+$T细胞、$CD4^-CD8^-$T细胞、$CD4^+CD8^-$T细胞和$CD4^+CD8^+$T细胞。IEL具有CTL活性，主要功能是细胞杀伤作用，对病原体入侵及上皮细胞变性作出快速反应，IEL可分泌IFN-γ、TNF-α和IL-2等防御病原体的入侵。IEL还可以通过分泌细胞因子辅助B细胞产生特异性IgG、IgM抗体。此外，IEL还具有促进上皮细胞生长和更新的作用。

5. 固有层淋巴细胞 固有层淋巴细胞（lamina propria lymphocyte，LPL）位于黏膜固有层，包括B细胞和T细胞等。在黏膜相关淋巴组织内免疫细胞受到刺激后，最终进入黏膜固有层，在这里B细胞分化为大量的浆细胞，其中产IgA的浆细胞有70%～90%，其次是产IgM的浆细胞（占5%～15%），再次是IgG（仅占3%～5%）。固有层内T细胞有$CD3^+CD4^+$T细胞（Th1、Th2、Th17）、黏膜Treg细胞和$CD3^+CD4^-CD8^+$T细胞（细胞毒性T细胞），$CD4^+$与$CD8^+$T细胞比例大约为3:1，这些T细胞发挥黏膜免疫的细胞免疫和免疫调节作用。Th1细胞主要分泌IFN-γ、TNF-α、IL-2等，促进T细胞的增殖和巨噬细胞的活化，主要参与细胞免疫反应，同时还能抑制Th2细胞增殖，过度反应可导致迟发型超敏反应、炎症性肠病和自身免疫性疾病的发生；Th2细胞能分泌IL-4、IL-5、IL-6、IL-10和IL-13，诱导B细胞产生大量的同种型抗体及其亚类，包括IgG1、IgG2b、IgA和IgE，发挥体液免疫的作用，同时抑制Th2细胞增殖，过度反应可导致过敏反应；Th17细胞可以分泌IL-17、IL-21、IL-22、IL-26、TNF-α等多种细胞因子，参与固有免疫和某些炎症的发生，过度反应可导致以中性粒细胞为主的气道炎症；Treg细胞是一类具有免疫调节作用的T细胞群体（$CD4^+CD25^+Foxp3^+$），通过直接接触抑制靶细胞和分泌包括IL-10和TGF-β在内的抗炎症细胞因子，抑制免疫应答。Th1、Th2、Th17和Treg四类T细胞之间存在微妙的调节和互相平衡，在体内共同维持免疫稳定。

（四）共生菌群

健康人体呼吸道定居着大量的微生物，也称为"共生菌群或微生物群"（commensal microbiota 或 microbiota），这些共生菌群是黏膜表面的优势菌群，通过与外来病原微生物竞争空间及营养，产生抗微生物物质（抗菌肽、细菌素等）抑制病原体的入侵从而构成微生物屏障。近年来研究发现，黏膜上的共生菌群还具有调控黏膜免疫细胞分化的作用，可参与黏膜免疫的调节。由于呼吸道各个部位的解剖结构和微环境不同，其中定居的共生菌群组成及数量也有所不同，详见本章第二节。

三、呼吸道黏膜免疫系统的功能

黏膜免疫与全身性免疫应答一样，也具有固有免疫（innate immunity）和适应性免疫（adaptive immunity）功能。

（一）固有免疫功能

固有免疫是人体在长期进化过程中形成的天然免疫防御体系，是机体抵御病原微生物入侵的第一道防线。固有免疫由组织屏障、固有免疫细胞和固有免疫分子组成，其免疫应答的特点是反应快速、无特异性，不能产生记忆，又称为非特异性免疫。

1. 呼吸道黏膜屏障的完整性　黏膜上皮细胞及细胞之间的紧密连接等，在维持气道上皮腔面的完整性中起重要的作用，构成了正常的生理屏障，能够防止外界病原体或吸入颗粒物的侵入。紧密连接结构是多种蛋白质构成的复合结构，呈带状环绕于上皮细胞周围，其功能是阻止黏膜腔内的物质进入上皮层。

2. 黏液-纤毛清除功能（MCC）　气道黏液是由黏膜下层的黏液腺、杯状细胞以及气道上皮细胞（浆液性细胞、Clara细胞）分泌完成的，黏液可黏附入侵气道的异物颗粒和病原微生物。同时，从气管到终末细支气管的黏膜上皮，覆盖着假复层柱状纤毛上皮细胞，每个纤毛细胞约有200支纤毛，这些纤毛排列规则，进行有序的摆动，可将气道中的黏液分泌物运动到大的气道和口咽，通过咳嗽将其清除或吞咽，构成了气道的黏液-纤毛清除系统，是呼吸系统非常重要的防御机制之一（图5-18）。纤毛清除的最佳效率取决于黏蛋白，常见的有MUC5AC和MUC5B。如果分泌出现异常，可导致气道黏液高分泌，黏液聚集并阻塞气道，引起通气功能障碍；同时，黏液过量可降低黏液纤毛清除功能和局部防御功能，导致出现反复呼吸道感染。

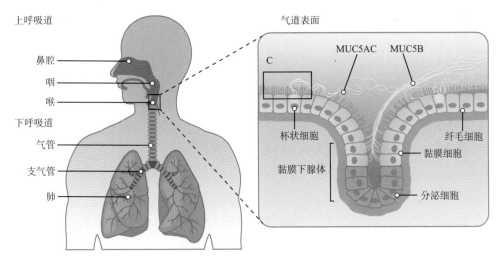

图5-18　黏液-纤毛清除系统

MUC：黏蛋白；C：纤毛

3. 固有免疫细胞功能 固有免疫细胞包括中性粒细胞和肺泡巨噬细胞等。其中，中性粒细胞能吞噬细菌，并借助溶菌酶在细胞内将细菌杀死；通过抗体调理素及补体免疫粘连反应，使细菌易于黏附在细胞表面，进而将其吞噬杀灭。肺泡巨噬细胞直接来自骨髓，进入血液后呈单核细胞，再进入肺间质，在肺泡隔中最多，有的游走进入肺泡腔。肺泡巨噬细胞具有活跃的吞噬功能，能排除进入肺泡和肺间质的大部分异物，如细菌、病毒、霉菌、抗原抗体复合物，以及吸入的有机和无机的灰尘等，肺泡巨噬细胞还可将吞噬的抗原转给B淋巴细胞并刺激其产生抗体，故与适应性免疫过程也有关系。

4. 固有免疫分子功能 包括抗菌肽、溶菌酶、乳铁蛋白、干扰素及补体等，是呼吸道固有的免疫成分。抗菌肽是机体内经诱导产生的一种具有生物活性的小分子多肽，具有广谱抗微生物活性，包括α防御素、β防御素、细菌素（细菌抗菌肽）等；溶菌酶是呼吸道黏膜分泌的低分子量不耐热碱性蛋白质，具有溶菌活性；干扰素是病毒感染细胞后，由细胞产生的一种蛋白质，可以干扰一些病毒在细胞内繁殖。正常人的呼吸道黏膜上皮细胞由于接受某些病毒的隐性感染，常含有一定量的干扰素，可对病毒产生干扰作用。补体是存在于血液中的一种蛋白质，在一定条件下被激活时有杀菌、溶菌和灭活病毒的作用，还能促进吞噬细胞的吞噬作用。

固有免疫中单核细胞、巨噬细胞和DC捕获抗原后，能够通过处理加工抗原，将抗原信息传递给T淋巴细胞，启动适应性免疫，该过程称为抗原提呈，参与这一过程的细胞称为抗原提呈细胞（APC）。另外，固有免疫中合成的一些细胞因子也参与适应性免疫的效应过程，在指导适应性免疫应答中起着重要作用，因此固有免疫是适应性免疫的基础，抗原提呈细胞对抗原的识别及信号传递是联系固有免疫和适应性免疫的桥梁。

（二）适应性免疫功能

适应性免疫由抗原特异性体液免疫和细胞介导的免疫应答组成（体液免疫和细胞免疫），分别表现为形成抗体和细胞应答。参与适应性免疫的细胞主要有三类：抗原提呈细胞（主要为DC和巨噬细胞）、T细胞和B细胞。细胞免疫主要需抗原提呈细胞和CD8[+] T细胞参与，抗体形成主要需CD4[+] T细胞和B细胞参加。适应性免疫具有获得性、抗原特异性、自我限制、自我耐受和记忆性等特征，又称为特异性免疫。机体初次接触抗原后适应性免疫建立较慢（7～10天），但可以产生记忆，当以后接触同一抗原后能迅速作出反应（1天内）。

1. sIgA sIgA是黏膜免疫中体液免疫的最主要抗体，黏膜相关淋巴组织中IgA[+] B细胞激活后经淋巴管进入体循环，最后回归固有层和远处黏膜效应部位，在Th2细胞调节下发育为成熟浆细胞并产生sIgA。sIgA为二聚体，由J链相连接，当sIgA通过黏膜上皮细胞向外分泌时，与上皮细胞产生的分泌片段连接成完整的sIgA，释放到黏膜表面及黏液中，与上皮细胞紧密连接在一起，在黏膜表面发挥免疫作用。由于外分泌液中sIgA含量多，又不容易被蛋白酶破坏，因此成为局部抗感染的主要机制。

sIgA的主要功能包括①阻止病原微生物黏附于上皮组织：sIgA通过空间构象凝集、捕获黏膜表面的病原体，并与其表面特异性结合位点结合，能够阻止病原微生物黏附于黏膜表面，保护黏膜不受损害。②中和病原微生物和毒素。③结合并中和已内化进入体内的毒素抗原。④调理吞噬作用：sIgA直接与病原微生物或抗原形成抗原抗体复合物，以便于巨噬细胞的吞噬和清除。⑤激活补体的C3旁路途径，与溶菌酶、补体共同引起细菌溶解。

2. 细胞免疫应答　黏膜T细胞在被DC致敏后会经淋巴及血液循环返回黏膜固有层成为效应T细胞和记忆T细胞。效应T细胞分泌细胞因子和裂解被感染的细胞产生直接抗病毒效应。大量的记忆T细胞产生强烈的局部免疫记忆，黏膜组织中驻留的记忆T细胞可以迅速响应，及时清除被再次感染的病原体入侵的细胞，同时产生大量细胞因子促进炎症，并招募其他免疫细胞来启动免疫应答。

（三）黏膜免疫耐受功能

随着呼吸，人体不断地吸入空气，呼吸道黏膜持续接触空气中的各种抗原物质，如花粉、动物的毛发皮屑、昆虫的分泌物及各种微生物等，黏膜免疫系统作为人体的"哨兵"，其中一项重要的功能就是区分哪些抗原是无害的哪些是有害的，以决定启动免疫应答反应还是免疫耐受（immunological tolerance）。免疫耐受是免疫系统对特定抗原不产生或产生极低免疫反应的无应答状态，呼吸道对无害抗原和定植在黏膜表面的共生菌群形成免疫耐受是黏膜免疫的一个重要功能，对于维持黏膜稳态至关重要。

黏膜免疫耐受的机制非常复杂，肺泡巨噬细胞、树突状细胞和B细胞可以通过不同的机制导致T细胞失能或抗原特异性T细胞的删除或各种Treg细胞的诱导，最终建立免疫耐受。肺泡巨噬细胞可以降低自身共刺激分子如CD80、CD86的表达，导致活化的T细胞因缺乏共刺激分子而失能。树突状细胞与免疫耐受的形成密切相关，树突状细胞的成熟状态会调节免疫耐受，未成熟的树突状细胞具有较高的吞噬能力但是抗原提呈较弱，诱导抗原耐受和Th2应答，成熟树突状细胞则相反，树突状细胞还可产生IL-10，抑制T细胞活化，调节呼吸道的免疫耐受。Treg细胞产生的TGF-β具有多种抑制免疫应答的方式，产生的IL-10对Th1、Th2和Th17活化及功能起到制约和平衡作用。此外，黏膜固有层CD4[+] T细胞可产生IL-4、IL-5、IL-6、IL-21、TGFβ、IL-17、IL-22和IL-10等，负性调节免疫应答。浆细胞产生的sIgA通过免疫排除（immune exclusion）作用，对由空气吸入的某些抗原具有封闭作用，使这些抗原游离于分泌物中，便于排除，或使抗原物质局限于黏膜表面，不致进入机体，从而引起免疫应答的发生。

（四）共同黏膜免疫功能

早在1979年，John Bienenstock发现过继转输肠系膜淋巴结来源的IgA B细胞能够特异地向呼吸道黏膜、肠道黏膜和泌尿生殖道黏膜在内的所有黏膜相关淋巴组织发生迁移，而不向黏膜非相关淋巴组织迁移，基于此提出了"共同黏膜免疫系统（common mucosal immune system）"的概念，推测机体中存在的黏膜免疫系统可能是一个广泛分布的"器官"，各部位黏膜组织的免疫系统之间相互关联和相互影响。目前已经证实这一现象是黏膜淋巴细胞归巢机制导致的。

在黏膜免疫诱导部位受抗原刺激产生的抗原特异性T和B淋巴细胞，离开诱导部位，经局部引流淋巴结、淋巴管、胸导管进入血液循环，再回归到诱导的黏膜效应部位（固有层和上皮等）或其他黏膜效应部位，这一过程称为黏膜淋巴细胞归巢。淋巴细胞归巢的部位取决于归巢受体的介导，约80%的免疫细胞归巢到最初的黏膜部位，20%归巢到其他黏膜部位，发挥针对同一种抗原的免疫效应，由此使不同黏膜部位的免疫反应相关联，诱导全身性黏膜免疫应答。这种在一个黏膜部位诱导的淋巴细胞归巢到全身黏膜部位发挥作用，形成了共同黏膜免疫功能。

四、菌群对呼吸道黏膜免疫的作用

（一）呼吸道菌群对呼吸道黏膜免疫的作用

呼吸道黏膜表面的共生菌群构成了黏膜的微生物屏障，可以抵御外来致病微生物的黏附和入侵。人体出生以后呼吸道共生菌群的建立和演变对呼吸道黏膜免疫系统的发育成熟发挥着重要的作用。此外，呼吸道菌群在调节呼吸道黏膜免疫的应答中也可能具有重要的作用，但是相比于肠道菌群的作用，人们对呼吸道菌群作用的了解仍然处于初步阶段。

（二）肠道菌群对呼吸道黏膜免疫的作用

除了呼吸道菌群，肠道菌群对呼吸道黏膜免疫也具有重要的影响。肠道菌群维持和调节远端黏膜免疫反应的机制包括：肠道菌群的某些组分和代谢产物直接作用于远端黏膜和免疫细胞，如短链脂肪酸、次级胆汁酸、色氨酸衍生物等在维持调节性T细胞和效应T细胞反应之间平衡方面的作用；肠道共生菌群还可通过肠道黏膜释放的免疫因子包括细胞因子、趋化因子和生长因子间接影响远端免疫应答；来自肠道相关淋巴组织的免疫因子和细胞可以通过共同黏膜免疫的机制转移到支气管相关淋巴组织中，从而提供对呼吸道感染的保护作用（图5-19）。

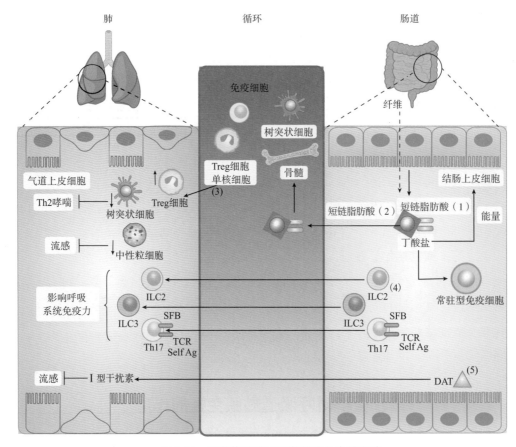

图 5-19　肠道菌群对呼吸道黏膜免疫的影响

（1）肠道菌群分解膳食纤维产生的短链脂肪酸释放到肠腔内。（2）未代谢的短链脂肪酸进入外周循环和骨髓，影响免疫细胞发育。（3）骨髓来源的细胞参与远端身体部位的免疫反应，如肺。（4）从肠道迁移到肺部的细胞可能影响呼吸免疫，如 ILC2、ILC3 和 Th17 细胞。（5）肠道菌群代谢物脱氨基酪氨酸（DAT）通过增强 I 型干扰素反应保护宿主免受流感病毒感染。

TCR：抗原受体；Ag：抗原；SFB：分节丝状菌

（郑跃杰　武庆斌）

参 考 文 献

王剑，田志刚. 2015. 呼吸道黏膜免疫及其相关疾病研究进展 [J]. 中国免疫学杂志，31（3）：289-294.

尹一凡，林敏，强宏生，等. 2022. 呼吸道黏膜免疫和呼吸道黏膜疫苗研究进展 [J]. 中国疫苗和免疫，28（1）：121-127.

Dickson R P，Erb-Downward J R，Martinez F J，et al. 2016. The microbiome and the respiratory tract[J]. Annu Rev Physiol，78：481-504.

Invernizzi R，Lloyd C M，Molyneaux P L. 2020. Respiratory microbiome and epithelial interactions shape immunity in the lungs[J]. Immunology，160（2）：171-182.

Man W H，de Steenhuijsen Piters W A A，Bogaert D. 2017. The microbiota of the respiratory tract：gatekeeper to respiratory health[J]. Nat Rev Microbiol，15（5）：259-270.

Mettelman R C，Allen E K，Thomas P G. 2022. Mucosal immune responses to infection and vaccination in the respiratory tract[J]. Immunity，55（5）：749-780.

第六章　口腔与口腔微生态

第一节　口腔解剖、组织和生理特征

口腔是消化道的起始部分，是一个多功能的器官，具有消化器、呼吸器、发音器和感觉器的生理功能。口腔由两唇、两颊、硬腭、软腭等构成。

口腔内有牙齿、舌、唾液腺等器官。口腔的前壁为唇、侧壁为颊、顶为腭、口腔底为黏膜和肌肉等结构。口腔借上、下牙弓分为前外侧部的口腔前庭和后内侧部的固有口腔；当上、下颌牙咬合时，口腔前庭与固有口腔之间可借第三磨牙后方的间隙相通。

一、舌

舌是身体中最强壮的肌肉。其作用是促进食物摄入、机械消化、化学消化（舌脂肪酶）、感觉（味道、质地和食物温度）、吞咽和发声（图6-1）。

二、唾　液　腺

有大、小两种唾液腺。小唾液腺散在于口腔各部位黏膜内（如唇腺、颊腺、腭腺、舌腺），平均每天分泌1～1.5L唾液。通常需要足

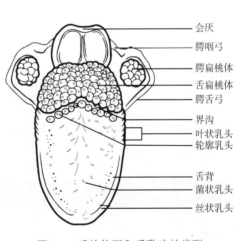

会厌
腭咽弓
腭扁桃体
舌扁桃体
腭舌弓
界沟
叶状乳头
轮廓乳头
舌背
菌状乳头
丝状乳头

图6-1　舌的位置和舌乳头的类型

够的唾液滋润口腔和牙齿。摄入食物咀嚼时，唾液分泌增加，有助于滋润食物和引发碳水化合物初步化学分解。大唾液腺包括腮腺、下颌下腺和舌下腺三对，它们是位于口腔周围独立的器官，但其导管开口于口腔黏膜（图6-2）。

唾液腺分泌的唾液98%～99.5%是水，剩下的是离子、糖蛋白、酶、生长因子和废弃物等复杂的混合物。唾液中最重要的成分是唾液淀粉酶，它启动了碳水化合物的分

解。食物在口腔中没有足够的时间让所有的碳水化合物分解，但唾液淀粉酶可继续发挥作用，直到被胃酸灭活。碳酸氢盐和磷酸根离子起到化学缓冲作用，将唾液的pH保持在6.35～6.85。唾液有助于润滑食物，促进口腔运动，推注和吞咽食物。唾液中含有溶菌酶和免疫球蛋白A，具有抗菌作用，防止微生物透过上皮。唾液中还含有表皮生长因子，可以促进伤口愈合。

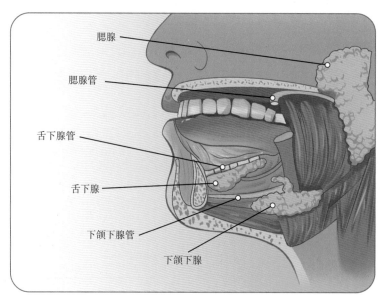

图6-2 大唾液腺

大唾液腺位于口腔黏膜外，通过导管将唾液输送至口腔

三、牙 齿

牙齿是具有一定形态高度钙化的骨组织，主要作用是撕裂、研磨或以其他方式机械地分解食物。表6-1总结了口腔的消化功能。

表6-1 口腔的消化功能

结构	动作	结果
嘴唇和脸颊	将食物限制在上下牙齿之间	均匀地咀嚼食物
唾液腺	分泌唾液	润湿和润滑口腔；咽部内壁润湿；软化和溶解食物；清洁口腔和牙齿；唾液淀粉酶分解淀粉（少量）
舌外在肌肉	将舌向侧面移动，进出	调节食物咀嚼 调节食物吞咽
舌内在肌肉	改变舌的形状	调节食物吞咽
味蕾	感觉口中物质地及其味道	味蕾的神经冲动传导至脑干的唾液核，然后再传导至唾液腺，刺激唾液分泌

续表

结构	动作	结果
舌腺	分泌舌侧脂肪酶	舌侧脂肪酶在胃中激活 将甘油三酯分解成脂肪酸和甘油二酯（少量）
牙齿	切碎和碾磨食物	将固体食物分解成更小的颗粒以便吞咽

人的一生共有乳牙20颗和恒牙28～32颗，分为两副牙列。乳牙：出生后4～10个月乳牙开始萌出，约于2.5岁时乳牙出齐。恒牙：6～12岁出齐，乳牙被32颗恒牙取代。牙列如图6-3所示：①8颗切牙，上颌4颗和下颌4颗，牙齿锋利，用来切割食物；②4颗尖牙，位于切牙两侧，尖端锐利，用来刺穿和撕裂食物；③8颗前磨牙，扁平状带有两个圆形尖牙，可用于捣碎食物；④12颗磨牙，结构复杂，用来压碎食物，以便吞咽。其中，每组3颗磨牙的最后一颗，通常被称为智齿，不少人的智齿萌出延迟，甚至阻生而无法正常萌出，也有相当比例的个人表现为智齿的天然缺失（图6-3）。

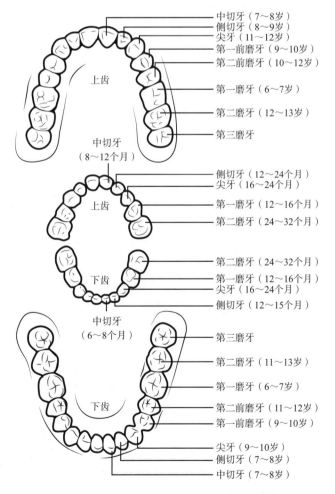

图6-3 乳牙和恒牙上、下颌骨牙齿的排列及乳牙和恒牙之间的关系

第二节　口腔微生态特征及生理功能

口腔健康是什么？以往人们对良好口腔健康的目标是杀死"坏"细菌。目前，通过专注于口腔微生物菌群的生态平衡的研究，我们有了新的认知：过度的口腔卫生可能成为健康的杀手。

口腔独特的解剖、组织学和生理学特征就如同一系列不同的培养基，如牙齿、舌、口颊和牙龈等，各自不同的化学性质、形态和稳定性为微生物群落提供了不同的栖息地（又称生境），因此，可以把人类口腔称为微生物生态学的天然实验室。口腔内的每个栖息地都支持一个复杂而独特的群落，这种独特性为利用口腔微生态来了解微生物群落生态学的基本原理提供了机会。口腔微生物群落也具有直接的实际意义，因为它们不仅影响口腔的健康，而且影响整个身体的健康。

一、生命早期口腔菌群定植及演替

对生命早期口腔菌群动态发展的研究发现，婴幼儿口腔菌群的组成和多样性随宿主年龄的增长经历了显著的变化过程，并在2岁左右达到相对稳定的状态。新生儿刚出生时，口腔菌群的组成与皮肤、鼻腔菌群没有明显差异，但在外环境的选择下，口腔微生态系统在几周后即表现出了菌群结构和功能的位点独特性。

由于在生命初期口腔内具有较高的相对丰度和检出率，链球菌属、韦荣球菌属、乳杆菌属、罗氏菌属及孪生球菌属被认为是口腔先锋定植菌。此外，葡萄球菌属、假单胞菌属和大肠杆菌等与母亲生殖道、肠道、皮肤相关的菌群也会在口腔内短暂富集。

尽管链球菌属是婴幼儿唾液菌群的优势物种，但其丰度会随婴幼儿年龄的增长显著下降。随着固体食物的引入和乳牙的萌出，婴幼儿口腔微生态的物种丰富程度和多样性逐渐增加，菌群结构进一步改变，奈瑟菌属、颗粒链球菌属、卟啉单胞菌属、嗜血杆菌属等物种的丰度显著升高，口腔微生态群落逐渐成熟。随着年龄增长及牙列的更替，口腔微生物组出现生理性改变，不同年龄组人群的微生物组成具有特异性：乳牙列期菌群以变形菌门为优势菌，具有更多的不动杆菌属、莫拉菌属等。在混合牙列、恒牙列期，菌群以拟杆菌门为主；随着年龄增长，拟杆菌门（普雷沃菌属为主）、韦荣球菌科、螺旋体菌门的丰度逐渐增加。

而健康成年人的口腔微生态系统较为稳定，主要由厚壁菌门、变形菌门、拟杆菌门、放线菌门、梭杆菌门这5个菌门组成，韦荣球菌属、奈瑟菌属、链球菌属、普雷沃菌属、嗜血杆菌属等物种具有较高的相对丰度，被认为是健康成年人口腔的核心微生物。

新生儿出生后不久链球菌属即在口腔内定植，其通过分解母乳低聚糖得到的代谢产物及对免疫球蛋白A1的裂解作用可极大地促进其他微生物在新生儿口腔内的定植。韦荣球菌属以有机酸作为碳源，而乳杆菌属作为另一种重要的乳酸生产者，其代谢产物也促进了韦荣球菌属在口腔内的繁殖。新生儿出生后第6周口腔菌群的功能与刚出生时相比已经有了较大的扩展，氨基酸合成和代谢已成为口腔微生物群落的特征性功能。

此外，口腔菌群的氨基酸及碳水化合物代谢、脂质代谢和膜运输、产酶等功能水平在生命早期阶段并不会发生明显的变化，而与细胞死亡、外源性生物降解、多聚糖合成等相关的功能则随年龄的增长逐渐下降。除了细菌，真菌和病毒也是生命早期口腔微生态系统的重要组成部分。念珠菌属是生命早期口腔内最常见的真菌，主要通过母亲的阴道传播到新生儿口腔，可在11%～15%的婴幼儿口腔内检出，并在第6个月时稳定定植。

近平滑念珠菌和白念珠菌是生命早期口腔中最常见的念珠菌，而热带念珠菌、酿酒酵母、拟平滑念珠菌和芽枝状枝孢菌也被证实存在于婴幼儿口腔中。病毒在某些疾病状态下可从口腔中检出，口腔常见病毒包括人乳头瘤病毒、EB病毒、单纯疱疹病毒等。

人体微生物群落的结构受遗传背景的控制，但多项横断面研究已证实，母亲口腔和全身健康状态、婴幼儿的出生方式、喂养方式、药物使用情况等因素对生命早期口腔微生态群落的发展也有着显著的影响，这提示了外界因素在生命早期口腔菌群发育过程中起到了重要作用。

二、口腔微生态特征

口腔是一个开放的系统，微生物通过呼吸被吸入，通过餐饮被摄入，通过与其他人、动物及周围环境的密切接触被引入。口腔作为一个温暖、潮湿和营养丰富的环境，为微生物提供了一个适宜生长的环境。在地球上数百万种细菌中，有大约760种细菌成为口腔中的主要居民，并且相互之间通过唾液交流，人类1ml唾液中大约含有10^8个细菌。这些细菌种类在口腔的分布呈现不均匀状态。在健康的人类口腔中，不同栖息地种群数量存在巨大差异，几十种数量占据优势的物种占大部分，而其他更多的物种的检出率和丰度都很低。

人类微生物组计划（HMP）对口腔中9种独特的栖息地进行了采样。样本的来源包括：牙面、龈上菌斑和龈下菌斑；非角化上皮（颊黏膜和喉部）；角化上皮（牙龈和硬

腭）；特化上皮（扁桃体和舌背）；唾液。即使在同一个口腔位点内，不同的环境条件也会产生不同的栖息地，从而造成微生物种群的差异。牙冠上的氧气很丰富，但龈沟中的牙面处于缺氧环境中，浸泡在龈沟液中，龈沟液是一种从牙龈组织中渗出的富含蛋白质的物质。舌背表面有多重乳头，增加了微生物的多样性。

利用 DNA 测序对微生物进行高通量鉴定，可以在整体水平上了解微生物群落，并识别组成牙菌斑的微生物群落和黏膜表面的微生物群落之间的主要区别。在健康人中，龈上和龈下菌斑相似。舌背的微生物菌群与从咽喉和腭扁桃体采集的微生物菌群相似，颊黏膜、牙龈等部位的微生物菌群相似。因此，口腔内的不同部位可以根据微生物菌群特征来区分，并大致分为三类组：牙菌斑；舌头和相关部位；牙龈、颊黏膜和硬腭。

口腔中的每一种微生物都具有位点特异性（即生态位），因此每一个口腔部位的微生物菌群与其他口腔部位的微生物菌群在组成和比例上都不同。决定微生物生态位的最重要的因素是栖息地，包括近邻的细菌。这意味着口腔内的微生物之间形成了高度特异性的细菌间相互作用，从而导致大多数细菌被限制在已有共生菌定植的某种微生境中。口腔中不同部位的微生物群落结构相似，因为它们主要由几十种丰度较高的细菌组成，这些细菌来自核心属，这些核心属在每个部位的菌群中都有代表菌，只是在不同位点的物种是不同的。例如，放线菌属有存在于菌斑的菌种和专门存在于舌背的菌种。梭杆菌属、细毛菌属、奈瑟菌属、罗氏菌属、链球菌属和韦洛氏菌属也是如此。同一个菌属中不同的菌种在不同位点的差异，表明微生物群落中不同成员相互适应，并随着群落从一个口腔位点适应到另一个地点而共同进化。这种共同进化表明，微生物本身是彼此环境的重要组成部分，细菌之间的关系是高度特异的，一种细菌不能简单地替代来自不同口腔部位的近亲细菌（图6-4）。

口腔独特的菌群结构表明微生物是适应选择性力量的结果，才能在口腔中生存繁殖，宿主也必须适应这些选择性力量。可以认为口腔微生物群是由相反因素的动态平衡形成的，包括①唾液流动与黏附：唾液流动对口腔底物的黏附有选择性，使细菌既可保留在口腔中，又可定位于良好的代谢环境。口腔基质包括牙齿表面、角化上皮和非角化上皮。②脱落与定植：生物膜的机械破坏或下层底物的脱落通过新获得的底物的定植来平衡。不同口腔部位独特群落的发展是通过微生物与不同口腔基质的结合、残留微生物生物膜的重新生长及生长中的生物膜被额外的分类群定植来实现的。稳定的表面，如牙面和舌背，会形成厚厚的生物膜，而在快速脱落的表面，如颊黏膜，生物膜较薄。③宿主与微生物：宿主和微生物群落通过结合作用、免疫监视以及营养和溶质的梯度作用实现相互作用。宿主分泌唾液黏蛋白，这是一种复杂的糖蛋白，支持混合微生物群落的生长，这些微生物拥有能够从黏蛋白中释放寡糖的糖苷酶。宿主将硝酸盐和其他营养物质分泌到唾液中，同时也将龈沟液从龈沟释放到口腔中，也可能有助于促进特定微生物的生长，而免疫监测则会限制其他微生物的生长。反过来，微生物新陈代谢可以产生强烈的局部氧气和营养梯度。微生物在这些梯度中有利位置的定植有利于微生物群落内的代谢相互作用和空间结构的形成。

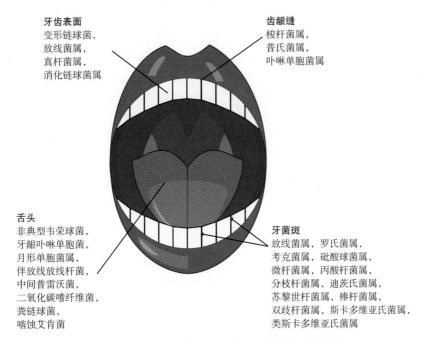

牙齿表面
变形链球菌，
放线菌属，
真杆菌属，
消化链球菌属

齿龈缝
梭杆菌属，
普氏菌属，
卟啉单胞菌属

舌头
非典型韦荣球菌，
牙龈卟啉单胞菌，
月形单胞菌属，
伴放线放线杆菌，
中间普雷沃菌，
二氧化碳嗜纤维菌，
粪链球菌，
啮蚀艾肯菌

牙菌斑
放线菌属，罗氏菌属，
考克菌属，砒酸球菌属，
微杆菌属，丙酸杆菌属，
分枝杆菌属，迪茨氏菌属，
苏黎世杆菌属，棒杆菌属，
双歧杆菌属，斯卡多维亚氏菌属，
类斯卡多维亚氏菌属

图6-4　口腔和口咽部不同部位主要微生物群落分布

总之，口腔内微生物的空间结构是由动态平衡中的各种力量——唾液流动与黏附、脱落与附着以及宿主与微生物之间的相互作用形成的。口腔内的每个栖息地都可以形成一个复杂的、独特的微生物群落。口腔微生物群落不但影响口腔的健康，而且在全身健康中都发挥着重要作用。定植于口腔的微生物产生空间有序的生物膜。成员之间的互动及与环境的相互作用促进菌群成为一个整体。

三、口腔黏膜免疫

口腔作为进入胃肠道的第一个入口，口腔黏膜上皮由复层鳞状上皮组成，分为咀嚼上皮和衬里黏膜。口腔组织的总体渗透性具有异质性；角质化区域的细胞渗透性较低（牙龈组织和腭黏膜、嘴唇），而渗透性较高的非角质化区域（长结合上皮、前庭、颊黏膜）呈现出更多样化的免疫系统。口腔黏膜主要由抗原提呈细胞和中性粒细胞形成固有免疫细胞网络，可激活包括T细胞和B细胞在内的淋巴细胞。在健康的结缔组织中，相关的微生物群刺激适应性免疫细胞的活性，适应性免疫细胞负责维持体内平衡和防止组

织损失。然而，当疾病中存在致病性微生物种类时，异质性亚群变得活化。唾液是一种生物体液，已被证明主要由上皮细胞和免疫细胞组成，其次是淋巴细胞和其他骨髓细胞。针对单细胞RNA测序和流式细胞术标记的机器学习策略，通过趋化因子的表达证明了唾液中具有不同成熟水平的新型中性粒细胞群体。来源于口腔液体的细胞的异质性是巨大的，需要功能和机制分析来确定这种广泛细胞库的功能。

在所有免疫细胞中，中性粒细胞占口腔组织中总白细胞的95%。当多种微生物和共生生物膜转变为牙周病时，中性粒细胞数量增加。其他重要的免疫细胞驻留在牙龈组织中，虽然数量很少，包括驻留的T细胞和B细胞、固有淋巴细胞、巨噬细胞和树突状细胞。与传统的复层衬里口腔上皮相比，牙龈组织缺乏黏膜下层，因此建立了固有层与牙槽骨外膜更紧密的相互作用。

除了黏膜免疫外，唾液内容物对口腔免疫也有显著的价值。唾液在维持口腔健康和调节口腔微生物组中起重要作用。它参与消化、清除微生物及硬组织和软组织的润滑。唾液膜由早期微生物定植菌所需的蛋白质组成，随后口腔内很快出现某些革兰氏阴性杆菌和丝状菌。唾液还通过宿主和微生物细胞产生的乳铁蛋白、乳过氧化物酶和溶菌酶提供抗微生物和抗病毒活性。在正常情况下，非刺激状态下唾液流速平均为$0.3 \sim 0.4$ml/min，刺激状态下唾液流速为$1.5 \sim 2.0$ml/min。由全身性疾病、药物和环境因素引起的唾液流丧失是已知的进行性龋齿和口腔感染的原因。

四、口腔微生态在健康中的作用

口腔是外界和机体免疫系统之间的通道。食物、营养物质、微生物和毒素等均通过口腔进入体内。此外，口腔微生物群还会影响胃肠道的微生态。研究表明，口腔微生物和结肠微生物有45%是重叠的。

口腔微生物生态系统对于维持口腔及全身健康至关重要。唾液、牙齿和软组织上的生物膜在口腔内保持平衡，这样可以保护口腔防止病原体过度生长。相反，不平衡的口腔生态系统会激发病原体活动，导致口腔疾病的发生。

健康的口腔微生物需要良好的口腔卫生和免疫系统。如图6-5所示，口腔卫生差、免疫系统紊乱和遗传易感性都会导致疾病反复发生。任何一种风险因素都可能导致微生物异常生长或变得更有毒力，从而导致疾病。保持口腔菌群的平衡是口腔健康的关键。这些微生物可以与宿主产生积极和（或）消极的相互作用。影响从健康到口腔疾病病理转变的因素包括龋齿、牙龈炎、牙周病和口腔癌，目前仍然是需要研究的重要问题。

口腔微生物菌群是与人体一系列微生物群落高度相互关联的一部分，而不是一个孤立的生物群落。口腔作为摄入食物或药物的入口（还具有特殊的供血系统），存在比较多的机会影响身体其他部位的活动。因此，毫不奇怪，除了口腔疾病外，口腔微生物菌群的变化与许多全身性疾病有关。

口腔来源的局灶性感染可能来源于闭合或开放部位。开放性病灶包括龋损、牙周袋和拔牙窝，而闭合性病灶包括根尖周围感染、感染的牙髓组织等。微生物群落中的某些细菌可能沿结缔组织、肌肉和筋膜平面，通过骨腔，沿血管或淋巴管或神经或通过唾液腺黏膜表面传播，从口腔病灶直接进入深层组织。这个系统允许有机体"转移"，并通过循环从原来的位置转移到其他部位。另

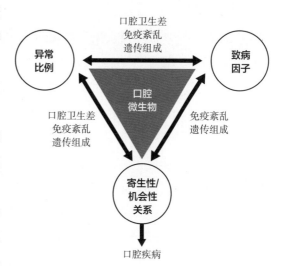

图 6-5　与口腔疾病有关的危险因素

一种"间接机制"表明，微生物的副产品包括蛋白质、脂类和核苷酸能够到达系统区域。这一认识表明，来自免疫-微生物菌群相互作用的口腔-系统信号为内稳态、疾病前和疾病发展过程提供了潜在的信息。随着微生态研究的深入，口腔微生物群落与多种重大慢性非传染性疾病间的关联逐渐被证实，包括消化系统疾病、心血管疾病、肿瘤、早产、糖尿病、类风湿性关节炎、神经系统疾病等。

第三节　口腔生物膜微生态种群的演替

口腔微生物主要以生物膜的形式存在于口腔软硬组织表面，是一个有通道和空隙的开放性立体结构，其内有不同细菌生长所需的广阔生境，如需氧菌消耗氧气可为厌氧菌制造生存的条件。生物膜也是有代谢能力的微生物群整体，处于由多糖、蛋白质和矿物质组成的基质中，细菌间通过协同作用可降解宿主复杂的大分子营养物质为众多细菌共享。生物膜结构对环境压力和抗生素的抵抗性增加可促进细菌致病力的增强，凭借细菌群体效应，可使一个对抗生素敏感的细菌额外获得对抗生素的耐药性，因而生存于生物膜中的细菌比液体培养基内的浮游态细菌对抗生素更具抵抗性。

一、生物膜的形成过程

生物膜微生态的形成借助于牙表面和唾液及口腔细菌间的相互作用，并且是个动态的过程，在牙面上形成菌斑生物膜的过程可以概括为三个阶段，即牙面上获得性薄膜的覆盖、细菌附着与菌斑成熟。

菌斑的形成起始于牙面上覆盖的一层主要由唾液糖蛋白构成的薄膜，在牙面彻底清洁后，唾液的一些成分就会很快地吸附于其上而形成一层结构均匀无细胞的薄膜，厚度1～10μm。对此薄膜的化学分析研究发现，其成分大致与唾液相似，含有黏蛋白、糖蛋白和免疫球蛋白等，其中如富脯蛋白等成分能促进细菌对牙表面的黏附。而获得性薄膜的另一个主要作用为选择性吸附能力，薄膜中一些唾液分子与细菌表面分子间的特异性作用决定细菌附着的选择性，从而表现为某些细菌与口腔各部位或牙表面的高度亲和力。

当获得性薄膜覆盖牙面后，漂浮在口腔内的细菌即陆续附着于其上，最早定植的细菌被称为先锋菌，许多研究证明链球菌属中的血链球菌为牙表面最早的定植者，在菌斑形成2～6小时内血链球菌明显增多，6～24小时后减少。有研究从1～5岁儿童乳牙上采集菌斑标本，亦显示1天至1周的早期菌斑中血链球菌为可培养菌中的优势菌。先锋菌初始定植后出现快速生长态势，链球菌生长成链状并开始与牙表面垂直，由此导致牙表面环境的改变，从而允许新的不同种属的细菌进入发育中的菌斑，这些后继菌中包含放线菌和韦荣菌，此即为生态连续。对菌斑形成的组织学和其代谢的研究提示，菌斑厚度的增加是由于细菌的繁殖，其中包含细菌对牙表面的黏附及细菌间的聚集和共聚集。通过这些作用菌斑内拥有大量细菌，其数量可达每克牙菌斑内有10^{11}个细菌。

纤毛菌定植于菌斑后替代了原先栖息在菌斑深层的链球菌，并与牙面垂直排列呈栅栏状结构，使菌斑内氧含量减少，氧化还原电势降低，从而有利于厌氧菌的生长，致密的菌斑日渐增厚。一般学者们认为成熟菌斑的标志是栅栏状结构，出现在菌斑形成后的第5～6天，并可看到谷穗样结构，在成熟的菌斑内无论细菌的数量还是组成比例均趋于稳定的极期群落状态。从菌斑组织学的光镜下可看到成熟的菌斑结构，基本分为3层：①基底层为无细胞的均质结构，HE染色为粉红色，由获得性薄膜组成；②细菌层位于中间地带，含球菌、杆菌、丝状菌，丝状菌彼此平行且与牙面垂直呈栅栏状，中间堆集有大量的球菌和短杆菌；③表层主要含松散在菌斑表面的G^+或G^-球菌和短杆菌，脱落的上皮和食物残屑及衰亡的细胞。

二、生物膜微生态的演替

微生态的演替是指正常微生物群受自然或人为因素的影响，在微生态空间中发生、发展和消亡的过程。正常的生理性演替往往出现在机体出生时的定植时，定植菌与外来菌的竞争。食物结构发生变化，也可导致生理性演替。抗生素、激素、放射性核素、疾病状态或免疫功能低下、外部环境变化、感染等应激状态则导致微生态的病理性演替。在一个生态区域内，当发现有微生物群离开原籍，游动到其他部位或环境且能定植下来，就意味着生态失衡并发生了种群的演替。

　　新生儿刚出生时，口腔内是无菌的，但在几小时到一天之内，口腔内即可出现菌群的定植，这些菌群大多来自于母体，且多为需氧菌。顺产的新生儿口腔菌群来自母体生殖道，在出生时通过母体产道时可能会携带一些母体产道的正常细菌，如乳链球菌和乳杆菌等，但随着出生时间的推移，这些细菌逐渐消失，说明产道环境与口腔环境的转变，对这些菌的定植有显著影响，使其仅为过路菌。新生儿口腔中的菌群大多来自于食物与皮肤表面。新生儿口腔内为无厌氧环境，所以很少有厌氧菌定植，口腔的局部厌氧环境出现后才开始有厌氧菌定植。韦荣球菌是最早在口腔内定植的厌氧菌，约出现在生后第六天新生儿口腔中。随着月龄的增加，其口腔中的微生物趋于多样化。不同喂养方式对乳牙萌出前婴儿口腔微生物没有明显影响，但可能与婴儿的饮食习惯、口腔卫生措施、健康状态及其父母口腔的优势微生物有关。

　　乳牙的萌出使口腔解剖结构发生了显著改变，特别是口腔滞留区的增加，如龈沟、牙齿的点隙沟裂、牙齿邻接面等，给微生物提供了更多更复杂的定植环境。微生物的种类和数量也较新生儿期增多，特别是兼性厌氧菌和厌氧菌的增加。血链球菌、变异链球菌、放线菌、乳杆菌的定植和增加是乳牙期幼儿的菌群特点。血链球菌只能在牙萌出后的牙面检出，变异链球菌必须在血链球菌定植后的生境中定植。变异链球菌的定植及数量的增加，使幼儿期成为龋齿发生的高发期。

　　机体处于青春期和成人期时，由于恒牙完全萌出，口腔解剖结构处于相对恒定的状态，口腔微生物群也达到演替的峰顶，处于一个相对稳定和持续的高峰群落期。在青春期，口腔内定植的微生物数量最多、种类最复杂，唾液细菌的数量可从幼儿期的 $10^9 \sim 10^{11}$CFU/L，增加到 $10^{13} \sim 10^{16}$CFU/L，而细菌种类可以高达600多种。厌氧菌的大量定植和数量的增加是青春期菌群的另一特点，在青春期和成人期口腔中，梭杆菌、普雷沃菌、卟啉单胞菌、二氧化碳嗜纤维菌、螺旋体、消化链球菌、放线菌、优杆菌是最常见的厌氧菌。

　　机体进入老年期，由于受牙齿松动、牙列丧失、咀嚼功能及唾液分泌功能下降等因素等影响，老年口腔中微生物群落也会发生变化，不仅数量有所下降，而且种类也有改变，革兰氏阴性厌氧杆菌和假丝酵母菌增多是一个重要特点。假丝酵母菌增多是义齿性口炎的主要病因，而产黑色素厌氧杆菌等增多是老年人牙周炎多发的重要原因。

　　在由非生理性因素所引起的宿主病理性改变状态下，微生物易位或易主的变化过程称为病理性演替。病理性演替主要是以口腔定植微生物即原籍菌群为主的演替过程，表现为正常微生物组成与数量的异常变化和易位。这种易位可以是近距离的，即在口腔生态区内不同生境间，也可以是远距离的，即在口腔生态区外的易位。如龋齿患者及拔牙患者产生的菌血症，可在细菌性心内膜炎患者血中检出变异链球菌及血链球菌。病理性演替可以是永久性的、不可逆的，也可以是暂时性的，如牙周洁、刮、治术及龋洞充填

修复等，可以减缓或终止这一病理性演替。

第四节 口腔生物膜微生态及影响因素

在口腔的特殊条件下，一种或多种不同的微生物之间在牙面与黏膜表面会形成复杂而有序的聚集体——生物膜。生物膜是由微生物在口腔软硬组织表面通过黏附生长并利用自身分泌的细胞外基质包裹所形成的高度组织化的多细胞群落。其中所包含的细菌并不是以独立的实体生存，而是相互有序地生存于立体的空间内，通过各种信息与物质的传递，实现了类似于多细胞生物对于环境的反应。

口腔生物膜是一个像珊瑚礁一样复杂的生态系统。生物膜内部微生物之间存在着高度的多样性和复杂的相互作用及信号交流，也就是说，口腔生物膜内的微生物能够通过对自身进行调控来适应环境的变化。研究发现，生物膜的形成和发展与许多疾病密切相关，而人体中最常见的生物膜结构则是牙菌斑，牙菌斑是黏附于牙齿表面的复杂细菌群落，嵌入宿主和微生物来源的聚合物基质中形成的细菌性生物膜。牙菌斑生物膜在口腔菌群的生存及致病性方面都发挥着重要作用。因此，研究牙菌斑生物膜的形成和控制对预防及治疗牙菌斑生物膜相关疾病有着重要的意义。

口腔生物膜内的微生物能够通过对自身进行调控来适应环境的变化。决定不同微生物在口腔生物膜微生态系统中生存的因素可分为两大类，即不可控因素与可控因素。

一、不可控因素

不可控因素是指宿主无法自主决定，无法自主改善的生态影响因素，其中最主要的就是生物膜所处环境的物理化学性质，包括温度、氧张力、pH、营养物质的可利用性等。自然界中大多数微生物属于嗜温微生物，口腔内微生物亦在此范畴中。细菌对温度的要求比较严格，某些微生物的代谢特性随温度变化而不同，但口腔菌丛对温度变化却具有一定的适应能力。生态环境中的氧张力对于微生物的选择性生长更为重要，因为细菌的生长需要气体如氧和二氧化碳，其中氧最为重要，细菌代谢所需的能量主要来源于其生物氧化作用，细菌获取能量的基质，即生物氧化的底物主要是糖类，通过糖的氧化得到能量，并以高能磷酸键（ADP、ATP）的形式储存能量。从牙菌斑发育的过程中可以看到厌氧环境的逐步形成。初始发育的牙菌斑是以正氧化还原电势为特征的，是需氧的环境；3～5天后由于菌斑中各种细菌的定植和生长，其氧化还原电势可逐渐降至负值而形成厌氧环境。氧化还原电势的降低一方面是由于菌斑内兼性厌氧菌对氧的消耗及可利用的氧被细菌代谢产物还原，另一方面，菌斑的生长成熟逐渐结成致密的结构而致外源性的游离氧难以直接渗透到菌斑深层，由此决定了在口腔生物膜菌丛中从生物膜表面到深层，其主要成员依次为微需氧菌、兼性厌氧菌和专性厌氧菌。①微需氧菌（microaerophilic bacteria）：这类细菌的生长需氧，但所需氧的浓度比正常要低，需氧菌生长适合的浓度，对这类细菌有抑制作用。②兼性厌氧菌（aerotolerant anaerobe）：在合适的碳源或其他能源存在时可在有氧或无氧中生长，即当环境中有氧存在时，它们可利用氧而生存，当环境中氧缺乏时，它们可依靠厌氧发酵生存，这时其电子受体不是氧而是可利用的发酵底物。③专性厌氧菌（obligate anaerobe）：指在无氧环境中发酵生长，氧可抑制或杀灭的细菌。

大多数口腔细菌在pH为中性（pH=7.0）的环境中生长得最好，从整体来看口腔可提供相对稳定的pH环境，其范围为5.0～8.0，这一相对稳定的pH环境是通过唾液的缓冲系统和由唇、颊、舌所起的机械因素维持的。但在口腔某些微环境中有时可出现pH显著的变化，一般有以下3种影响口腔内pH的因素：①外源性物质，如含糖软饮料和其他不同程度酸碱性的食物，尽管这些物质在口腔中停留时间较短，但它们能影响口腔中的H^+浓度；②细菌发酵，由细菌酵解糖而产生的H^+对牙菌斑有明显影响，当菌斑暴露在可发酵糖中数分钟之后，局部即出现H^+浓度的升高，菌斑pH的急剧降低及持续发生则可引起牙体硬组织的脱矿；③牙菌斑和唾液的缓冲能力，唾液为维持口腔和菌斑中pH稳定的重要因素，这一功能主要由碳酸盐缓冲系统实现，小部分由磷酸盐缓冲系统及其他缓冲体系提供。碳酸盐缓冲系统是唾液中最重要的缓冲系统，其缓冲能力可随唾液腺的活动性增加而增强，尤其当唾液高流速时，其在唾液中的浓度可达60mmol/L，足以中和口腔与菌斑中的酸性产物。在低唾液流速时主要为磷酸盐系统起作用，在非刺激性唾液中其浓度峰值在10mmol/L左右，但在刺激性唾液中，其缓冲能力不大，该系统的功能主要是维持唾液中钙、磷离子的饱和。此外，唾液中所含尿素的浓度与血液相似，菌斑中许多细菌均具有尿素酶活性，可将尿素转化成氨，从而使菌斑的酸度得到中和。

口腔中细菌对营养物质的利用与其所寄居的部位密切相关，如龈上牙菌斑中的细菌和栖息于黏膜表面的细菌，均生活在唾液中，其营养依靠外源性饮食和内源性营养物质来维持。内源性营养物质为唾液蛋白经酶降解后，以糖和氨基酸两种主要形式提供给细菌。龈下菌斑或牙周袋内的细菌"沐浴"在龈沟液内，由于龈沟液是来源于血浆的炎症渗出液，故可认为龈下菌斑或牙周袋内的细菌"沐浴"在血浆之中，因此内源性营养物质可能是其最主要的营养来源。龈沟液内含有某些龈下菌斑细菌如牙龈卟啉单胞菌生长所必需的成分如氯化血红素（hemin）。此外，宿主的牙周组织本身也是龈下菌斑细菌的另一内源性营养来源，细菌的许多酶如胶原酶、透明质酸酶、蛋白酶、脱氧核酸酶等均可降解牙周组织，而其分解产物也可被龈下菌斑中的细菌所利用。

二、可控因素

在口腔微生态调整的过程中，如前所述的各种因素是不以宿主意志为转移的，而口腔微生态的改变又必然影响宿主的口腔健康甚至全身健康。因此人们必须了解对于口腔微生态的宿主可控因素，也就是人类有意识的可控因素，用以维护机体健康，清除对机体的不良影响。最常见的可控因素包括饮食习惯与口腔卫生。

饮食习惯通过饮食，尤其是饮食中的糖对口腔特别是牙菌斑中的生态发生有显著的影响。1889年，巴斯德（Pasteur）发现了由微生物介导使蔗糖转换为乳酸的过程。随后研究者发现口腔中的微生物，可以通过酶的分泌或自身代谢，降解食物中能发酵的碳水化合物而产酸。在发酵过程中形成的酸主要是乳酸、丁酸、醋酸、甲酸、琥珀酸及其他酸。在这一酸性环境下，大量嗜酸的细菌可以获得增殖优势，从而影响到生态群落的变化。

食物类型对于微生态环境也有重要影响。随着人类进化，食物逐渐精细，精细碳水化合物和糖摄入量增加，增加了致龋菌在牙面上停留的机会，从而提高了龋齿的发病率。粗制食物不易附着在牙面，对牙面具有不同程度的清洁作用，因此有一定的清除细菌的能力。糖的种类、生物性状不同，对生态的影响亦不相同，如单糖和双糖易被致龋菌利用产酸，而多糖则不易被细菌所利用；黏度大的食糖较糖溶液致龋力强。进食糖类的频率和方式等均对龋齿发病具有举足轻重的影响。流行病学资料发现，蔗糖消耗量大的国家龋齿发病状况较为严重；反之，蔗糖消耗量小的国家龋齿发病率较低。而动物实验也已证实，为了制作实验动物模型，必须在饲养食物中加入很高比例的蔗糖，如Keyes 2000号致龋食谱中蔗糖含量超过50%。

口腔卫生习惯也可显著影响口腔和牙菌斑生态种群，如用机械的菌斑控制方法如刷牙、使用牙线或冲牙器等方式，将菌斑中多数细菌和菌细胞外基质移去时，不仅细菌的数量下降而且细菌的定植过程和菌斑的成熟均需重新开始。良好的口腔卫生可使菌斑的发育得到适当控制，从而有利于口腔健康的维持。

此外，宿主的唾液冲刷也可以显著改变口腔内的生态种群，正常人的非刺激状态下唾液流速为0.32ml/min，但有很大的个体差异。由于吞咽的频率取决于流入口腔内的唾液量，唾液流速就成为一个极为重要的变量。随着唾液流速的增大，口腔内物质的半存期呈指数性衰减。当唾液流速降低时，口腔内物质的半存期明显延长，细菌及其代谢产生的各种酸性物质在口腔内尤其是牙面的滞留时间也明显延长，从而容易引致龋齿的发生。当牙菌斑暴露于蔗糖时，细菌就会发酵蔗糖而产酸。酸性物质的去向有两个：一是扩散到牙表面，二是扩散出牙菌斑而进入到唾液内。唾液可在牙面上形成异常薄的膜（厚度约为0.1mm以下），并以0.8～8mm/min的速度移动。假如唾液膜在牙菌斑表面移动得很慢，酸性物质就会蓄积在膜内，使牙菌斑与唾液之间的浓度梯度减小，从而使牙菌斑的酸扩散减慢。著名的斯蒂芬（Stephan）曲线充分说明了这一点。一方面，由于唾液清除作用明显，Stephan曲线变浅，即pH较易恢复，因而，磷酸钙被溶解的概率较小。另一方面，颊侧光滑牙表面的龋齿比舌侧更易发生，因为颊侧唾液膜的移动明显慢于舌侧，使蔗糖和酸的清除率减低，Stephan曲线变深，即pH减低并不易恢复。

三、生态因素在口腔疾病发生发展中的作用

从口腔中最常见的疾病，即龋齿、牙周病等的发病因素来说，这些疾病的发生，更可能是在多因素作用下，生态环境改变后而引发的内源性感染性疾病，因此生态菌斑致病学说逐渐被学界所接受。这一学说认为致龋相关的微生物也作为口腔常居菌的一员存在于牙菌斑生物膜内，但在中性环境下，这些微生物并不在菌群中居于优势地位，牙面发生的脱矿与再矿化过程处于平衡状态。但随着食物中糖类在菌斑生物膜中滞留时间的延长，微生物酵解糖产酸，使菌斑pH持续下降从而导致环境的改变，而酸性环境更有利于变异链球菌群、乳酸杆菌等的增殖，这一生态种群的变化更促进了酸性代谢产物的释放，使牙面pH降至临界pH 5.5以下，牙体硬组织脱矿。由于口腔内还存在着唾液缓冲体系，因此酸性环境会被唾液的冲刷所缓冲，Stephan曲线可以逐渐被拉平，以回到中性环境，此时产酸细菌的优势逐渐被削弱，牙面再矿化作用强于脱矿作用，龋齿的进展受到抑制。在这一过程中，其他微生物都有着不同程度的参与，尽管其产酸的能力可能有所差异，但在生态种群的改建中并不存在着特异性的选择，这也解释了并非所有龋齿部位都能检出变异链球菌群或乳酸杆菌的存在。

生态菌斑致龋学说不仅仅强调了致龋相关微生物的作用，更指出了龋齿预防中同样需重视那些可能引起生态改变的其他因素（如食物中摄取的糖与影响到糖滞留的宿主因素）。同时，生态菌斑致龋学说也不再刻意突出某些致龋相关菌的地位，而是强调了功能微生物群的作用，能产酸与耐酸的微生物都可能是致龋菌，从而在龋齿的防治上可能更需要注重生态平衡。

在牙周病的发病环境中，牙周致病相关菌与健康龈沟内的正常菌群无法竞争，仅保持极微量的存在。当大量菌斑持续堆积，并引发宿主的炎症反应时，龈沟液的流速增加（牙龈炎时龈沟液流速可增至正常时流速的140%，而牙周炎时甚至可达到30倍的流速），不仅将宿主免疫成分带入到龈沟内，也带入了大量的宿主蛋白，如转铁蛋白与血红蛋白等。这些物质的进入有助于具有蛋白水解活性的革兰氏阴性厌氧菌的富集，大量的蛋白水解产物导致了局部pH的升高与氧化还原电势的降低。这样一个环境的变化可以上调一

些疾病相关菌毒力因子的表达（如牙龈卟啉单胞菌的蛋白酶活性增加），并进一步提高这些致病相关菌在环境中的竞争能力，从而引发生态种群的迁移，使这些菌逐步在疾病区域成为优势种群，牙周病逐渐发展加重。

（黄正蔚　武庆斌）

参 考 文 献

Dewhirst F E. 2016. The oral microbiome：critical for understanding oral health and disease[J]. J Calif Dent Assoc，44（7）：409-410.

Gomez A，Nelson K E. 2017. The oral microbiome of children：development，disease，and implications beyond oral health[J]. Microb Ecol，73（2）：492-503.

Zhang Y H，Wang X，Li H X，et al. 2018. Human oral microbiota and its modulation for oral health[J]. Biomed Pharmacother，99：883-893.

第七章 消化系统与肠道微生态

第一节 消化系统解剖、组织和生理特征

消化系统的主要功能是食物的摄入、机械运动、机械消化、化学消化、分泌、吸收、排泄等，以满足机体生长发育和生理活动所需营养素。同时，在维持体液的平衡和驱除有害的微生物及其他一些毒性物质等方面亦发挥着重要作用。消化系统还具有重要的内分泌、神经和免疫功能。

一、消化系统概述

消化系统的主要功能是分解摄入的食物，通过消化释放食物的营养，并将这些营养吸收到体内。小肠是食物消化、吸收的主要场所，大部分消化释放的营养物质被吸收到血液或淋巴液中。从食物的摄入、消化、吸收和排泄的整个过程来看，消化系统的每个器官都对这一过程作出了至关重要的贡献（图7-1）。

与全部人体器官系统的情况一样，消化系统不是孤立地在运行，它与身体的其他系统协同运作。例如，消化系统和心血管系统之间的相互关系：动脉为消化器官提供氧气和经过处理的营养物质，而静脉则从消化道引流，这就构成了肝门系统独特的肠静脉，肠静脉不会将血液直接回流到心脏，而是将这些血液运送至肝脏，在肝脏肠静脉所携带的营养物质被卸载和加工处理，然后血液完成回流到心脏的回路。同时，消化系统为心肌和血管组织提供营养，以支持其功能。消化系统和内分泌系统的相互关系也至关重要，内分泌腺体分泌的激素，以及胰腺、胃和小肠的内分泌细胞，有助于控制消化和营养代谢。反过来，消化系统提供营养物质以促进内分泌功能（表7-1）。

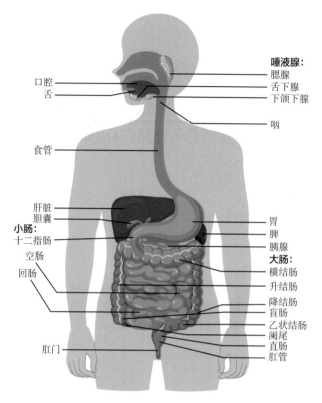

图7-1 消化系统的组成

表7-1 机体其他系统（组织器官）对消化系统的贡献

系统（组织器官）	对消化系统的贡献
心血管系统	血液为消化器官提供氧气和营养物质
内分泌腺	内分泌激素有助于调节消化腺及其附属器官的分泌
皮肤	皮肤有助于保护消化器官，合成维生素D
淋巴管	黏膜相关淋巴组织和其他淋巴组织防御病原体的侵入；乳糜管吸收脂类；淋巴管将血脂输送到血液
肌肉	骨骼肌支持和保护消化器官
神经系统	感觉和运动神经元有助于调节消化道中的分泌物和肌肉收缩
呼吸系统	呼吸器官提供氧气并排出二氧化碳
骨骼系统	骨骼有助于保护和支持消化器官
泌尿系统	肾脏将维生素D转化为活性形式，有助于钙在小肠中吸收

（一）消化系统器官

了解消化系统的最简单方法是将其器官分为两大类。第一类是构成消化道的器官，是食物消化、吸收的主要场所。第二类是辅助消化器官，主要作用是协调食物的分解和营养物质的吸收。

1. 消化道 也称为胃肠道（GI）或肠道，是一个单向管道，在生命状态下，成人消化道大约7.62m（6～8m）长，在无生命状态下，平滑肌失去张力，长度接近10.67m。消化道各器官的主要功能是滋养身体。消化道从口腔开始，止于肛门。在这两点之间，其管道分化为咽、食管、胃、小肠和大肠，以适应身体功能的需求。口腔和肛门都是对外开放的，因此，在学术上可以认为消化道内的食物和食物残渣是体外的。食物中的营养物质只有通过吸收过程才能进入人体的"内部空间"并滋养身体。

2. 辅助消化器官或组织 每个辅助消化器官都有助于食物的分解（图7-1）。从口腔开始，牙齿和舌可以协助机械消化，唾液腺进行初步的化学消化。一旦食物进入小肠，胆囊、肝脏和胰腺就会释放分泌物，如胆汁和消化酶，这对于食物的继续消化至关重要，因此通常将这些器官统称为辅助消化器官。在胚胎时期，辅助消化器官是从肠道（黏膜）的内衬细胞中萌芽，并不断完善和增强其功能。即使发育完成后，它们仍通过导管与肠道保持连接。事实上，没有辅助消化器官的重要贡献，人的生存就会遭遇困难，人体许多重大的疾病都是由辅助器官的功能失调引起的。

（二）肠道组织学

肠道由四个组织层组成，从管腔内侧向管壁外侧移动，其组织层次分别是黏膜层、黏膜下层、肌肉和浆膜层，并与肠系膜连续（图7-2）。

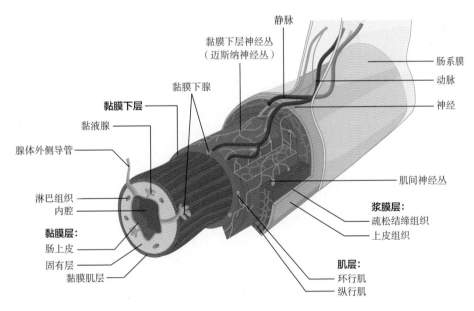

图7-2 肠道组织学结构

1. 黏膜层 黏膜层是由肠上皮、固有层和黏膜肌层组成，肠上皮分泌黏液是其特征。肠上皮与摄入的食物直接接触，固有层是结缔组织层，黏膜肌层是固有层下方一个薄的平滑肌层。

肠上皮的类型是柱状上皮，它与肠腔直接接触，管腔是消化道内的空间。散在分布于上皮细胞中的是杯状细胞，其将黏液和液体分泌到管腔中，还有少量的肠内分泌细胞，将激素分泌到上皮细胞的间质空间。肠上皮细胞的寿命非常短，大约有几天到一周（在肠道中）。这种快速更新的过程有助于保持消化道的健康，以抵御持续接触食物造成的磨损（注：口腔、咽部、食管和肛管的上皮主要是非角质化、分层的鳞状上皮细胞）。

固有层中主要是松散的结缔组织，含丰富的血管和淋巴管，这些血管和淋巴管将通过消化道吸收的营养物质输送到身体的其他部位。固有层还通过容纳淋巴细胞集群构成黏膜相关淋巴组织发挥免疫功能。这些淋巴细胞集群又称为派尔集合淋巴结，在回肠远端的作用尤其重要，当消化道遭遇食源性细菌和其他外来物质暴露时，此处的免疫组织可以进化出防御所遇到病原体或外来抗原的手段。

黏膜肌层是一层薄的，处于持续紧张状态的平滑肌，将肠道黏膜拉入起伏的褶皱中，这些褶皱大大增加了可用于消化和吸收的表面积。

2. 黏膜下层　黏膜下层位于黏膜下方，是一层厚实的致密结缔组织，将其上覆的黏膜连接到下面的肌层，其中还包括血管和淋巴管（运输吸收的营养物质）及释放消化分泌物的黏膜下腺。

3. 肌层　小肠的肌层由双层平滑肌组成：内环层和外纵层。肌层的收缩促进机械消化，使更多的食物接触到消化液和消化酶，并沿着管道运送食物。在消化道的最近端和远端区域，包括口、咽、食管前部和肛门外括约肌，肌层由骨骼肌组成，可自主控制吞咽和排便。胃通过添加第三层斜肌来具备搅拌功能。结肠的纵向层被分隔成三条狭窄的平行带，即大肠腱膜，这使结肠看起来像一系列小袋子（结肠袋）而不是简单的管道。

4. 浆膜层　是包绕肌层表面的消化道部分，仅存在于腹腔内的消化道区域，由一层脏腹膜覆盖一层疏松结缔组织组成。口腔、咽部和食管没有浆膜层，而是具有称为外延膜的致密胶原纤维鞘。这些组织的作用是将消化道固定在靠近脊柱腹侧表面的位置。

（三）神经支配

摄入的食物进入口腔，就会被脑神经感觉神经元末梢的受体检测到，而后大脑依据食物的味道、质地、性状等，对口腔发出一系列指令，开始了咀嚼动作，没有这些感觉神经，不仅感受不到食物的味道，而且无法感觉到食物形状、质地，无法感受口腔的结构，结果是在咀嚼时无可避免地咬到舌头或其他部位。这个过程是由脑神经的运动分支实现的。

大部分消化道的内在神经支配由肠神经系统（ENS）提供，ENS从食管延伸到肛门，大约有1亿个运动、感觉和中间神经元（与周围神经系统所有其他部分相比，该系统是独特的系统）。这些肠神经元分为两个丛：肌间神经丛（Auerbach神经丛），位于消化道的肌层，主要作用是肌层收缩、节奏和收缩力；黏膜下神经丛（Meissner神经丛），位于黏膜下层，负责调节消化分泌物并对存在的食物作出反应（图7-2）。

支配消化道的外在神经是由自主神经系统提供，包括交感神经和副交感神经。一般来说，交感神经激活或兴奋（如准备战斗或逃跑的反应），肠道神经元的活动被抑制，胃肠道分泌减少和蠕动能力降低。相反，副交感神经激活或兴奋（如静息和进食后消化过程），是通过刺激肠神经系统的神经元来增加胃肠道分泌和运动。

（四）血液供应

用于消化系统的血管供血有两种功能：第一个功能是食物在管腔中消化后，运送黏膜细胞吸收的蛋白质和碳水化合物等营养物质；第二个功能是为消化道器官提供驱动其细胞过程所需的营养和氧气。

具体来说，消化道较前部的血液由主动脉弓和胸主动脉分支的动脉提供，其他部位由腹主动脉分支的动脉供血。腹腔动脉干供应肝、胃和十二指肠，而肠系膜上动脉和下动脉为其余的小肠和大肠供血。

从小肠（营养吸收最多的部位）收集营养丰富的静脉血进入静脉网络状肝门系统至肝脏，在肝脏中营养物质被加工处理或储存备用。只有经过肝脏处理，从消化道内脏流出的血液才会循环回到心脏。当"静息和消化"时，每次心搏泵出的血液中，约有1/4流入肠道供血。

（五）腹膜

腹腔内的消化器官由腹膜固定在适当的位置，腹膜是一个宽阔的浆液膜囊，由鳞状上皮组织和结缔组织组成。它由两个不同的区域组成：位于腹壁的壁腹膜和包裹腹部器官的脏腹膜（图7-3）。腹膜腔是由脏腹膜和壁腹膜表面所界定的空间有水状液体充当润滑剂，可减少腹膜浆膜表面之间的摩擦。

脏腹膜包括多个大的褶皱，包裹着各种腹部器官，将它们固定在体壁的背面。在这些褶皱中是血管、淋巴管和支配所接触器官的神经，为相邻的器官提供能量。五种主要的腹膜褶皱见表7-2。需要注意的是，在胎儿发育过程中，某些消化器官的结构，包括十二指肠、胰腺和部分大肠（升结肠、降结肠及直肠）完全或部分保留在腹膜后方。因此，把这些器官的位置称为腹膜后。

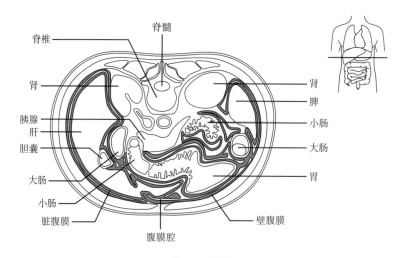

图 7-3 腹膜

腹部横截面显示腹部器官和腹膜之间的关系

表7-2 腹膜五大褶皱

褶皱	描述
大网膜	围裙状结构，位于小肠和横结肠的浅表；超重人群中脂肪沉积的部位
镰状韧带	将肝脏固定在前腹壁和膈肌的下缘
小网膜	由肝门移行于胃小弯和十二指肠上部的双层腹膜结构，是连接肝脏结构的一个通道
肠系膜	腰椎前方的垂直组织带，固定除十二指肠以外所有的小肠
结肠系膜	将大肠的两部分（横结肠和乙状结肠）连接到后腹壁

二、口腔、咽部和食管

（一）口腔

见第六章"口腔与口腔微生态"。

（二）咽部

咽部（喉咙）是消化和呼吸的共同通道。咽部从口腔接收食物和空气，从鼻腔接收空气。当食物进入咽部时，不自主的肌肉收缩会关闭空气通道。咽部从口腔后部和鼻腔后部延伸到食管和喉部的开口处，可细分为鼻咽、口咽和喉咽三部。鼻咽部与呼吸和言语有关。口咽和喉咽，是用于呼吸和消化的通道。口咽始于鼻咽下方，下方与喉咽相连。喉咽的下缘与食管相连，前部与喉相连，允许空气流入支气管树。

吞咽过程中，软腭和悬雍垂反射性抬升关闭鼻咽的入口。同时，喉部向上拉动，会厌软骨向下折叠，覆盖声门（喉部的开口）。这个过程可以有效地阻止食物进入气管和支气管。当食物"走错路",误入气管时,气管的反应是咳嗽,这会迫使食物被向上的气流冲出,然后回到咽部。

（三）食管

食管是连接咽部和胃部的肌肉管道。食管长约25.4cm,位于气管的后部,在没有吞咽动作时保持塌陷状态。如图7-4所示,食管通过胸部纵隔是直线路径。进入腹部前,食管通过称为食管裂孔的开口穿过横膈膜。根据食管所在的部位将其分为颈段、胸段和腹段三部分:①自食管起始端至胸骨颈静脉切迹平面的部分为颈段,长约5cm,借疏松结缔组织附着于气管后壁上;②胸段位于胸骨颈静脉切迹与膈的食管裂孔之间,是三段中最长的一段,为18～20cm;③腹段最短,仅1～2cm,过食管裂孔迅速止于胃的贲门。

食物通过食管过程:食管上括约肌与咽下收缩肌相连,控制食物从咽部进入食管的运动。食物团一旦进入食管,食管上部便开始有节奏的蠕动波将食物团推向胃部。同时,食管黏膜

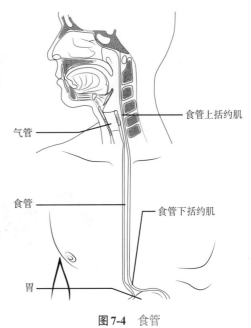

图7-4　食管

食管上括约肌控制食物从咽部到食管的运动。食管下括约肌控制食物从食管到胃的运动

分泌物润滑食管和食物团。食物团通过食管下括约肌从食管进入胃内。食管下括约肌放松让食物团进入胃内,然后收缩以防止胃酸反流至食管。围绕食管下括约肌的是肌肉横膈膜,当不在进食状态时,横膈膜有助于关闭括约肌。当食管下括约肌没有完全闭合时,胃内容物会反流至食管,引起胃灼热或胃食管反流病(GERD)。

三、胃

胃是消化管的膨大部分,胃将食管连接到小肠(十二指肠)的第一部分。空腹时,胃的容量只有拳头大小,进食后胃伸展膨大可容纳多达4L的食物和液体,是空腹容积的75倍以上。胃的主要功能是分泌胃液和内分泌素,收纳、储存、搅拌及进行食物的初步消化。

（一）胃的结构

胃可分为四个区域:贲门、胃底、胃体和幽门(图7-5)。贲门是食管与胃的连接处,

食物通过贲门进入胃。胃底位于横膈膜下方，贲门左侧上方呈圆顶状。胃底以下是胃体，是胃的主要部分。漏斗状幽门将胃连接到十二指肠。漏斗的较宽一端即幽门窦，与胃体相连，较窄的一端称为幽门管，与十二指肠相连。平滑肌幽门括约肌位于后一个连接点并控制胃排空。在没有食物的情况下，胃会向内收缩，其黏膜和黏膜下层下陷形成一个大的褶皱，称为胃黏膜皱褶。

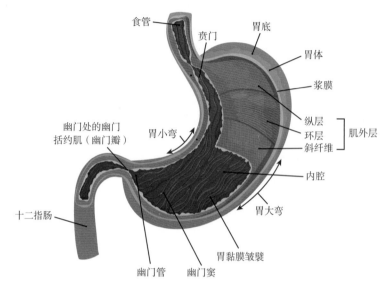

图 7-5 胃的结构

胃有四个主要区域：贲门、胃底、胃体和幽门。增加内斜平滑肌层加强搅拌和混合食物的能力

（二）胃的组织学

胃壁组织学由与肠管组织学大致相同的四层组成：黏膜层、黏膜下层、肌层和浆膜层。但胃的独特功能特征要求黏膜层和肌层作出适应性调整，在除了典型的圆形和纵向平滑肌层外，肌肉组织还具有内斜平滑肌层（图7-6）。其作用除了将食物挤压通过管道外，还能用力磨合和搅拌食物，机械地将食物分解成更小的颗粒。

胃黏膜上皮内壁由黏液细胞组成，其分泌一层碱性黏液形成保护层。大量胃小凹点缀在上皮表面，是每个胃腺入口的标记。

胃腺由不同类型的细胞组成。贲门和幽门的腺体主要由分泌黏液的细胞组成，幽门窦的细胞分泌黏液和激素（包括大部分食物相关刺激激素、胃泌素）。胃底和胃体的大腺体由各种各样的分泌细胞组成，可产生大量胃液。大腺体细胞包括壁细胞、主细胞、颈部黏液细胞和肠内分泌细胞。

壁细胞：主要位于胃腺的中间区域，是人体上皮细胞中分化程度最高的细胞之一，细胞体积相对较大，主要分泌盐酸（HCl）和内因子。HCl与胃液高酸度（pH 1.5～3.5）密切相关，也是激活胃蛋白酶所必需的。高酸度可杀灭摄入食物中大部分的细菌，有助于蛋白质变性，使蛋白质更容易被蛋白酶消化。内因子是小肠吸收维生素B所必需的糖蛋白。

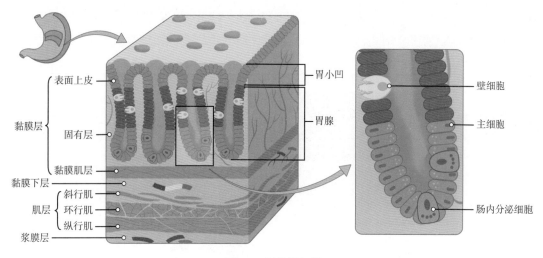

图7-6　胃的组织学

主细胞：主要位于胃腺基底区域，分泌胃蛋白酶原，胃蛋白酶原是胃蛋白酶无酶活性的一种形式。HCl是胃蛋白酶原被激活、转化为胃蛋白酶所必需的。

黏液颈部细胞：胃上部的胃腺含有黏液颈部细胞，这些细胞分泌薄的酸性黏液，与表面上皮的杯状细胞分泌的黏液有很大不同。这种黏液的作用目前尚不清楚。

肠内分泌细胞：在胃腺中的肠内分泌细胞将各种激素分泌到固有层的间质液中，其中包括主要由肠内分泌G细胞释放的胃泌素（表7-3）。

表7-3　胃分泌的激素及其作用

激素	产生部位	刺激物质	靶器官	作用
胃泌素	幽门窦G细胞	胃内肽和氨基酸	胃	增加胃腺分泌；促进胃排空
胃泌素	幽门窦G细胞	胃内肽和氨基酸	小肠	促进肠道肌肉收缩
胃泌素	幽门窦G细胞	胃内肽和氨基酸	回盲瓣	瓣松弛
胃泌素	幽门窦G细胞	胃内肽和氨基酸	大肠	触发大规模运动
胃饥饿素	胃底	禁食状态（餐前增加）	下丘脑	通过刺激饥饿或饱腹感调节食物摄入量
组胺	胃黏膜	胃中存在食物	胃	刺激壁细胞释放HCl
血清素	胃黏膜	胃中存在食物	胃	胃部肌肉收缩
生长抑素	幽门窦、十二指肠	胃中存在食物；刺激交感神经轴突	胃	限制所有胃液分泌、胃动力和排空
生长抑素	幽门窦、十二指肠	胃中存在食物；刺激交感神经轴突	胰腺	限制胰腺分泌
生长抑素	幽门窦、十二指肠	胃中存在食物；刺激交感神经轴突	小肠	通过减少血流量来减少肠道吸收

（三）胃分泌

胃液的分泌受神经和激素的控制。大脑、胃和小肠中的刺激会激活或抑制胃液的产生。这就可以解释为什么胃分泌的三个阶段被称为头期、胃期和肠期（图7-7）。一旦胃液开始分泌，三个阶段会同时发生。

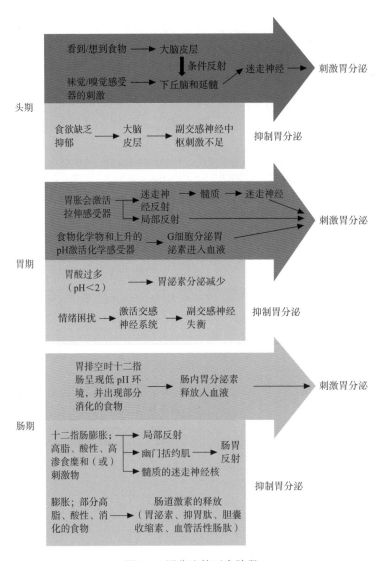

图7-7 胃分泌的三个阶段

1. 头期 胃的分泌（反射期）时间相对短暂，发生在食物进入胃之前。食物的气味、味道、视觉（感官）或想法会触发这个阶段。例如，将一款美食放在嘴边时，味蕾或鼻中的感受器即刻发出冲动迅速传递到大脑，大脑作出回应的信号是增加胃液分泌，让胃为消化做好准备。另一个例子，是中国古典文学名著《三国演义》中的"望梅止渴"典故，言语提及杨梅，口腔中即有液体产生。这种增强分泌属于条件反射，前提是喜爱或想要特定的食物时才会发生。如果情绪抑郁和食欲缺乏通常会抑制头期反射。

2. 胃期 分泌通常持续3～4小时，由食物进入胃部触发的局部神经和激素机制启动。例如，当美食到达胃部时，胃逐渐膨胀，拉伸感受器被激活，接着刺激副交感神经元释放乙酰胆碱，然后引起胃液分泌增加。部分消化的蛋白质、咖啡因和pH的升高，刺激内分泌G细胞释放胃泌素，又进一步诱导壁细胞增加HCl的产生。这个过程是为胃蛋白酶原转化为胃蛋白酶和蛋白质消化创造酸性环境所必需的。然而，应该注意的是，胃确实有一种自然的方式来避免过度酸分泌和潜在的胃灼热。每当pH下降得太低时，胃中的腺体细胞会作出暂停HCl分泌和增加黏液分泌的反应。

3. 肠期 有胃分泌的二重特点：既有兴奋因素又有抑制因素。十二指肠在调节胃及其排空方面起主要作用。当部分消化的食物充满十二指肠时，肠黏膜细胞释放肠内胃泌素，进一步促进胃液分泌。然而，这种刺激活动很短暂，当肠内食糜膨胀到一定程度时，肠胃反射则抑制分泌。这种反射的作用之一是关闭幽门括约肌，从而阻止过多的食糜进入十二指肠。

（四）黏膜屏障

胃黏膜暴露在具有强腐蚀性的胃酸中，胃蛋白质酶也能消化胃本身。因此，胃有黏膜屏障的保护才不受自身消化的影响。黏膜屏障有以下几个组成部分：胃壁被一层厚厚的富含碳酸氢盐黏液覆盖，碳酸氢盐离子可中和酸，形成物理屏障；胃黏膜的上皮细胞紧密连接，可阻止胃液穿透下层组织；当上皮细胞脱落时，位于胃腺与胃小凹连接处的干细胞迅速取代受损的上皮黏膜细胞。事实上，胃的上皮细胞每3～6天就会完全更新一次。

（五）胃的消化功能

胃参与了所有食物的消化活动，营养物质的吸收发生在小肠，但某些食物或药物，如酒精和阿司匹林可在胃内部分吸收。

1. 机械消化 在食物进入胃部的几分钟，混合波开始以20s的间隔出现。混合波是一种独特的胃蠕动类型，可以将食物与胃液混合并软化形成食糜。起始的混合波相对温和，随后便是强烈的蠕动。混合波始于胃体，到达幽门时力量增强。

幽门可容纳约30ml的食糜，起到过滤器的作用，只允许液体和小食物颗粒（大部分，但不是全部）通过闭合的幽门括约肌。在胃排空过程中，有节律的混合波每次迫使约3ml食糜通过幽门括约肌进入十二指肠。如果一次释放过多的食糜会超出小肠处理的能力。其余的食糜再被推回胃体，在那里继续混合。等下一个混合波迫使一定量的食糜进入十二指肠，而后不断反复重复这个过程。

胃排空由胃和十二指肠共同调节。十二指肠中存在的食糜可激活抑制胃液分泌的受体，以防止额外食糜在十二指肠未准备好处理之前被胃释放出来。

2. 化学消化　胃体首先要将未消化的食物储存一定时间，唾液淀粉酶的消化活动继续，并逐步与食糜混合，很快食物开始与酸性食糜混合，酸使唾液淀粉酶失活并激活舌脂肪酶。舌脂肪酶开始将甘油三酯分解成游离脂肪酸、甘油单酯和甘油二酯。

蛋白质在胃中的分解是通过HCl和胃蛋白酶激活开始。胃的另一个重要的功能是合成内因子。维生素B_{12}的肠道吸收是生成成熟红细胞和维持正常神经功能所必需的，如果没有内因子，则维生素B_{12}在肠道无法吸收。

胃内食物在进餐后2～4小时完全排空到十二指肠中。不同类型的食物胃排空的时间不同。富含碳水化合物的食物排空得最快，其次是高蛋白食物。甘油三酯含量高的膳食在胃内停留的时间最长，这是由于小肠内的酶消化脂肪的速度很慢，此类食物可在胃内停留6小时或更长时间。

四、小　　肠

食糜从胃释放进入小肠，小肠是人体的主要消化和吸收器官。作为消化道最长的部分，成年人的小肠长度是大肠的5倍。小肠的相对直径较小，约为2.54cm，而大肠的直径约为7.62cm。小肠内壁的褶皱和凸起赋予小肠巨大的表面积，大约为200m^2，超过皮肤表面积的100倍。这样大的表面积对于食糜在小肠中进行复杂消化和吸收是必要的。

（一）小肠的结构

盘绕的小肠管可细分为三个区域，从近端（胃部）到远端，分别是十二指肠、空肠和回肠（图7-8）。

十二指肠是小肠最短的部分，长度约为25.4cm，是从幽门括约肌开始，经过幽门括约肌，在腹膜后向后弯曲，然后围绕胰头形成一个C形曲线，再次向前上升，回到腹膜腔并与空肠汇合。十二指肠又可细分为四个部分：球部（上部）、降部、水平部和升部。

肝胰腺壶腹（Vater壶腹）位于十二指肠壁，标志着消化道从前部到中部的过渡，是胆管（胆汁通道）和主胰管（胰液通道）汇合处。Vater壶腹在十二指肠乳头——微小火山样结构处通向十二指肠。肝胰腺括约肌（Oddi括约肌）调节胆汁和胰液从壶腹流入十二指肠的流量。

空肠是从十二指肠延伸到回肠，长约0.9m。

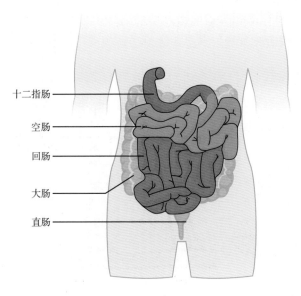

图7-8　小肠

小肠的三个区域分别是十二指肠、空肠和回肠

回肠是小肠中最长的部分，长度约为1.8m，管壁比空肠管厚，血管更多，黏膜褶皱更发达。回肠在回盲括约肌（或瓣膜）处与大肠的第一部分盲肠相连。空肠和回肠由肠系膜固定在后腹壁上。

来自迷走神经的副交感神经纤维和来自胸内脏神经的交感神经纤维为小肠提供外在神经支配。肠系膜上动脉为小肠供血。静脉与动脉平行，并引流至肠系膜上静脉，然后，富含小肠营养的血液通过肝门静脉输送到肝脏。

（二）小肠组织学

小肠壁是由消化系统典型的四层组织结构组成。小肠黏膜层和黏膜下层具有3个独特特征：圆形褶皱、绒毛和微绒毛（图7-9）。这些特征在小肠的近端2/3最丰富，赋予小肠的吸收表面积增加600倍以上，也是大部分吸收发生的部位。

1. 圆形褶皱　圆形褶皱也称为环形褶皱，是黏膜和黏膜下层的一个深嵴状突起，从十二指肠近端附近开始，到回肠中间附近结束。这些褶皱能够促进吸收。褶皱的形状使食糜在小肠中盘旋通过，而不是直线移动。螺旋运动减缓了食糜的向前推进，并提供营养物质充分吸收所需的时间。

2. 绒毛　绒毛是在圆形褶皱内一种细小毛发状带血管的突起（长0.5～1mm），使黏膜整体具有毛茸茸的质地。每平方毫米有20～40个绒毛，极大地增加了上皮的表面积，覆盖绒毛的黏膜上皮主要由吸收性细胞组成。除了支持绒毛结构的肌肉和结缔组织外，每个绒毛还包含一组由一个小动脉和一个小静脉组成的毛细血管床以及一个称为乳糜管的毛细淋巴管。碳水化合物和蛋白质的分解产物（单糖和氨基酸）可以直接进入血液，脂质分解产物被乳糜管吸收并通过淋巴系统输送到血液中。

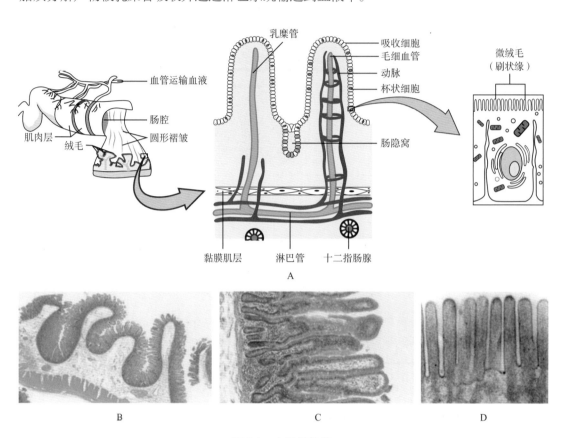

图7-9 小肠组织学

A. 小肠的吸收表面由于存在圆形褶皱、绒毛和微绒毛而大大扩大；B. 圆形褶皱的显微图片；C. 绒毛的显微图片；D. 微绒毛的电子显微镜图片

3. 微绒毛 顾名思义，微绒毛指比绒毛小得多（1μm）的组织，是黏膜上皮细胞质膜的圆柱形顶端表面延伸，并由这些细胞内的微丝支撑。肉眼无法看到每个微绒毛，在显微镜下可见外观表面有一排刷毛样突起，称为刷状缘。固定在微绒毛膜表面的是消化碳水化合物和蛋白质的酶。每平方毫米小肠估计有2亿个微绒毛，大大扩大了质膜的表面积，从而显著增强了吸收能力。

4. 肠腺 除上述讨论的三个特殊吸收特征外，绒毛之间的黏膜布满了深的裂缝，每个裂缝都通向管状肠腺（Lieberkühn的隐窝），该腺体由排列在缝隙中的细胞形成。在小肠膨胀或食糜对肠黏膜的刺激作用下，肠腺分泌产生肠液，这是一种微碱性（pH 7.4～7.8）、水和黏液的混合物，每天可分泌0.95～1.9L。

十二指肠黏膜下层的十二指肠腺（Brunner腺）是分泌复杂黏液的唯一部位，可产生富含碳酸氢盐的碱性黏液，以缓冲从胃进入的酸性食糜。

小肠黏膜细胞的作用详见表7-4。

表7-4　小肠黏膜细胞

细胞类型	在黏膜的部位	功能
吸收细胞	上皮/肠腺	食糜中营养物质的消化和吸收
杯状细胞	上皮/肠腺	分泌黏液
帕内特细胞	肠腺	分泌溶菌酶，吞噬作用
G细胞	十二指肠肠腺	肠胃泌素的分泌
I细胞	十二指肠肠腺	分泌促胆囊收缩素，刺激胰液和胆汁的释放
K细胞	肠腺	分泌葡萄糖依赖性促胰岛素肽，刺激胰岛素的释放
M细胞	十二指肠和空肠的肠腺	分泌胃动素，加速胃排空，刺激肠道蠕动，并刺激产生胃蛋白酶
S细胞	肠腺	分泌促胰液素

（三）肠道相关淋巴组织

见本章第三节 肠道黏膜免疫系统与肠道微生态。

（四）小肠的机械消化

肠道平滑肌的运动包括分节运动和称为迁移运动复合体（MMC）的蠕动，有别于胃的混合波蠕动。

小肠进行分节运动时，就好似肠内容物被来回推挤，这是由于平滑环肌反复有节奏地收缩和松弛。小肠分节运动不会迫使食糜通过肠道，相反，它将食糜与消化液充分混合，把食糜中细小颗粒推向黏膜被吸收。十二指肠是发生最快速分节运动的部位，大约为每分钟12次。在回肠，分节运动每分钟只有大约8次（图7-10）。

当大部分食糜被吸收时，小肠壁膨胀减轻。此时，局部分节运动过程被输送运动所取代。十二指肠黏膜分泌促胃动素，以MMC的形式启动蠕动。MMC始于十二指肠，迫使食糜通过一小段小肠，然后停止。下一次收缩开始时比第一次收缩稍远一点，迫使食糜穿过小

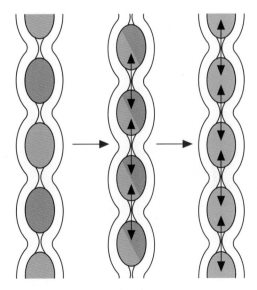

图7-10　分节运动

分节运动分离食糜，再把食糜推回、混合，如此反复进行，为消化和吸收赢得时间

肠更远一点，然后停止。如此反复，MMC沿着小肠缓慢移动，迫使食糜沿途移动，需要90～120分钟最终到达回肠末端。此刻，从十二指肠开始重复该过程。

回盲瓣是一种括约肌，通常处于收缩状态，但当回肠的运动增加时，括约肌松弛，允许食物残渣进入大肠第一部分，即盲肠。回盲括约肌的松弛由神经和激素共同控制。首先，胃部的消化活动引起胃-回肠反射，使得回肠分节运动的力量增强。其次，胃释放胃泌素，增强回肠运动，回盲括约肌松弛，容许食糜通过，然后反向压力有助于括约肌关闭，防止食物残渣反流到回肠。正是由于胃-回肠反射的存在，当一个人吃晚餐时，他的午餐已经从胃和小肠里完全清空。因此，所有的食糜需要3～5个小时才能离开小肠。

（五）小肠中的化学消化

部分蛋白质和碳水化合物的消化发生在胃，完全消化需要在小肠内肠液和胰液的协助下完成。脂肪到达肠道时基本上没有被消化，因此这里的重点是脂肪消化，胆汁和胰腺脂肪酶能够促进脂肪消化。

此外，小肠液与胰液混合，提供促进吸收的液体介质。小肠肠道也是通过渗透作用吸收大部分水分的部位。小肠吸收细胞也合成消化酶，然后将其置于微绒毛的质膜上（刷状缘），这就是小肠和胃的区别，也就是说，酶消化不仅发生在腔内，也发生在黏膜细胞的管腔表面。

为了达到最佳的化学消化，食糜必须缓慢且少量地从胃中排出。这是由于胃中的食糜通常是高渗的，如果大量的食糜被一次性强制挤入小肠，由此产生的渗透性水分则会从血液中流失到肠腔，导致潜在危及生命的低血容量。此外，持续消化需要向上调整胃食糜的低pH，以及食糜与胆汁和胰液的严格混合。这两个过程都需要时间，因此，幽门的泵送需在完好的协调和控制下完成，以防止十二指肠被食糜淹没。

五、大　肠

大肠是消化道的末端部分。该器官的主要功能是完成营养物质和水的吸收，合成某些维生素，形成粪便，并从体内排出粪便。

（一）大肠的结构

大肠是从阑尾到肛门，形状呈"门"字形，有三面环绕着小肠。大肠长度约是小肠的1/2，但是大肠的直径是小肠的两倍多，长约7.62cm。大肠分为三个区域：盲肠（包括阑尾）、结肠、直肠（包括肛管）。回盲瓣位于回肠和大肠之间的开口处，控制从小肠到大肠的食糜流动。

1. 盲肠　盲肠是大肠的第一部分，是悬浮在回盲瓣下方的囊状结构，长约6cm，接收来自回肠的内容物，并继续吸收水和盐分。阑尾（蚯蚓状）是连于盲肠上的盲端细管，长约7.6cm，富含淋巴组织（表明具有免疫功能）。既往认为阑尾是退化器官，然而，最近研究认为，阑尾赋予了生存的优势：在腹泻病过程中，阑尾可以作为肠道细菌储存库，存储那些在疾病初期存活于肠道的细菌以利于重新繁殖。此外，阑尾扭曲的解剖结构为肠道细菌的积累和繁殖提供了避风港。需要注意的是，阑尾肠系膜，将阑尾与回肠的肠系膜相连。

2. 结肠　结肠是盲肠延续的结构。食物残渣进入结肠后，首先沿着腹部右侧的升结肠向上移动，在肝脏的下表面，结肠弯曲形成右结肠曲（肝曲）成为横结肠，被定义为后肠区域的是从横结肠的后1/3开始，并继续向前延伸，食物残渣通过横结肠，穿过腹部左侧，在左侧结肠弯曲处（脾曲）结肠在脾脏下方急剧向下倾斜，从这里，食物残渣通过降结肠，降结肠沿着后腹壁的左侧顺势流下，向下进入骨盆，达到呈"S"形状的乙状结肠，其内侧延伸至中线（图7-11）。升结肠、降结肠以及直肠位于腹膜后，横结肠和乙状结肠通过结肠系膜与后腹壁相连。

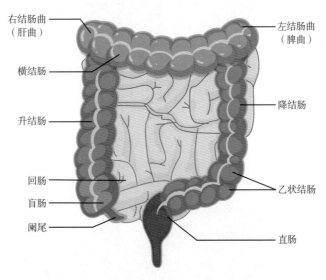

图7-11　大肠的结构
大肠包括盲肠、结肠和直肠

3. 直肠　食物残渣从乙状结肠进入骨盆的直肠，靠近第三骶椎处，是消化管道最后部分，长约20.3cm。直肠延伸至骶骨和尾骨的前部。直肠在拉丁语中是"直的"的意思，但这种结构遵循骶骨的弯曲轮廓，有三个横向侧弯，形成三个称为直肠瓣膜的内部横向褶皱，称为直肠瓣，直肠瓣有助于将粪便与气体分离，以防止粪便和气体同时通过排出。

4. 肛管　最后，食物残渣到达大肠终末部分，即位于会阴的肛管，肛管完全位于腹盆腔之外，在肛门处向身体外部开放，其长度为3.8~5cm。肛管包括两个括约肌。肛门内括约肌由平滑肌组成，其收缩是不自主的。肛门外括约肌由骨骼肌组成，受自主神经控制。除排便时刻外，两者通常保持关闭状态。

（二）大肠组织学

大肠和小肠壁之间的组织学存在显著差异（图7-12）。例如，大肠壁的上皮细胞几乎没有酶分泌细胞，管壁无圆形褶皱或绒毛。除肛管外，结肠黏膜细胞是简单的柱状上皮细胞，主要由肠细胞（吸收细胞）和杯状细胞组成。此外，大肠壁肠腺较多，肠腺含大量的肠细胞和杯状细胞。杯状细胞分泌黏液，润滑或减缓粪便的运动，保护肠道免受肠道菌群产生的小分子有机酸和气体的影响。肠细胞的主要功能是吸收水和无机盐以及肠道菌群产生的维生素。

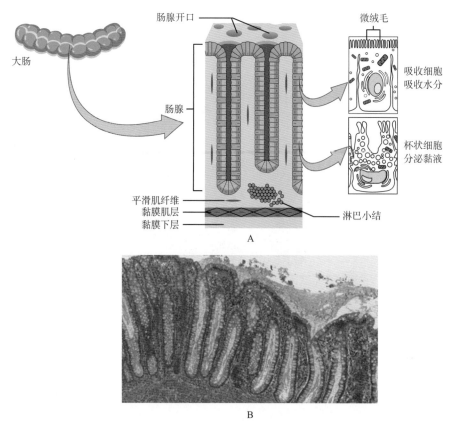

图7-12　大肠组织学

A. 大肠的组织学；B. 显微镜下，结肠简单柱状上皮细胞

（三）肠道菌群

大多数进入消化道的细菌被溶菌酶、防御素、HCl或蛋白质消化酶杀灭。然而，仍有数以万亿计的细菌生活在大肠内，被称为肠道微生态菌群（详见本章第二节）。

（四）大肠的消化功能

传统的观点认为，进入大肠的食糜残渣中除了水分外几乎没有其他营养物质，残渣在大肠中徘徊滞留长达12～24小时，水分被重新吸收。所以，完全切除大肠不会显著影响消化功能，例如，炎症性肠病的严重并发症病例，完全切除大肠后基本的消化功能仍然保留，生命得到延续。但是，肠道微生态"超级器官"功能缺失，对身体健康的影响巨大。

1. 机械消化 一旦食糜从回肠移动到盲肠，机械消化即开始了，这是由回盲部括约肌调节的活动。人在进食后，回肠蠕动会迫使食糜进入盲肠，一定量的食糜使盲肠膨胀，回盲部括约肌的收缩即加强，阻止更多的食糜进入盲肠。食糜进入盲肠，结肠运动就开始了。

大肠中的机械消化包括3种运动的组合。食物残渣在结肠对缓慢移动的肠袋收缩刺激，此类型属于缓慢的分节运动，主要发生在横结肠和降结肠。当某一个肠袋被食糜充填满，则肌肉收缩，将食物残渣推入下一个肠袋。肠袋肌肉收缩大约每30分钟发生一次，每次持续约1分钟。此种运动不但有利于食物残渣混合（充当很完美的发酵罐），还有助于大肠的水分吸收。第二种运动是蠕动，大肠的蠕动速度比近端消化道的蠕动速度慢。第三种是集团运动，强烈的集团运动波从横结肠的中间开始，并迅速将内容物推向直肠。大规模的集团运动通常每天发生3～4次，要么在吃饭的时候，要么在饭后立即发生。胃的膨胀和小肠消化的分解产物引发胃-结肠反射，从而增加结肠的运动，包括集团运动。膳食中的纤维既能软化粪便，又能增强结肠的收缩能力，优化结肠的活动。

2. 化学消化 大肠的腺体仅分泌黏液，不分泌消化酶。因此，大肠的化学消化过程几乎是由结肠腔中的细菌发酵代谢完成的。通过糖化发酵，细菌分解剩余的碳水化合物，发酵过程产生氢气、二氧化碳和甲烷气体，可导腹胀或胃肠胀气。每天结肠中产生高达1500ml的气体。摄入豆类食物和难以消化的糖类或复杂碳水化合物在结肠中产气较多。

（五）吸收、粪便形成和排便

摄入消化道的水分约90%在小肠吸收，剩余的大部分水分在大肠吸收，大肠的这一

过程将液态食糜残渣转化为半固体的粪便。粪便是由未消化的食物残渣、未吸收的消化物质、数百万亿计的细菌、来自胃肠道黏膜衰老的上皮细胞、无机盐和适量的水分组成，以便于将粪便顺利排出体外。据统计，成人每天1500～2000ml的食物残渣进入盲肠，有150～200ml成为粪便被排出。

粪便通过直肠肌肉的收缩被排出。主要是通过一个称为瓦尔萨尔瓦（Valsalva）动作的自主程序来协助这个过程。进行瓦尔萨尔瓦动作时，声门关闭，用力收缩膈肌和腹壁肌肉以增加腹内压，促使粪便排出。

排便过程始于大量运动迫使粪便从结肠进入直肠，直肠壁受到拉伸引发排便反射，而后粪便从直肠排出。排便反射是由脊髓介导、副交感神经反射完成的。反射的指令是乙状结肠和直肠收缩，肛门内括约肌放松，肛门外括约肌最初是收缩，肛管中存在的粪便会向大脑发送一个信号，实现对肛门外括约肌（排便）的控制，选择是自愿打开还是暂时关闭。如果决定延迟排便，几秒钟后直肠反射性收缩停止，直肠壁松弛。下一次大量运动将触发额外的排便反射，直至粪便排出。

如果排便时间延迟过长，则肠道会吸收更多的水分，使粪便变硬，可能导致便秘。然而，如果食糜残渣在肠道中移动过快，水分吸收减少，从而导致腹泻，摄入食源性病原体是引发原因之一。一般来说，饮食、健康和压力决定了排便的频率。排便次数因人而异，从每天2～3次到每周3～4次不等。

六、辅助器官：肝脏、胰腺和胆囊

小肠的化学消化依赖于肝脏、胰腺和胆囊（图7-13）。肝脏的消化作用是产生胆汁并将其输出到十二指肠。胆囊主要储存、浓缩和释放胆汁。胰腺合成和分泌含有消化酶和碳酸氢根离子的胰液，并将其输送到十二指肠。

（一）肝脏

肝脏是人体最大的腺体，成人肝脏重量约为1.5kg。肝脏也是人体最重要的器官之一。除了作为辅助消化器官外，还在新陈代谢中起着多种作用。肝脏位于腹腔右上腹的膈肌下方，并受到周围肋骨的保护。

肝脏主要分为两个叶：一个大的右叶和一个小得多的左叶。肝脏通过称为韧带的五个腹膜皱襞与腹壁和横膈膜相连。它们分别是镰状韧带、冠状韧带、两条外侧韧带和肝圆韧带。镰状韧带和肝圆韧带实际上是脐静脉的残余，将左右两叶向前分开。小网膜将肝脏拴在胃的小弯上。

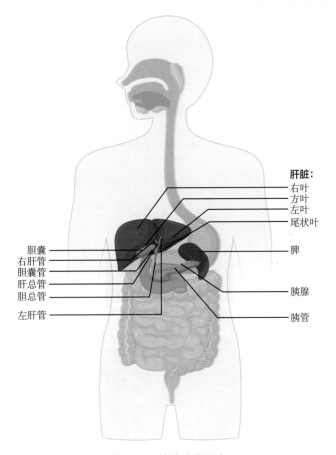

肝脏:
右叶
方叶
左叶
尾状叶
脾
胰腺
胰管
胆囊
右肝管
胆囊管
肝总管
胆总管
左肝管

图7-13 辅助消化器官

肝门是肝动脉和肝门静脉进入肝脏的部位。这两根血管与总肝管一起，在到达肝门前是经小网膜的外侧边界后面运行。肝动脉将含氧血液从心脏输送到肝脏，肝门静脉输送含有从小肠吸收的营养物质和部分脱氧的血液，除了营养素外，经肠道的药物和毒素也被吸收。经过处理血源性营养物质和毒素后，肝脏将其他细胞所需的营养物质释放回血液中，血液流入中央静脉，然后通过肝静脉进入下腔静脉。通过这种肝门循环，消化道的所有血液都要通过肝脏（图7-14）。这在很大程度上解释了为什么肝脏是起源于消化道的癌症转移的最常见部位。

1. 肝脏组织学 肝脏组织学有3个主要成分：肝细胞、胆小管和肝窦。肝细胞是肝脏的主要细胞类型，约占肝脏体积的80%。肝细胞在各种分泌、代谢和内分泌功能中发挥作用。在每个肝小叶中，肝板（由单层肝细胞组成的板状结构称为肝板）以中央静脉为中轴呈放射状排列。

在相邻的肝细胞之间，细胞膜上的凹槽即成为胆汁小管，这些小导管积聚肝细胞产生的胆汁。从这里，胆汁首先流入小胆管，然后流入胆管，胆管汇合形成较大的左、右肝管，左、右肝管汇合作为肝总管并离开肝脏。然后，肝总管与来自于胆囊的胆囊管汇合，形成胆总管，胆汁通过胆总管流入小肠。

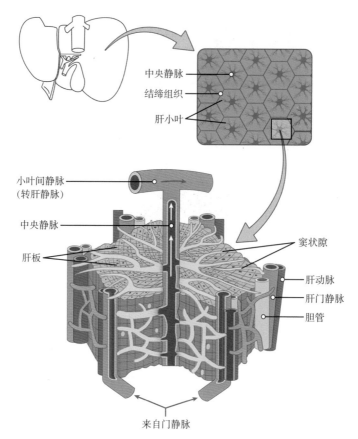

中央静脉

结缔组织

肝小叶

小叶间静脉
（转肝静脉）

中央静脉

肝板

窦状隙

肝动脉

肝门静脉

胆管

来自门静脉

图 7-14 肝脏的微观解剖结构

肝脏从肝动脉接收含氧血液，从肝门静脉接收营养丰富的脱氧血液

　　肝窦（肝血窦）是开放的、多孔含血的腔隙，由富含营养的肝门静脉和富氧的肝动脉的网状毛细血管形成。肝细胞紧紧包裹在这些网状内皮细胞周围，使它们易于接近血液。肝细胞从它们的中心位置处理血液携带的营养物质、毒素和废物。胆红素等物质经过加工并排泄到胆小管中。包括蛋白质、脂质和碳水化合物在内的其他物质经过加工并分泌到肝窦中，或者只是储存在肝细胞内以备调用。肝窦汇合并将血液输送到中央静脉，然后血液通过肝静脉流入下腔静脉。这意味着血液和胆汁以相反的方向流动。肝窦还含有星形网状内皮细胞（Kupffer 细胞）、吞噬细胞去除死亡的红细胞和白细胞、细菌和其他进入肝窦的外来物质。门静脉三联征是围绕肝小叶周边的独特排列，由三个基本结构组成：胆管、肝动脉分支和肝门静脉分支。

　　2. 胆汁　脂肪的特点是疏水性，不溶于水。因此，脂肪在小肠的水性环境消化之前，大的脂肪球必须分解成较小的脂肪球，这一过程称为乳化。胆汁是肝脏分泌的一种混合物，用于完成小肠脂肪的乳化。

胆汁是黄褐色或黄绿色的碱性溶液（pH 7.6～8.6），是水、胆汁酸盐、胆汁色素、磷脂（如卵磷脂）、电解质、胆固醇和甘油三酯的混合物。肝细胞每天分泌胆汁约1L。对乳化最关键的成分是胆汁酸盐和磷脂，它们具有非极性（疏水性）区域和极性（亲水性）区域。疏水区与大脂肪分子相互作用，而亲水区与肠道中的水性食糜相互作用，这导致大脂肪球被拉开成许多直径约1μm的微小脂肪碎片，这种变化显著增加了可用于脂肪消化酶活性的表面积。这与洗洁精对与水混合的脂肪起作用的方式相同。

胆酸盐的肠肝循环，是指胆酸盐分泌进入肠腔后，在空肠末端或回肠，通过门静脉系统再回流入肝脏，大约95%的胆酸盐被重吸收回肝脏，仅5%的胆汁酸盐通过粪便排出。正常人体肝脏内的胆酸池有胆汁酸3～5g，而机体维持脂类物质的消化吸收，需要12～32g胆酸盐，每天饭后进行的约12次肠肝循环即可弥补肝脏胆汁酸的合成不足，使有限的胆酸池能够发挥最大限度的乳化作用。因此，胆酸盐肠肝循环的生理意义在于使有限的胆酸盐得到重复利用，促进脂类食物的消化与吸收正常进行。

胆红素是主要的胆色素，是脾脏从循环系统中清除老化或受损的红细胞时产生的分解产物（废物）。这些分解产物，包括蛋白质、铁和有毒的胆红素，通过肝门静脉系统的脾静脉运输到肝脏。在肝脏中，蛋白质和铁被回收，而胆红素则由胆汁排出。这就是胆汁呈绿色的原因，胆红素最终会被肠道细菌转化为粪胆素，一种棕色色素，即是粪便独特的颜色，在某些疾病状态下，胆汁不进入肠道，导致脂肪含量高的白色粪便，这是由于几乎没有脂肪被分解或吸收的原因。

肝细胞不停地工作，当脂肪糜进入十二指肠并刺激肠分泌素分泌，胆汁的产生增加。在两餐之间，胆汁产生被保存，瓣膜状的肝胰壶腹关闭，胆汁被转移至胆囊，在胆囊胆汁被浓缩并储存到下一餐。

（二）胰腺

胰腺是柔软长圆形，横卧在胃部后，位于腹膜后腔的肾旁前间隙内，它的头部依偎在十二指肠的"C"形弯曲处，腺体向左延伸约15.2cm，最后在脾门处形成一条渐细的尾巴。胰腺是具有外分泌（分泌消化酶）和内分泌（向血液中释放激素）功能的混合体（图7-15）。

胰腺外分泌部分呈现小葡萄状的小细胞簇，每个细胞簇称为腺泡，位于小胰管的末端，腺泡细胞将富含酶的胰液分泌到微小的合并导管中，形成两个主导管。大胆管与胆总管（从肝脏和胆囊携带胆汁）融合，然后通过一个共同开口（肝胰腺壶腹）进入十二指肠。肝胰腺壶腹括约肌控制胰液和胆汁释放到小肠中。副胰管（圣托里尼管）是第2个较小的胰管，从胰腺直接进入十二指肠，大约在肝胰腺壶腹上方2.5cm处，是少数人群的胰腺持续发育的残留物。

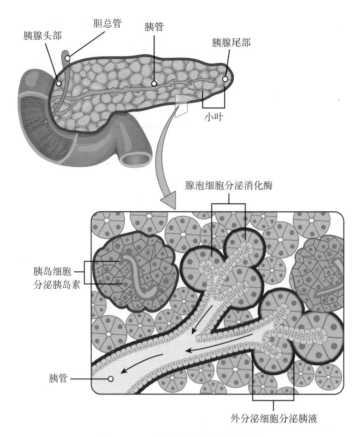

图7-15 胰腺的外分泌和内分泌
胰腺有头部、体部和尾部，通过胰管将胰液输送至十二指肠

朗格汉斯岛是散布在大量的外分泌腺泡中的内分泌细胞小岛，这些内分泌细胞产生胰多肽、胰岛素、胰高血糖素和生长抑素。

1. 胰液 胰腺每天产生超过1L的胰液，与胆汁不同的是，胰液透明的，主要由水、一些盐、碳酸氢钠和几种消化酶组成。碳酸氢钠是造成胰液微碱度（pH 7.1～8.2）的主要原因，可以缓冲食糜中的酸性胃液，使胃中的胃蛋白酶失活，为小肠中对pH敏感的消化酶的活性创造最佳环境。胰酶在糖类、蛋白质和脂肪的消化中很活跃。

胰腺可产生非活性形式的蛋白质消化酶，这些酶在十二指肠被激活。如果以活性形式产生，就会消化胰腺（这正是胰腺炎所发生的情况）。肠道刷缘酶肠肽酶刺激胰腺胰蛋白酶原激活为胰蛋白酶，进而将胰腺羧基肽酶原和糜蛋白酶原转变为具有活性形式的羧基肽酶和糜蛋白酶。

消化淀粉（淀粉酶）、脂肪（脂肪酶）和核酸（核酸酶）的酶以活性形式分泌，因为它们不像蛋白质消化酶那样攻击胰腺。

2. 胰腺分泌　调节胰腺的分泌是由激素和副交感神经系统主导的。酸性食糜进入十二指肠刺激分泌素的释放，进而导致导管细胞释放富含碳酸氢盐的胰液。十二指肠中蛋白质和脂肪的存在刺激胆囊收缩素（CCK）的分泌，然后刺激腺泡分泌富含酶的胰液，提高分泌素的活性。副交感神经调节主要发生在胃分泌的头期和胃期，迷走神经刺激促使胰液分泌。

通常情况下，胰腺分泌的碳酸氢盐刚好能平衡胃中产生的盐酸量。当胰腺分泌碳酸氢盐时，氢离子则进入血液。因此，从胰腺流出的酸性血液中和了从胃流出的碱性血液，维持了流向肝脏的静脉血的pH。

（三）胆囊

胆囊长8～10cm，嵌套在肝脏右叶后侧的浅区域内。胆囊是一个肌肉囊，可储存、浓缩胆汁，以及在受到刺激时推动胆汁通过胆总管进入十二指肠。

胆囊黏膜单柱状上皮组织呈小管状，类似于胃黏膜的柱状上皮。胆囊壁无黏膜下层。囊壁中间的肌肉外套是由平滑肌纤维构成的。当这些纤维收缩时，胆囊内容物通过胆囊管被喷射到胆管（图7-16）。从肝包膜反射出来的内脏腹膜将胆囊紧贴在肝脏上，形成胆囊的外膜。胆囊黏膜从胆汁中吸收水分和离子，将其浓缩10倍。

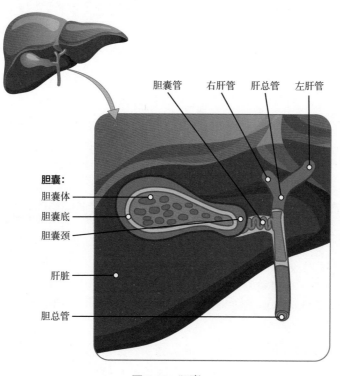

图7-16　胆囊

胆囊储存和浓缩胆汁，在小肠需要时将其释放至双向胆囊管中

七、化学消化和吸收

化学消化是一个复杂的过程，将食物还原成其化学成分，然后被吸收以滋养身体的细胞（图7-17）。

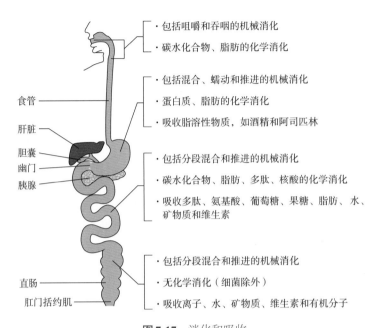

- ·包括咀嚼和吞咽的机械消化
- ·碳水化合物、脂肪的化学消化

- ·包括混合、蠕动和推进的机械消化
- ·蛋白质、脂肪的化学消化
- ·吸收脂溶性物质，如酒精和阿司匹林

- ·包括分段混合和推进的机械消化
- ·碳水化合物、脂肪、多肽、核酸的化学消化
- ·吸收多肽、氨基酸、葡萄糖、果糖、脂肪、水、矿物质和维生素

- ·包括分段混合和推进的机械消化
- ·无化学消化（细菌除外）
- ·吸收离子、水、矿物质、维生素和有机分子

食管
肝脏
胆囊
幽门
胰腺
直肠
肛门括约肌

图7-17 消化和吸收

消化从口腔开始，并随着食物通过小肠而继续。大多数吸收发生在小肠中

（一）化学消化

大的食物分子（如蛋白质、脂质、核酸和淀粉）必须被分解成足够小的分子或亚单位，以便被消化道内壁吸收。这是由酶水解完成的。表7-5概述了参与化学消化的众多的消化酶。

表7-5 消化酶

酶类	酶的名称	来源	酶作用底物	产物
唾液酶	舌侧脂肪酶	舌腺	甘油三酯	游离脂肪酸、甘油单酯和甘油二酯
唾液酶	唾液淀粉酶	唾液腺	淀粉多糖	二糖和三糖
胃酶	胃脂肪酶	主细胞	甘油三酯	脂肪酸和甘油、单酰基甘油酯
胃酶	胃蛋白酶*	主细胞	蛋白质	肽
刷状缘酶	α-糊精酶	小肠	α-糊精	葡萄糖
刷状缘酶	肠肽酶	小肠	胰蛋白酶原	胰蛋白酶
刷状缘酶	乳糖酶	小肠	乳糖	葡萄糖和半乳糖
刷状缘酶	麦芽糖酶	小肠	麦芽糖	葡萄糖

续表

酶类	酶的名称	来源	酶作用底物	产物
刷状缘酶	核苷酶和磷酸酶	小肠	核苷酸	磷酸盐、含氮碱基和戊糖
刷状缘酶	肽酶	小肠	氨基肽酶：肽末端氨基酸 二肽酶：二肽	氨基肽酶：氨基酸和肽 二肽酶：氨基酸
刷状缘酶	蔗糖酶	小肠	蔗糖	葡萄糖和果糖
胰酶	羧基肽酶*	胰腺腺泡细胞	肽羧基末端氨基酸	氨基酸和肽
胰酶	糜蛋白酶*	胰腺腺泡细胞	蛋白质	肽
胰酶	弹性蛋白酶*	胰腺腺泡细胞	蛋白质	肽
胰酶	核酸酶	胰腺腺泡细胞	核糖核酸酶：核糖核酸 脱氧核糖核酸酶：脱氧核糖核酸	核苷酸
胰酶	胰淀粉酶	胰腺腺泡细胞	多糖（淀粉）	α-糊精、二糖（麦芽糖）、三糖（麦芽三糖）
胰酶	胰脂肪酶	胰腺腺泡细胞	胆汁盐乳化甘油三酯	脂肪酸和单酰基甘油酯
胰酶	胰蛋白酶*	胰腺腺泡细胞	蛋白质	肽

*表示酶已被激活。

1. 碳水化合物消化　淀粉的化学消化始于口腔，在小肠胰淀粉酶是淀粉和碳水化合物主要的消化酶（图7-18）。淀粉酶将淀粉分解成较小的片段后，再经刷状缘酶：α-糊精酶、蔗糖酶和麦芽糖酶分解为单糖被吸收。乳糖酶分解乳品中的乳糖，乳糖酶不足会导致乳糖不耐受（表7-6）。

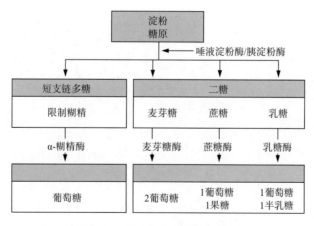

图7-18　碳水化合物消化流程图

2. 蛋白质消化　蛋白质的消化始于胃，其中HCl和胃蛋白酶将蛋白质分解成较小的多肽，然后进入小肠（图7-19）。糜蛋白酶和胰蛋白酶继续小肠中的化学消化，同时，上皮细胞刷状缘分泌氨基肽酶和二肽酶等酶，将多肽分解成为短肽和氨基酸进入血液（图7-20，表7-6）。

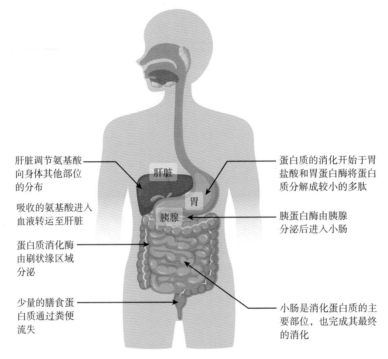

肝脏调节氨基酸向身体其他部位的分布

吸收的氨基酸进入血液转运至肝脏

蛋白质消化酶由刷状缘区域分泌

少量的膳食蛋白质通过粪便流失

肝脏

胃

胰腺

蛋白质的消化开始于胃盐酸和胃蛋白酶将蛋白质分解成较小的多肽

胰蛋白酶由胰腺分泌后进入小肠

小肠是消化蛋白质的主要部位，也完成其最终的消化

图7-19 蛋白质的消化

3. 脂质消化　见表7-7。

（二）吸收

消化道的吸收能力是巨大的。每天消化道可处理多达10L的食物、液体和胃肠道分泌物，但只有不到1.5L进入大肠。绝大部分摄入的食物、80%的电解质和90%的水都被小肠吸收。虽然整个小肠都参与了水和脂质的吸收，但碳水化合物和蛋白质的大部分吸收发生在空肠。值得注意的是，胆汁盐和维生素B_{12}在回肠末端被吸收。当食糜从回肠进入大肠时，它基本上是难以消化的食物残渣（主要是纤维素等植物纤维）、少部分水和数百万亿细菌（图7-21）。

营养物质可通过5种机制来吸收：①主动转运，或称主动运输，是指物质穿过细胞膜从浓度较低的区域转移到浓度较高的区域（逆浓度梯度）；②被动扩散，是指物质从高浓度区域转移到低浓度区域；③易化扩散，是指利用细胞膜中的载体蛋白将物质从高浓度区域转移到低浓度区域；

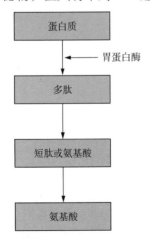

蛋白质

↓　胃蛋白酶

多肽

↓

短肽或氨基酸

↓

氨基酸

图7-20　蛋白质的消化流程图

④协同转运（或二次主动转运），是指利用一个分子通过膜从高浓度到低浓度的运动，为另一个分子从低浓度到高浓度的运动提供动力；⑤内吞作用，是指细胞膜吞噬物质的运输过程。表7-6总结了每种食物类别的吸收途径。

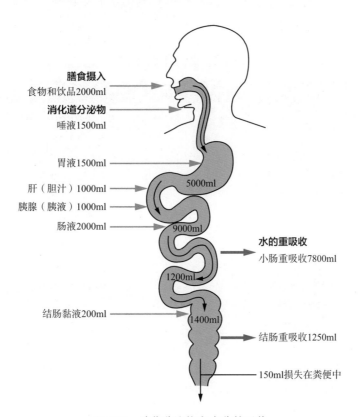

图7-21 消化分泌物和水分的吸收

表7-6 营养物质在消化道的吸收

食物	降解产物	吸收机制	进入血流	目的地
碳水化合物	葡萄糖	与钠离子协同转运	绒毛中的毛细血管	通过门静脉到达肝脏
碳水化合物	半乳糖	与钠离子协同转运	绒毛中的毛细血管	通过门静脉到达肝脏
碳水化合物	果糖	易化扩散	绒毛中的毛细血管	通过门静脉到达肝脏
蛋白质	氨基酸	与钠离子协同转运	绒毛中的毛细血管	通过门静脉到达肝脏
脂肪	长链脂肪酸	扩散至肠细胞与蛋白质结合形成乳糜微粒	绒毛乳糜管	通过淋巴液进入胸腔体循环
脂肪	单酰基甘油酯	扩散至肠细胞与蛋白质结合形成乳糜微粒	绒毛乳糜管	通过淋巴液进入胸腔体循环
脂肪	短链脂肪酸	简单扩散	绒毛中的毛细血管	通过门静脉到达肝脏
脂肪	甘油	简单扩散	绒毛中的毛细血管	通过门静脉到达肝脏
核酸	核酸消化产物	通过膜载体主动转运	绒毛中的毛细血管	通过门静脉到达肝脏

八、消化系统食物消化过程及其调节

消化系统将摄入的食物分解成可吸收的营养物质是采用物理和化学活动的方式。表7-7概述了消化器官的功能。

表7-7　消化器官的功能

器官	主要功能	其他功能
口	· 摄取食物 · 咀嚼和混合食物 · 开始碳水化合物的化学分解 · 将食物移入咽部 · 通过舌脂酶开始脂质分解	· 滋润和溶解食物，品尝食物 · 清洁、润滑牙齿和口腔 · 具有一定的抗菌活性
咽	· 将食物从口腔推向食管	· 润滑食物和通道
食管	· 将食物推向胃部	· 润滑食物和通道
胃	· 将食物与胃液混合和搅拌，形成食糜 · 开始蛋白质的化学分解 · 将食物作为食糜释放到十二指肠 · 吸收一些脂溶性物质（如酒精、阿司匹林） · 具有抗菌功能	· 刺激蛋白质消化酶 · 分泌小肠吸收维生素 B_{12} 所需的内因子
小肠	· 将食糜与消化液混合 · 以足够慢的速度推动食物，以便消化和吸收 · 吸收碳水化合物、蛋白质、脂质和核酸的分解产物，以及维生素、矿物质和水 · 通过分节运动进行物理消化	· 为酶活性提供最佳媒介
附属器官	· 肝脏：产生胆汁盐，乳化脂质，帮助其消化和吸收 · 胆囊：储存、浓缩和释放胆汁 · 胰腺：产生消化酶和碳酸氢盐	· 富含碳酸氢盐的胰液有助于中和酸性食糜，并为酶活性提供最佳环境
大肠	· 进一步分解食物残渣 · 吸收肠道残留的水、电解质和肠道细菌产生的维生素 · 将粪便推向直肠 · 排出粪便	· 食物残渣在排便前被浓缩并暂时储存 · 黏液有助于粪便通过结肠

（一）消化过程

消化过程包括6个步骤：摄入、推进、机械或物理消化、化学消化、吸收和排泄（图7-22）。

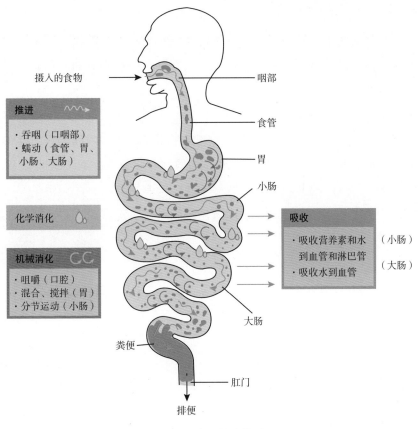

摄入的食物

咽部

食管

胃

小肠

推进 〜➜
· 吞咽（口咽部）
· 蠕动（食管、胃、
　小肠、大肠）

化学消化 💧

机械消化 CC
· 咀嚼（口腔）
· 混合、搅拌（胃）
· 分节运动（小肠）

吸收
· 吸收营养素和水　（小肠）
　到血管和淋巴管
· 吸收水到血管　（大肠）

大肠

粪便

肛门

排便

图 7-22　食物的消化过程

（二）调节机制

神经和内分泌调节机制致力于维持消化和吸收所需的腔内最佳条件。这些调节机制通过机械和化学活动刺激消化活动，受到外在和内在因素的调节。

1. 神经控制　消化道管壁包含各种有助于调节消化功能的传感器，包括机械感受器、化学感受器和渗透压感受器，它们分别能够检测机械、化学和渗透性刺激。例如，这些受体可以感知食物导致的胃膨胀、食物颗粒是否被充分分解、存在多少液体以及食物中的营养素类型（脂质、碳水化合物和蛋白质）。刺激这些受体会引起适当的反射，从而进一步促进消化过程。

整个消化道管壁嵌入了与中枢神经系统和其他神经丛相互作用的神经丛——无论是在同一消化器官内还是在不同的消化器官中。这些相互作用会引发几种类型的反射。一方面，外在神经丛协调长时间反射，这涉及中枢和自主神经系统，并响应来自消化系统外部的刺激。另一方面，短暂反射是由消化道壁内的内在神经丛协调的。这两个神经丛及其连接是早些时候作为肠神经系统引入。短暂反射调节消化道一个区域的活动，并可能协调局部蠕动运动并刺激消化分泌物。例如，对于食物的视觉、嗅觉和味觉会引发长时间反射，这些反射始于感觉神经元向延髓传递信号。对信号的反应是刺激胃中细胞开始分泌消化液，为传入的食物做准备。相反，使胃膨胀的食物会引发短暂反射，导致胃壁细胞增加消化液的分泌。

2. 激素控制　消化过程中涉及多种激素。胃的主要消化激素是胃泌素，胃泌素刺激胃黏膜壁细胞分泌胃酸。其他胃肠激素产生并作用于肠道及其附属器官，如十二指肠产生的激素包括：分泌素，刺激胰腺分泌液状碳酸氢盐；胆囊收缩素（CCK），刺激胰腺酶和肝脏胆汁分泌，并从胆囊释放胆汁；胃抑制肽，抑制胃分泌，减缓胃排空和运动。这些胃肠激素由位于胃和小肠黏膜上皮的内分泌细胞分泌。这些激素进入血液，通过血液到达目标器官。

第二节　肠道微生态特征及生理功能

每个人身体部位不同，拥有的微生物群落亦不同，其组成和功能差异很大。微生物群的结构和特征不仅取决于解剖部位，还取决于各种因素，如健康状况、基因型、年龄、饮食、药物、性别以及胃肠道感染等。

一、肠道微生态特征

人体胃肠道栖息着以厌氧菌为主的丰富的微生物群，据统计，粪便中细菌数量为 $10^{11} \sim 10^{12}$/g 粪便，其种群数量为 $500 \sim 1000$ 个，它们共同构成了肠道微生态。肠道微生态包括永久定植在胃肠道的原籍微生物物种，以及来自于食物、饮料和环境中摄入，短暂通过消化道的数量可变的微生物物种。由于消化系统解剖生理的差异，沿胃肠道各部位如食管、胃、小肠和大肠，其微生物群落的构成和丰度存在着显著差异（图7-23）。这些微生物在人类肠道不同区域的定植，直接或间接影响机体健康。

在人胃肠道微生物群中，厚壁菌门、拟杆菌门、放线菌门和变形菌门占据优势，其次是梭杆菌门和疣状菌门（图7-23）。对于每个个体的肠道微生物群的系统发育构成，随着时间的推移是独特和稳定的。但是微生物物种在个体之间差异很大。这种差异与人体基因、饮食、生活方式、疾病以及药物有关。就每个个体微生物群的组成而言，在某些情况下亦会波动，如急性腹泻疾病、抗生素治疗，或者饮食干预诱导可在较小程度上波动，但个体菌群组成模式通常保持不变。

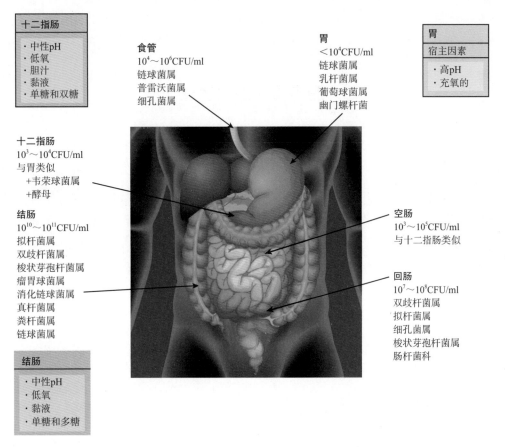

十二指肠
- 中性pH
- 低氧
- 胆汁
- 黏液
- 单糖和双糖

食管
$10^4 \sim 10^6$CFU/ml
链球菌属
普雷沃菌属
细孔菌属

胃
$<10^4$CFU/ml
链球菌属
乳杆菌属
葡萄球菌属
幽门螺杆菌

胃
宿主因素
- 高pH
- 充氧的

十二指肠
$10^3 \sim 10^4$CFU/ml
与胃类似
　+韦荣球菌属
　+酵母

结肠
$10^{10} \sim 10^{11}$CFU/ml
拟杆菌属
双歧杆菌属
梭状芽孢杆菌属
瘤胃球菌属
消化链球菌属
真杆菌属
粪杆菌属
链球菌属

空肠
$10^3 \sim 10^5$CFU/ml
与十二指肠类似

回肠
$10^7 \sim 10^8$CFU/ml
双歧杆菌属
拟杆菌属
细孔菌属
梭状芽孢杆菌属
肠杆菌科

结肠
- 中性pH
- 低氧
- 黏液
- 单糖和多糖

图7-23 微生物群在胃肠道中的分布和组成
CFU：菌落形成单位

　　食管相关的菌群中，包括属于链球菌属、普雷沃菌属和细孔菌属的微生物。定植密度从小肠近端区域（10^3/g肠内容物）到结肠可增加约8倍。在胃和十二指肠，由于富含胃酸，胆汁和胰腺分泌物，微生物数量减少；随着小肠的延伸，酸度由于胃酸的稀释而降低，有利于细菌定植，至结肠可达到10^{11}个/ml。结肠最常见的细菌是拟杆菌属、双歧杆菌属、真杆菌属、梭状芽孢杆菌属、乳杆菌属和革兰氏阳性球菌属，而肠球菌属和肠杆菌科相对少见或占比很低。

　　有证据表明，肠道微生物群在宿主健康中的重要性与定植在肠道中的细菌群有关。大肠包含一个复杂而动态的微生物生态系统，由共生细菌、潜在有害的机会致病菌和其他可能同时产生这两种作用的微生物组成。需要指出的是，拥有一个稳定平衡的肠道微生态对人类健康至关重要。潜在致病菌包括梭状芽孢杆菌属、葡萄球菌属和绒毛藻属等物种，会产生潜在的有害产物，如毒素和致癌物，可引起肠道疾病，如炎症性肠病和其他免疫相关疾病。此外，抗生素的使用可破坏肠道微生态平衡，导致潜在具有致病性的物种过度生长，例如，与伪膜性结肠炎相关的艰难梭菌。肠道中的有益菌，主要包括乳

杆菌属和双歧杆菌属，它们在营养和疾病预防中起着关键作用，已被开发成为益生菌应用于人类健康。

二、肠道微生态的生理功能

摄入的食物其消化、吸收部位主要在小肠，人体基因仅表达20多种消化酶，食物经消化酶作用分解为单糖、脂肪酸、氨基酸或短肽等，通过绒毛上皮细胞吸收利用。未被小肠消化吸收的食物残渣、胆汁液、肠上皮分泌的黏液以及脱落死亡的细胞等进入结肠，成为结肠微生物的"美味佳肴"。微生物群的基因可表达1000多种消化酶，具备强大的代谢能力。

复杂的肠道微生物是人体内的居民，这些微生物群落在肠道特定部位进行生命活动。微生物群落在生命活动过程中与宿主相互作用，如通过合成代谢、分解代谢或微生物-宿主直接对话（cross-talk）3种方式，对宿主生理功能产生影响。

由于肠道微生物菌群种类繁多，人类与相关微生物群之间的相互作用多而复杂，不同部位的微生物群扮演着不同的角色，从共生到致病，影响人类健康。

（一）分解代谢/生物转化

微生物群进行多种代谢活动，从复杂分子的分解代谢和生物转化，到对微生物群和宿主都有影响的广泛化合物的合成。这些代谢和生物转化活动，包括脱结合（胆汁酸和蛋白质）、发酵（抗性淀粉或多糖）、裂解和水解（芳香族：异形物质、药物和毒素）以及氧化还原等。微生物群通过发酵抗性淀粉产生短链脂肪酸（SCFA），对宿主产生多种有益的影响，如丁酸盐是结肠细胞的首选能量来源，对宿主生理具有多种作用，从抗炎作用到抗肿瘤活性。

微生物代谢可影响某些口服药物的生物利用度，如强心苷地高辛，由于该药治疗范围很窄，其生物利用度的改变对毒性的产生有极大影响。最近表明，由于迟缓埃格特菌某些菌株存在强心苷还原酶操纵子，可降低地高辛浓度。

宿主-微生物共同代谢的一个例子是肠道中胆盐和胆汁酸的转化。在宿主的肝脏中合成的胆盐和胆汁酸分泌到肠道后，在肠道内经历微生物介导的转化，释放出未结合胆汁酸并产生次级胆汁酸。法尼醇X受体（FXR）是对胆汁酸有反应的核激素受体。通过FXR和其他胆汁酸受体发出的信号传导可以对宿主产生多种影响。由于胆汁酸是胆固醇分解代谢的最终产物，胆汁酸代谢的变化会对胆固醇和脂质代谢产生影响。

（二）肠道微生物群-宿主相互作用

肠道微生物群与宿主相互作用，可触发肠上皮和免疫功能的改变或调整。无菌动物周围淋巴样组织不发达和免疫反应发育不全，将正常菌群或其特定成员定植可逆转这种未成熟状态。同样，黏膜上皮也会根据菌群的存在改变黏液和营养受体的表达，并对上皮分化作出响应。相反的是，宿主上皮细胞和免疫系统也可以改变菌群的结构和功能。此外，有研究报道，微生物群可通过靶向细胞毒性T细胞相关蛋白4（CTLA-4）或程序性细胞死亡蛋白-1（PD-1）来改变对影响检查点阻断的免疫疗法的抗肿瘤反应，表明这些对免疫疗法反应的改变与微生物群的特定成员有关。

（三）合成功能

肠道微生物群合成维生素、一些重要的辅助因子或生物活性信号分子，如胺类、多聚合物等。

（四）防护功能

肠道微生态与宿主防御机制一起作为第一道防线，以对抗各种病原微生物的定植和随后的感染（定植抗力）。肠道常驻细菌通过抑制定植致病菌的附着和进入来促进定植抵抗力。例如，致病菌附着和进一步侵袭细胞受到嗜酸乳杆菌LA1的抑制，嗜酸乳杆菌是人类肠道正常微生物群落的一部分，与其他致病菌竞争营养物，同时产生细菌素的抗菌物质，以阻碍竞争对手的生长。双歧杆菌菌株可以产生抗菌活性并对致病菌发挥保护功能。

第三节　肠道黏膜免疫系统与肠道微生态

人类免疫系统是与微生物菌群共同进化的，特别是在黏膜表面，两者持续进行一系列相互作用。因此，黏膜免疫系统的正常功能，必须在维持体内平衡和抵御病原体之间保持微妙的平衡，在整个生命过程中都与微生物群密切相关。

一、肠道黏膜免疫系统

肠道不仅是消化、吸收营养物质的场所，还是机体免疫系统与微生物相互作用的最大器官，大约80%的免疫细胞存在于肠道黏膜（图7-24），有学者统计认为，肠道每米内有10^{12}个淋巴细胞，抗体产生多于身体其他部位，因此，肠道也是机体内最大的免疫器官。虽然肠道黏膜的免疫反应与全身其他部位有许多共同的特征，如抗原的捕捉与提呈、固有免疫和适应性免疫反应等，但其在结构和功能上有其特点。肠道时时刻刻接触大量的抗原、食物蛋白和肠道正常菌群，并且对它们不引起免疫炎症反应，但同时又能保护机体不受到外来致病菌和毒素的侵害，这全依赖于肠道的免疫功能。

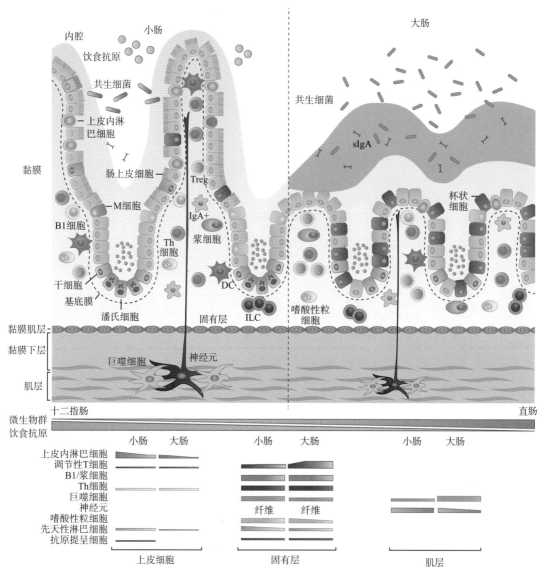

图7-24　肠道免疫细胞的分布

（一）肠道黏膜免疫系统的组成

肠道黏膜免疫系统由大量弥散性分布在肠黏膜上皮内和黏膜固有层（LP）的免疫细胞和免疫分子，以及诸如派尔集合淋巴结（PP）和肠系膜淋巴结（MLN）等肠道相关淋巴组织（GALT）组成。肠道黏膜免疫系统在结构和功能上与外周免疫不同，主要位于小肠和结肠，依据其解剖和功能分为诱导部位和效应部位，诱导部位主要包括PP和肠系膜淋巴结；效应部位包括分布于绒毛固有层中大量的固有层淋巴细胞（LPL）和上皮内淋巴细胞（IEL）（图7-25）。肠道黏膜免疫系统是宿主在黏膜表面保持动态和灵活的免疫屏障，在防止有害病原体或抗原的入侵，建立免疫耐受，与肠道微生物群相互作用，维持黏膜稳态方面发挥着至关重要作用。

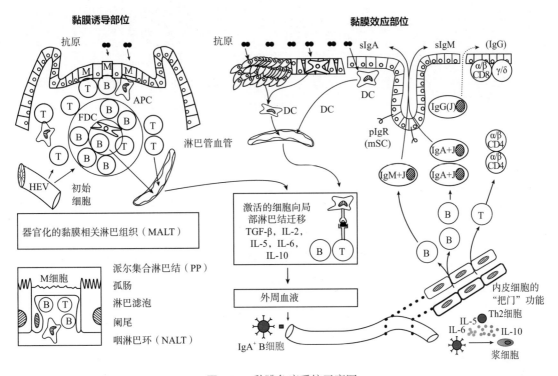

图7-25　黏膜免疫系统示意图

pIgR：多聚免疫球蛋白受体，NALT：鼻相关淋巴组织，FDC：滤泡树突状细胞，HEV：高内皮小静脉，TGF-β：转化生成因子-β，IL：白细胞介素；M、B、T分别为M细胞、B细胞、T细胞

　　诱导部位为高度器官化的黏膜相关淋巴组织（MALT），在肠道为GALT，由PP和肠系膜淋巴结组成。在诱导部位，外源性抗原物质经过M细胞达到抗原提呈细胞（如DC等），DC在肠系膜淋巴结中处理抗原，刺激T细胞，决定着免疫反应或免疫耐受。初始B细胞和T细胞经过高内皮小静脉（HEV）进入GALT，被激活后，形成记忆细胞或效应细胞，经过淋巴引流管进入血液循环，随着血流再归巢到黏膜效应部位，在淋巴细胞的循环和归巢过程中，微血管内皮细胞的黏附分子和趋化因子发挥引导和"把门"作用。在效应部位有大量的B细胞，分泌IgA、IgM和IgG的浆细胞和CD4[+] T细胞，产生免疫反应或免疫抑制（耐受）。

　　黏膜免疫系统提供保护性屏障作用，固有免疫系统和适应性免疫系统必须协同运作。

物理屏障（包括紧密连接和黏蛋白的致密层）和生化屏障（由抗菌肽提供）是第一道防线的关键要素，以及固有免疫的组成部分，包括Toll样受体和固有免疫细胞（如自然杀伤细胞、自然杀伤T细胞、肥大细胞和嗜酸性粒细胞）。黏膜上皮的获得性免疫，抗原特异性sIgA免疫反应对防止病原体入侵起着关键作用。sIgA直接中和病原体及其毒素，有助于黏膜内稳态的产生和维持。

1. 诱导部位　免疫反应的诱导即抗原摄取、加工和提呈给免疫细胞的过程。GALT是诱导免疫应答的部位，具有启动抗原特异性体液和细胞介导免疫应答所需的所有免疫活性细胞。PP是诱导免疫应答的极其重要的场所。PP具有典型的二级淋巴器官结构，有确定的B细胞和T细胞依赖区。PP中心区域富含B细胞，受抗原刺激后形成生发中心，类似于脾和淋巴结内的二级滤泡，B细胞主要为IgA$^+$细胞，少数IgM$^+$、IgD$^+$细胞位于滤泡间区。T细胞主要分布于滤泡间区，形成滤泡间T细胞区（IFR），包括CD4$^+$和CD8$^+$T细胞，95%以上的T细胞表达αβTCR，少数表达γδTCR，PP中50%～60%的αβTCR T细胞为CD4$^+$T细胞，其余为CD8$^+$T细胞。

PP表面是被特化的小肠上皮，即滤泡相关上皮（FAE）覆盖，其内含有M细胞。M细胞在肠腔面形成微折叠，替代了存在于吸收性肠上皮细胞表面的微绒毛，并且缺乏厚的表面多糖被，不能分泌黏液，这有利于接近颗粒物质。M细胞通过内吞作用从肠腔摄取抗原（蛋白质、颗粒物质、细菌、病毒和寄生虫），迅速将抗原递送到位于PP下方的抗原提呈细胞（APC），如树突状细胞（DC）和巨噬细胞。抗原提呈细胞将经过处理的抗原提呈给初始T细胞，进一步分化为Th1细胞、Th2细胞、Th17细胞和细胞毒性T细胞；APC还诱导具有关键免疫分子，如TGF-β、IL-5、IL-6、IL-10、增殖诱导配体（APRIL）和B细胞活化因子（BAFF）的IgA定向B细胞（IgA$^+$B细胞），从而启动抗原特异性免疫应答。与抗原提呈同时，位于PP中的DC通过维甲酸级联诱导抗原特异性淋巴细胞上的肠印迹分子，如CC趋化因子受体9（CCR9）、CCR10、α4β7整合素，使其随后迁移到效应组织，如肠固有层（见图7-26）。

DC是目前已知的最强的APC，抗原经M细胞传递给PP的滤泡区后，在该处由DC细胞获得，经处理后和MHCⅡ类分子形成复合物，提呈给特殊的T细胞，激活免疫反应。DC在T细胞激活过程和后来的B细胞IgA转型与分化中起关键性的作用。APC存在于整个肠道黏膜免疫系统，在PP中，未成熟DC紧邻于M细胞，具有向PP滤泡间区域（T细胞区）和肠系膜淋巴结（MLN）迁移的能力，从而对这两个部位的T细胞起刺激作用。

2. 效应部位　免疫反应的效应机制包括细胞免疫和体液免疫，肠道黏膜免疫的效应部位包括IEL、浆细胞和固有层淋巴细胞（LPL）。在效应部位，PP来源的抗原特异性Th2细胞提供增强IgA的细胞因子，包括IL-5、IL-6和IL-10，促使IgA$^+$B细胞最终分化为浆细胞，从而产生二聚体或多聚体形式的IgA。然后，这些IgA抗体与上皮细胞基底膜上表达的多聚体-Ig受体结合形成sIgA，并被转运至肠道分泌物中（见图7-27）。诱导部位（如PP）和效应部位（如肠固有层）之间的这种协作和精心协调的序列为在黏膜表面诱导和调节抗原特异性免疫应答如产生sIgA，提供了免疫学基础。

效应部位的IEL是人体内最大的淋巴细胞群，其数量相当于脾脏细胞数，或40%～50%的外周循环淋巴细胞数，90%为CD3$^+$T细胞，其中一半为CD3$^+$CD8$^+$T细胞，少数为sIgA$^+$B细胞和NK细胞。有关IEL的功能，一般认为具有抑制超敏反应及抗肠道感染的作用，并分泌L-2、IL-3、IL-4、IL-5、IL-10、TFN-α和转化生长因子-β（TGF-β）等淋巴因子以发挥抗细菌、抗病毒及抗局部细胞癌变的作用。其次，在肠固有层内，LPL主要为CD4$^+$T细胞和sIgA$^+$B细胞，CD4$^+$T细胞表现为免疫调节作用，能分泌IL-10、TGF-β等下调免疫反应的细胞因子，也可影响B细胞分泌sIgA，此后大部分T细胞经历凋亡过程，这一机制在维持肠道自身平衡，防止针对肠腔内抗原引起免疫反应中起重要的作用。

3. 固有淋巴细胞（ILC）在黏膜免疫中的作用　固有免疫相关细胞，包括肥大细胞、嗜酸性粒细胞、嗜碱性粒细胞、巨噬细胞和ILC，在提供黏膜免疫方面也很重要。ILC是近年来发现的一类重要的固有免疫细胞亚群，具有固有免疫和适应性免疫细胞双重特征。与固有免疫细胞类似，ILC可被病原迅速激活，但产生的效应分子与Th细胞相同。在对感染病原体的固有免疫应答、淋巴组织的形成、组织修复和稳态控制中发挥关键作用。根据其表型、转录因子需求和分泌的细胞因子情况可分为4类，即ILC1、ILC2、ILC3和ILCreg，与T细胞中的Th1、Th2、Th17及Treg相对应，在肠道黏膜免疫中发挥重要作用。ILC1在小肠和结肠中均有分布，产生IFN-γ、TNF-α等细胞因子，激活肠道抗感染反应。ILC2主要分泌IL-5、IL-13，在肠道抗寄生虫反应中有重要作用。ILC3产生IL-17和IL-22，可保护肠道上皮，抵抗感染发生。ILCreg是新近鉴别的可分泌IL-10抑炎性细胞因子的ILC，可调节肠道稳态，抑制肠道炎症发生。ILC在肠道细菌刺激后会产生大量细胞因子，如TNF-α、IFN-γ、IL-17等，进而激发免疫炎症以清除病原体，但肠道中的ILC过度活化也会导致肠道炎症，引起炎性肠道疾病发生。研究表明，肠道ILC对于调节肠道微生物菌群的稳态环境发挥着关键作用。

4. IL-17和Th17细胞　分泌IL-17的CD4$^+$T细胞Th17细胞是这种细胞因子的主要来源。Th17细胞存在于肠黏膜表面及肠道固有层，T细胞受体（TCR）激活是CD4$^+$和CD8$^+$T细胞产生IL-17的关键，而固有免疫细胞产生IL-17主要由炎性细胞因子驱动，尤其是IL-1β和IL-23。IL-17通过促进中性粒细胞募集、抗菌肽产生和增强屏障功能，介导抗真菌和细菌的保护性免疫。再者，IL-17驱动的炎症反应通常由调节性T细胞和抗炎细胞因子IL-10、TGF-β和IL-35调控。然而，如果失调，IL-17反应可促进感染或自身免疫。此外，IL-17还参与了许多其他炎症性疾病的发病机制，包括心血管疾病和神经系统疾病。

总之，产生IL-17的T细胞和固有免疫细胞在对真菌、细菌以及病毒和寄生虫的免疫中起着关键的保护作用，但也可以介导破坏性的感染相关免疫病理学，或者通过遗传和环境因素的影响，导致自身免疫或其他慢性炎症疾病的发展。

5. 黏膜淋巴细胞归巢　是指黏膜淋巴细胞从诱导部位归巢到效应部位的过程。PP内的T细胞被抗原激活后，可促使未成熟的B细胞进行性转换进而形成抗原特异性的IgA$^+$ B细胞。这些受刺激的淋巴细胞离开PP，经肠系膜淋巴结、淋巴管，最终进入胸导管，再进入全身血液循环，此后淋巴细胞表面表达的整合素α4β7，与黏膜地址素细胞黏附因子-1（MadCAM-1）结合，诱导淋巴细胞穿过血管内皮到达肠固有层和上皮。

在PP中致敏的淋巴细胞进入体循环，再回归到黏膜部位发挥免疫效应有重要的生理意义。已经证实，GALT中激活的T细胞和B细胞，能够到达多个黏膜相关淋巴组织（MALT），包括肠道、呼吸道、生殖道等，发挥针对同一抗原的免疫反应，而与起始的诱导部位无关，这一系统统称为共同黏膜免疫系统。淋巴细胞特定的再循环及其选择性的分布是由淋巴细胞和黏膜血管的黏附分子所介导的。

（二）肠道黏膜免疫系统的生理功能

胃肠道是一个独特的器官，栖息着庞大的微生物菌群，同时每天还暴露在大量食物抗原之下。因而，胃肠道在人体具备双重作用：一方面负责消化和吸收营养物质，另一方面还执行复杂而重要的保持肠道内环境的平衡，即维持免疫稳态的任务。宿主要保护对自身有益的事件不作出反应，如对无害的食物、微生物菌群和自身抗原保持耐受，同时对有害的事件作出强烈的反应，这意味着对有害微生物或外来的抗原物质诱导免疫反应。这一系列复杂的任务是通过高效的黏膜免疫系统来完成的（图7-26）。因此，黏膜免疫系统的功能主要表现在以下几个方面：①抵御外界微生物入侵机体黏膜表层；②当机体将食物中未降解的外源蛋白、共生微生物等视为外来抗原时，黏膜免疫可起到阻止作用；③阻止抗原进入机体，避免引起机体产生有害免疫反应；④产生与黏膜免疫有关的免疫球蛋白，即sIgM和sIgA；⑤主要通过淋巴细胞归巢将诱导区和效应区相联系，即诱导区的致敏免疫细胞，由胸导管通过血循环分化成熟，在特异性归巢受体的介导下，约80%的免疫细胞归巢至抗原致敏部位（即诱导区的上皮内或黏膜固有层）来引起效应作用。因此，黏膜免疫是一个相对独立的系统免疫，并具有局部性。此外，约20%的免疫细胞可以在其他的黏膜部位发挥效应作用，使不同黏膜部位间的免疫应答产生联系。肠道黏膜免疫系统功能出现障碍时，将发生肠道和（或）全身感染、对食物蛋白的高敏反应和炎症性肠病（IBD）。

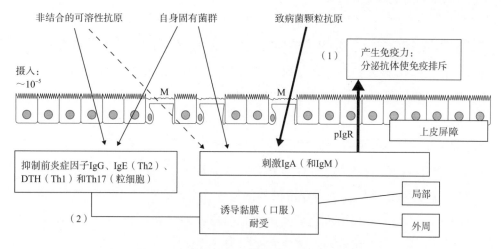

图7-26 黏膜表面的两种主要免疫机制示意图

（1）保护性免疫：刺激IgA（和IgM）及各种非特异性保护因素能够限制致病菌在肠黏膜的定植，抑制有害外来物质的侵入。

（2）免疫抑制作用：抑制针对无害的可溶性抗原和肠道正常菌群引起的体液免疫炎症反应（IgG和IgE），并且抑制其Th1细胞因子依赖的迟发型超敏反应（DTH）和Th17依赖的粒细胞反应，形成黏膜（口服）耐受。肠道正常菌群对这两种免疫机制均发挥作用

1. 对可溶性蛋白的耐受：口服免疫耐受（OT） 口服免疫耐受（简称口服耐受）是指口服可溶性蛋白抗原后，引起机体对该抗原不产生全身和黏膜免疫应答，而对其他抗原仍保持正常的免疫应答的状态。口服耐受涉及抗原特异性细胞免疫和体液免疫抑制，小鼠实验显示一次喂服20mg卵清蛋白（OVA）抗原后，细胞免疫抑制能持续17个月之久，IgG抗体反应的抑制也能持续3～6个月。影响口服耐受形成和持续时间的因素有抗原的性质和剂量，宿主的遗传、年龄及有无改变肠黏膜通透性的炎症性疾病，肠道菌群和细菌毒素等。

口服耐受的机制目前尚不十分清楚。肠道黏膜免疫系统对食物耐受性的机制可能为：①黏膜局部APC（DC）或肝窦内皮细胞、Kupffer细胞或类浆细胞提呈食物及其他经口进入的抗原肽给T细胞，诱导了抗原特异性T细胞的凋亡，此现象在经口摄取大剂量抗原的动物实验中得到了证实。②诱导T细胞的无能性，即由于无炎症反应产生，缺少协同刺激信号而使得识别抗原肽的特异性T细胞对该抗原肽的刺激不能形成反应（即耐受）。③诱导调节性T细胞的产生，抑制对再次抗原刺激的特异性应答产生。Th3和Tr1细胞可分泌IL-4、IL-10和TGF-β等细胞因子，抑制Th1细胞的应答发生，同时局部抗体的产生水平也较低，形成所谓的抗原驱动性抑制或旁观者抑制（bystander inhibition）。④研究证实，CD11c⁺CD103⁺DC变换成CCR7依赖方式，携带抗原从肠腔固有层移行到肠系膜淋巴结，是产生口服耐受的决定性因素。抑制正常淋巴结引流和切除肠系膜淋巴结阻断或CCR7缺失，可阻止小鼠的免疫耐受产生。从牛奶过敏小鼠过继转移CD11c⁺B220⁻脾和帕内特细胞（包括DC）到初始受体小鼠足以诱导牛奶特异性IgE产生。目前认为，有两条对可溶

性食物抗原进行提呈的途径特定地诱导了上述免疫耐受机制的发生：一是可溶性食物抗原由肠道局部的APC提呈，如PP中的DC提呈抗原时，在缺少炎性刺激的情况下，有助于诱导耐受性；二是由肠上皮细胞（iEC）提呈食物抗原，iEC表达MHC Ⅰ类和MHC Ⅱ类分子，但缺乏协同刺激分子，在提呈抗原给IEL时，由于缺少共刺激分子的作用，将诱导T细胞的无能性。此外，iEC还可产生IL-10和TGF-β，抑制邻近T细胞免疫活性，发挥旁观者抑制效应，参与免疫耐受的形成。

2. 对肠道菌群的耐受　肠道内有大量的微生物定居，肠道生态系统的长期进化最终导致GALT下调针对正常存在的有益菌群的固有炎症反应，有学者把它称为"生理性炎症"。GALT对有益菌的低反应性主要是由有益菌自身的特点、iEC表面的特性及肠道黏膜固有层（LP）内免疫细胞的特点等三方面因素所决定的。①有益菌自身的特点：与致病菌不同，有益菌不能表达黏蛋白酶及黏附、定居和侵入因子，因此不能分解肠道内保护性的黏液层，小肠蠕动形成的黏液层流可以将有益菌冲离肠道表面，使其不能黏附于iEC，破坏上皮屏障。②iEC表面可能缺少识别有益菌PAMP的Toll样受体（TLR），如TLR2、TLR4和CD14，因此不能有效地识别有益菌的PAMP。研究发现，诱导活化细胞核受体过氧化物酶体增殖子活化受体γ（PPAR-γ）可抑制TLR诱导的NF-κB信号传导通路，从而抑制了炎症反应的发生。③LP内含有特殊的耐受性DC和巨噬细胞。最近的研究表明，肠道巨噬细胞和DC的功能与外周免疫不同，在生理状况下，巨噬细胞和iEC不表达CD14（针对细菌LPS的表面受体）和CD89（IgA受体），因此它们不能针对LPS合成炎症因子引起反应，由于巨噬细胞缺乏CD89，则下调IgA介导的吞噬反应，使释放氧介质、白三烯和前列腺素等前炎症因子的能力降低。除以上机制外，近年的研究还发现，来源于胸腺的CD4 Foxp3调节性T细胞（Treg细胞）在肠道正常共生菌的免疫耐受机制中发挥着重要作用。同时，研究也发现肠道菌群可以直接活化Treg细胞，其中乳酸杆菌和双歧杆菌在医疗中已经用于诱导Treg细胞的生成。虽然肠道中$CD4^+$ T细胞能正常地识别局部有益菌群，但它们的反应能够被局部Treg细胞以IL-10和（或）TGF-β的方式抑制，$CD4^+CD25^+$ Treg细胞在抑制细菌抗原的免疫应答中也起重要的作用。此外，针对肠道有益菌的免疫耐受可能还存在着其他的调节机制，涉及针对细菌组分的特异性免疫应答，主要为对NF-κB通路的调节。

以上多种机制使肠道黏膜免疫系统对肠道菌群的反应处于较低的水平或耐受状态，维持着肠道内环境的稳定。一旦肠道内环境的稳定状态发生变化，可以改变NF-κB通路的抑制因素，导致前炎症因子的释放和（或）上调CD14表达。在肠道黏膜炎症过程中，血液中$CD14^+$单核细胞可能回流到肠黏膜加重炎症反应，这种情况常见于炎症性肠病（IBD）患者，其肠道对有益菌群的耐受存在缺陷。

3. sIgA抗体应答　肠道黏膜免疫系统的另一项重要功能是分泌sIgA抗体，sIgA是黏膜表面最重要的抗体，选择性IgA缺乏症患者分泌型IgM（sIgM）也能起到黏膜保护作用。sIgA发挥免疫清除作用而不会引起免疫炎症反应。sIgA通过与微生物抗原结合，阻止其黏附与入侵，在防止肠道条件致病微生物（沙门氏菌、志贺氏菌、肠致病性大肠杆菌、弓形体、轮状病毒等）感染方面起重要的作用。sIgA还能中和毒素和阻止病毒在肠上皮细胞中复制。此外，sIgA能预防致病菌和非致病菌向肠道外移位。

肠道菌群对促进sIgA的产生起重要作用。动物实验显示，与普通小鼠比较，无菌小鼠的肠道中产生IgA的细胞数减少90%，并且血清中测不出IgA，向这些小鼠肠道重新定植菌群，3周内产生IgA的细胞数恢复正常，所产生的IgA在塑造早期与微生物群的相互作用及维持微生物群多样性方面起着重要作用。

二、肠道黏膜免疫系统与肠道微生态的相互关系

在进化过程中，微生物群与肠道环境保持着共生、互利互惠的关系。人体肠道为肠道微生物群提供营养和繁殖环境，而肠道菌群通过降低肠道通透性和增强上皮防御机制，形成黏膜屏障，协助碳水化合物发酵和合成维生素等，由此肠道黏膜免疫系统与肠道微生态密切相关。肠道黏膜免疫系统的平衡在维持宿主肠道稳态和免疫防御中起着关键作用。

（一）肠道黏膜免疫系统的激活

研究表明，肠道菌群的存在对于肠道免疫系统的发育和激活有着重要的作用，甚至许多作用可能还没有引起注意。肠道微生物群的这一作用在新生期尤其重要，对以后许多免疫反应的结局起决定性作用。

对无菌小鼠的研究表明，肠道微生物群在黏膜免疫的形成中起着至关重要的作用。与无特异性病原体（SPF）动物相比，无菌动物产生的上皮内淋巴细胞（IEL）更少，固有层中sIgA的浆细胞显著减少，Treg细胞更少。血管生成素-4（Ang4）是帕内特细胞中的一类抗菌肽，可以分泌到肠道腔对抗微生物。实时定量PCR（RT-PCR）表明，与常规小鼠相比，无菌小鼠Ang4的mRNA表达水平明显下降。这一结果表明，肠道微生物群是黏膜免疫所必需的。此外，无菌小鼠PP的生发中心比普通小鼠更小。由此说明，肠黏膜是微生物群与宿主相互作用的主要部位。最近的一项研究表明，益生元可显著增加使粪便中IgA含量，而肠系膜淋巴结和PP中促炎因子的表达显著降低。此外，IL-10、趋化因子CXCL-1和黏蛋白-6基因上调，而结肠黏蛋白-4、IFN-γ、粒细胞巨噬细胞刺激因子（GM-CSF）和IL-1β基因下调。这些结果表明，肠道微生物组可影响肠黏膜免疫平衡。

新生儿在出生时，PP和其他黏膜免疫组织已发育成熟，但是此时的胃肠道黏膜免疫系统的活性较低，象征B细胞活动的生发中心的次级滤泡尚处在静止状态。出生5天内的

新生儿，在外周血中几乎测不到分泌IgA的B细胞，推测这种B细胞是由PP衍生出来的，然后随血流到达黏膜效应部位，出生1个月后，这些细胞显著增加。这意味着出生后需要有持续不断的微生物和外界环境对GALT的刺激。研究发现，0～6个月健康新生儿肠道内脆弱拟杆菌和双歧杆菌定植的时间越早，外周血中IgA分泌细胞的含量可以越早地被检测到；并且随着肠内脆弱拟杆菌和双歧杆菌数目的增加，外周血中的IgA定向细胞的数量也逐渐增加。婴儿2岁时IgA分泌细胞数量已达成熟水平，正好与稳定的肠道菌群形成时间一致，提示"新生儿机会窗口期"对免疫系统的影响至关重要。婴儿微生物群的紊乱或失调会对健康产生深远的影响，影响日后过敏、肥胖和各种炎症性疾病的发展。

（二）肠道微生物群对黏膜免疫系统的作用

肠道微生物群指导宿主肠道固有免疫和适应性免疫功能的成熟。肠道微生物群对黏膜免疫系统的作用，是通过向免疫细胞发出两类信号——肠道细菌的代谢物和细菌及其成分来实现的（图7-27）。

1. 细菌的代谢物 通过调节免疫反应，源自微生物群的代谢产物有助于维持肠道稳态或参与肠道炎症的发病机制。

（1）短链脂肪酸：梭菌Ⅵ、ⅩⅣ a和ⅩⅧ产生短链脂肪酸（SCFA），引发上皮细胞产生TGF-β，促进$Foxp3^+$ Treg细胞的产生。SCFA在免疫细胞中起组蛋白脱乙酰酶（HDAC）抑制剂的作用。丙酸引起产生IL-10的$Foxp3^+$ Treg细胞通过G蛋白偶联受体43（GPR43）信号通路抑制HDAC，促进其抑制活性，预防T细胞引起的结肠炎，丁酸通过抑制HDAC促进外周组织中$Foxp3^+$ Treg细胞的产生。梭菌产生的丁酸使Foxp3基因启动子组蛋白H3乙酰化，加速$Foxp3^+$ Treg细胞分化。在固有免疫系统中，丁酸通过抑制巨噬细胞中促炎性介质的表达并通过抑制HDAC抑制DC成熟，从而保持对共生细菌的低反应性。此外，丁酸介导的G蛋白偶联受体GPR109a信号激活为巨噬细胞和树突状细胞（DC）提供抗炎特性，使其在结肠中积累$Foxp3^+$Treg细胞和产生IL-10的$CD4^+$ T细胞。乙酸以GPR41/GPR43独立的方式促进Th1、Th17和产生IL-10的$CD4^+$ T细胞的分化。Th1细胞中的SCFA/GPR43信号通过激活STAT3和mTOR上调Blimp-1的表达，诱导这些细胞产生IL-10。

（2）乳酸：是一种微生物发酵膳食纤维产生的有机酸。新生儿肠道主要定植者多为产乳酸菌，如双歧杆菌、乳酸菌、拟杆菌、肠球菌、葡萄球菌、链球菌等。乳酸通过一种乳酸特异性受体GPR81在帕内特细胞和基质细胞中诱导Wnt3表达，支持上皮干细胞增殖，防止肠道损伤。此外，乳酸还影响固有层吞噬细胞发挥免疫调节作用，固有层吞噬细胞通过将树突伸入管腔内摄取管腔细菌。在小肠内，微生物产生的乳酸和丙酮酸通过激活G蛋白偶联受体GPR31信号，诱导吞噬细胞的树突突起。

（3）次级胆汁酸：次级胆汁酸通过其受体，包括Takeda G蛋白受体5（TGR5）和法尼醇X受体（FXR）调节肠道和肝脏的免疫反应，次级胆汁酸与TGR5的相互作用通过减少NLRP3炎性小体激活，抑制NF-κB信号传导或诱导环磷腺苷效应元件结合蛋白（CREB）介导的IL-10的产生，下调巨噬细胞促炎性细胞因子产生。除了TGR5以外，巨噬细胞中的胆汁酸-FXR轴还通过核受体辅阻遏蛋白（NCoR）介导的染色质修饰抑制NF-κB依赖性炎症介质，包括IL-6、TNF-α、IL-1β和内生型一氧化氮（iNOS）的表达。

（4）三磷酸腺苷（ATP）：从受损或死亡细胞中释放的细胞外ATP可以激活免疫细胞并引发细胞死亡。在肠道中，细胞外ATP是由共生细菌和病原体产生的，包括肠球菌、胆肠球菌、大肠杆菌和沙门氏菌，或者由激活的固有层免疫细胞产生。为了响应来自共生细菌的ATP，在鼠大肠中趋化因子受体CX3CR1介导CD70$^+$ CD11b$^+$ DC产生IL-6、IL-23及TGF-β促进Th17细胞分化。

细胞外ATP受ATP水解外切酶外切核苷三磷酸二磷酸水解酶（E-NTPDase）和外切核苷焦磷酸酶/磷酸二酯酶（E-NPP）的精细控制。肠道ATP清除缺陷可能导致严重的过敏性肠道炎症，并伴有肥大细胞数量增加。研究还发现ATP水解酶对于抑制与IBD相关的肠道炎症至关重要。

2. 细菌及其成分　共生细菌和致病细菌通过激活肠道中的TLR途径指导宿主的免疫反应（图7-27）。通过TLR/MyD88信号传导，定居于肠道的微生物群限制固有层趋化因子受体CX$_3$CR1高吞噬细胞向肠系膜淋巴结（MLN）运输。MyD88缺乏症和失调可引起MLN中Th1反应增强以及对非侵入性病原体IgA产生的增加，这是趋化因子受体CX$_3$CR1吞噬细胞依赖趋化因子CCR7向MLN迁移引起的。除了限制细菌的传播外，结肠中巨噬细胞产生组成型IL-10还需要TLR介导的微生物识别。

淋巴组织诱导（LTi）细胞通过独立于T细胞的机制支持IgA合成。LTi细胞通过LTβ激活基质细胞促进次级淋巴组织生成。同时，TLR介导的间质细胞对共生细菌的识别引起巨噬细胞及DC的募集和激活，导致TGF-β介导的IgA类别转换的诱导。固有层和PP中表达TLR5的DC通过产生视黄酸、IL-6和IL-5，驱动未成熟B细胞分化为分泌IgA的细胞。来自产生TNF-α和产生iNOS的DC的iNOS可诱导B细胞上TGF-β受体表达，并引起依赖T细胞的IgA类别转换重组。另一方面，iNOS通过诱导DC中TNF家族的增殖诱导配体（APRIL）和B细胞激活因子（BAFF）的表达启动T细胞非依赖性IgA分泌。

B细胞通过TLR/MyD88信号传导产生的IgM可增强上皮完整性，防止右旋葡聚糖硫酸钠（DSS）诱导的与肠道细菌向肝和肺易位相关的结肠损伤。T细胞中Stat3的微生物依赖性激活促进CD4$^+$ T细胞的增殖和Th17细胞的分化，从而诱发严重的肠道病理。TLR2介导的CD4$^+$ CD25$^+$ Treg细胞抑制活性的暂时抑制通过诱导效应T细胞增殖，增强对入侵病原体（包括白念珠菌）的防御反应。

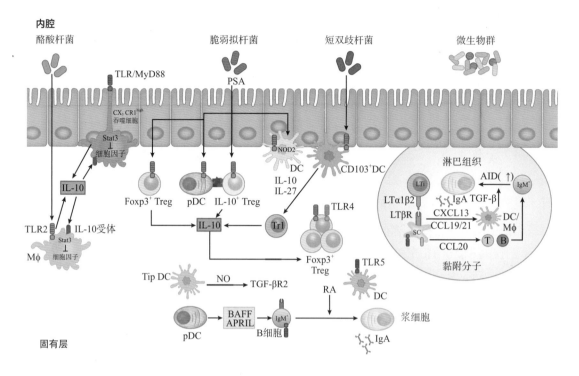

图7-27 共生菌群指导宿主的免疫反应

 TLR2通路还与脆弱拟杆菌的作用有关，脆弱拟杆菌通过产生被称为GSL-Bf717的鞘糖脂破坏iNKT细胞增殖，并产生荚膜多糖A（PSA），这是一种具有免疫致敏特性的共生因子，可以治愈肠道炎症和大肠杆菌相关的结肠直肠癌。PSA直接作用于TLR2，并通过驱动DC的TLR2依赖性激活维持Th1/Th2免疫应答的平衡。在浆细胞样树突状细胞（pDC）中，PSA诱导的TLR2信号通路上调MHC Ⅱ类和共刺激分子（包括CD86和ICOSL）的表达，诱导产生IL-10的CD4⁺ T细胞的产生。在T细胞中，PSA也直接作用于TLR2。通过TLR2，PSA和CD4⁺T细胞之间的相互作用产生IL-10的Foxp3⁺ Treg细胞，通过抑制Th17反应促进脆弱拟杆菌定植。除TLR2外，PSA还作用于CD11c⁺ DC中的NOD2，并随后促进产生IL-10的Foxp3⁺Treg细胞的增殖。

 益生菌短双歧杆菌Yakult菌株在结肠中促进产生IL-10的Foxp3⁻CD4⁺ T细胞[1型调节性T（Tr1）细胞]的积累。这些细胞响应CD103⁺ DC通过TLR2/MyD88信号通路产生的IL-10/IL-27表达cMaf、IL-21和AhR。此外，益生菌唾液乳杆菌Ls33和鼠李糖乳杆菌Lr32通过TLR2和NOD2依赖性方式诱导生产吲哚胺2, 3-二加氧酶（IDO）的DC促进CD4⁺CD25⁺ Treg细胞分化。

 综上所述，这些发现表明固有免疫细胞和适应性免疫细胞本质上暴露于肠道细菌产生的各种代谢物和细菌及其成分。这种暴露对于诱导肠道稳态免疫耐受和区分共生菌和致病菌的炎症反应至关重要。

（三）肠道黏膜免疫系统对肠道微生物群的调节

肠道微生物群是影响宿主免疫系统的重要因素。因此，肠道微生物群的破坏与包括IBD在内的几种免疫疾病有关。与此同时，肠道免疫细胞直接或间接控制微生物群落。因此，健康的微生物群落和宿主的终身健康都需要肠道免疫和微生物群之间的充分相互作用（图7-28）。

1. 固有淋巴细胞（ILC） ILC通过IL-23/IL-23R途径产生细胞因子IL-22。IL-22可促进上皮细胞表达抗菌肽。在体内动态平衡期间，ILC3是肠道中IL-22的有效产生者。在小肠中，鞭毛蛋白诱导$CD103^+$ $CD11b^+$ DC产生IL-23对于ILC产生IL-22以及随后的上皮细胞产生Reg3γ至关重要。缺乏产生IL-22的ILC会引起抗菌肽表达降低，导致*Alcaligenes*（一种淋巴驻留的共生细菌）发生外周移位。在克罗恩病患者中，产碱杆菌特异性IgG的血清浓度高于健康志愿者。在肠黏膜中，ILC3产生的IL-22抑制分节丝状菌（SFB）的繁殖，该SFB会诱导Th17细胞，预防Th17介导的肠道炎症。ILC3衍生的IL-22和淋巴毒素α（LTα）可促进小肠上皮细胞中共生细菌依赖性Fut2的表达，而产生IL-10的$CD4^+$ T细胞下调上皮岩藻糖基化。带有岩藻糖苷酶的肠道微生物可以从岩藻糖基化的上皮细胞中裂解岩藻糖。与此同时，岩藻糖可以被肠道微生物用作能量来源并影响其代谢。此外，共生细菌产生的岩藻糖还可以通过降低细菌毒力因子的表达，作为针对病原体（包括鼠疫杆菌和鼠伤寒沙门氏菌）的宿主防御机制。

2. 上皮内淋巴细胞（IEL） IEL分布于结肠和小肠的上皮细胞层，分为两个亚群：A型IEL（$CD8αβ^+TCRαβ^+$和$CD4^+$ $TCRαβ^+$）和B型IEL（$CD8αα^+TCRαβ^+$和$CD8αα^+TCRγδ^+$）。$CD8αβ+TCRαβ+$ A型IEL对轮状病毒、弓形虫和蓝氏贾第鞭毛虫等侵入性微生物具有保护作用。双歧杆菌通过TLR途径依赖性机制促进小肠中$CD8αβ^+TCRαβ^+IEL$的积累。与脾脏$CD8αβ^+$细胞不同，小肠$CD8αβ^+TCRαβ^+IEL$响应上皮细胞衍生的IL-15高度表达抗菌因子，包括Defa1、Lypd8和Reg3g，直接抑制细菌生长。DSS给药后，结肠中的$TCRγδ^+$ B型IEL产生促炎性细胞因子和趋化因子，限制共生细菌向MLN的散播。上皮细胞固有的MyD88信号通过代谢调节促进$TCRγδ^+$ IEL反应，抑制病菌和病原微生物渗透到固有层中。此外，DC通过NOD2介导的微生物识别通过IL-15产生维持B型IEL稳态。

3. 天然杀伤T（NKT）细胞 DC和肠上皮细胞（IEC）表达的MHC I类分子CD1d将糖脂抗原提呈给NKT细胞。CD1d介导的NKT细胞活化对于调节共生细菌的定植、组成和易位至关重要。MHC相关蛋白1（MR1）限制的NKT细胞，称为黏膜相关恒定T（MAIT）细胞，在血液、肺、肝和肠中大量存在，而在无菌小鼠中不存在。MR1可结合细菌和真菌产生的核黄素（维生素B）生物合成前体衍生物，但不结合病毒和哺乳动物细

胞。MAIT细胞有助于防止脓肿分枝杆菌或大肠杆菌感染，但对某些无法合成核黄素的细菌无反应。表明由细菌产生的核黄素代谢产物激活MAIT细胞是宿主抵抗细菌的防御的必要条件。

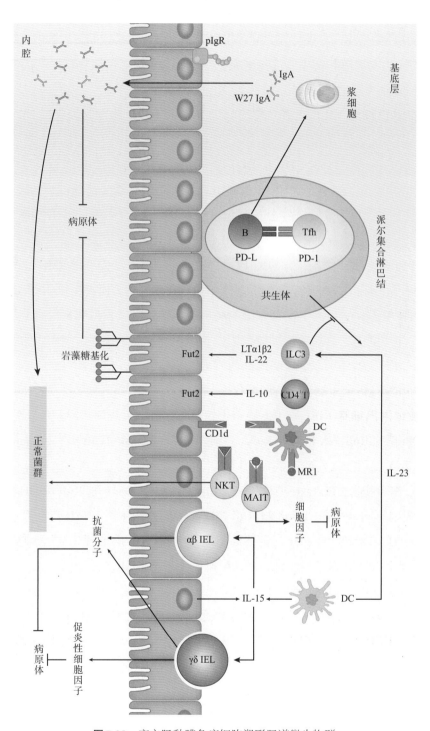

图7-28 宿主肠黏膜免疫细胞塑形肠道微生物群

4. IgA　IgA是肠道内最丰富的抗体亚型。通过上皮细胞上的多聚免疫球蛋白受体（pIgR）运输，然后以sIgA的形式释放到肠腔内。在稳定状态下，sIgA对于肠道菌群的动态平衡至关重要。B细胞缺陷小鼠的血清LPS浓度高于正常小鼠，其微生物组成部分发生改变。缺少IgA类别转换的激活诱导胞苷脱氨酶（AID）缺陷小鼠的小肠中SFB和厌氧菌大量生长。同样，在AID^{G23S}突变小鼠中，也观察到细菌在小肠内的大量繁殖以及感染细菌迁移进入MLN，AID^{G23S}突变小鼠的体细胞突变缺陷导致其产生的IgA具有较低的细菌结合活性。sIgA在患有炎症小体介导的营养不良的小鼠中强烈包被致病菌，包括普雷沃菌科、幽门螺杆菌和SFB。与未包被IgA的细菌相比，来自IBD患者的被IgA包被的细菌（包括某些脆弱的 *B. Bilgilis* 菌株）渗入了致生菌小鼠的黏液层，并加剧DSS诱导的肠道炎症。

在PP中，高表达抑制性共受体程序性细胞死亡蛋白-1（PD-1）的滤泡辅助性T（Tfh）细胞通过选择生发中心的B细胞促进足够的IgA反应。小鼠中PD-1缺乏导致肠道微生物群落组成改变，IgA包被细菌的频率降低。在这种小鼠中，IgA的组成变化，并且IgA对细菌的亲和力降低。因此，通过PP中Tfh细胞和B细胞之间的相互作用进行的PD-1信号传导对于小肠中IgA介导的微生物组稳态至关重要。除PP外，在盲肠斑块（阑尾的淋巴组织）中也产生结肠IgA产生细胞。盲肠贴片中的DC可以增强CCR10在B细胞上的表达，有助于将产生IgA的细胞迁移到结肠中。总之，肠道菌群通过细菌代谢产物和成分调节宿主的防御和耐受能力，指导功能性免疫系统。相反，肠道免疫反应可精确控制微生物的生态、多样性和运输。营养不良和免疫功能异常均与肠道炎症的发病机制有关。因此，需要维持宿主免疫细胞和共生细菌之间的可持续共生关系，维持肠道的动态平衡。

理解肠道微生物群、上皮细胞和免疫细胞之间的密切相互作用对于维持肠道稳态至关重要，对各种疾病的诊断和治疗方法的发展也有促进作用（图7-28）。

ILC、IEL、NKT细胞和适应性淋巴细胞直接或间接地调节共生细菌的定植。位于上皮细胞层的IEL包括αβ IEL和γδ IEL，都由DC和上皮细胞产生的IL-15维持。γδ IEL和αβ IEL都能产生抗菌分子和促炎性细胞因子，从而保护宿主免受病原体的侵害。NKT细胞能够识别DC和上皮细胞上CD1d提呈的脂质抗原，抑制共生微生物的不充分定植和播散。MAIT细胞通过产生促炎性细胞因子在抗菌免疫中发挥作用。第3组固有淋巴细胞（ILC3）通过产生IL-22，限制某些共生性细胞（包括 *Alcaligenes* spp.）定位到肠道淋巴组织。此外，由ILC3衍生的IL-22和LTα1β2诱导FUT2表达是上皮细胞α（1，2）-岩藻糖基化所必需的。共生菌产生岩藻糖苷酶裂解上皮细胞表面的糖基化的岩藻糖以减少细菌毒力因子的表达。与ILC3相反，CD4$^+$ T细胞通过产生IL-10抑制FUT2在上皮细胞中的表达。黏膜层含有浆细胞和B细胞产生的各种IgA抗体。IgA抗体通过pIgR进入管腔，防止管腔抗原进入固有层，并调节肠道微生物菌群。在PP的生发中心，Tfh细胞上的PD-1有

助于肠道IgA库的选择，从而维持适当的菌群组成。

（武庆斌）

参 考 文 献

Dueñas M，Cueva C，Muñoz-González I，et al. 2015. Studies on modulation of gut microbiota by wine polyphenols：from isolated cultures to omic approaches[J]. Antioxidants，4（1）：1-21.

Faria A M C，Reis B S，Mucida D. 2017. Tissue adaptation：implications for gut immunity and tolerance[J]. J Exp Med，214（5）：1211-1226.

Kiyono H，Azegami T. 2015. The mucosal immune system：from dentistry to vaccine development[J]. Proc Jpn Acad Ser B Phys Biol Sci，91（8）：423-439.

Young V B. 2017. The role of the microbiome in human health and disease：an introduction for clinicians[J]. BMJ，356：j831.

第八章　皮肤与皮肤微生态

皮肤是人体最大的器官，作为人体的第一道防线，被覆于人体表面，在口、鼻、尿道口、阴道口和肛门等处与体内各种管腔表面的黏膜互相移行，与人体所处的外界环境直接接触，成为人体与外界环境之间最主要的物理屏障，对维持人体内环境稳定极其重要，具有保护、感觉、分泌、排泄、温度调节、呼吸、免疫等功能。

随着对人体更深层次的研究的开展，科学界发现皮肤表面及腺体等部位定植着众多微生物，如细菌、真菌、病毒、节肢动物等，统称为皮肤微生态。不同微生物组成和分布在一定范围内维持动态平衡，并通过增殖、分泌等方式与宿主的皮肤及免疫系统相互调节，构成了皮肤微生态系统。它们共同维持着皮肤微生态平衡，在皮肤表面形成第一道生物屏障，具有重要的生理作用。皮肤菌群失调时，会引发微生态紊乱，导致疾病的发生。

第一节　皮肤解剖、组织结构特征

皮肤是人体最大的器官，其重量约占体重的16%。成年人全身皮肤面积为$1.5\sim2.0m^2$，新生儿全身皮肤面积约为$0.21m^2$。皮肤的厚度存在较大的个体差异，自0.5mm至4.0mm不等，相比于成年人，儿童皮肤更薄。不同部位的皮肤厚度也不尽相同，掌跖、枕后、臀部及颈部的皮肤最厚，眼睑、外阴及乳房等部位的皮肤最薄。皮肤的颜色与种族、年龄、性别、营养状况及外界环境等因素密切相关，即使同一人的皮肤，在不同部位也深浅不一。可以说，皮肤及其附属结构是人体最大的器官系统。皮肤保护着身体内部器官，需要日常护理和养护来维持皮肤健康。

一、皮肤的结构

皮肤及其附属器[毛发、皮脂腺、外泌汗腺、顶泌汗腺及指（趾）甲等]构成了皮肤系统，为身体提供全面的保护。皮肤由多层细胞和组织组成，被结缔组织固定在底层结构上（图8-1）。皮肤的深层有许多血管以及大量的感觉神经、自主神经纤维，确保与大脑的交流。

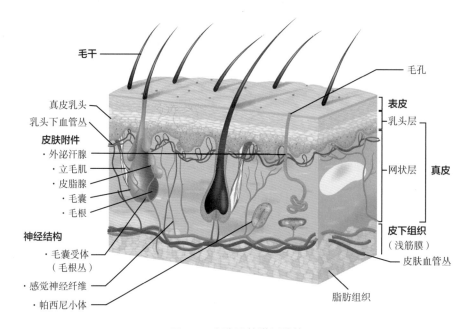

毛干

毛孔

表皮

真皮乳头

乳头下血管丛

皮肤附件
· 外泌汗腺
· 立毛肌
· 皮脂腺
· 毛囊
· 毛根

乳头层

网状层 **真皮**

皮下组织
（浅筋膜）

皮肤血管丛

神经结构
· 毛囊受体
（毛根丛）
· 感觉神经纤维
· 帕西尼小体

脂肪组织

图8-1 皮肤及其附属结构

表皮由紧密排列的上皮细胞构成；真皮由密集、不规则的结缔组织构成，包含血管、毛囊、汗腺和其他结构。真皮下面是皮下组织，主要由疏松结缔组织和脂肪组织组成

从胚胎学角度出发，由外胚叶分化而来的上皮组织称为表皮。由中胚叶分化而来的结缔组织通常又细分为两层：位于表皮下方较致密处为真皮，位于真皮下方较稀疏处为皮下组织，也称皮下脂肪层或脂膜层。表皮与真皮相结合处，通常呈波浪形曲线，真皮似手指样伸入表皮，两者犬牙交错。表皮伸入真皮部分称为表皮嵴或皮突，真皮伸入表皮部分称为真皮乳头。

皮肤表面有皮沟、皮嵴。皮肤通过皮下组织与深部附着，在真皮纤维束的牵引作用下形成致密的沟纹，称为皮沟，深浅不一，在面部、手掌、阴囊及活动部位（如关节部位）最深。真皮纤维束的排列方向不同，不同部位的皮肤因此具有不同方向的张力线，又名皮肤切线或Langer线，在外科手术时沿此线切开皮肤，可使伤口张力最小，降低明显瘢痕产生的风险。皮沟将皮肤划分为大小不等的细长隆起，称为皮嵴，其上常见许多凹陷的小孔，称为汗孔，是汗腺导管开口的部位。较深的皮沟将皮肤表面划分成三角形、菱形或多角形的微小区域，称为皮野，在手背、颈项等部位最明显。

皮肤不同部位所附含的附属器存在差异。

（一）表皮

表皮由角化、分层的鳞状上皮组成，内部没有任何血管。主要由角质形成细胞和树枝状细胞组成，后者又包括黑色素细胞、朗格汉斯细胞及梅克尔细胞。

1. 角质形成细胞　角质形成细胞由外胚层分化而来，是表皮的主要构成细胞，数量占表皮细胞的80%以上。在分化过程中，角质形成细胞可产生角蛋白，后者是主要结构蛋白之一，构成细胞骨架中间丝，参与表皮分化、角化等生理病理过程。根据表皮在体表的位置，表皮由4或5层鳞状上皮细胞组成。由4层细胞组成的皮肤称为"薄皮肤"。从深到浅依次为基底层、棘层、颗粒层和角质层。大部分皮肤可归为"薄皮肤"。"厚皮肤"只存在于手掌和脚底。厚皮肤的第5层在角质层和颗粒层之间，称为透明层（图8-2）。

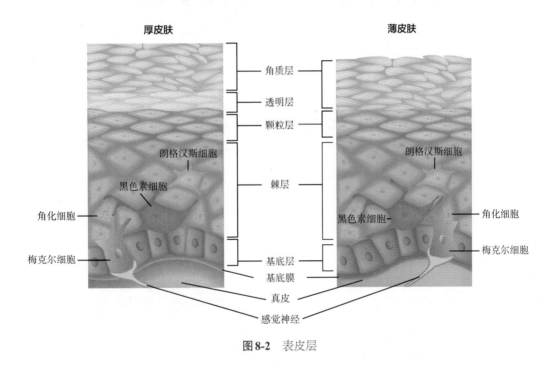

图8-2　表皮层

（1）基底层：也称生发层，是表皮最深处的一层，将表皮附着在基底层之上，基底层之下是真皮。基底层中的细胞通过胶原纤维的缠绕与真皮结合，称为基底膜。真皮浅层有一指状突起或褶皱，称为真皮乳头层，真皮乳头可增加表皮与真皮之间的连接强度；褶皱越大，连接越牢固。

位于表皮底层，由一层立方形或圆柱状基底细胞组成，其长轴与表真皮交界线垂直，排列整齐如栅栏状。基底细胞胞质深嗜碱性，细胞核呈卵圆形，核仁明显，核分裂象较常见。基底细胞偏向真皮的一面有不规则的胞质突起，通过半桥粒与基底膜带相附着。基底细胞之间则有桥粒相连，张力丝即起源或终止于桥粒附近。张力丝束从桥粒体的胞质面进入胞质，张力丝直径约5mm，走向规则，常与表皮表面垂直。

基底细胞分裂、逐渐分化成熟为角质层细胞并最终由皮肤表面脱落，是一个受精密调控的过程。基底层可能存在具有长期增殖及分化潜能的表皮干细胞，正常情况下约30%的基底细胞处于核分裂期，新生的角质形成细胞有序上移，由基底层移行至颗粒层约需14天，再移行至角质层表面并脱落又需14天，共约28天，称为表皮通过时间或更替时间。角质层的角质细胞死亡并有规律地脱落，被更深层的细胞所取代。

角质形成细胞是一种制造和储存角蛋白的细胞。角蛋白是细胞内的纤维蛋白，以保证毛发、指甲和皮肤所具备的硬度和防水性能。

在基底层的基底细胞之间还分布有另外两种类型的细胞。第一种是梅克尔细胞，作为感受器，负责刺激大脑感知的触觉神经，在手和脚的表面尤其丰富。第二种是黑色素细胞，一种产生黑色素的细胞，所产生黑色素赋予头发和皮肤颜色，也有助于保护表皮存活细胞免受紫外线辐射的伤害。晒黑或黑皮肤的人，其基底细胞内有大量的黑色素颗粒。

在胎儿成长过程中，指纹是由基底层和真皮乳头层相交处细胞生成。每个人的指纹都是独一无二的（是由于指纹不会随着生长和老化过程而改变），因而可以用于法医分析。

（2）棘层：位于基底层上方，由4～8层多角形细胞构成，越靠近浅层，细胞形状越扁平。每个细胞均有很多胞质突，称为棘突，因此这层细胞也称为棘细胞。在棘细胞内，张力丝聚集、致密且丰富。在附着到桥粒的胞质面时，张力丝排列成束，而在细胞内的其他部位则排列不规则。棘细胞内的张力丝直径为5～10mm，长短不一，行走方向不同。

棘层上部的细胞内有无数圆形、表面光滑、厚壁的颗粒，其形态、大小基本一致，直径100～200nm，有呈同心圆形的细条纹，称为被膜颗粒。随着棘细胞上移，被膜颗粒逐渐向细胞周围移动，最后颗粒的内容物扩散到细胞表面，形成一层细胞膜外层，参与角质屏障功能。

（3）颗粒层：由1～3层扁平或梭形细胞组成，细胞长轴与皮面平行。细胞核和细胞器溶解，胞质内充满粗大、形状不规则的深嗜碱性透明角质颗粒，沉积于张力丝周围。正常皮肤颗粒层的厚度与角质层的厚度成正比，在角质层薄的部位仅1～3层，而在角质层厚的部位如掌跖等，颗粒层较厚，多达10层。

（4）透明层：在皮肤角质层厚处，如掌跖等部位，若取材用福尔马林固定、切片用HE染色后，在角质层与颗粒层之间，可见一薄层均匀一致的嗜酸性带，称为透明层。由2～3层较扁平细胞构成，细胞界限不清，光镜下胞质呈均质状并有强折光性。

（5）角质层：位于表皮最上层，由5～20层已经死亡的扁平细胞构成，在掌跖部位可厚达40～50层。此层细胞长轴与表皮平行，并随表面"波浪"起伏。细胞正常结构消失，不含细胞核，胞质内只见致密的基质内含有无数圆形不染色的细丝，直径约为10nm，细丝走向与表皮表面平行。细胞膜也有所变化，较下层的细胞有两层电子致密层，两者之间有一不透明区域相隔；较上层的细胞，这两层电子致密层则混成一层不透明的膜，厚度约为12nm。桥粒也发生变化，在相邻细胞膜之间形成嗜锇小体，较上层的细胞间桥粒消失或形成残体，易于脱落。角质层下方可以看到形态不同的移行细胞，这种细胞胞质内充满许多透明角质颗粒。在角化过程中，透明角质颗粒体积增大，数目增多，最后胞质内充满了大块的透明角质颗粒。

2. 黑色素细胞　黑色素细胞起源于外胚层的神经嵴，其数量与部位、年龄有关，在紫外线反复照射后可以增多，而与肤色、人种、性别等无关。几乎所有组织内均有黑色素细胞，但以表皮、毛囊、黏膜、视网膜色素上皮等处数量偏多。在HE染色切片中，黑色素细胞位于基底层和毛囊，约占基底层细胞总数的10%，胞质透明，核小而浓染，故又名透明细胞。银染色及多巴胺染色阳性，可显示较多树枝状突起。电镜下可见黑色素细胞胞质内含有特征性黑色素小体，即含有酪氨酸酶的细胞器，是合成黑色素的场所，黑色素能遮挡和反射紫外线，从而保护真皮及深部组织。一个黑色素细胞可以通过其树枝状突起向周围10～36个角质形成细胞提供黑色素，形成一个表皮黑色素单元。

3. 朗格汉斯细胞　朗格汉斯细胞是起源于骨髓单核-巨噬细胞的免疫活性细胞，多分布于基底层以上的表皮及毛囊中，占表皮细胞总数的3%～5%。朗格汉斯细胞密度因部位、年龄和性别而异，面颈部较多，掌跖部位较少。

在HE染色切片，朗格汉斯细胞虽也表现为透明细胞，但其位于表皮中上部，而黑色素细胞常位于基底层内，多巴胺染色阴性，氯化金染色及ATP酶染色阳性。光镜下，朗格汉斯细胞呈多角形，胞质透明，细胞核较小呈分叶状。电镜下，朗格汉斯细胞核呈扭曲状，无张力丝、桥粒和黑色素小体，胞质清亮，内有特征性的Birbeck颗粒，又称朗格汉斯颗粒，此颗粒多位于细胞核凹陷附近，长150～300nm，宽约40nm，其上有约6nm的周期性横纹，颗粒一端出现球形泡，呈现棒状或球拍状外观。

朗格汉斯细胞的主要功能是免疫识别和抗原提呈，有多种表面标记，包括IgG和IgE的FcR、C3b受体，MHC Ⅱ类抗原及CD4、CD45、S-100等抗原，其中特异性标记为CD1a和CD207。

4. 梅克尔细胞　梅克尔细胞多分布于基底层细胞之间，分布不规则，偶尔成群排列，因其含有电子致密的颗粒及细丝束，在与相邻的角质形成细胞之间可见桥粒彼此相连。梅克尔细胞有短指状突起，胞质中含有许多直径为80～100nm的神经内分泌颗粒，细胞核呈圆形，常有深凹陷或呈分叶状。在感觉敏锐的部位，比如指尖和鼻尖，梅克尔细胞密度较大，这些部位的神经纤维在邻近表皮时失去髓鞘，扁盘状的轴突末端与梅克尔细胞基底面形成接触，构成梅克尔细胞-轴突复合体，具有非神经末梢介导的感觉作用。

（二）表皮-真皮结合部

表皮与真皮之间存在基底膜带，过碘酸-希夫染色显示为一条0.5～1.0μm的紫红色均质带，银浸染法可染成黑色。皮肤附属器与真皮之间、血管周围也存在基底膜带。在电子显微镜下，表皮-真皮结合部可分为以下四部分（图8-3）。

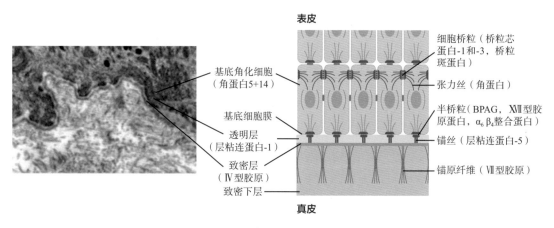

图8-3 表皮-真皮结合部

1. 胞膜层 主要由基底层角质形成细胞近真皮侧胞质膜构成，可见半桥粒穿行其间，半桥粒一边借助附着斑与胞质内张力丝相连接，另一边借助多种跨膜蛋白与透明层黏附，从而发挥在基底膜带中的"铆钉"样连接作用。

2. 透明层 位于半桥粒及基底层细胞底部细胞膜之下，因电子密度低而透明，厚度为20～40nm。透明层的主要成分是层粘连蛋白及其异构体缰蛋白、K-缰蛋白、表皮正粘配体蛋白，以及将层粘连蛋白和Ⅳ型胶原结合的连接蛋白。缰蛋白由基底细胞合成，当基因缺陷或自身抗体产生时，缰蛋白合成异常或被破坏，出现交界型大疱性表皮松解症或瘢痕性类天疱疮。这些蛋白组成了细胞外基质和锚丝，锚丝可穿过透明层达致密层，具有连接和固定作用。

3. 致密层 为带状结构，厚度为80～200nm，主要成分是Ⅳ型胶原，也有少量板层素。Ⅳ型胶原分子间相互交联形成的连续三维网格具有高度稳定性，是基底膜带的重要支持结构。致密层可细分为以下三层。

（1）内层：接近基底细胞胞质膜面，厚度为10～20nm，具有弱嗜锇性，电子密度低。

（2）中层：厚度为50～150nm，强嗜锇性。

（3）外层：厚度为10～20nm，弱嗜锇性，电子密度低。

4. 致密下层　也称网状层，与真皮之间相互移行，无明显界限。致密下层中有锚原纤维穿行，Ⅶ型胶原是其主要成分，后者与锚斑结合，将致密层和下方真皮连接起来，维持表皮与下方结缔组织之间的连接。致密下层的主要成分如下。

（1）锚丝：直径5～7nm，从基底细胞半桥粒经过透明板终止于致密板。

（2）锚原纤维：直径20～60nm，从致密板伸向真皮，在致密板下150～200nm处，彼此连接呈网状，或绕回致密板形成吊索，是单个胶原纤维的通道。

（3）微原纤维：锚纤维在致密板下150～200nm处分裂成微原纤维，伸入真皮，与弹力纤维紧密合并。

（4）胶原纤维：基底膜带的四层结构通过各种机制有机结合在一起，除使真皮与表皮紧密连接外，还具有渗透和屏障作用。表皮无血管分布，血液中营养物质通过基底膜带进入表皮，而表皮代谢产物也是通过基底膜带进入真皮。一般情况下，基底膜带限制分子量大于40 000Da的大分子通过，当其发生损伤时，炎症细胞、肿瘤细胞及其他大分子物质也可通过基底膜带进入表皮。

（三）真皮

真皮层是皮肤系统的"核心"，包含血液、淋巴管、神经和其他结构，如毛囊和汗腺。真皮是由成纤维细胞产生的弹性蛋白和胶原纤维相互连接的网状结构组成的两层结缔组织。

真皮由中胚层分化而来，属于不规则的致密结缔组织，主要分为两层，即乳头层和网状层，乳头层可进一步细分为真皮乳头和乳头下层，网状层也可再分为真皮中部和真皮下部，但两者之间没有明确界限（图8-4）。真皮结缔组织由胶原纤维、弹性纤维、基质及细胞成分组成，胶原纤维、弹性纤维和基质均由成纤维细胞形成，胶原纤维和弹性纤维相互交织，埋在基质内。

1. 乳头层　乳头层由疏松的乳晕结缔组织组成，该层是由胶原蛋白和弹性蛋白纤维形成疏松的网状结构。真皮层的浅层伸入表皮的基底层，形成指状的真皮乳头层（图8-4）。乳头层内有成纤维细胞、少量脂肪细胞和大量的小血管。此外，乳头层还包含吞噬细胞，这是一种防御细胞，有助于对抗皮肤上的细菌或其他感染。这一层还包含淋巴毛细血管、

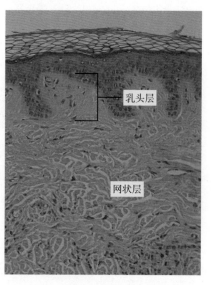

图8-4　真皮组成

真皮主要分为乳头层和网状层，两者都是由结缔组织组成，胶原纤维从乳头层延伸到网状层，使得两者之间的边界模糊。伸入真皮的乳头属于乳头层，下方密集的胶原纤维束属于网状层

神经纤维和被称为迈斯纳小体的触觉感受器。

2. 网状层　乳头层下面是较厚的网状层，由致密的不规则结缔组织组成。这一层血管丰富，有大量的感觉和交感神经。网状层由于紧密的网状纤维而呈网状。弹性蛋白纤维为皮肤提供一定的弹性，使其能够伸缩。胶原纤维提供结构和抗拉强度，胶原纤维链延伸到乳头层和皮下组织。此外，胶原蛋白结合水分保持皮肤水润。注射胶原蛋白和涂抹视黄醇A乳霜分别通过补充胶原蛋白或刺激血液流动和修复真皮层来帮助恢复皮肤湿润。

3. 下皮层　下皮层（也称浅筋膜）是真皮正下方的一层，负责连接皮肤和骨骼肌肉的下层筋膜。严格地说，它并不是皮肤的一部分，尽管下皮层和真皮之间的界限很难区分。下皮层由血管丰富、疏松的网状结缔组织和脂肪组织组成，储存脂肪，为外皮提供绝缘和缓冲。

4. 色素沉着　皮肤的颜色受多种色素的影响，包括黑色素、胡萝卜素和血红蛋白。黑色素由黑色素细胞产生，黑色素细胞散布在表皮的基底层。黑色素通过黑色素小体的细胞囊泡转移到角质细胞（图8-5）。

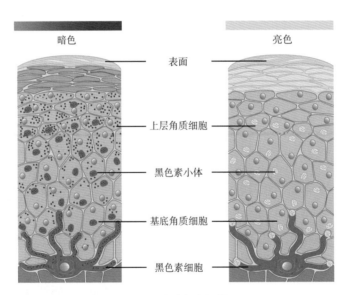

图8-5　皮肤色素沉着

皮肤的相对颜色取决于基底层黑色素细胞产生和角质细胞吸收的黑色素数量

黑色素有两种主要形式：真黑色素呈现黑色和棕色；类黑色素呈现红色。深色皮肤的人较浅色皮肤的人产生更多的黑色素。暴露在太阳或日光浴的紫外线下，会导致黑色素在角质细胞中产生和积累，是由于阳光照射刺激角质细胞分泌刺激黑色素细胞的化学物质。角质细胞中黑色素的积累导致皮肤变黑。这种黑色素积累的增加可以保护表皮细胞的DNA免受紫外线的伤害以及防止叶酸分解，叶酸是人体健康所必需的营养素。相反，过多的黑色素会干扰维生素D的生成，维生素D是一种参与钙吸收的重要营养物质。因此，皮肤中黑色素的数量取决于阳光照射和叶酸破坏之间的平衡，以及防止紫外线辐射和维生素D生成之间的平衡。

在阳光照射后大约10天，黑色素合成才会达到峰值，这就是肤色白皙的人最初会遭受表皮晒伤的原因。深色皮肤的人也会被晒伤，但比浅色皮肤的人受到更多保护。黑色素小体是一种临时结构，最终在与溶酶体融合时被破坏。因此，角质层中充满黑色素的角质细胞的逐渐脱落，使得皮肤晒黑不会持久。

过多的阳光照射会破坏皮肤的细胞结构，最终导致皱纹，严重时，会造成皮肤细胞DNA损伤，导致皮肤癌。皮肤不规则黑色素细胞积聚，则会出现雀斑。痣是较大的黑色素细胞团块，虽然大多数是良性的，但应该密切监测，防止癌变（图8-6）。

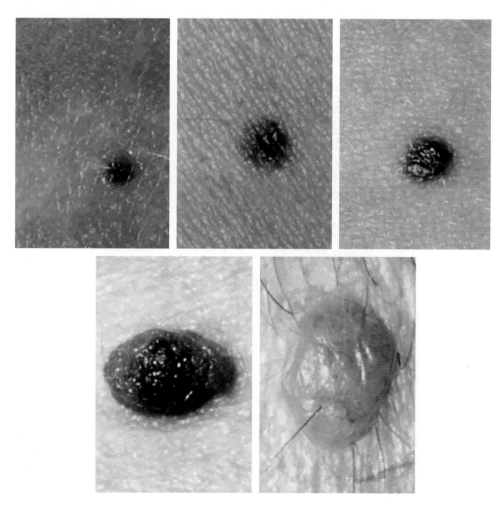

图8-6　痣

痣包括从良性黑色素细胞聚集到黑色素瘤

二、皮肤附属器

（一）毛发

1. 毛发结构和功能　毛发是一种长圆柱状角质结构，是从表皮长出的角质细丝，主要由死亡的角化细胞构成。毛发起源于表皮穿透真皮层的结构，称为毛囊。毛干游离在毛囊上，属于毛发的一部分，大部分暴露在皮肤表面。其余的毛发固定在毛囊中，位于皮肤表面以下，称为发根。发根在真皮层深处的毛球处结束，包括一层有丝分裂活跃的基底细胞，称为毛基质。毛球围绕着毛乳头，毛乳头由结缔组织构成，包含来自真皮的毛细血管和神经末梢（图8-7）。

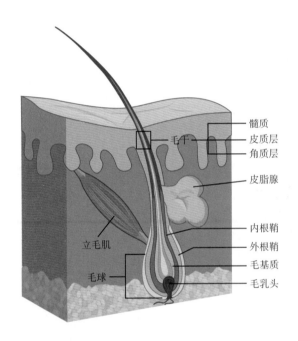

图8-7　毛发

毛囊起源于表皮，由许多不同的部分组成

毛发分布广泛，几乎遍布全身，仅掌跖、指（趾）屈侧、指（趾）末节伸侧、唇红、乳头、龟头、包皮内侧、小阴唇、大阴唇内侧及阴蒂等处无毛发。毛发可分为硬毛和毳毛。硬毛粗硬、具有髓质，颜色较深，进一步细分为长毛和短毛，头发、胡须、腋毛、阴毛等为长毛，眉毛、睫毛、鼻毛等为短毛。毳毛细软、无髓质，颜色较淡，主要见于面部、四肢和躯干。

如同表皮基底层形成表皮层一样，随着表面死皮脱落，表皮层被推到表面。随着毛发生长，毛球基底层细胞分裂并将毛根和毛干细胞向外推送。毛发的中央核心是髓质，被皮质层包围。皮质层是一层压缩的角化细胞，其外层覆盖着一层非常坚硬的角化细胞，称为角质层。毛囊纵向横切面镜下这些层次的结构，并非所有毛发都有髓质层。毛发质地（直或卷曲）是由皮质层的形状和结构决定的，在一定程度上，也是由髓质决定的。这些层次的形状和结构又由毛囊形状决定。毛发生长始于毛球的基底细胞产生角质细胞。当新的细胞沉积在毛球处时，毛干通过毛囊向表面推进。当细胞被推到皮肤表面形成外部可见的毛干时，角化就完成了。外部毛发完全死亡，完全由角蛋白组成。因此，毛发缺乏感知能力。日常生活中的剪毛发或剃须，由于修剪得很浅，不会损伤毛发结构，大多数化学脱毛剂也只是在表面起作用。但是，美发采用的电解和拉扯都可能会破坏毛球，致使毛发不能生长。

毛发有多种功能，包括保护、触觉感知、调节体温等。例如，头部毛发可以保护头骨免受阳光的伤害。鼻、耳朵和眼睛（睫毛）周围的毛发可通过阻挡和（或）捕获及排出携带微生物或含有过敏原的灰尘颗粒来保护身体。眉毛可以防止汗液和其他颗粒滴入眼睛。毛发本身无感知功能，但每个毛囊基底周围的毛根丛是由感觉神经支配的，因此，毛发对空气流动或环境中的其他干扰非常敏感，甚至比皮肤表面更敏感。这一特征也有助于感知皮肤表面是否存在昆虫或其他潜在的有害物质。毛根与立毛肌相连，立毛肌可对交感神经系统发出的神经信号作出反应而收缩，使外毛干"直立起来"。毛发直立可捕获一层空气达到增加绝缘性的目的。这种现象在人类身上表现为鸡皮疙瘩，在动物身上表现得更明显，比如当一只猫受到惊吓时全身皮毛竖起。

2. 毛发的生长　毛发长出到最终脱落，再长出新毛发，这些过程可划分为以下三个阶段。第一阶段是生长期，在此期间，毛根细胞迅速分裂，推动毛干向上和向外生长，通常持续2～7年。第二阶段退行期只持续2～3周，标志着毛囊从活跃生长到休止的逐渐过渡。第三阶段为休止期，毛囊处于休止状态，不再有新发生长。休止期持续2～4个月，意味着这一周期的结束，新的毛发生长周期开始。随着生长周期的重复，毛基质中的基底细胞产生新的毛囊，将旧毛发挤出去。在生长期，毛发通常以每天0.3mm的速度生长，平均每天有50根毛发脱落和替换。如果脱落的毛发比替换的毛发多，就会发生脱发，这是激素或饮食的变化所致，也可能是衰老的结果。

3. 毛发的颜色　与皮肤类似，毛发的颜色是由毛乳头中黑色素细胞产生的黑色素所致。不同毛色源于黑色素类型的不同，取决于遗传基因的差异。随着年龄增长，黑色素产生减少，毛发失去颜色，变成灰色或白色。

（二）皮脂腺

除掌跖和指（趾）屈侧外，皮脂腺遍布全身。皮脂腺在人体不同部位的分布密度不同：头皮、面部，特别是前额、鼻翼等处最多，躯干中央部位、腋窝较多，这些部位称

为皮脂溢出部位；四肢尤其是小腿外侧部位皮脂腺分布最少。根据导管开口部位的不同，皮脂腺可分为三种类型：①与毛囊有关的皮脂腺，导管开口于毛囊上部，位于立毛肌和毛囊的夹角之间，立毛肌收缩可促进皮脂排泄，与毛发共同构成毛皮脂腺单位；②与毳毛有关的皮脂腺，导管直接开口于体表；③与毛发无关的独立皮脂腺，见于唇红、乳晕、包皮内面、小阴唇、大阴唇内侧、阴蒂等处。

（三）外泌汗腺

外泌汗腺又称小汗腺，简称汗腺，是一种结构简单的单曲管状腺，腺体位于真皮和皮下组织交界处，自我盘旋呈不规则球状。导管自腺体垂直或稍弯曲向上，穿过真皮到达表皮，在表皮内呈螺旋状上行，开口于皮肤表面的汗孔。除口唇、鼓膜、甲床、乳头、龟头、包皮内侧、小阴唇及阴蒂外遍布全身。在掌跖部位分布密度最大，其次为面额部、腋下；四肢屈侧较伸侧密集，上肢较下肢密集。

（四）顶泌汗腺

顶泌汗腺又称大汗腺，属大管状腺体。顶泌汗腺的腺体直径较外泌汗腺约大10倍。腺体位置较深，多位于皮下脂肪层，偶见于真皮深中部；导管不直接开口于皮肤表面，而是在皮脂腺开口的上方开口于毛囊。顶泌汗腺仅分布于鼻翼、腋窝、脐窝、腹股沟、包皮、阴囊、小阴唇、会阴、肛门及生殖器周围等处。此外，外耳道的耵聍腺、眼睑的麦氏腺及乳晕的乳轮腺属于顶泌汗腺的变形。顶泌汗腺在女性中发育较早，在月经及妊娠期分泌旺盛。

在腋窝和肛周，存在受肾上腺素能和胆碱神经能双重神经递质调节的顶泌外泌汗腺，在青春期由外泌汗腺结构向顶泌汗腺转分化。其腺体直径介于外泌汗腺和顶泌汗腺之间，导管直接开口于皮肤表面。

（五）指（趾）甲

甲是一种特殊的表皮结构，是覆盖在指（趾）末端伸面的致密坚实角质，扁平而有弹性，自近端向远端稍有弯曲，呈半透明状。甲的外露部分称为甲板，呈外凸的长方形，厚度为0.5～0.75mm；甲板远端称为游离缘；甲板近端的新月状淡色区域为甲半月，称为"小月亮"；伸入近端皮肤中的部分称为甲根。甲板除游离缘外，其他三边均嵌于皮肤皱褶内。甲板周围的皮肤称为甲廓。甲板下的皮肤称为甲床，其中位于甲根下者称为甲母质，是甲的生长区。甲下皮肤的真皮内富含血管，利于指（趾）甲生长。手指甲的生长速度约为每3个月长1cm，足趾甲的生长速度约为每9个月长1cm。疾病、营养状况、环境和生活习惯的改变可影响甲的形状和生长速度。

甲板形成于甲床之上，以保护手指和脚趾末端，由于手指和脚趾末端是最远的四肢，也是身体承受最大机械应力的部位（图8-8）。此外，甲板形成一个背部支撑，可以配合指头捏起小物体。甲板由密集的死亡角质细胞组成。身体这部分的表皮已经进化出一种专门的结构。甲板形成于指甲根部，甲根部的基底层基质有增殖细胞，可使甲板持续生长。侧甲皱襞与两侧的指甲重叠，有助于锚定甲板。与甲板近端相接的甲皱襞形成指甲角质层，也称为甲上皮。甲床富含血管，外观显示呈粉红色。

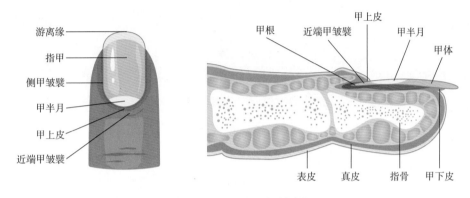

图8-8 指（趾）甲解剖结构

三、外皮的功能

皮肤及其附属结构执行各种基本功能，如保护身体免受微生物、有害化学物质和其他环境因素的入侵，防止脱水，作为感觉器官，调节体温和电解质平衡，以及合成维生素D等。皮下组织储存脂肪，在皮下结构上形成"缓冲垫"，还在抵御低温方面起着重要作用。

（一）保护作用

皮肤保护身体不受风、水和紫外线等自然因素的伤害。角质层中角蛋白层和糖脂层充当了防止水分流失的保护屏障，同时也是防止砂砾、微生物或有害化学物质入侵的第一道防线。汗腺排出的汗液通过产生具有抗生素特性的抗菌肽来阻止微生物在皮肤表面过度定植。

（二）感官功能

皮肤之所以能感觉到蚂蚁在皮肤上爬，是因为皮肤，尤其是从皮肤毛囊中伸出来的毛发，可以感知外界环境的变化。毛囊根部周围的毛根神经丛感知到异常，然后将信息传递给中枢神经系统（大脑和脊髓），中枢神经系统通过激活眼睛的骨骼肌看到蚂蚁作出反应，身体的骨骼肌就会对蚂蚁采取行动。

皮肤是一种感觉器官，由于表皮、真皮和皮下组织有专门的感觉神经结构，可以感知触摸、表面温度和疼痛变化。手指指尖集中了较多感受器，其对触摸最敏感，尤其是对轻触摸反应的迈斯纳小体（即触觉小体）和对振动反应的帕西尼小体（即层状小体）。分布在基底层的梅克尔细胞也是触觉感受器。除了这些特殊的感受器外，还有与每个毛囊相连接的感觉神经、遍布皮肤的疼痛和温度感受器以及支配立毛肌和腺体的运动神经。丰富的神经支配帮助我们感知环境并作出相应的反应。

（三）体温调节

外皮系统通过与交感神经系统的紧密联系帮助调节体温。交感神经系统是神经系统的一个分支。交感神经系统持续监测体温，并启动适当的运动反应。汗腺是皮肤的附属结构，当身体温度升高时，汗腺分泌水、盐和其他物质来冷却身体。即使身体没有显性出汗，每天也分泌大约500ml的汗液（不显性出汗）。如果身体因高温、剧烈运动或两者结合而变得温度过高（图8-9A、C），汗腺就会受到交感神经系统的刺激而产生大量汗液，活动量大的成年人每小时最多可分泌0.7～1.5L的汗液。当汗液从皮肤表面蒸发时，身体的热量就会消散，从而达到降温的目的。

除了出汗外，真皮的小动脉也会扩张，这样血液携带的多余热量就可以通过皮肤散发到周围环境中（图8-9B）。这就是许多人在锻炼时皮肤发红的原因。

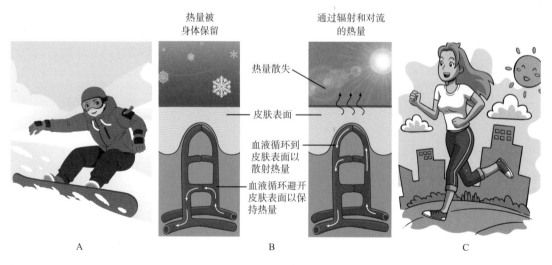

图8-9 体温调节

在剧烈的体育活动如滑雪（A）或跑步（C）时，真皮层血管扩张，汗液分泌增加（B）。这些机制可以防止身体过热。相反，真皮层血管收缩可以减少低温下的热量损失（B）

当体温下降时，小动脉收缩以减少热量损失，尤其是在手指末端和鼻尖。血液循环的减少会导致皮肤变苍白。皮肤温度因此下降，被动热量损失被阻止，内部器官和结构保持温暖。如果皮肤温度下降太多（比如环境温度低于冰点），为保存身体核心热量可导致皮肤冻伤。

（四）维生素D的合成

人体皮肤的表皮在紫外线照射下会合成维生素D。在阳光照射下，一种叫作胆钙化醇的维生素D_3由皮肤中的胆固醇的衍生物即类固醇合成。肝脏将胆钙化醇转化为钙化二醇，然后在肾脏内转化为骨化三醇（维生素D的活性化学形式）。维生素D对于钙和磷的正常吸收是必不可少的，而钙和磷是健康骨骼所必需的。缺乏阳光照射会导致身体缺乏维生素D，导致佝偻病。缺乏维生素D的老年人会患上骨软化病。在当今社会，维生素D作为许多食物的补充添加，包括牛奶和橙汁，以补偿晒太阳的需要。除了在骨骼健康方面发挥重要作用外，维生素D对抵抗细菌、病毒和真菌感染的一般免疫力也是必不可少的。最近的研究也发现了维生素D不足和癌症之间存在联系。

（五）皮肤与衰老

随着年龄的增长，人体所有系统都会积累明显和（或）不明显的变化，包括细胞功能下降、代谢减慢、激素水平下降和肌肉力量的减弱等（图8-10）。在皮肤中，这些变化反映在基底层细胞有丝分裂减少，导致表皮变薄。负责皮肤弹性的真皮层再生能力下降，导致伤口愈合较慢。由于脂肪的减少和再分配，储存脂肪的皮下组织失去了结构支撑，这反过来又导致皮肤变薄和下垂。

皮肤附属结构也降低了活力，使毛发和指甲变细或变薄，皮脂和汗液减少。出汗能力下降会导致一些老年人不能忍受酷热。皮肤的其他细胞，如黑色素细胞和树突状细胞，也变得不活跃，导致肤色变白，免疫力下降。皮肤起皱是由于真皮层中胶原蛋白和弹性蛋白分泌减少，皮下肌肉无力，以及皮肤无法保持足够的水分，导致皮肤结构的破坏。

图8-10　衰老与皮肤
皮肤尤其是面部和手部皮肤随着年龄增长逐渐失去弹性，出现明显的、第一个衰老的迹象

市场上有许多抗衰老产品。一般来说，这些产品试图给皮肤补水，从而填补皱纹，有些是使用激素和生长因子刺激皮肤生长。此外，侵入性技术包括注射胶原蛋白可以使皮肤组织丰满，局部注射肉毒杆菌神经毒素，麻痹引起皮肤皱纹的肌肉组织，

达到美容功效。

第二节　皮肤微生态特征与生理功能

皮肤是人体最大的器官。皮肤是一个复杂的生态系统，表面寄居着数以百万计的微生物，包括细菌、真菌和病毒。这些微生物及其基因组连同皮肤表面的组织细胞及各种分泌物、微环境等共同组成的生态系统称为皮肤微生态（图8-11）。

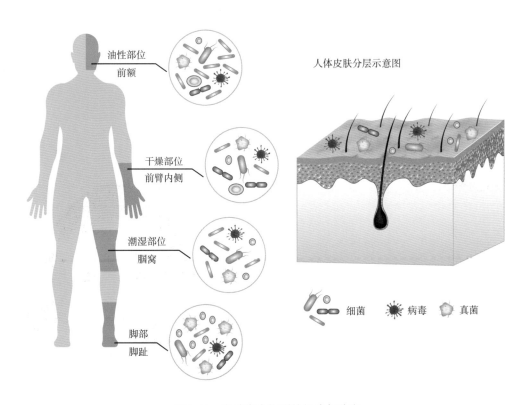

图8-11　皮肤微生物群的组成与分布

一、皮肤微生态特征

（一）皮肤微生态的建立和演替

新生儿皮肤微生态菌群最初的定植可能发生在分娩期间，且取决于分娩方式。胎儿的皮肤被来自母亲的微生物定植，此时菌群多样性很低，顺产的婴儿皮肤上获得母亲阴道内的菌群，如乳酸菌、普雷沃菌或斯尼思菌等。这些阴道菌群在6周龄左右逐渐消失，正常皮肤菌群中的葡萄球菌和棒状杆菌等逐渐形成。剖宫产的新生儿身上形成典型的腹部皮肤相关菌群，以葡萄球菌、棒状杆菌和丙酸杆菌为主。母乳喂养期间，来自环境的微生物也开始在皮肤和头皮上定植。最初新生儿皮肤微生态不同部位之间并无差别，微生态部位特异性的演变出现在出生后的3个月内。青春期前，皮肤表面菌群中厚壁菌门、拟杆菌门、变形菌门丰度较高，同时也有多样化的真菌菌群。进入青春期皮肤微生态的丰度和多样性发生重塑，与此同时性激素开始驱动皮脂腺成熟，分泌产生皮脂有关。最为典型的改变就是亲脂性微生物痤疮丙酸杆菌和马拉色菌在皮肤表面扩张。青春期后，皮肤表面定植的细菌和真菌随着时间的推移保持相对稳定。到了成年期，每一个个体在属水平上都具有惊人多样性的共生皮肤和头皮菌群，达到一个相对平衡的状态。一项为期2年的研究中，通过使用纵向采样研究发现，成年期后尽管环境不断变化，但基本不会从环境中获得新的菌群，皮肤微生物群落基本稳定。其中，皮脂腺部位的细菌和真菌群落最为稳定，足部的微生物群落最不稳定，真核DNA病毒随时间变化最大，其原因可能与真菌在环境中的短暂存在有关。遗憾的是，目前有关老年人皮肤微生态的研究和分析甚少，需要进一步的研究来阐明老年人皮肤微生态的生理和皮肤感染易感性的变化。

这些与年龄、时间有关的皮肤微生态变化是有趣的，许多皮肤疾病也都与年龄有关。例如，大多数儿童在青春期前葡萄球菌相关的特应性皮炎发生率较低，而马拉色菌相关的花斑癣在成人中比儿童更常见。总之，了解皮肤微生态的起源和发展，以及其对疾病和健康的影响是十分有意义的。

（二）皮肤微生态分布的多样性

皮肤上的菌群菌落比其他任何上皮表面的种类都要多，其组成和丰度在个体之间和随着时间的推移都有很大的变化，导致了一个极其动态和波动很大的微生物群。每个解剖生态位都有生态上独特的微环境，供微生物群落适应。研究不同部位的微生物群组成对于阐明常见皮肤病的病因很有价值。

对20～23岁的健康成人的测序调查中发现微生物群落的组成主要依赖于皮肤部位的生理，人体皮肤有四种主要的环境类型：湿润、皮脂腺、干燥和其他。湿润的部位包括腋窝、肘部内侧或腹股沟褶皱；皮脂腺区包括前额、鼻翼皱褶、耳后皱褶和背部；较干燥的部位包括肘伸侧、臀部上部；其他微环境包括汗腺、毛囊和真皮层。微生态的分布取决于各部位的环境类型及种属对脂质的需求：湿润的区域，主要是葡萄球菌和棒状杆菌为主；干燥的区域主要是葡萄球菌、丙酸杆菌、微球菌、棒状杆菌、水杆菌和链球菌；皮脂腺部位菌群的多样性、均匀度和丰富度低于湿润和干燥部位，主要以丙酸杆菌和马拉色菌为主。

人体皮肤微生物的差异，不仅表现在广度上，在深度上也存在明显差别。多种独立的检测技术表明，细菌不仅存在于皮肤表面，还存在于表皮的深层，甚至真皮层和真皮脂肪组织中都具有特定的微生态。人皮肤角质层是由终末分化的无核角质细胞组成的。皮肤表面的微生物通过黏附素和角质细胞结合而定居在皮表。有学者用胶带粘贴法证明细菌在皮肤不同深度的分布，指出大约85%的细菌分布在角质层的前2～6层，随着深度的增加，菌种逐渐减少，15次粘贴之后几乎再没有发现细菌，并且皮肤菌群中大约25%的菌种源于毛囊，可见不同菌种对皮肤的侵袭能力不同。也有学者证实皮肤菌群可以透过皮肤浅层，到达真皮。深层菌群和浅层菌群存在差异：与浅层菌群相比，深部菌群中以葡萄球菌为主的厚壁菌属增多，以丙酸杆菌为主的放线菌属减少；皮肤损伤后微生物组成和分布也会出现动态变化，皮肤屏障受损后第14天与第1天相比，皮肤表面菌群和深部菌群更为接近。这些微生物进入的途径还有待确定，推测表皮的各种微生物可能被吞噬细胞吞噬后转移至表皮深层或真皮、皮下。如树突状细胞、黑色素细胞和朗格汉斯细胞，每种细胞都表达独特的模式识别受体（PRR），当暴露于微生物成分时，通过PRR进入真皮、皮下。

与细菌相类似，皮肤真菌的组成也依赖于身体不同部位的生理特性，马拉色菌是躯干和手臂部位的优势菌，该菌富含脂肪酶基因而缺乏碳水化合物酶基，其优势定植部位的皮肤富含脂质而缺少碳水化合物。足部则以马拉色菌属、曲霉菌属、隐球菌属、红酵母属、外壁菌属等更多样化的组合为主。但真菌的整体丰度较细菌要低，即使在真菌多样性很高的足部也是如此。究其原因与可用的细菌参考基因组比真菌参考基因组更为丰富，导致了目前得到的细菌和真菌分布上和整体丰度的差异。

与细菌和真菌相反，真核DNA病毒的定植是针对个体而非解剖位点。由于病毒之间没有普遍共享的标记基因，病毒群落的多样性只能通过纯化的病毒颗粒或宏基因组测序获得。一项针对5名健康患者和1名梅克尔细胞癌患者的皮肤进行的高通量宏基因组测序研究显示，人类皮肤上存在高度多样性的DNA病毒。有学者认为即使是致病病毒如人乳头瘤病毒，也是皮肤微生物群的正常组成部分。另外，由于RNA病毒只能通过RNA测序进行测序，所以无法在健康个体的皮肤样本中获得。

皮肤表面的病毒在一定程度上可影响细菌群落结构和功能，病毒通过杀死宿主角质形成细胞和介导遗传交换等机制发挥作用。在葡萄球菌、假单胞菌和丙酸杆菌中已知发现几种噬菌体，这些噬菌体已被证明可以宿主独立的方式减少微生物定植和病理。在肠道中，它们通过特定的衣壳蛋白附着在腔内黏液中的特定糖蛋白上，从而形成一层抗菌层，减少黏液上的细菌附着和定植，从而减少上皮细胞死亡。但还不清楚噬菌体在多大程度上影响皮肤微生物群。

多种因素，包括局部皮肤解剖结构、脂质含量、pH、汗液等，长期以来一直被认为是导致某些皮肤疾病的原因，但目前已经证明，这些因素主要影响皮肤微生态的平衡。微生态屏障被打破或共生菌和病原体之间的平衡被打破，就会导致皮肤病甚至全身性疾病。因此，某些皮肤疾病好发于特定部位，如肘关节伸侧银屑病更多见，而特应性皮炎好发于肘关节曲侧。痤疮好发于面部、头皮、胸部和背部等皮脂腺丰富区域。了解自然存在的共生微生物群落分布有助于了解有利于耐抗生素生物出现的条件。分析栖息在不同部位的微生物菌群也可以更好地了解皮肤微生态和疾病之间的相关性。

（三）不同人种、性别和生活方式间微生态分布存在差异

来自不同国家地区、种族甚至不同海拔的人群皮肤微生态也不尽相同。例如，中国人群及新加坡人群皮肤中的奥斯陆莫拉菌（*Moraxella osloensis*），在北美人群中较少出现。美洲印第安人皮肤微生物群的主要菌株，在美国人群样本中并未发现。一项针对中国、美国、坦桑尼亚和中国香港地区的皮肤微生态公开数据样本分析的结果显示，不同种族人群的皮肤微生态组成和丰度存在差异，并且皮肤微生物菌群的人种差异可能大于人种组内不同生物地理位置的差异。尽管人种和微生物组差异之间存在联系，但人种本身不太可能直接导致菌群变异。而依赖于不同人种中人群的生理和其他因素（如生活方式，包括饮食习惯、洗澡洗手频率、化妆品护肤品的使用）结合起来影响微生物菌群组成的变化，因而导致皮肤菌群在个体和种族间出现差异。

皮肤微生物组成的性别差异可能基于影响皮肤特性的生理和解剖学差异，如激素分泌、出汗率、皮脂分泌、表面pH、皮肤厚度、毛发生长或化妆品使用。在最近一项关于皮肤屏障被破坏后人体表皮微生态的研究中，女性手上的微生物多样性明显高于男性，这与女性皮肤表面酸性较低和使用化妆品有关。

另外，在治疗各种细菌感染方面，抗生素的发明是一个重要的里程碑，但与此同时，过度使用甚至滥用抗生素已成为一个值得关注的问题，滥用抗生素不但导致一定数量的耐药病原微生物菌株产生，会使得感染的治疗更为艰难，还有可能导致皮肤微生态永久失衡进而导致一些相关皮肤疾病的发生。除此之外，用于治疗癌症的放射治疗和化学治疗也可能影响皮肤的微生态。尽管皮肤微生态受多种因素的影响，但是常驻菌群仍保持相对稳定的状态。

比较不同种族、性别和不同生活方式的人群之间微生态分布的差异将有助于揭示人类与其直接环境之间的关系。为了更好地了解不同生活方式对人类皮肤微生态的影响，有必要对更多国家（中国与西方国家）不同文化的个体群体进行抽样调查，以及对我国东西部地区、高原与平原地区不同生活方式的人群进行更为精准的分层分析，从而更好地揭示皮肤微生态的分布特点和与相关疾病的动态关系。

（四）皮肤微生态与皮肤病

越来越多的研究表明，皮肤微生态失衡会导致一系列皮肤疾病，发生皮肤疾病时，

皮肤菌群的多样性、组成和代谢等也都会发生显著的变化。

1. 特应性皮炎　特应性皮炎是一种慢性、复发性、炎症、异质性皮肤疾病，表现为剧烈瘙痒，严重影响患者生活质量。特应性皮炎患者的皮肤尤其在皮损部位细菌多样性降低，金黄色葡萄球菌和表皮葡萄球菌的相对丰度上升，而其他菌属如丙酸杆菌属等减少。90%以上的患者在皮损和非皮损区都检测到定植的金黄色葡萄球菌，且该菌的定植与特应性皮炎严重程度有关。在健康个体中该菌的定植比例低于5%，当患者病情好转时金黄色葡萄球菌的相对丰度降低。人体皮肤表面所定植的金黄色葡萄球菌一方面会产生毒素，如超抗原、α-δ-毒素和蛋白酶等，使宿主局部皮肤炎症激活，造成皮肤屏障的破坏；另一方面，金黄色葡萄球菌可以渗透进入皮肤，直接激活局部免疫反应，增加IL-4、IL-13和IL-22的表达，通过刺激角质形成细胞进而损害皮肤屏障。

2. 痤疮　痤疮是一种青少年最常见的皮肤病，可影响多达80%的青少年，并持续存在于约3%的中年人中。痤疮丙酸杆菌被认为与痤疮发生密切相关，健康人和痤疮患者都有痤疮丙酸杆菌的定植，痤疮患者和健康人相比，痤疮丙酸杆菌种群没有显著差异，但痤疮丙酸杆菌的基因表达谱在两类人群中存在显著差别，且不同痤疮丙酸杆菌菌株有不同的毒力，在健康皮肤和痤疮患者皮损中的分布和丰度也不同，更多的是在菌株水平表现了与发病的关联性，如痤疮患者中核型为4、5、7、8、9等的痤疮丙酸杆菌菌株丰度明显较正常人群增高。

3. 脂溢性皮炎　脂溢性皮炎是一种伴有鳞屑的炎症性疾病，当累及婴儿头皮时，亦被称为"摇篮帽"。脂溢性皮炎的发病机制尚不明确，但多个研究中提及与激素水平的变化和马拉色菌有关系。马拉色菌属作为皮肤真菌的主要组成部分，广泛存在于面部、头皮、胸部和背部等皮脂腺丰富的区域，可将局部的甘油三酯分解成脂肪酸，消耗掉其中特定的饱和脂肪酸，残余不饱和脂肪酸在该处引起炎症反应，逐渐发展成脂溢性皮炎。已发现脂溢性皮炎的改善与马拉色菌减少有关。马拉色菌群落的变化也可能改变局部定植的细菌微生物群，有研究显示金黄色葡萄球菌、链球菌及不动杆菌在皮损处比非皮损处更丰富。而这些菌群可能不是脂溢性皮炎的直接致病因素，但会提供一些营养物质以促进局部马拉色菌的生长。

4. 银屑病　银屑病是一种免疫介导的炎症性皮肤病。目前已有研究表明，银屑病患者皮肤上的微生物群落与健康皮肤有很大不同，银屑病患者皮肤微生物组的多样性增加，但稳定性降低。有研究显示银屑病患者和健康人群相比厚壁菌属数量明显增多，而丙酸杆菌数量却大大减少。群落稳定性的丧失，导致皮损处丙酸杆菌和葡萄球菌丰度较非病变皮肤和健康人皮肤明显增多。这可能导致金黄色葡萄球菌等病原体的定植增多，加剧皮肤炎症。

尽管已经做了大量的研究工作来确定皮肤疾病如特应性皮炎、痤疮、脂溢性皮炎、银屑病等是影响皮肤微生物态改变的结果，还是触发因素，目前仍没有明确的定论。大部分学术观点认为皮肤炎症状态下皮肤生理病理特性的改变导致了菌群的变化，而变化了的菌群又进一步加重了皮肤炎症。疾病的发病模式和触发因素对皮肤微生物群的作用仍然难以确定，需要更多的工作来验证。

二、皮肤微生态的生理功能

作为机体与外界环境直接接触的器官，皮肤是抵御外界环境侵袭的重要物理、化学和免疫屏障。皮肤为正常菌群的繁殖提供了场所和营养，正常菌群对宿主发挥着屏障、免疫代谢和营养等必要的生理功能。皮肤共生菌群与皮肤免疫系统发生广泛的相互作用：一方面皮肤的生理特性与免疫网络调节皮肤菌群的组成与分布，另一方面微生物通过其菌体成分与代谢产物作用于宿主细胞，从而影响局部和系统免疫。人体皮肤微生物并不只是被动的寄生者，它们作为人体皮肤黏膜屏障的一部分，可通过多种方式积极参与宿主免疫和维护人体皮肤健康。皮肤免疫稳态的维持依赖于皮肤免疫系统和菌群二者相互作用的平衡，当平衡失调时，免疫稳态破坏、失调菌群可能参与炎症性皮肤疾病，而调节皮肤菌群及其代谢则有可能辅助治疗皮肤疾病和系统疾病。

定居在皮肤表层的细菌通常可以分为常驻菌群和暂住菌群。常驻菌群是指长期定居稳定在皮肤，并且可以自我恢复的菌群。暂住菌群是指通过接触，从外界环境中获得的一类菌群。正常菌群定居在完整的健康皮肤表面不会造成感染，暂住菌群依靠它们独特的致病潜力可以造成严重的皮肤感染。皮肤表面的常驻菌群主要包括葡萄球菌、棒状杆菌、丙酸杆菌、不动杆菌和马拉色菌。如前所述，常驻菌群的组成会因为不同部位而有所差异，但是通常认为常驻菌群可以通过分泌细菌素抑制暂住菌，从而保护皮肤远离那些可以破坏屏障的病原菌的侵害。皮肤屏障和微生物群就像一个盾牌，保护身体免受外来攻击。宿主与常驻和（或）暂住菌群之间存在平衡的相互作用。这种平衡不断受到内在（宿主）和外在（环境）因素的影响。两者任何一端平衡被打破，都会导致皮肤感染或疾病的发生。

（一）屏障功能

皮肤微生态是可以抵御外来致病微生物入侵、定植和感染的屏障。例如，人表皮葡萄球菌产生的抗生素对金黄色葡萄球菌有很强的抑制活性。一些表皮葡萄球菌菌株可以产生丝氨酸蛋白酶谷酰基肽链内切酶，降解金黄色葡萄球菌生物膜合成及与宿主上皮细胞黏附的重要蛋白，当丝氨酸蛋白酶谷酰基肽链内切酶的蛋白酶活性与β防御素的抗菌活性相结合时，所产生的杀菌活性足以杀死生物膜中的金黄色葡萄球菌，从而抑制金黄色葡萄球菌的生长；另一些表皮葡萄球菌菌株能产生羊毛硫抗生素，抑制金黄色葡萄球菌生长；而某些芽孢杆菌菌株可以抑制金黄色葡萄球菌的群体感应系统，从而达到抑制金黄色葡萄球菌大量繁殖和毒力基因表达的目的。再比如，痤疮丙酸杆菌可以抑制金黄色葡萄球菌和化脓性链球菌等病原体的生长和定植，但也允许低毒力葡萄球菌菌株，如表皮葡萄球菌和棒状细菌生长。而痤疮假单胞菌和表皮假单胞菌都在控制化脓性链球菌或金黄色葡萄球菌等病原体的生长方面发挥作用。痤疮假单胞菌分解皮脂释放脂肪酸，抑制皮肤表面细菌的生长，促进亲脂性酵母菌马拉色菌的产生。而表皮假单胞菌引起微生物脂膜泄漏，并进一步与人类宿主抗菌肽（AMP）的产生协同作用，进而减少化脓性链球菌或金黄色葡萄球菌的数量。

由于金黄色葡萄球菌经常进化出对抗生素的耐药性，因此使用共生微生物的策略，是当前热门的研究领域。多种凝固酶阴性葡萄球菌、表皮葡萄球菌和人葡萄球菌被证明能产生新型抗生素，能够与人抗菌肽LL-37协同作用，并抑制金黄色葡萄球菌的生长。产生这些抗生素的菌株在特应性皮炎患者中耗尽，进而金黄色葡萄球菌定植增多。局部应用这些产生抗生素的菌株可减少特应性皮炎患者金黄色葡萄球菌的定植。值得注意的是，并非所有微生物都能抑制金黄色葡萄球菌，研究发现，某些丙酸杆菌可特异性诱导金黄色葡萄球菌聚集和生物膜形成，其诱导方式依赖于剂量、生长期和pH。在另一项体外研究中发现，金黄色葡萄球菌暴露于共生纹状棒状杆菌时，会从毒性转变为共生性。这种改变金黄色葡萄球菌行为的能力提供了调节其行为而不是摧毁病原体的治疗选择。

宿主也通过免疫系统影响菌群组成。例如，宿主表皮的角质形成细胞、皮脂腺生成的抗菌肽、脂质抗菌剂和细胞因子等具有杀死或灭活多种微生物的作用，参与建立及塑造微生物群落。其拮抗机制与宿主的抗菌反应协同作用。例如，一种由里昂葡萄球菌产生的肽抗生肽，可通过TLR-MyD88途径诱导角质形成细胞产生抗菌肽LL-37和中性粒细胞趋化因子CXCL8。宿主皮肤细胞通过模式识别受体不断采集定植在表皮和真皮层的微生物，从而促进宿主免疫。研究表明，表皮葡萄球菌可以通过以下机制发挥作用：①可诱导产生多种抗菌肽，如β防御素-2和防御素-3，增强宿主对金黄色葡萄球菌的免疫；②可激活肥大细胞，介导抗病毒免疫；③在伤口愈合过程中抑制炎症反应，诱导皮肤的抗菌肽产生；④刺激皮肤T细胞成熟。因此，皮肤微生态与宿主防御系统和内源性抗菌肽合作来保护皮肤（图8-12）。

此外，微生态菌群可能代表了一种环境过滤器，因为大多数与皮肤接触或穿透皮肤的病原体也与微生物组接触。因此，免疫系统对微生物态的组成也有一定的影响。同时，皮肤表面的细菌也分泌鞘磷脂酶，将层状脂转化为神经酰胺，神经酰胺是角质层的关键成分，构成重要的物理屏障。潜在的病理生物学或基因决定的角质层特性变化可能导致生态失调，改变共生物种的丰度和多样性，从而扰乱皮肤屏障功能，诱发或加重皮肤疾病。

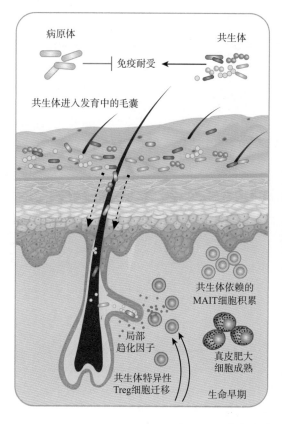
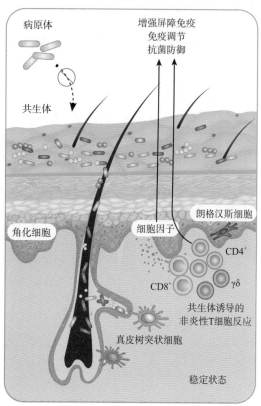

图8-12　宿主皮肤-微生物群相互作用

（二）皮肤微生态与固有免疫

皮肤微生物菌群的生长受到皮肤免疫的影响，同时皮肤微生态也可以调节机体固有免疫。角质细胞通过模式识别受体和识别病原体相关分子模型来识别皮肤表面的微生物，受体的激活启动了固有免疫反应，释放抗菌肽、细胞因子、趋化因子等，进而调节皮肤微生物的平衡。在动物实验中发现，在无菌室生长的无菌小鼠不能抵抗利什曼虫的感染，但是当该无菌小鼠接种皮肤常见菌群表皮葡萄球菌后，再感染利什曼虫就可以抵抗该寄生虫。

微生物的代谢和炎症环境可以导致不同类型的免疫反应，微生物可与皮肤的角质形成细胞和免疫细胞相互作用，影响皮肤局部和系统免疫反应，参与免疫稳态的建立。

1. 增强皮肤固有免疫功能　皮肤微生物通过刺激宿主来源的抗菌肽和蛋白质的产生以增强皮肤固有免疫功能。皮肤作为人体抵抗外源性病原微生物的第一道防线，其中的许多细胞可以产生抗菌肽，如角质形成细胞、中性粒细胞、皮脂腺细胞等。不同的细胞和组织可表达不同的抗菌肽，但大多数情况下抗菌肽以组合的形式被共同表达，一起发挥作用。抗菌肽有着广谱的直接抗菌杀菌作用。另外，抗菌肽还可以通过产生细胞因子和炎症趋化因子，活化免疫细胞及转录因子，调节机体免疫，间接抵抗病原菌的入侵，维持皮肤微生态的稳定。LL-37抗菌肽的表达随着微生物信号启动的激活而增加。表皮葡萄球菌可以通过Toll样受体-2机制刺激角质细胞表达抗菌肽；马拉色菌可以通过蛋白激酶C途径上调β防御素-2表达；痤疮丙酸杆菌对角质形成细胞和皮脂腺细胞β防御素-2的分泌起调控作用。而β防御素对大肠杆菌和金黄色葡萄球菌具有杀菌作用。皮脂腺会使革兰氏阴性脂多糖产生富含脯氨酸的蛋白SPR1和SPRR2，它们可直接破坏带负电荷的细菌膜。皮肤也产生大量具有广泛抗菌活性的阳离子。这些抗菌肽、蛋白质、阳离子协同作用，为皮肤提供一系列抗微生物防御，以抵御环境中的微生物入侵。

2. 参与固有免疫反应　在伤口修复过程中，皮肤微生态同样可以参与固有免疫反应。皮肤中的共生菌群在损失修复过程中引发Ⅰ型干扰素反应。皮肤表面菌群可刺激中性粒细胞，使细胞表面表达的CXCL10增多，进而CXCL10招募活化的浆细胞样树突状细胞（pDC），引起下游一系列免疫反应，抗感染同pDC产生中间丝，通过刺激成纤维细胞和巨噬细胞生长因子产生来加速伤口修复（图8-13）。

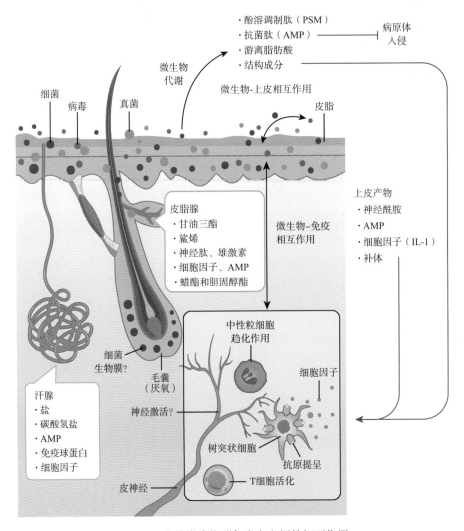

图8-13　皮肤微生物群与宿主之间的相互作用

除固有免疫分子外，固有免疫细胞也受到皮肤菌群的影响。最近研究显示，无菌小鼠含有大量未分化的肥大细胞，且低表达干细胞因子（SCF）；皮肤微生物通过诱导角质形成中SCF的产生促进肥大细胞的成熟。皮肤菌群对免疫细胞的发育、增殖、成熟及活化均有重要的调节作用，参与皮肤免疫系统的建立与成熟的多个环节。

（三）皮肤微生态与适应性免疫

皮肤微生态既参与固有免疫反应，也影响着多种适应性免疫反应。皮肤中有大量的常驻记忆T细胞，可以对包括病原微生物和共生微生物在内的各种环境刺激作出应答。与入侵病原体在皮肤引起的免疫反应不同，共生微生物可在不引起炎症的情况下诱发皮肤的适应性免疫应答。新生儿早期皮肤定植的过程也是建立对共生微生物的免疫耐受的过程。菌群定植过程中可以观察到暴露于皮肤共生表皮葡萄球菌介导的高度活化的调节性T细胞（Treg细胞）突然迁移至新生儿皮肤。Treg细胞抑制导致对这些共生菌的耐受性减弱。Treg细胞迁移与毛囊发育同时发生，并需要毛囊角质形成细胞产生趋化因子。Treg细胞与皮肤中的许多其他免疫细胞亚群一起最终驻留在毛囊附近，Treg细胞向皮肤的迁移受毛囊发育及毛囊中定植的微生物的影响，同时微生物在毛囊的早期定植可受到Treg细胞的限制与调控，菌群与机体免疫系统之间存在一种平衡。

除Treg细胞外，皮肤中还有相当一部分可能具有微生物特异性的高度多样化的T细胞，已发现表皮葡萄球菌可以激活表皮葡萄球菌特异性IL-17$^+$CD8$^+$T细胞，进一步诱导角质形成细胞产生抗菌肽，保护皮肤免受感染。具有共生菌群特异性的T细胞还有促进皮肤伤口修复的作用。总之，微生物群可以诱导多种形式的适应性免疫，将抗菌功能与组织修复联系起来。微生物在招募和刺激皮肤中的免疫细胞方面起关键作用。

（四）皮肤菌群代谢产物与宿主免疫

皮肤菌群既可以通过微生物表面分子和核酸刺激宿主免疫系统，也可以通过微生物代谢产物来间接塑造微生物-宿主免疫稳态。微生物可通过代谢皮肤中的蛋白质和脂质等成分产生生物活性分子。如皮肤菌群可产生脂肪酶分解甘油三酯等皮脂从而生成游离脂肪酸，痤疮丙酸杆菌在厌氧条件下可代谢产生以丙酸、戊酸为主的短链脂肪酸等。皮肤菌群产生的短链脂肪酸既通过角质形成细胞——TLR信号通路产生免疫反应，也可以激活皮肤Treg细胞，减轻皮肤炎症，从而帮助维持皮肤的免疫稳态。此外，短链脂肪酸可以通过抑制角质形成细胞的组蛋白脱乙酰酶活性来促进Toll样受体诱导的炎症反应。由于游离脂肪酸对皮肤炎症有潜在的调节作用，有研究者在体外将丁酸应用于银屑病皮损，发现丁酸可以上调皮损中G蛋白偶联受体的表达并抑制相关炎症因子的表达。皮肤共生菌群可以代谢色氨酸产生5-羟基色氨酸、吲哚-3-乙醛等，并发现吲哚-3-乙醛

可以通过活化角质形成细胞的芳香烃受体抑制胸腺基质淋巴细胞生成素（thymic stromal lymphopoietin，TSLP）的产生，进而减轻特应性皮炎模型的皮肤炎症。与肠道相比，皮肤的微生物量低、生物活性分子少，微生物代谢产物对皮肤生理功能和菌群本身的影响及在炎性疾病中扮演的角色尚待进一步研究。

总之，皮肤菌群可通过占据皮肤表面的定植空间、影响局部环境、产生能抑制病原微生物生长或存活的抗菌肽或通过代谢产物等方式，抑制病原微生物的生长繁殖，并且在宿主免疫正常的前提条件下，促进皮肤免疫系统的成熟，且不产生炎症反应。

微生物群落的组成、稳定性和功能受宿主因素以及这些微生物之间的相互作用的驱动。微生物之间可以相互竞争、相互排斥，也可以协同合作、互惠互利。皮肤微生物和皮肤免疫功能之间形成了相互影响、相互作用的复杂的稳态体系，彼此相互协调维持着皮肤正常生理状态。皮肤自身的物理屏障、皮肤微生态和皮肤免疫三者共同形成了机体的第一道防御体系，抵抗外界的各种理化因素的刺激，维持机体的正常功能。宿主也相应通过多条反馈回路调节微生物群落的组成。二者相互作用，对宿主皮肤免疫稳态的建立和维持具有重要意义。此外，虽已被证实，失调的微生物群与皮肤炎症性疾病相关，但目前还不清楚其对疾病的贡献程度及在发病机制中的具体角色。进一步研究和认识微生物群与宿主的相互作用，有助于更好地理解与保护皮肤的免疫稳态，并为炎症性皮肤病的治疗提供新的思路。

第三节　肠 - 皮肤轴

通过比较和对比皮肤和肠道两种不同的器官系统，发现这两种器官系统具有相似的功能和作用，即负责对外界环境形成保护屏障，都有独特的机制与共生种群相互作用和宿主修复。如果这种功能受损则会导致肠壁的通透性增加，引起肠道或全身性疾病，包括皮肤疾病。这也意味着，通过纠正肠道炎症问题，可能缓解痤疮、酒渣鼻、银屑病等皮肤问题。肠道是如何对皮肤产生如此深远的影响的呢？近些年医学研究证实：通过肠 - 皮肤轴（gut-skin axis）。肠 - 皮肤轴是连接肠道和皮肤的双向通道，通过这一联系，肠道微生物影响皮肤结构、炎症和皮脂的产生。肠道中的任何成分在信号传递过程中受到破坏，皮肤都会感受到影响。

一、肠道微生态的组成和功能

人体胃肠道中寄居的微生物称为肠道菌群，主要包括细菌、厌氧单细胞生物、原生动物门和真菌。人体中，肠道是所含微生物群数量、种类最多的器官，肠道菌群的数量是人体细胞的10倍。

肠道微生物群是人类生命早期免疫系统成熟和发展的一个重要来源。尽管已有证据表明，在羊水、脐带血和（或）健康的新生儿胎粪中可能存在少量微生物，但目前仍普遍认为胎儿基本上是在一个无菌状态中发育的。分娩时，母体阴道及外界的细菌迅速进入婴儿体内定植。新生儿肠道内产生共生的微生物群，这些微生物来自于母亲的阴道、皮肤、粪便和乳汁，分娩方式、喂养方式及母体孕期是否使用抗生素等决定了婴儿体内微生物定植模式。这些微生物是婴儿出生后前3个月寄生在肠道内的主要初始微生物。这些初始微生物为随后的复杂微生物群落在肠道内定植奠定了基础。新生儿出生后前24小时，首先定植在肠道内的优势菌为肠杆菌，然后依次为肠球菌、葡萄球菌及类杆菌。双歧杆菌在第6天开始定植并逐步发展成优势菌，可维持1~3个月。随着婴儿的生长，肠道微生物群落系统发育多样性增加，变得更加复杂，最终建立了成人肠道微生物群。口腔中存在的微生物菌群有厚壁菌门、变形菌门、放线菌门和梭杆菌门等。胃中有不动菌和幽门螺杆菌。肠道微生物群由约90%的拟杆菌门和厚壁菌门组成，放线菌门、变形菌门和疣菌门含量较低。小肠内菌群种类与大肠相似，但在丰度上不同。

健康成人肠道内包含一个相当稳定的微生物群，但这些微生物群在不同人体内的组成和丰度存在差异。这些肠道菌群与人体营养代谢、消化吸收及免疫应答等功能关系密切，对维持肠道黏膜屏障完整性及正常的免疫功能有着至关重要的作用，还能帮助机体吸收维生素和维持能量动态平衡，甚至对疾病的发生、发展起到决定性作用。

肠道菌群维持肠道上皮屏障的完整性可以通过代谢途径完成，如发酵膳食纤维产生短链脂肪酸，可为肠黏膜细胞提供能量、调节pH、降低肠道屏障的通透性。同时，还可以通过抑制炎症细胞的增殖、迁移、黏附和细胞因子的产生来调控免疫反应。此外，短链脂肪酸还可以通过调控免疫细胞的活化和凋亡，参与调控毛囊干细胞分化和伤口愈合。胃肠道微生物群参与色氨酸分解代谢，刺激抗炎IL-22的产生，从而增强黏膜表面抗菌肽的表达。肠道菌群亦可发挥内分泌作用，分泌包括儿茶酚胺在内的有益于人体的小分子效应物质。

肠道菌群还参与固有免疫的形成及免疫调节，这些免疫功能主要由肠腔黏膜表面的免疫球蛋白和免疫活性细胞实现。肠道菌群可以通过影响多达人体70%的免疫细胞和免疫球蛋白来调控人体免疫系统的发育和成熟。具体表现在三方面：首先，菌群可以促进肠系膜淋巴结发育和帕内特细胞分泌抗微生物多肽、增加CD4$^+$ T细胞和产生sIgA的B细胞数量，从而驱动黏膜免疫系统发育成熟；其次，菌群具备增加树突状细胞敏感性、调节Toll样受体、增加Treg细胞和调节性细胞因子、调节Th1/Th2和Th17/Treg平衡等作用，以维持黏膜免疫应答的稳定状态；最后，菌群可以通过抑制细胞因子介导的凋亡来促进肠上皮细胞增殖分化，增加紧密连接蛋白表达和sIgA分泌来维持和增强肠道黏膜屏障。同时，肠道不同菌群可通过相互作用共同调节免疫。

正常情况下，肠道菌群、宿主和内外界环境三者之间处于动态平衡状态。人体代谢和免疫处于稳态，受到正反馈和负反馈通路的共同调节。代谢调节和免疫应答可阻止外来致病菌在体内定植，并参与修复由致病菌入侵造成的损伤。然而，在日常生活中，有诸多因素会影响肠道菌群数量及组成上发生重大的改变，可分为宿主因素（如pH、胆汁酸、胰酶、黏液成分等）、外在因素（如感染、饮食、药物和环境因素）以及菌群因素（如细菌的黏附能力、酶和代谢能力）。肠道正常菌群中各菌种比例发生较大改变而超出正常范围，称为肠道菌群紊乱/失调。肠道生态失调，以细菌组成不平衡或对共生菌群的异常免疫反应的形式出现，使肠道黏膜免疫力下降及代谢紊乱，导致机体释放多种炎性介质和细胞因子，可能危及整个人体的内稳态和生存，并可能导致严重病理的发展。肠道细菌以及肠道微生物代谢产物可进入血液，在皮肤中积聚并破坏皮肤稳态，进而导致许多炎症和自身免疫病。

肠道菌群失调/紊乱引起全身性炎症的可能机制如下：第一，肠道有益菌减少，其产酸或分泌抗生素类化合物阻止病原菌入侵的功能降低。这时病原菌产生内毒素破坏肠道黏膜而入血，诱发效应细胞分泌炎症因子，使局部甚至全身处于较高的炎症状态，进而诱发或加重某些疾病。第二，病原相关分子模式被树突状细胞捕获，通过免疫活性细胞的模式识别受体，如Toll样受体的识别而穿过肠黏膜屏障迁移至肠系膜淋巴结。第三，肠道菌群紊乱导致Treg细胞的数量减少或功能降低，从而减弱其对Th1、Th2和Th17等效应细胞应答的调控，致使免疫平衡被打破出现炎症反应。

二、肠道微生态与皮肤稳态

肠道和皮肤都是血管密集、神经支配丰富的器官，其中还分布着大量不同的微生物群落，具有重要的免疫和神经内分泌作用，在目的和功能上具有独特的相关性。作为人体与外部环境接触的主要界面，肠道和皮肤对维持生理稳态至关重要。有研究证据表明，肠道和皮肤之间存在密切的双向联系，这两个器官的免疫系统在稳态条件下被持续激活，称为肠道-皮肤轴，皮肤和肠道的正常功能对于整个有机体的内稳态和生存都是必不可少的（图8-14）。

人体肠道中有多种微生物群落，在维持肠道-皮肤稳态方面发挥着重要作用。当肠道微生物群和免疫系统之间的关系受损时，就会对皮肤产生后续影响，可能会促进皮肤病的发展。胃肠道疾病通常伴有皮肤表现，胃肠道系统，特别是肠道微生物群，参与了许多炎症性疾病的发病。在健康的情况下，肠道微生物群会产生代谢物、神经递质和激素，它们可以进入循环系统来修饰皮肤。膳食成分也可以直接或通过微生物群的处理进入皮肤。皮肤也产生可以改变肠道的化学物质。

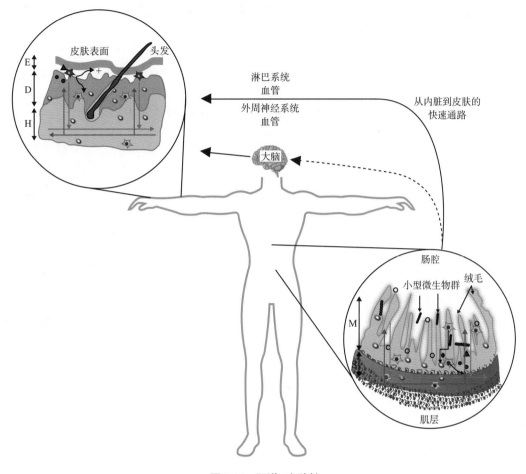

图8-14 肠道-皮肤轴

肠道菌群对皮肤的影响已在几项啮齿动物和人群研究中得到证实。补充了罗伊乳杆菌的小鼠真皮厚度增加，皮脂产生增加，表现为皮毛更厚、更有光泽。人群研究发现，口服补充益生菌后，经皮水分流失显著降低，角膜水合作用显著增加。肠道菌群对皮肤影响的作用机制尚不完全明确，与肠道共生菌对系统免疫的调节作用有关。

（一）肠道微生物群通过代谢途径对皮肤产生作用

肠道菌群产生大量的代谢物，这些代谢物可能进入循环，当肠道上皮屏障完整性被破坏时，这一过程可以达到很高的水平，导致肠道通透性增加，免疫原性分子（包括膳食抗原、细菌毒素和病原体）的渗透会增加。这些抗原可在皮肤中累积，扰乱表皮屏障，导致慢性皮肤炎症和持续免疫反应。例如，肠道细菌可产生芳香氨基酸的代谢物游离苯

酚和对甲酚。游离苯酚和对甲酚可以进入循环，并在皮肤蓄积，降低角质形成细胞中角蛋白10的表达，从而影响表皮分化和表皮屏障功能。

（二）肠道微生物群通过紊乱的肠道屏障对皮肤产生作用

和肠道细菌的代谢物一样，肠道细菌本身也可能通过受损的肠道屏障进入循环到达皮肤影响皮肤屏障功能。例如，在银屑病患者的血液循环中可以发现细菌肠道起源的DNA。

（三）肠道微生物群介导固有免疫和适应性免疫对皮肤产生作用

共生肠道菌群可以通过影响T细胞分化来应对各种免疫刺激，调节皮肤的炎症反应。还可以增加Foxp3$^+$调节性T细胞向皮肤募集，从而减少凋亡介导的皮肤炎症。肠道微生物菌群可以调控Th17/Treg细胞平衡。肠道生态失调导致上皮细胞通透性增加，从而触发效应T细胞的激活，Th17细胞产生增多，促进慢性炎症性皮肤病的发生，同时也破坏与免疫抑制Treg细胞的平衡，促炎性细胞因子进一步增强上皮通透性，形成慢性全身炎症的恶性循环。

基础科学研究和临床研究已经证明了肠道微生物组对宿主稳态和疾病发病机制的贡献。肠道微生态通过系统炎症、氧化应激、血糖控制、组织脂质含量，甚至宿主情绪等来影响皮肤健康。有研究表明，炎症性皮肤病中存在肠道微生态失调。在生命早期肠道菌群多样性降低的儿童患过敏性疾病的风险增加。同样，少数研究也观察到过敏儿童的肠道生态失调发生在过敏性疾病出现后。

肠道与皮肤之间的交互作用是双向调节作用，皮肤屏障功能障碍也是食物过敏的关键驱动因素：在通过口腔途径接触过敏原之前，通过皮肤途径接触过敏原导致口腔耐受被规避。当肠道暴露于过敏原时，因先前的经皮肤致敏会导致肠道过敏相关症状出现。经皮肤致敏的小鼠出现了肠道肥大细胞扩张、IL-4水平升高和食物刺激后的过敏反应。在小鼠模型中抓挠导致角质形成细胞释放IL-33进而导致2型固有淋巴细胞分泌IL-4，激活小肠肥大细胞，增加肠道通透性和食物过敏反应。在炎症性肠病小鼠模型中，皮肤损伤激活了透明质酸分解代谢，导致结肠成纤维细胞功能的改变，随后由于AMP的产生和粪便微生物组的改变加重了结肠中的炎症。

越来越多的研究表明，除了传统的肠道-皮肤轴外，肠-脑-皮肤轴也会影响皮肤健康，即肠道分泌神经肽或神经递质，传入、传出感觉神经和自主神经纤维进而调节肠外器官皮肤的功能和状态。这些神经递质通过调控T细胞的活化来调节免疫反应。肠道微生物群可以代谢产生包括多巴胺、血清素、γ-氨基丁酸等在内的神经递质。这些神经递质可以通过神经系统调节皮肤的功能，还可以通过肠上皮进入血液通过调控T细胞的活化来产生全身效应。相关实验已证明肠道菌群失衡可以提高P物质的水平，相反，益生菌可以减少P物质的释放。皮肤产生的脂质受到大麻素受体2（CB-2）的调控，而益生菌能够调节大麻素受体的表达。故肠道微生态改变可以导致神经递质产生变化，而神经递质可以介导神经系统和免疫系统之间的交流，进而导致皮肤炎症的发生或迁延。

三、肠道菌群与免疫相关皮肤病

（一）银屑病

银屑病是一种常见的慢性复发性炎症性皮肤病，其反复发作与个体基因易感性和感染等内外因素密切相关。目前越来越多的证据提示，肠道菌群紊乱也参与银屑病的慢性复发病程。首先，临床观察提示银屑病患者胃肠道不适症状发生率及并发炎症性肠病概率均高于正常人群。其次，某些保护性益生菌在银屑病和炎症性肠病患者中均减少。再次，肠道菌群的差异与宿主基因型关系密切，银屑病和炎症性肠病的易感基因存在一定的重叠。同时，抗TNF-α等生物制剂对两者治疗均有效。另外，临床上发现，调整饮食有助于部分银屑病患者恢复。最后，研究已证实银屑病患者肠道结构功能异常，肠道炎症相关自身抗体和炎症细胞浸润显著升高等。由此推测，银屑病与肠道菌群紊乱导致的免疫问题和全身炎症可能相通，肠道菌群紊乱可能参与了银屑病的慢性病程。

银屑病患者肠道菌群多样性发生改变，部分菌群的分类也发生改变，如拟杆菌门的副拟杆菌属、厚壁菌门的普拉梭菌等在银屑病患者肠道中显著降低。一些研究表明，厚壁菌门的增加与拟杆菌门的同时减少与症状恶化有关。与此对应，银屑病患者粪便中短链脂肪酸的含量显著降低。如前所述，短链脂肪酸缺乏或缺陷与物理屏障、细胞能量、营养代谢、免疫炎症等相关。短链脂肪酸发挥调控Th1/Th2、Th17/Treg等若干免疫平衡的功能，具有不可替代的作用。另外，短链脂肪酸已被证明可以调节Th17免疫反应，Th17在银屑病的发生发展中发挥至关重要的作用，这些发现都表明肠道生态失调参与了银屑病的免疫机制。

（二）特应性皮炎

特应性皮炎（AD）是一种慢性炎症性皮肤病，以皮肤和肠道的免疫失调、皮肤屏障功能障碍和微生物失调为特征。微生态在其发病机制中起着重要作用，肠道黏膜免疫系统发育早期若未受到肠道微生物刺激，则会阻碍机体免疫系统的自然发育，Treg细胞发育不成熟，无法调节Th1/Th2平衡。肠道菌群紊乱诱发的免疫失衡可能直接影响特应性皮炎的发生和发展。与健康个体相比，特应性皮炎患者肠道菌群多样性亦降低，如双歧杆菌的比例较低，肠杆菌科、梭状芽孢杆菌和葡萄球菌的定植率较高。其中，双歧杆菌的丰度已被证明与疾病的严重程度呈负相关。另外，肠道微生态失调，可导致菌群代谢产物改变，如丙酸和丁酸产生较低，会导致对皮肤过敏原的异常Th2型免疫反应。动物实验发现，肠道菌群代谢色氨酸产物吲哚-3-甲醛可以通过抑制Th2型细胞因子分泌和IgE产生来缓解特应性皮炎小鼠模型的皮肤炎症。

目前研究已经证实生命早期应用抗生素治疗会增加特应性皮炎发展的风险。在特应性皮炎患儿粪便中也检测到钙卫蛋白水平升高，钙卫蛋白是炎症性肠病病程中常见的肠道炎症标志物，与疾病严重程度密切相关。

多项研究表明，补充益生菌对特应性皮炎患者有益，增加特应性皮炎患者肠道双歧杆菌和乳酸杆菌菌群可以改善病情并延缓复发：一方面益生菌能够平衡肠道菌群，保护肠道屏障功能和减少促炎性细胞因子的合成；另一方面通过诱导Treg细胞改善特应性皮炎皮损，减轻皮肤炎症。

（三）痤疮

寻常痤疮是一种毛囊皮脂腺单位的慢性炎症性疾病，临床表现为非炎症性粉刺或炎症性丘疹、脓疱和结节，主要病因为皮脂分泌过多、毛囊皮脂腺导管角化过度、痤疮丙酸杆菌增殖及过度的炎症反应。

研究表明，肠道菌群紊乱可能也与痤疮的发病有关。原因包括：①痤疮多发于青少年，而青少年肠道微生物群较成年期不稳定。②痤疮患者比正常人发生便秘、口臭、胃反流等胃肠道症状的概率更高。③痤疮患者肠道菌群多样性和结构异于正常人，有益菌显著减少，痤疮患者肠道内产丁酸盐菌种明显少于健康人。丁酸盐在维持肠道内环境稳定方面作用明显，对Treg细胞的活化增殖具有促进作用，且可以控制中性粒细胞和效应性T细胞，减少炎症反应。由此，肠道菌群紊乱使丁酸盐产生减少，导致系统性炎症反应，可能诱发或加重痤疮病程。④肠道菌群产生的代谢物已被证明可以调节细胞增殖、脂质代谢和其他由mTOR途径介导的代谢功能。高碳水饮食人群痤疮发病率高，而使用低糖或含锌量高的食物对痤疮患者进行饮食干预可有效控制痤疮的炎症。推测是由于高血糖负荷促进胰岛素/胰岛素样生长因子1（IGF-1）信号的增加，进而诱导代谢叉头盒转录因子细胞质表达增加，最终触发雷帕霉素复合物1靶点（mTORC1）介导皮脂腺增生、脂肪生成和皮脂腺导管异常角化，从而促进痤疮的发展。同样，mTOR通路可以通过调节肠屏障进而影响肠道菌群的组成。在肠道生态失调和肠道屏障完整性中断的情况下，这种双向关系可导致代谢性炎症的正反馈循环。

肠-脑-皮肤轴在痤疮的发病中亦发挥重要作用。临床发现，焦虑、抑郁、肠胃不适等与痤疮有一定关联。这些心理应激会导致肠道菌群产生不同的神经递质（如血清素、去甲肾上腺素和乙酰胆碱），或者触发附近的肠内分泌细胞释放神经肽。这些神经递质不仅增加了肠道的通透性，导致肠道和全身炎症，还会通过受损的肠屏障直接进入循环，导致全身炎症反应。另外，P物质的上调和神经肽的表达增高在寻常痤疮和肠道微生态失调中均可出现。P物质可以触发炎症信号，导致与痤疮发病机制有关的促炎介质增加。

（四）玫瑰痤疮

玫瑰痤疮是一种慢性复发性炎症性皮肤病，人群发病率约为10%，好发年龄为30～60岁。本病表现为持续性红斑、毛细血管扩张、丘疹、脓疱、纤维组织过度生长、鼻赘等。多种因素参与发病，包括基因易感性、免疫异常、微生物感染、皮肤屏障功能受损、血管神经功能失调等。近年研究证实，肠道菌群紊乱也可诱发或加重玫瑰痤疮，尤其是丘疹脓疱型。玫瑰痤疮还可与溃疡性结肠炎、克罗恩病等胃肠道炎症伴发。

玫瑰痤疮患者在根除幽门螺杆菌（Hp）后病情可以得到改善，进一步推测其发病可能与胃肠道菌群中的Hp相关，但具体机制尚不完全清楚。初步研究表明，Hp可增加氧化代谢产物，导致患者体内一氧化氮和胃泌素增加。两者共同促进TNF-α和IL-8等炎症因子的释放。IL-8可诱导中性粒细胞黏附到血管内皮及毛囊。所有这些物质均有可能进入微循环系统，损伤血管内皮，诱发或者加重玫瑰痤疮的症状。另有研究显示，玫瑰痤疮患者体内TLR2、TLR4和核转录因子kappa B（NF-κB）高度表达，推测肠道菌群紊乱引发全身性炎症，进一步参与玫瑰痤疮的发生发展。

（五）脂溢性皮炎

脂溢性皮炎是一种伴有鳞屑的炎症性疾病，参与其病理生理的关键因素包括马拉色菌定植和皮脂腺脂质分泌增加，最终导致免疫炎症反应。目前，脂溢性皮炎患者肠道微生态的相关研究较少，但不少文献已经明确脂溢性皮炎的严重程度与皮脂腺活动增加有关，而饮食可以影响皮脂腺分泌。已有研究表明，饮食西化与脂溢性皮炎的严重程度增加相关，大量水果摄入可以减轻脂溢性皮炎的严重程度。另有两项观察研究表明，服用益生菌可以改善脂溢性皮炎症状，头皮屑减少，红斑、鳞屑减轻，其作用的可能机制需要进一步的探究。

（六）斑秃

斑秃是一种复杂的自身免疫性疾病，其特征为非瘢痕性脱发，可在任何年龄以椭圆形斑块脱发以及完全头皮和（或）体毛脱落的形式出现。已有文献数据提供了肠道菌群在毛发生长中发挥作用的证据。补充罗伊氏乳杆菌的小鼠皮肤厚度增加，毛囊形成增加，皮脂细胞产生增加，出现更厚、更有光泽的皮毛。另外，斑秃在溃疡性结肠炎患者中的患病率高于普通人群。粪便菌群移植成功治疗了艰难梭菌感染过程中发生的斑秃。这些都证明肠道微生态可能参与斑秃的发生，具体的机制还需要进一步的探究。

四、益生菌对皮肤病的作用

（一）益生菌

益生菌是一类对宿主有益的活性微生物，是定植于人体肠道、生殖系统内，能产生确切健康功效从而改善宿主微生态平衡、发挥有益作用的活性有益微生物的总称。目前最常使用的益生菌属为芽孢杆菌属、双歧杆菌属、肠球菌属、大肠杆菌属、乳酸菌属、酵母菌属和链球菌属等。

肠道微生物群受饮食的影响很大。虽然长期的饮食习惯会影响细菌的组成，但短期内大幅调整饮食也会迅速改变肠道细菌。近几年来，许多研究发现益生菌对肠道黏膜屏障功能和稳定肠道黏膜的通透性具有重要的作用。益生菌的补充，对有益肠道细菌的管理，在预防和管理各种皮肤状况方面具有很好的潜在作用，能够促进肠道黏膜的屏障功能，给予内脏相关淋巴组织成熟的信号，平衡抗炎细胞因子的生成，从而建立一个宿主与肠道菌群的健康的关系。益生菌被证明能够加强不同的肠道防线——免疫排斥、免疫消除和免疫调节。益生菌还可以刺激宿主非特异性抵抗病原微生物，从而协助消灭病原体。适当的摄入益生菌可能对某些特定疾病的治疗或预防具有积极的作用。在临床治疗中发现，某些过敏性皮肤病与肠道菌群紊乱有着密切的关系，使用益生菌调节肠道菌群对治疗皮肤疾病也有一定的效果。

许多研究发现，益生菌能够有效地预防和治疗成人和儿童的特应性皮炎。大多数研究报告中显示，母亲在怀孕期间服用益生菌并且在婴儿出生后继续给予其同样的益生菌，对具有家族过敏史的特应性皮炎患儿具有明显的预防效果。这背后的机制目前尚不清楚，可能因为肠道益生菌可以通过抑制IL-4、IL-5和IL-13等细胞因子的产生来抑制Th2反应，从而抑制过敏反应。另外，研究显示，肠道益生菌可以诱导肠道上皮淋巴结的Treg细胞分泌IL-10、TGF-β等抗炎因子，它们在过敏性免疫反应的发展过程中起着重要的作用。有报道提示，某些益生菌可以诱导小肠固有层内Th17细胞的分化，这些T细胞可以通过分泌IL-17、IL-22、IL-21等细胞因子来保护机体免受真菌和细菌的感染。Th17分泌的细胞因子IL-22可以增进上皮细胞的紧密连接以及诱导黏蛋白和抗菌蛋白的产生，所有的这些作用都可以减少肠道病原入侵的可能性，加强了肠道屏障防御机制和减少了抗原在肠道的结合。

益生菌作为治疗银屑病的作用也已被研究。有个例报道，一例类固醇、氨苯砜和甲氨蝶呤治疗无效的脓疱性银屑病患者，在开始每天补充3次芽孢乳杆菌后的2周内观察到临床改善，并在4周内几乎完全缓解。银屑病患者服用益生菌后炎症因子IL-6和TNF-α等细胞因子水平显著降低。益生菌可以抑制TNF-α、IL-6和IL-23/IL-17细胞因子轴上促炎细胞因子的表达。这一作用是通过抑制CD_{103}^+树突状细胞介导的，这种肠道抗原提呈细胞已被证明可以调控胃肠道中的Treg细胞活性，恢复Th1/Th2、Th1/Th17平衡，进而达到控制疾病炎症的作用。

痤疮的传统治疗主要包括局部外用和口服抗生素，虽然有效，但这种方法有抗生素耐药性和破坏微生物群的风险。鉴于肠道生态失调在炎症性皮肤状况中的作用，益生菌已经成为一种替代或辅助痤疮治疗方法。目前的临床研究已经证实口服益生菌对痤疮，尤其炎症明显者有明显改善作用。益生菌通过分泌抗菌蛋白抑制痤疮丙酸杆菌。除了抗菌作用外，益生菌还可以通过免疫调节和抗炎作用破坏痤疮的发病机制。益生菌可以抑制IL-8分泌、抑制NF-κB通路，以及下调与细菌黏附于表皮表面相关的基因。益生菌还可以降低血糖负荷，减少IGF-1信号，最终减少角质形成细胞增殖和皮脂腺增生。

（二）粪菌移植

粪菌移植是指将与患者年龄阶段、生活方式等相近的健康人体肠道内的正常菌群结构移植入患者肠道内，使患者肠道菌群恢复正常，从而达到治疗肠道疾病或皮肤疾病的目的。粪菌移植虽然在部分临床报道中有效，但仍存在一定的潜在问题：一方面，粪菌移植的安全问题尚未得到圆满解决，无论是粪便来源还是受体筛选等其他问题，都需要一套公认的标准；另一方面，粪菌移植进行前，需使用高剂量广谱抗生素消灭患者肠道内大部分微生物，若移植后新的菌群无法完整定植，而原本致病菌耐药性增加，则会进一步加重疾病并影响治疗。因此，目前最重要的还是在恢复肠道菌群机制方面，继续为完善粪菌移植疗法的临床应用提供基础。

基础科学研究和临床研究已经证明了肠道微生物组对宿主稳态和疾病发病机制的贡献。通过复杂的免疫机制，肠道微生物组的影响延伸到包括皮肤在内的远处器官系统。屏障功能恢复在炎症性皮肤病的治疗中可能成为重要的辅助治疗手段，并可能有助于提高标准皮肤治疗的疗效。可以通过操纵肠道菌群或使用膳食制剂或选择天然/合成成分直接作用于肠道上皮来起作用，通过改变肠上皮细胞的分泌、代谢和激素活性来调控炎症，恢复皮肤屏障功能。益生菌、益生元已被证明有利于预防和（或）治疗炎症性皮肤病，包括寻常痤疮、特应性皮炎和银屑病等。通过光疗增强维生素D的产生也可能成为未来炎症性肠病的辅助治疗手段。理论上，这也可能得益于皮肤紫外线照射的轻微全身免疫抑制作用，正如肠道菌群对皮肤生理的影响，可加重或改善某些皮肤疾病，皮肤菌群的治疗性调节（如使用抗菌肽、抗生素等）可能会改变皮肤上皮细胞的分泌、代谢和激素活性，但这是否会影响肠道炎症还有待进一步的研究证实。在这个充满未知和希望的领域，相关的前瞻性研究可以提高我们对肠道-皮肤轴复杂机制的理解，研究肠道微生物群长期调节的治疗潜力，并扩大至共生肠道真菌和病毒等。

通过一个器官生理状态或功能的改变，从而改变另一个器官的功能是可以实现的，但仍需要依赖于多学科的协同努力。更好地理解肠道和皮肤相互交流，增强对肠道-皮肤轴的认识，将为临床医生，尤其是皮肤科医生提供更有吸引力的、新颖的、耐受性好的治疗方案，从而更好地服务患者。

（张　斌　武庆斌）

参考文献

Byrd A L，Belkaid Y，Segre J A. 2018. The human skin microbiome[J]. Nat Rev Microbiol，16（3）：143-155.

Chen Y E，Fischbach M A，Belkaid Y. 2018. Skin microbiota–host interactions[J]. Nature，553（7689）：427-436.

Heintz-Buschart A，Wilmes P. 2018. Human gut microbiome：function matters[J]. Trends Microbiol，26（7）：563-574.

Jiang W，Ni B，Liu Z Y，et al. 2020. The role of probiotics in the prevention and treatment of atopic dermatitis in children：an updated systematic review and meta-analysis of randomized controlled trials[J]. Pediatric Drugs，22（5）：535-549.

Johnson C C，Ownby D R. 2017. The infant gut bacterial microbiota and risk of pediatric asthma and allergic diseases[J]. Transl Res，179：60-70.

Jwo J Y，Chang Y T，Huang Y C. 2023. Effects of probiotics supplementation on skin photoaging and skin barrier function：a systematic review and meta-analysis[J]. Photodermatol Photoimmunol Photomed，39（2）：122-131.

Kwiecien K，Zegar A，Jung J，et al. 2019. Architecture of antimicrobial skin defense[J]. Cytokine Growth Factor Rev，49：70-84.

Mahmud M R，Akter S，Tamanna S K，et al. 2022. Impact of gut microbiome on skin health：gut-skin axis observed through the lenses of therapeutics and skin diseases. Gut Microbes，14（1）：2096995.

Polkowska-Pruszyńska B，Gerkowicz A，Krasowska D. 2020. The gut microbiome alterations in allergic and inflammatory skin diseases- an update[J]. J Eur Acad Dermatol Venereol，34（3）：455-464.

Reiger M，Traidl-Hoffmann C，Neumann A U. 2020. The skin microbiome as a clinical biomarker in atopic eczema：promises，navigation，and pitfalls[J]. J Allergy Clin Immunol Pract，145（1）：93-96.

Shi N，Li N，Duan X W，et al. 2017. Interaction between the gut microbiome and mucosal immune system[J]. Military Medical Research，4：14.

Sinha S，Lin G，Ferenczi K. 2021. The skin microbiome and the gut-skin axis[J]. Clin Dermatol，39（5）：829-839.

第九章　女性生殖系统与生殖微生态

第一节　女性生殖系统解剖和生理特征

　　女性生殖系统的功能是产生卵子、分泌性激素及完成受精过程并支持发育中的胚胎成熟娩出。女性生殖系统主要位于骨盆腔内（图9-1）。女性生殖器官包括内、外生殖器官。内生殖器官位于骨盆内，骨盆的结构及形态与分娩密切相关；骨盆底组织承托内生殖器官，协助保持其正常位置。内生殖器官与盆腔内其他器官相邻，盆腔内某一器官病变可累及邻近器官。三者关系密切，相互影响。

一、外生殖器官

　　女性外生殖器是指生殖器官外露的部分，又称外阴，位于两股内侧间，前为耻骨联合，后为会阴（图9-1，图9-2）。

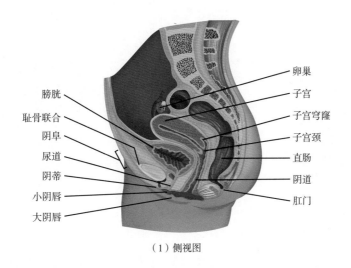

膀胱　　　　　　　　　　　卵巢
耻骨联合　　　　　　　　　子宫
阴阜　　　　　　　　　　　子宫穹窿
尿道　　　　　　　　　　　子宫颈
阴蒂　　　　　　　　　　　直肠
小阴唇　　　　　　　　　　阴道
大阴唇　　　　　　　　　　肛门

（1）侧视图

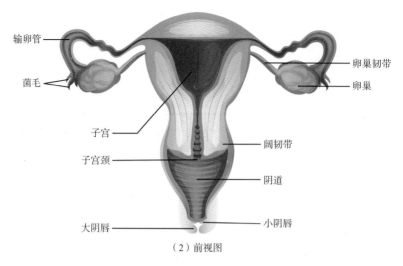

图 9-1 女性生殖系统

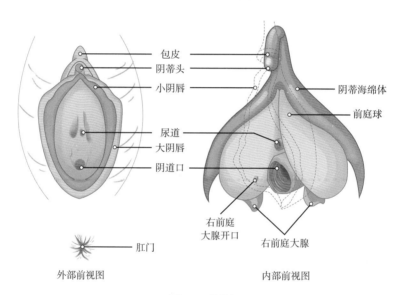

图 9-2 外阴

女性外生殖器统称为外阴（图 9-2）。

1. 阴阜 阴阜指耻骨联合前面隆起的脂肪垫。青春期发育时，其上的皮肤开始生长卷曲的阴毛，呈尖端向下三角形分布，底部两侧阴毛向下延伸至大阴唇外侧面。阴毛的疏密与色泽因个体和种族而异。

2. 大阴唇 自阴阜向下、向后止于会阴的一对隆起的皮肤皱襞。外侧面为皮肤，皮层内有皮脂腺和汗腺，多数妇女的大阴唇皮肤色素沉着；内侧面湿润似黏膜。大阴唇皮下组织松弛，脂肪中有丰富的静脉、神经及淋巴管，若受外伤，容易形成血肿，疼痛较甚。

3. 小阴唇 位于大阴唇内侧的一对薄皱襞。小阴唇大小、形状因人而异，有的小阴唇被大阴唇遮盖，有的则可伸展至大阴唇外两侧。小阴唇前端互相融合，再分为两叶包绕阴蒂，前叶形成阴蒂包皮，后叶与对侧结合形成阴蒂系带。两侧小阴唇后方则与大阴唇后端相结合，在正中线形成阴唇系带。小阴唇表面无阴毛，富含皮脂腺，极少汗腺，神经末梢丰富，故非常敏感。

4. 阴蒂　位于两侧小阴唇顶端下，为与男性阴茎相似的海绵样组织，具有勃起性。分阴蒂头、阴蒂体及两个阴蒂脚三部分。阴蒂头显露于外阴，直径6～8mm，阴蒂起源于与阴茎龟头相同的细胞器官，神经末梢丰富，极敏感。两阴蒂脚各附于两侧耻骨支。

5. 阴道前庭　为两侧小阴唇之间的菱形区域，前为阴蒂，后方以阴唇系带为界。前庭区域内有尿道口、阴道口。阴道口与阴唇系带之间一浅窝称舟状窝（又称阴道前庭窝），经产妇受分娩影响，此窝消失。

（1）尿道口：位于阴蒂下方。尿道口为圆形，但其边缘折叠而合拢。两侧后方有尿道旁腺，开口极小，为细菌潜伏处。

（2）前庭大腺：又称巴多林腺。位于大阴唇后部，被球海绵体肌覆盖，如黄豆大小，左右各一，腺管细长，开口于前庭后方小阴唇与处女膜之间的沟内。在性刺激下，腺体分泌黏液样分泌物，起润滑作用。正常情况下不能触及此腺。若腺管口闭塞，可形成囊肿或脓肿。

（3）前庭球：又称球海绵体，位于前唇两侧，由具有勃起性的静脉丛组成，表面覆有球海绵体肌。

（4）阴道口和处女膜：位于前庭的后半部。覆盖阴道口的一层有孔薄膜，称处女膜，其孔呈圆形或新月形，较小，可通指尖，少数膜孔极小或呈筛状，或有中隔、伞状。极少数处女膜组织坚韧，需手术切开。初次性交可使处女膜破裂，受分娩影响产后仅留有处女膜痕。

二、内生殖器官

女性内生殖器包括阴道、子宫、输卵管及卵巢，后二者合称为子宫附件（见图9-1和图9-2）。

（一）阴道

阴道是一个肌肉管道，为性交器官、月经血排出及胎儿娩出的通道。阴道位于真骨盆下部中央，呈上宽下窄的管道，前壁长7～9cm，与膀胱和尿道相邻，后壁长10～12cm，与直肠贴近。上端包绕子宫颈，下端开口于阴道前庭后部。环绕子宫颈周围的部分称阴道穹窿。按其位置分为前、后、左、右四部分，其中后穹窿最深，直肠子宫陷凹紧密相邻，为盆腹腔最低部位，临床上可经此处穿刺或引流。

阴道壁有一层纤维外膜，中间是平滑肌层；黏膜内层是个横向的褶皱。中间层和内层共同助力阴道膨胀，以适应性交和分娩。有孔洞的处女膜可部分包绕在阴道开口处。处女膜可能因剧烈体育锻炼、性交和分娩而破裂。巴氏腺和前庭小腺（位于阴蒂附近）分泌黏液，使前庭区域保持湿润。

阴道有独特的微生态系统，有助于防止致病细菌、酵母菌或其他生物体进入阴道引起感染。在健康女性中，最主要的阴道细菌类型是乳酸杆菌属。乳酸杆菌属分泌乳酸，维持酸性环境（pH＜4.5）来保护阴道。潜在的病原体无法在这酸性条件下存活。乳酸与其他阴道分泌物相结合，使阴道成为自我清洁的器官。使用液体冲洗阴道，会破坏健康微生物的正常平衡，反而会增加女性阴道刺激和感染的风险。因此，国际妇产科协会建议女性不要冲洗阴道，以维持阴道正常健康的具有保护作用的微生态菌群。

（二）子宫

子宫形似倒梨形，为空腔器官，是滋养和支持胚胎生长的肌肉器官（图9-3）。子宫长7～8cm，宽4～5cm，厚2～3cm；宫腔容量约5ml。子宫分为子宫体及子宫颈两部分。子宫体顶部称宫底，宫底两侧为宫角，与输卵管相通。子宫体与子宫颈相连部较狭称子宫峡部，其上界平行于子宫颈管的解剖学内口，下界平行于子宫颈管的组织学内口。非孕期子宫峡部长约1cm。子宫体与子宫颈之比，婴儿期为1：2，成年期为2：1。

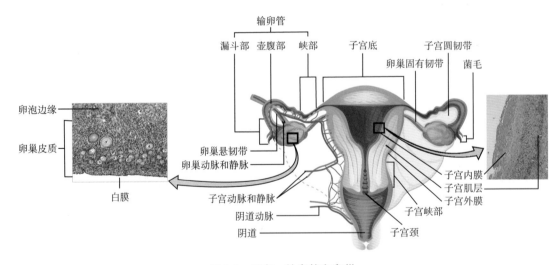

图9-3 子宫、输卵管和卵巢

子宫解剖组织学：子宫体和子宫颈的组织结构不同。

1. 子宫体 由浆膜层、肌层与子宫内膜层构成。浆膜层：为覆盖子宫体的盆腔腹膜，与肌层紧连不能分离。在子宫峡部，两者结合较松弛，腹膜向前返折覆盖膀胱底部，形成膀胱子宫陷凹，返折处腹膜称膀胱子宫返折腹膜。在子宫后面，子宫体浆膜层向下延伸，覆盖子宫颈后方及阴道后穹隆再折向直肠，形成直肠子宫陷凹。肌层：由大量平滑肌组织、少量弹力纤维与胶原纤维组成，非孕时厚约0.8cm。子宫体肌层内有血管穿行，肌纤维收缩可压迫血管，能有效地制止血管出血。子宫内膜层：与肌层直接相贴，没有内膜下层组织。

2. 子宫颈　子宫颈上端与子宫峡部相连，因解剖上狭窄，又称解剖学内口。在其稍下方处，子宫内膜开始转变为子宫颈黏膜，称组织学内口。宫颈腔呈梭形，称子宫颈管，未生育女性子宫颈管长为2.5~3cm。颈管下端为子宫颈外口，未产妇的子宫颈外口呈圆形；经产妇因分娩影响，子宫颈外口可见大小不等的横裂，分为前唇及后唇。子宫颈下端伸入阴道内的部分称子宫颈阴道部，阴道以上的部分称子宫颈阴道上部。

3. 子宫韧带　主要由结缔组织增厚而成，有的含平滑肌，具有维持子宫位置的功能。子宫韧带共有4对。阔韧带：子宫两侧翼形腹膜皱褶。起自子宫侧浆膜层，止于两侧盆壁；上缘游离，下端与盆底腹膜相连。阔韧带上缘腹膜向上延伸，内2/3包绕部分输卵管，形成输卵管系膜；外1/3包绕卵巢血管形成骨盆漏斗韧带，又称卵巢悬韧带。阔韧带内有丰富的血管神经及淋巴管，统称为子宫旁组织，阔韧带下部还含有子宫动静脉其他韧带。圆韧带：圆形条状韧带，起自双侧子宫角的前面，穿行于阔韧带与腹股沟内，止于大阴唇前端。圆韧带可使宫底维持在前倾位置。主韧带：位于韧带下部，横行于子宫颈阴道上部与子宫体下部侧缘达盆壁之间，又称子宫颈横韧带。与子宫颈紧密相连，起固定子宫颈的作用。子宫血管与输尿管下段穿越此韧带。宫骶韧带：从子宫颈后面上部两侧起（相当于子宫峡部水平），绕过直肠而终于第2~3骶椎前面的筋膜内。短厚坚韧，牵引子宫颈向后、向上，维持子宫于前倾位置。由于上述4对子宫韧带的牵拉与盆底组织的支托作用，子宫维持在轻度前倾前屈位。

（三）输卵管

输卵管为卵子与精子结合场所及运送受精卵的管道（见图9-3）。自两侧子宫角向外伸展的管道，长8~14cm，输卵管内侧与宫角相连，走行于上端输卵管系膜间，外侧1~1.5cm（伞部）游离。根据形态不同输卵管分为四部分。①间质部：潜行于子宫壁内的部分，短而腔窄，长约1cm。②峡部：紧接间质部外侧，长2~3cm，管腔直径约2mm。③壶腹部：峡部外侧，长5~8cm，管腔直径6~8mm。④伞部：输卵管的最外侧端，游离，开口于腹腔，管口为许多须状组织，呈伞状，常为1~1.5cm，有"拾卵"作用。

（四）卵巢

卵巢是一对左右对称、产生与排出卵子，并分泌甾体激素的性器官（见图9-3）。卵巢呈扁椭圆形，位于输卵管的后下方（见图9-1）。卵巢位于盆腔内，以卵巢系膜连接于阔韧带后叶的部位称卵巢门，卵巢血管与神经由此出入卵巢。卵巢的内侧（子宫端）以卵巢固有韧带与子宫相连，外侧（盆壁端）以卵巢悬韧带（骨盆漏斗韧带）与盆壁相连。青春期以前，卵巢表面光滑；青春期开始排卵后，表面逐渐凹凸不平，表面呈灰白色。卵巢体积随年龄不同而变异较大，生殖年龄妇女卵巢大小约4cm×3cm×1cm，重5～6g，绝经后卵巢逐渐萎缩变小变硬。

卵巢由一层称为卵巢表面上皮的立方上皮组成，表面是一层称为白膜的致密结缔组织。在白膜下方是卵巢的皮层或外层。皮层是由卵巢间质组织框架组成，其构成女性成年人卵巢的主体。卵母细胞在该基质的外层发育，每个卵母细胞周围均有支持细胞包裹。这种卵母细胞及其支持细胞的组合称为卵泡。皮层下方是卵巢内髓质，是卵巢血管、淋巴管和神经分布的部位。

（五）内生殖器的神经支配

内生殖器主要由交感神经与副交感神经所支配。交感神经纤维自腹主动脉前神经丛分出，下行盆腔分为两部分。①骶前神经丛：大部分在子宫颈旁形成骨盆神经丛，分布于子宫体、子宫颈、膀胱上部等。②卵巢神经丛：分布于卵巢和输卵管。骨盆神经丛中来自第Ⅱ、Ⅲ、Ⅳ骶神经的副交感神经纤维，并含有向心传导的感觉神经纤维。

子宫平滑肌有自主节律活动，完全切除其神经后仍有节律收缩，还能完成分娩活动，临床上可见低位截瘫的产妇仍能顺利自然分娩。

三、邻近器官

女性生殖器官与输尿管（盆腔段）、膀胱以及乙状结肠、阑尾、直肠在解剖上相邻。当女性生殖器官病变时，可影响相邻器官，增加诊断与治疗上的困难，反之亦然。

（一）尿道

尿道开口于阴蒂下约2.5cm处。由于女性尿道较直而短，又接近阴道，易引起泌尿系统感染。

（二）膀胱

膀胱位于子宫及阴道上部的前面。膀胱后壁与子宫颈、阴道前壁相邻，其间仅含少量疏松结缔组织，易分离。因膀胱子宫陷凹腹膜前覆膀胱顶、后连子宫体浆膜层，故膀胱充盈与否，会影响子宫体的位置。

（三）输尿管

输尿管下行进入骨盆入口时与骨盆漏斗韧带相邻；在阔韧带基底部潜行至子宫颈外侧约2cm处，潜于子宫动静脉下方；又经阴道侧穹窿上方绕前进入膀胱壁。在施行附件切除或子宫动脉结扎时，要避免损伤输尿管。

（四）直肠

直肠前为子宫及阴道，后为骶骨。直肠上部有腹膜覆盖，至中部腹膜转向前方，覆盖子宫后面，形成子宫直肠陷凹。

（五）阑尾

妊娠期阑尾的位置亦可随子宫增大而逐渐向外上方移位，有的阑尾下端可到达输卵管及卵巢处，阑尾炎炎症时有可能累及输卵管及卵巢，应仔细鉴别。

四、骨　　盆

骨盆为胎儿娩出的骨产道，骨盆的结构、形态及其组成骨间径与阴道分娩密切相关。骨盆形态或组成骨间径线异常可引起分娩异常。

（一）骨盆结构、形态对阴道分娩的影响

1. 骨盆结构对阴道分娩的影响　骨盆是由骶骨、尾骨及左右髋骨组成。骶骨形似三角，前面凹陷成骶窝，底的中部前缘凸出，形成骶岬（相当于髂总动脉分叉水平）。骶岬是妇科腹腔镜手术的重要标志之一及产科骨盆内测量对角径的重要据点。

骶尾关节为略可活动的关节。分娩时，下降的胎头可使尾骨向后。若骨折或病变可使骶尾节硬化，尾骨翘向前方，致使骨盆出口狭窄，影响分娩。

2. 骨盆形态对阴道分娩的影响　根据骨盆形状分为4种类型：女型、扁平型、类人猿型和男型。其中：女型在我国妇女中最为常见，也是最适宜分娩的类型；而占比最少的男型则往往易造成难产。然而骨盆的形态、大小除种族差异外，还受遗传、营养与性激素等因素影响。上述四种基本类型只是理论上归类，临床多见混合型骨盆。

（二）产科的重要标志

以耻骨联合上缘、髂耻线及骶岬上缘的连线为界，将骨盆分为上下两部分：上方为假骨盆（又称大骨盆），下方为真骨盆（又称小骨盆）。假骨盆的前方为腹壁下部组织，两侧为髂骨翼，后方为第5腰椎。假骨盆与分娩无关，但其某些径线的长短关系到真骨盆的大小，测量假骨盆的径线可作为了解真骨盆情况的参考。真骨盆是胎儿娩出的骨产道，可分为三部分：骨盆入口、骨盆腔及骨盆出口。骨盆腔为一前壁短、后壁长的弯曲管道：前壁是耻骨联合，长约4.2cm；后壁是骶骨与尾骨，骶骨弯曲长约11.8cm；两侧为坐骨、坐骨棘及骶棘韧带。坐骨棘位于真骨盆腔中部，在产程中是判断胎先露下降程度的重要骨性标志。

骶棘韧带宽度即坐骨切迹宽度，是判断中骨盆是否狭窄的重要指标。妊娠期受性激素的影响，韧带较松弛，各关节的活动性亦稍有增加，有利于胎儿娩出。

两侧坐骨结节前缘的连线将骨盆底分为前、后两部：前部为尿生殖三角，又称尿生殖区，有尿道和阴道通过；后部为肛门三角，又称肛区，有肛管通过。

妇产科临床上，会阴是指阴道口与肛门之间的软组织，厚3～4cm，由外向内逐渐变窄呈楔状，表面为皮肤及皮下脂肪，内层为会阴中心腱，又称会阴体。妊娠期会阴组织变软，有很大的伸展性；分娩时，其厚度可由非孕期的3～4cm变成薄膜状，有利于分娩的进行。分娩时要保护此区，以免造成会阴裂伤。

（三）骨盆底组织与妇产科病变

骨盆底是封闭骨盆出口的软组织，由多层肌肉和筋膜组成（外层：球海绵体肌、坐骨海绵体肌、会阴浅横肌、肛门外括约肌；中层：泌尿生殖膈；内层：由两侧的耻尾肌、髂尾肌及坐尾肌共同构成的肛提肌）。骨盆底组织承托并保持盆腔脏器（如内生殖器、膀胱及直肠等）位于正常位置。若盆底组织结构和功能缺陷，可导致盆腔脏器膨出、脱垂或引起分娩障碍；而分娩处理不当，亦可损伤骨盆底组织或影响其功能。

五、女性生殖系统生理

（一）卵巢功能及周期性变化

1. 卵巢周期 卵巢周期是女性卵母细胞和卵巢卵泡一组可预测的变化。从青春期开始到绝经前，卵巢在形态和功能上发生的周期性变化为卵巢周期。该周期时长约28天，与月经周期相关，但却与之不同，该周期包括两个相互关联的过程：卵子发生（雌性配子的产生）和卵泡发生（卵巢卵泡的生长和发育）。

2. 卵子生成　从卵巢干细胞或卵母细胞开始发育的过程即为卵子生成。在胎儿发育过程中形成卵母细胞，并通过有丝分裂进行分裂，类似睾丸中的精原细胞。但是，与精原细胞依然存在不同，卵母细胞在胎儿出生前就在卵巢中形成初级卵母细胞。而后，这些初级卵母细胞在减数分裂Ⅰ阶段被抑制，数年后复苏，从青春期开始，一直持续到接近绝经期。卵巢中拥有原发性卵母细胞数量从婴儿时期的100万～200万下降到青春期的40万，到更年期结束时降至零。

3. 排卵

（1）排卵的开始：女性从青春期过渡到生殖成熟阶段的标志即从卵巢释放出卵母细胞。排卵大概在生育期中每28天发生一次，排卵前，促黄体生成激素分泌激增，触发初级卵母细胞减数分裂的复苏，由此启动了初级卵母细胞向次级卵母细胞的转变。但是，这种细胞分裂，由于细胞质分裂不均，会形成一大一小两种子细胞，较大的子细胞为次级卵母细胞，排卵过程中最终会离开卵巢。较小的子细胞为第一极体，可能完成或不完成减数分裂并产生第二极体，无论哪种情况，最终都会解体。因此，即使卵子生成多达4个细胞，最终只有一个能存活下来（图9-4）。

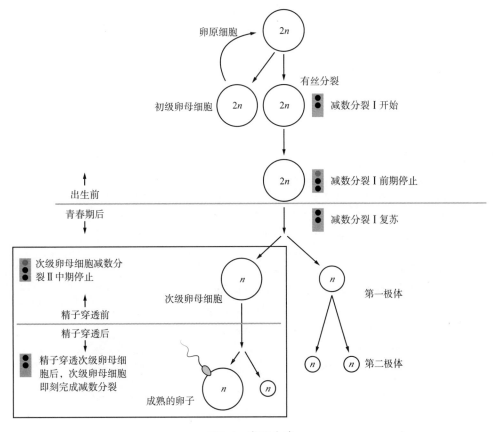

图9-4　卵子生成

只有当精子成功地穿透次级卵母细胞屏障，次级卵母细胞的减数分裂才会完成。然后在减数分裂Ⅱ阶段复苏，生成一个单倍体卵子，在（单倍体）精子受精的瞬间，成为新后代（受精卵）的第一个二倍体细胞。因此，卵子可认为是二倍体卵母细胞和二倍体受精卵之间一个短暂、过渡的单倍体阶段。

雌性配子中含有大量细胞质，用于在受精和着床进入子宫着床前，为发育中的受精卵提供营养。有趣的是，精子在受精过程中只贡献DNA，而不是细胞质。因此，发育中的胚胎细胞质和所有细胞质、细胞器均是卵源性的，包括含有自身DNA的线粒体。20世纪80年代的科学研究证实，线粒体DNA是母系遗传，这意味着可直接从线粒体DNA追溯到每个人的生母乃至女性的祖先。

（2）卵泡的形成：卵母细胞及其支持细胞即为卵泡。大部分情况下，伴随着其他多个卵泡死亡，大约每28天仅有一个卵泡排卵。闭锁即为卵泡死亡，可在卵泡发育过程中任何一点发生。比如，初生女婴的卵泡中有100万～200万个卵母细胞，在其整个生命中这个数字将不断下降，到更年期时，卵泡消耗衰竭。卵泡在排卵之前从最初阶段，到初级阶段，到第二阶段和第三阶段，卵泡内的卵母细胞一直保持初级卵母细胞的状态，直到排卵之前。

卵泡形成开始于处在静止状态的卵泡，在初生女婴中这些小的原始卵泡已经存在，是成年卵巢中主要的卵泡类型（图9-5）。原始卵泡中的颗粒细胞即为一层扁平支撑细胞，包绕着卵母细胞。原始卵泡可在这种静息状态下保持很多年，有的直到更年期前。

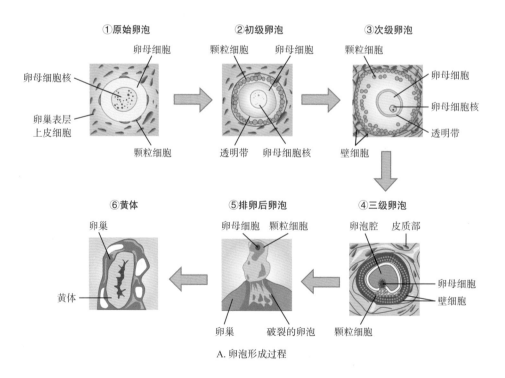

A. 卵泡形成过程

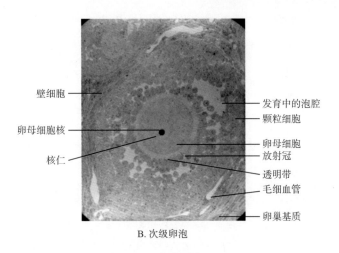

B. 次级卵泡

图9-5 卵泡形成

A. 从原始卵泡开始。促卵泡激素刺激三级卵泡生长，黄体生成素刺激颗粒细胞和膜细胞产生雌激素。一旦卵泡成熟，卵泡破裂并释放卵母细胞。而后，留在卵泡中的细胞发育成黄体。B. 电子显微镜下的次级卵泡：卵母细胞、卵泡膜细胞和发育中的泡腔清晰可见

青春期后，每天都会有原始卵泡对招募信号作出反应，并加入初级卵泡的卵泡池中。初级卵泡是由单层颗粒细胞开始的，随后愈发活跃的颗粒细胞会表现为细胞数量的激增，同时形态发生变化，从扁平变为立方体或柱状。随着颗粒细胞的分裂，次级卵泡的直径增加，新外层结缔组织、血管和膜细胞增加。膜细胞与颗粒细胞共同分泌雌激素。

在次级卵泡生长过程中，初级卵母细胞分泌一种叫作透明带的薄脱细胞膜，将在受精过程中起关键作用。颗粒细胞之间形成的一种称为卵泡液的浓稠液体聚集形成一个大池或泡腔，泡腔增大至完全形成卵泡称为三级卵泡（或卵泡腔）。几个卵泡同时达到第三阶段，其中大多数将经历闭锁。存活的卵泡将继续生长和发育，直至排卵，届时它将从卵巢中排出被几层颗粒细胞包裹的次级卵母细胞。需要注意的是，在卵泡形成各阶段，约99%的卵泡均可发生闭锁。

4. 卵巢周期的激素控制　以上描述的从原始卵泡到早期三级卵泡的发育过程，在人类大约需要2个月的时间。少数三级卵泡发育到最后阶段，以次级卵母细胞的排卵结束，大约需要28天的时间。这些变化由许多调节男性生殖系统的相同激素调节，包括促性腺激素释放激素（GnRH）、黄体生成素（LH）和促卵泡激素（FSH）。

与男性一样，下丘脑产生GnRH，这是一种向腺垂体前叶发出信号以产生FSH和LH的激素，这些促性腺激素离开垂体并通过血液到达卵巢，与卵泡的颗粒细胞和膜细胞上的受体结合（图9-6）。FSH刺激卵泡生长（因此得名促卵泡激素），至5或6个三级卵泡变大。LH的释放刺激卵泡颗粒和膜细胞产生性激素雌二醇，这是雌激素的一种。在卵巢

周期这个阶段，第三卵泡生长并分泌雌激素时，称为卵泡期。

卵泡颗粒和膜细胞越多（即越大越发达），响应 LH 刺激产生的雌激素就越多。由于这些大卵泡产生大量雌激素，全身血浆雌激素浓度增加。遵循一个经典负反馈循环：高浓度雌激素刺激下丘脑和垂体，减少 GnRH、LH 和 FSH 分泌。由于大的三级卵泡此时需要 FSH 才能生长和存活，这种负反馈引起 FSH 下降，导致大部分卵泡死亡（闭锁）。通常只有一个卵泡，现在称为优势卵泡，可在 FSH 减少状态下存活，这个卵泡将释放一个卵母细胞。科学家已经研究发现导致特定卵泡成为优势卵泡的许多因素——大小、颗粒细胞数量及颗粒细胞上 FSH 受体数量均有助于卵泡成为唯一存活的优势卵泡。

当卵巢中只剩下一个优势卵泡时，则重新开始分泌雌激素。在负反馈发生之前，优势卵泡所分泌的雌激素水平远远超过所有发育卵泡的水平。优势卵泡分泌大量的雌激素，还不至引发正常负反馈。相反，这些全身血浆极高浓度雌激素触发腺垂体调节开关，该开关通过向血流分泌大量 LH 和 FSH 来作出反应（图9-6）。高浓度的雌激素触发释放大量 LH 和 FSH 正反馈循环仅发生在卵巢周期的这一时间点上。

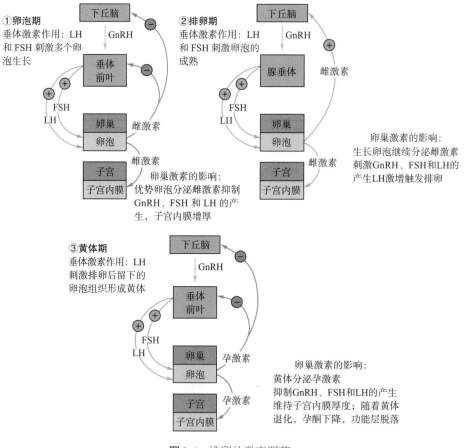

图9-6　排卵的激素调节

正是这种LH的大量分泌（称为LH激增），导致优势卵泡排卵发生。LH激增可诱导优势卵泡多种变化，包括刺激初级卵母细胞减数分裂复苏为次级卵母细胞。如前所述，由不均等细胞分裂生成的极体退化萎缩。LH激增还可触发蛋白酶（切割蛋白质酶）分解优势卵泡表面上突出的卵巢壁结构蛋白。随着卵巢壁的降解，加上泡腔充满液体的压力，导致卵母细胞突破颗粒细胞的包裹，排出至腹膜腔中，这种释放过程称为排卵。

排卵后，卵母细胞向子宫行进。在卵巢周期中，还要经过另外一个重要事件。LH激增除刺激排卵外，还刺激留在卵泡内的颗粒和膜细胞并引起相应改变，这种改变称为黄体生成（因此LH称为黄体生成素）。卵泡塌陷转化为一种新的内分泌结构，充满淡黄色液体，称为黄体。黄体化的颗粒和膜细胞开始分泌大量类固醇激素黄体酮（孕酮），取代了雌激素。黄体酮是一种对受孕和维持怀孕至关重要的激素。黄体酮在下丘脑和垂体处触发负反馈，使GnRH、LH和FSH分泌物保持在较低水平，因而，此刻不会出现新的优势卵泡。

卵巢周期的黄体期是排卵期后黄体酮分泌阶段。如果在10～12天内没有怀孕，黄体停止分泌黄体酮，并降解为白色体，这是一种无功能的"白色体"，将在几个月内在卵巢中分解。由于黄体酮分泌减少，FSH和LH再次受到刺激，卵泡期再次开始，一组新的早期三级卵泡开始生长并分泌雌激素。

（二）月经及月经期的临床表现

月经周期主要有3个阶段——子宫内膜脱落、重建、准备着床存在的一系列变化。

从月经的第一天开始就是月经周期计算的开始。根据两个相邻周期出血发生的间隔就可以确定月经周期长度。由于女性月经周期平均长度是28天，以此来确定月经周期中事件发生的时间段。月经周期长度不尽相同，通常为21～32天。在这个过程中，正如卵巢颗粒细胞和膜细胞分泌激素"驱动"卵巢周期的卵泡期和黄体期一样，同时控制着月经周期的3个阶段：月经期、增殖期和分泌期。

1. 月经期　子宫内膜脱落的阶段即月经期。其平均时长约为5天，可持续2～7天或更长时间。在卵巢周期的卵泡期早期发生月经周期，在此时期黄体酮浓度受黄体降解而下降，从而使子宫内膜功能层发生脱落。

2. 增殖期　当月经停止时，子宫内膜就将开始增殖，同时也是月经周期增殖阶段开始的标志（图9-7）。当三级卵泡颗粒和膜细胞开始分泌较高水平的雌激素时，子宫内膜开始增殖，子宫内膜也因为不断上升的雌激素浓度刺激而发生重建。

在负反馈的作用下，高雌激素浓度会引起FSH减少，导致除一个三级卵泡发育外，其余卵泡全部闭锁。此时将进入正反馈，伴随优势卵泡分泌，雌激素将升高，然后刺激LH激增，从而触发排卵。因此，在典型的28天月经周期中，排卵发生在第14天。排卵标志着增殖期和卵泡期结束。

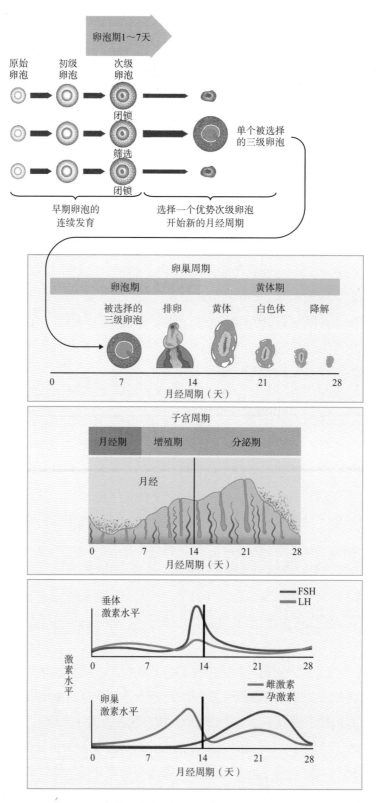

图9-7 卵巢周期和月经周期激素水平的变化

3. 分泌期　　除引起LH激增外，高水平雌激素还增加输卵管收缩，以促进排出的卵母细胞拾取和转移。雌激素高水平也略微降低阴道的酸度，使阴道环境更适合精子生存。在卵巢，塌陷卵泡的颗粒细胞黄体化形成分泌黄体酮的黄体，标志着卵巢周期黄体期的开始。在子宫，来自黄体的黄体酮开始月经周期的分泌阶段，其中子宫内膜准备着床（图9-7）。在接下来10～12天，子宫内膜腺体分泌富含糖原的液体。如果卵子受精形成，这种液体将滋养由受精卵发育而来的细胞球。同时，螺旋动脉发育为增厚的功能层提供血液供应。

如果在10～12天内没有发生妊娠，黄体将降解为白色体。雌激素和孕激素的水平均下降，子宫内膜变薄。前列腺素分泌，引起螺旋动脉收缩，氧气供应减少，子宫内膜组织将死亡、脱落，导致月经。

六、妊娠期和产后解剖、生理的变化

（一）妊娠期

1. 子宫　　妊娠期子宫的重要功能是孕育胚胎和胎儿，同时在分娩过程中起重要作用。是妊娠期及分娩后变化最大的器官。

（1）子宫大小：随妊娠进展，胎儿、胎盘及羊水的形成与发育，子宫体逐渐增大变软。至妊娠足月时子宫体积达35cm×25cm×22cm；容量约5000ml，是非孕期的500～1000倍；重量约1100g，增加近20倍。妊娠早期子宫略呈球形且不对称，受精卵着床部位的子宫壁明显突出。妊娠12周后，增大的子宫逐渐超出盆腔，在耻骨联合上方可触及。妊娠晚期子宫轻度右旋，与乙状结肠占据在盆腔左侧有关。

（2）子宫血流量：妊娠期子宫血管扩张、增粗，子宫血流量增加，以适应胎儿胎盘循环需要。妊娠早期子宫血流量为50ml/min，主要供应子宫肌层和蜕膜。妊娠足月时子宫血流量为450～650ml/min，其中80%～85%供应胎盘。

（3）子宫内膜：受精卵着床后，在孕激素、雌激素作用下子宫内膜腺体增大，血管充血，此时子宫内膜称为蜕膜。按蜕膜与囊胚的关系，将蜕膜分为三部分：①底蜕膜；②包蜕膜；③真蜕膜。妊娠14～16周羊膜腔明显增大，包蜕膜和真蜕膜相贴近，宫腔消失。

（4）子宫峡部：位于子宫体与子宫颈之间最狭窄的组织结构。非孕时长约1cm，妊娠12周后子宫峡部变软，逐渐伸展拉长变薄，扩展成宫腔的一部分，至妊娠末期形成子宫下段。临产后，规律的宫缩使子宫下段进一步拉长达7～10cm。由于子宫体部肌纤维的缩复作用，上段肌壁越来越厚，下段肌壁被动牵拉而越来越薄。在子宫内面的上、下段交界处形成环状隆起，称生理性缩复环。生理情况时，此环不能从腹部见到。

（5）子宫颈：在激素作用下，子宫颈充血、水肿，腺体增生、肥大，使子宫颈自妊娠早期逐渐变软，呈紫蓝色。

临产后子宫颈发生两个变化：①子宫颈管消失；②子宫口扩张。初产妇通常先是子宫颈管消失，随后子宫口扩张。临产后子宫口扩张主要是子宫收缩及缩复向上牵拉的结果。临产前子宫颈管长2～3cm，临产后由于宫缩牵拉及胎先露、前羊膜囊的直接压迫，子宫颈内口向上向外扩张，子宫颈管形成漏斗状，随后子宫颈管逐渐变短、消失。宫缩使胎先露部衔接，在宫缩时前羊水不能回流，加之子宫下段的胎膜容易与该处蜕膜分离而向子宫颈管突出，形成前羊膜囊，协助子宫口扩张。子宫口近开全时胎膜多自然破裂，破膜后胎先露部直接压迫子宫颈，使子宫口扩张明显加快。当子宫口开全时，妊娠足月胎头方能通过。经产妇一般是子宫颈管消失与子宫口扩张同时进行。

2. 卵巢 妊娠期卵巢排卵和新卵泡发育均停止。妊娠6～7周前产生大量雌激素及孕激素，以维持妊娠。妊娠10周后黄体功能由胎盘取代，黄体开始萎缩。

3. 输卵管 妊娠期输卵管伸长，但肌层并不增厚。黏膜层上皮细胞稍扁平，在基质中可见蜕膜细胞。有时黏膜呈蜕膜样改变。

4. 阴道 妊娠期阴道黏膜变软，水肿充血呈紫蓝色。阴道壁皱襞增多，周围结缔组织变疏松，肌细胞肥大，伸展性增加，有利于分娩时胎儿通过。临产后前羊膜囊及胎先露部将阴道上部撑开，破膜以后胎先露部直接压迫盆底，软产道下段形成一个向前向上弯曲的筒状通道，阴道壁黏膜皱襞展平、阴道扩张变宽。肛提肌向下及两侧扩展，肌纤维逐步拉长，使会阴由5cm厚变成2～4mm，以利胎儿通过。

5. 外阴 妊娠期外阴充血，皮肤增厚，大小阴唇色素沉着，大阴唇内血管增多及结缔组织松软，伸展性增加，利于分娩时胎儿通过。妊娠时由于增大的子宫压迫，盆腔及下肢静脉血回流障碍，部分孕妇可有外阴或下肢静脉曲张，产后多自行消失。

（二）产褥期

从胎盘娩出至产妇全身各器官除乳腺外恢复至正常未孕状态所需的一段时期，称产褥期，通常为6周。

1. 子宫 产褥期子宫变化最大。在胎盘娩出后子宫逐渐恢复至未孕状态的全过程称为子宫复旧，一般为6周。

（1）子宫体肌纤维缩复：子宫复旧不是肌细胞数目减少，而是肌浆中的蛋白质被分解排出，使细胞质减少致肌细胞缩小。随着子宫体肌纤维不断缩复，子宫体积及重量均发生变化。胎盘娩出后，子宫体逐渐缩小，于产后1周子宫缩小至约妊娠12周大小，于产后6周恢复至妊娠前大小。子宫重量也逐渐减少，分娩结束时约为1000g，产后1周时约500g，产后2周时约为300g，产后6周恢复至50～70g。

（2）子宫内膜再生：胎盘、胎膜从蜕膜海绵层分离并娩出后，遗留的蜕膜分为两层：表层发生变性、坏死、脱落，形成恶露的一部分自阴道排出；接近肌层的子宫内膜基底层逐渐再生新的功能层，内膜缓慢修复，约于产后第3周，除胎盘附着部位外，宫腔表面均由新生内膜覆盖，胎盘附着部位内膜完成修复需至产后6周。

（3）子宫血管变化：胎盘娩出后，胎盘附着面立即缩小，面积约为原来的一半。子宫复旧导致开放的子宫螺旋动脉和静脉窦压缩变窄，数小时后血管内形成血栓，出血量逐渐减少直至停止。

（4）子宫下段及子宫颈变化：产后子宫下段肌纤维缩复，逐渐恢复为非孕时的子宫峡部。胎盘娩出后的子宫颈外口呈环状如袖口。于产后2～3日，子宫口仍可容纳2指。产后1周后子宫颈内口关闭，子宫颈管复原。产后4周子宫颈恢复至非孕时形态。分娩时子宫颈外口常发生轻度裂伤，使初产妇的子宫颈外口由产前圆形（未产型），变为产后"一"字形横裂（已产型）。

2. 阴道 分娩后阴道腔扩大，阴道黏膜及周围组织水肿，阴道黏膜皱襞因过度伸展而减少甚至消失，致使阴道壁松弛及肌张力低。阴道壁肌张力于产褥期逐渐恢复，阴道腔逐渐缩小，阴道黏膜皱襞约在产后3周重新显现，但阴道至产褥期结束时仍不能完全恢复至未孕时的紧张度。

3. 外阴 分娩后外阴轻度水肿，于产后2～3日逐渐消退。会阴部血液循环丰富，若有轻度撕裂或会阴侧切缝合，多于产后3～4日愈合。

4. 盆底组织 在分娩过程中，由于胎儿先露部长时间的压迫，盆底肌肉和筋膜过度伸展致弹性降低，且常伴有盆底肌纤维的部分撕裂，产褥期应避免过早进行重体力劳动。若能于产褥期坚持做产后康复锻炼，盆底肌可能在产褥期内即恢复至接近未孕状态。若盆底肌及其筋膜发生严重撕裂造成盆底松弛，加之产褥期过早参加重体力劳动；或者分娩数过多，且间隔时间短，盆底组织难以完全恢复正常，成为导致盆腔器官脱垂的重要原因。

七、更 年 期

女性生育能力在20多岁时达到顶峰，然后缓慢下降，直到35岁；在此之后，生育能力下降得更快，直到绝经期结束时才完全结束。更年期（绝经）是由于卵巢卵泡及其产生激素的丧失而导致月经周期停止。如果女性一整年内没有月经，则认为绝经期已经完成。绝经年龄多在50～52岁，但也有不少发生在40岁或50岁的任何年龄。健康状况不佳，包括吸烟，会导致更早丧失生育能力和更早绝经。

随着绝经年龄的临近，卵巢内存活卵泡数量因闭锁而减少，影响了月经周期的激素调节。在绝经前几年，激素抑制素水平下降，抑制素通常参与到垂体的负反馈回路，以控制 FSH 的分泌。绝经期抑制素减少导致 FSH 的增加，FSH 刺激更多卵泡生长和分泌雌激素。由于小的次级卵泡也会对 FSH 水平增加作出反应，因此会刺激更多的卵泡生长，但是，大多数卵泡发生闭锁、死亡。最终，这一过程导致卵巢中所有卵泡枯竭，雌激素产生急剧减少。雌激素缺乏是导致更年期症状的主要原因。

最早变化发生在绝经过渡期，通常称为围绝经期，此时月经周期变得不规则，但不会完全停止。虽然雌激素水平仍与过渡前几乎相同，但黄体分泌黄体酮水平降低。黄体酮水平下降导致子宫内膜异常生长或增生。这种情况需要警惕，是子宫内膜癌发生的风险因素。在过渡过程中，有两种无害情况：子宫肌瘤（良性细胞团）和不规则出血。随着雌激素水平变化，出现的其他症状包括潮热和盗汗、睡眠困难、阴道干燥、情绪波动、注意力难以集中、头发稀疏及脸上毛发增多。根据个体的不同，这些症状可完全没有、中度或重度。

绝经后，雌激素含量降低可导致身体其他变化。心血管疾病发病率增高，女性发病率和男性一样，可能原因是雌激素水平降低，导致血清总胆固醇（TC）、低密度脂蛋白（LDL）和甘油三酯（TG）升高，高密度脂蛋白（HDL）水平明显下降。骨质疏松症是另一个问题，是由于骨密度在绝经后的前几年迅速下降。骨密度降低导致骨折发生率增高。

第二节　阴道微生态特征、影响因素及生理功能

女性生殖道微生态是人体微生态系统的一个重要分支，女性生殖道微生物群是指定植在女性生殖道中的微生物的集合。这些微生物的基因和基因组、代谢产物及生殖道环境共同组成了女性生殖道微生物组。由于研究技术的局限，目前对阴道微生态研究主要集中在细菌。阴道内正常微生物菌群是阴道微生态研究的核心内容。在女性月经周期和女性一生中，阴道菌群受各种内源性及外源性因素的影响而不断发生变化。

阴道微生态系统受基因、种族背景、发育及环境和行为因素的影响。每个个体都有几种乳酸杆菌在健康的阴道中占主导地位。它们与抗菌物质、细胞因子、防御素和其他物质一起支持防御系统，以对抗菌群失调、感染和早产及不孕不育等问题。

一、正常阴道微生态菌群

健康女性阴道内存在多种正常的微生物群落，与宿主、环境之间构成了相互协调、相互制约、动态变化的微生态平衡。1892年，德国的一位妇产科医生 Döderlein 发表了关于阴道菌群的研究，首次对从妊娠妇女阴道内分离出的革兰氏阳性杆菌（Gram positive rods）作了详尽的描述，这些杆菌存在于正常阴道分泌物中，并对葡萄球菌

（*Staphylococcus*）的生长有拮抗作用，阴道分泌物的杀菌作用是杆菌（bacillus）产生的乳酸所致。此后，德国Schröder等在镜下观察阴道分泌物湿片中这些杆菌的分布情况，第一次对阴道菌群进行了分级，并用于临床阴道感染的诊断。1928年，Thomas等将Döderlein等分离出的革兰氏阳性杆菌列入嗜酸乳杆菌（*Lactobacillus acidophilus*）。此后的很长一段时间内都认为阴道菌群是由嗜酸乳杆菌组成的。直到20世纪60年代，有研究者从219例正常育龄期妇女的阴道分泌物中分离出葡萄球菌、链球菌（*Streptococcus*）、大肠埃希菌（*Escherichia coli*）、棒状杆菌（*Corynebacterium*）和肠球菌（*Enterococcus*），证实健康女性阴道菌群并不是由单一乳杆菌（*Lactobacillus*）组成的。随着厌氧技术的发展，阴道微生态学的研究取得了长足的进步，尤其是对厌氧菌（*Anaerobic bacteria*）的存在及其与其他细菌在数量上的相互关系和影响有了新的认识。1973年，有研究首次揭示阴道菌群是由需氧菌和厌氧菌共同组成的，且厌氧菌是育龄期健康女性阴道菌群的重要组成部分，此后证实了阴道内厌氧菌与需氧菌比例接近10∶1。Redondo-Lopez等用传统培养方法研究阴道菌群的结果显示，乳杆菌是育龄期健康女性阴道内的优势菌，产过氧化氢（H_2O_2）的乳杆菌对维持阴道健康状态起决定性作用。

　　研究证实，育龄期女性每天产生1～4ml的阴道液，通常是透明、无臭（但也可有轻微臭味的液体，呈黏液状，白色至淡黄色）。每毫升含有10^8～10^9个细菌细胞。阴道微生物从女性出生的最初几个小时开始就开始定植，并伴随女性的一生直到死亡（图9-8）。这些细菌群落在个体之间和随着时间的推移可能会产生差异。

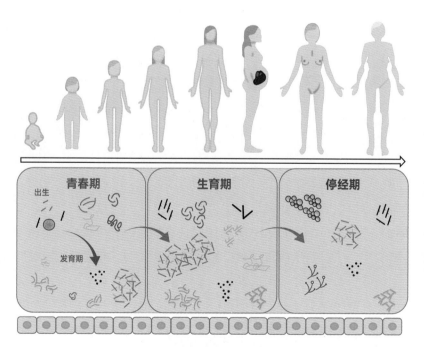

图9-8　女性一生中阴道微生物组组成的变化

从阴道分泌物中能分离出50多种微生物，包括乳酸杆菌、葡萄球菌、拟杆菌、肠球菌、链球菌、棒状杆菌、大肠杆菌、韦荣球菌、消化链球菌、加德纳菌和双歧杆菌，以及除细菌外的原虫、病毒、支原体和各种酵母菌等。这些微生物主要寄居于阴道黏膜上，其相互制约、相互作用，有层次、有秩序地定植于阴道黏膜表面形成生物膜以保护阴道上皮。寄生于生物膜中的阴道内细菌随着生理状态、局部环境的改变而不断发生演替，对维持阴道微生态平衡和预防阴道感染发生起到了重要作用。自然界中99%以上的微生物是不能通过培养的方法获得。近年，随着分子生物学技术的进步，16S rDNA序列分析技术使人们认识了阴道内许多无法培养或难以培养的微生物，如惰性杆菌、奇异菌属、梭形杆菌、不动杆菌和巨球菌属等，使人们对阴道菌群的结构和特性有了更加全新的认知。因此，关于正常阴道微生态菌群的认知在不断地更新之中。

二、阴道优势菌特征

研究表明，阴道内定植着许多产乳酸的细菌，如乳杆菌属、链球菌属、肠球菌属、乳球菌属、明串珠菌属（Leuconostoc）、动弯杆菌属（Mobiluncus）、拟杆菌属、纤毛菌属（Leptotrichia）、气球菌属（Aerococcus）和奇异菌属（Atopobium）等。其中，乳杆菌属一直被公认为阴道正常菌群中最重要的成员，在维持阴道微生态平衡、抵抗下生殖道感染中起着关键作用。乳杆菌属包括许多菌种或亚种，且形态千差万别。Salminen等报道阴道内可分离出100余种乳杆菌。通过不同的分子生物学方法证实，大多健康女性阴道内的优势菌仅为1～2种（有的为3～4种）乳杆菌，其中卷曲乳杆菌（Lactobacillus crispatus）、惰性乳杆菌、詹氏乳杆菌（Lactobacillus jensenii）和格氏乳杆菌（Lactobacillus gasseri）是育龄女性阴道内最常见的菌种。此外，60%～70%的健康妇女阴道内乳杆菌是优势菌群，而另一些特殊生理状态下无症状妇女阴道内乳杆菌是缺乏的，使其他一些产乳酸的细菌成为优势菌群，如奇异菌属、巨球菌属和纤毛菌属等。这些乳酸菌能产生乳酸、细菌素和H_2O_2等代谢产物，从多层面调节阴道内正常菌群的功能，在维持阴道微生态平衡和防御生殖道感染方面发挥重要的作用。

在整个育龄期，阴道微生物组暴露于雌激素和孕激素，会发生一些重要的变化，如由于糖原代谢导致局部pH降低（pH<4.5），反过来可限制许多病原体的生长，甚至诱导阴道上皮的结构改变。事实上，一旦到达生育年龄，雌激素水平增加，即促进阴道黏膜上皮增生并增加细胞内的糖原含量。糖原经阴道黏膜分泌的α-淀粉酶分解为麦芽糖、麦芽糖三糖和α-糊精，再经乳杆菌代谢为乳酸，阴道pH达到3.5～4.5，适合乳酸杆菌等细菌的黏附、定植和存活。因此，雌激素对阴道微生物组和阴道上皮都起着重要作用：从青春期至育龄期间雌激素水平的逐渐升高，触发了从青春期的低糖原水平、高微生物多

样性、高阴道pH和薄阴道上皮的转变，随后上皮细胞内的糖原沉积和游离糖原增多，游离糖原被乳酸杆菌属利用，后者成为健康阴道微生物组的优势菌群，与此同时阴道上皮增厚，这有助于维持健康的阴道环境。

三、阴道微生态的影响因素

研究表明，年龄、激素水平、月经、阴道冲洗、口服避孕药、阴道用药、性伴数目、性交频率、月经期应用卫生用品的方式（卫生巾或棉条）等都会影响阴道菌群构成。其影响因素主要表现在内源性和外源性两方面。

（一）内源性因素

1. 年龄和激素水平　根据女性生理特点可按年龄划分为新生儿期、儿童期、青春期、生育期、围绝经期和老年期几个阶段。不同阶段激素水平的差异使阴道微生态处于动态变化的过程中。

（1）新生儿期及儿童期：新生女婴阴道内无菌，阴道微生态菌群在出生后7～8小时开始出现，主要是葡萄球菌、肠球菌和类白喉杆菌等。2～3天后厌氧或兼性厌氧的乳杆菌取代了上述需氧菌，形成纯种状态。新生女婴血循环中母体雌激素仍维持较高水平，阴道上皮细胞内储存较多糖原，为乳杆菌的定植提供了环境。同时由于该阶段肾上腺和卵巢发育不全，雌激素水平低下。随着母体雌激素水平的衰退，新生女婴阴道微生态菌群中乳杆菌的含量减少，最终球菌成为优势菌群，阴道酸性环境也逐渐转变为中性或弱碱性。这种状况一直持续到青春期。Jaquiery等以月经初潮前的女孩为研究对象，结果显示，最常见菌种为类白喉棒状杆菌、凝固酶阴性葡萄球菌和大肠杆菌。同时Jaquiery等还指出，未发生过性行为的女性阴道内培养不出加德纳菌、人型支原体、生殖支原体和淋病奈瑟菌。

（2）青春期：随着肾上腺和卵巢功能的成熟，女童逐渐出现乳房萌发、性毛初现、生长加速和月经初潮等生理现象，标志着女童进入青春期。传统观点认为：初潮前阴道菌群为少量兼性厌氧菌，无乳杆菌或极低量乳杆菌。青春后期女童月经周期基本规律，阴道黏膜上皮细胞受周期性激素影响分泌糖原，乳杆菌数量迅速增加，形成相对稳定的正常菌群定植，保持阴道的酸性环境，抑制致病菌增殖。2015年Hickey等利用Roche454焦磷酸测序法检测245份阴道微生态菌群标本（198份10～12岁健康围青春期女童阴道微生态菌群和47份母体阴道微生态菌群），结果显示如下。①大部分女童在青春早期至中期（尚未初潮阶段），阴道微生态菌群优势菌群为产乳酸细菌，其中乳杆菌含量最丰富：卷曲乳杆菌占87/245，惰性乳杆菌占71/245，加氏乳杆菌占22/245，詹氏乳杆菌占8/245。

约 1/3女童阴道微生态菌群优势菌群为阴道加德纳菌，其他为无乳链球菌、咽峡炎链球菌、双路普雷沃菌和厌氧菌。同时证实阴道加德纳菌是构成青春期未初潮女童阴道微生态菌群的正常组分。②综合Tanner分期和阴道pH后认为，从Tanner Ⅱ期到Tanner Ⅲ期，乳腺、性毛的发育均与阴道微生态菌群中产乳酸细菌的含量和pH相关，所有围青春期女童阴道pH均在4.5左右。③女童阴道微生态菌群结构与母体阴道微生态菌群结构相似，提示基因和环境的交互作用影响阴道微生态菌群的结构，为研究成年女性阴道微生态菌群提供了新视角。

（3）育龄期：2011年，Ravel等首次应用焦磷酸测序技术对396名无症状育龄期北美女性阴道微生态菌群的构成进行分析，第一次提出阴道微生态菌群可分5种群类型（CST），包括CST Ⅰ型（卷曲乳杆菌为优势菌群）、CST Ⅱ型（加氏乳杆菌为优势菌群）、CST Ⅲ型（惰性乳杆菌为优势菌群）、CST Ⅳ型（厌氧菌为优势菌群，乳杆菌含量无或低，其中Ⅳ-A型以气球菌属、嗜胨菌属、双路普雷沃菌等为主，Ⅳ-B型以阴道阿托波氏菌和巨型球菌属为主）和CST Ⅴ型（以詹氏乳杆菌为优势菌群）。不同种族（白种人、黑种人、亚裔、拉丁裔）人群中的乳杆菌特征与其阴道健康状态具有显著差异。

（4）妊娠期：妊娠期阴道菌群会发生改变，弗吉尼亚联邦大学的研究团队采集613名怀孕和1969名非怀孕女性阴道拭子通过比较不同种族背景的女性怀孕与否的阴道菌群差异，以及随访怀孕女性在不同妊娠期阴道菌群的变化发现阴道菌群在不同种族女性中存在差异。孕期阴道菌群多样性和丰富度均减少，非洲裔妇女中更为明显，而欧洲、西班牙血统的女性变化较小；非裔女性妊娠早期到晚期菌型变化波动更大。妊娠期间阴道微生态菌群中四种常见乳酸杆菌丰度较高，如詹氏乳杆菌、约氏乳杆菌和卷曲乳杆菌、惰性乳杆菌；孕早期以卷曲乳杆菌主导的菌型最为稳定。孕晚期阴道微生态菌群与非孕女性阴道微生态菌群相似，足月分娩孕妇中很少观察到CST Ⅳ-B。阴道微生态菌群对于宿主环境改变具有基础性和决定性作用。通过改变母体微生态，发现孕早期阴道微生态菌群的结构组分变化与早产发生率增加密切相关。此外，孕期阴道内优势乳杆菌可能在建立新生儿上消化道内微生物菌群方面发挥一定作用，避免上行性感染的发生。

（5）产褥期：产后多数女性阴道微生态菌群发生持续性改变，表现为阴道乳杆菌骤然减少，而嗜胨菌属、双路普雷沃菌和厌氧球菌显著增多，阴道微生态菌群特征与远端肠道菌群极为相似，这种变化与分娩方式无关。

（6）绝经期：绝经是雌激素水平下降的一个显著标志，由于雌激素水平的下降，阴道黏膜萎缩和阴道上皮细胞内糖原含量下降，导致女性生殖道内乳杆菌密度降低，利用葡萄糖或糖原生成乳酸减少，阴道pH上升至6.0～8.0，乳杆菌的检出率和密度极度减少，甚至绝经后期检测不出。Brotman等发现：绝经前阴道微生态菌群类型主要是CST Ⅰ型和CST Ⅲ型，围绝经期为CST Ⅳ-A型或CST Ⅱ型，绝经后女性阴道微生态菌群则以CST

Ⅳ-A型为主。绝经状态与CST类型密切相关，外阴阴道萎缩程度与CST类型密切相关。该阶段阴道微生态菌群较脆弱，极易受到体内外因素影响，一些致病微生物从肠道迁移定植到阴道，因此绝经后妇女患细菌性阴道病及泌尿系感染的概率较育龄期升高。绝经后妇女中，乳酸杆菌减少（24.4%），其他细菌比例上升，包括普雷沃菌（11.4%）、加德纳菌（9.1%）、芽孢杆菌（8.8%）和链球菌（5.1%）。但在接受激素治疗后，绝经后妇女乳酸杆菌的增加幅度高达96.8%。

2. 月经的影响　　月经是影响生育期女性阴道菌群变化的重要因素之一。目前研究普遍认为，月经会导致某些CST类型发生转变，但个体菌群类型并不伴随菌种多样性的增加而转变。Srinivasan等报道月经来潮时，在81%的受试者阴道内加德纳菌的丰富度显著增高，惰性乳杆菌丰富度增高，但其他乳杆菌丰富度减低，而月经结束时菌群逐渐恢复到月经前的稳定状态。Gajer等通过监测32名健康女性的阴道菌群动态变化得出：CST Ⅰ型和CST Ⅱ型相对稳定，这两类型阴道菌群的转变通常与月经相关——月经来潮时转变为惰性乳杆菌为主的CST Ⅲ型，月经结束后很快恢复原态。而CST Ⅲ型的变化因人而异，有的很稳定，有的会转换成Nugent评分很高的其他类型。Eschenbach等研究显示，阴道菌群的种类会随着月经周期而发生变化，在月经期非乳杆菌的其他细菌大量繁殖，如需氧菌的数量增加100倍，而乳杆菌的数量不变或减少。在非月经期阴道乳杆菌一直在恢复生长的过程中，而非乳杆菌属的细菌会在黄体期从40%增加至72%。

3. 妊娠的影响　　妊娠期间，由于雌激素水平的升高，外阴阴道假丝酵母菌病的发生率比非妊娠期有所增加。有研究认为，在妊娠期由于某种原因造成细胞介导的免疫受到抑制而导致致病微生物易感，如白念珠菌（*Candida albicans*）。

（二）外源性因素

1. 抗菌药物　　抗菌药物的应用会对阴道乳杆菌产生不良的影响。有文献报道，乳杆菌对不同的头孢类抗生素的敏感性存在差异，而对青霉素很敏感。相反，万古霉素、多西环素和甲硝唑对乳杆菌无明显抑制作用。用于治疗细菌性阴道病的克林霉素软膏对阴道乳杆菌有抑制作用。不同的抗菌药物对不同的菌可产生不同的影响。

2. 性生活及避孕方式　　有研究指出，应用杀精子药、润滑剂对阴道菌群无明显影响。而阴道菌群会受到多性伴或常换性伴者（＞1个性伴/月）及特殊性行为（如口交）的影响，而性生活频率对阴道菌群影响不大。关于避孕方式，口服避孕药和应用安全套对阴道菌群无影响。带有宫内节育器妇女的阴道内厌氧菌的数量会明显增加。

3. 性激素替代治疗　　许多研究均证实，不论是口服还是局部使用激素替代，都可明显改善阴道微环境。无激素替代的绝经女性阴道内BV相关细菌（拟杆菌、普雷沃菌和加德纳菌）及泌尿系感染相关细菌（大肠杆菌和肠球菌）的定植明显增高。而应用激素替代治疗的绝经后女性阴道可使阴道pH明显降低，乳杆菌的定植情况和生育年龄的女性类似。

4. 辅助生殖技术　促排卵过程也对阴道菌群产生一定影响，Hyma等研究显示，体外受精（IVF）治疗前的不孕患者的阴道菌群与普通妇科门诊患者并无明显差异，但在接受不同的促排卵方案治疗后，部分患者的阴道菌群发生变化，胚胎移植日的阴道菌群丰度与是否有活产相关（$P=0.034$）。

5. 个人卫生习惯　国外有学者比较了选择不同卫生用品对阴道菌群的影响，结论是不同卫生用品在月经期对阴道正常菌群的影响无明显差异。而阴道冲洗反而增加了患盆腔炎、异位妊娠、早产及其他妇科疾病的发生概率。但也有相反观点的报道。

6. 不同种族　种族和地理环境是阴道菌群的重要影响因素。Zhou等研究提出，文化、行为、饮食习惯、种族基因遗传及固有或适应性免疫系统的差异均会影响阴道菌群的构成。许多学者应用分子生物学的方法对比利时、巴西、美国、加拿大、德国、荷兰、印度、日本、意大利、尼日利亚、瑞典、土耳其和中国等女性阴道菌群进行了研究，其阴道优势菌存在较大差异，但卷曲乳杆菌均是最常见的优势乳杆菌之一。白种人中卷曲乳杆菌和詹氏乳杆菌比其他乳杆菌更多见。

综上所述，阴道微生物菌群的组成在女性的一生中不断演变。在女性生命的不同阶段，各种生理因素、药物及其他因素均可影响阴道菌群。健康的阴道微生物菌群通常由乳杆菌属控制，乳杆菌属对阴道失调或感染具有保护作用。尽管这种保护作用的确切机制尚不清楚，但新出现的研究表明，阴道菌群产生多种分子来维持阴道内稳态并防止感染。例如，健康的阴道环境的特征是阴道乳杆菌产生乳酸，在消除入侵病原体方面发挥着重要作用。此外，乳杆菌还产生许多化合物，如细菌素和H_2O_2，以选择性地抑制入侵病原体并保持阴道内稳态。

阴道微生物失调的特点是乳酸杆菌属的丰度较低，而CST Ⅳ型微生物群的水平较高，如厌氧链球菌、阴道加德纳菌、阴道阿托波菌、莫比伦氏菌属、普雷沃氏菌属等，这会对阴道和生殖健康产生不利影响，并导致对各种阴道感染（如细菌性阴道病和念珠菌病）的易感性，甚至可能导致不良妊娠结局，如早产、先兆子痫、妊娠高血压等。

四、生理功能

女性阴道微生态系统是人体微生态系统的组成之一，由阴道内的微生物菌群、内分泌调节系统、阴道解剖结构和局部免疫系统共同组成。其中，阴道微生物群在保护阴道上皮免受病原微生物污染方面发挥着重要作用。

乳杆菌的重要性体现在维持阴道的生态平衡，抑制其他微生物及病原菌的定植。乳杆菌把阴道上皮细胞内的糖原转化成乳酸，维持阴道正常酸性环境，产生H_2O_2抑制其他细菌生长，释放抑菌素等抗微生物因子直接抑制或灭杀其他细菌。此外，乳杆菌和其他细菌竞争营养、占据阴道上皮表面位置等均使得其他细菌不易生长。与其他细菌如淋病奈瑟菌、加纳菌等相比，乳杆菌对阴道上皮细胞的亲和力更强。

阴道微生物群驱动固有免疫反应。具体来说，阴道微生物群可刺激阴道和上生殖道上皮细胞内和上皮细胞膜上的模式识别受体（PRR），实现对微生物基序模式识别，如Toll样受体（TLR）或Dectin-1受体（识别真菌病原体），以及存在于阴道内壁鳞状上皮细胞和上女性生殖道内列细胞中的核苷酸结合寡聚结构域（NOD）受体，并启动细胞因子/趋化因子信号级联反应，如IL-1β、IL-6、IL-8和肿瘤坏死因子-α（TNF-α）的分泌，以募集或激活特化细胞，如NK细胞、巨噬细胞、CD4辅助性T细胞、CD8细胞毒性T细胞和B细胞。

有助于阴道防御的其他因素包括甘露糖结合凝集素（MBL）、阴道抗菌肽（AMP）、免疫球蛋白A和G（IgA、IgG）。顾名思义，MBL结合存在于微生物细胞表面的甘露糖、N-乙酰葡糖胺和岩藻糖碳水化合物部分。最终，这种相互作用导致细胞裂解或靶向免疫系统。IgA和IgG可能有助于防止阴道上皮细胞黏附和摄取，并有助于中和和清除阴道感染性微生物。阴道AMP存在于各种类别中，可能通过趋化性募集免疫细胞或具有抗内毒素活性。防御素是一类阳离子和两亲性AMP，对常见的阴道细菌、病原体和病毒[包括人类免疫缺陷病毒（HIV）、单纯疱疹病毒（HSV）和人乳头瘤病毒（HPV）]具有多种作用机制。

总体而言，微生物、环境、免疫系统和基因通过紧密的相互作用以控制阴道环境的稳态。

（肖冰冰　陈　倩　武庆斌）

参考文献

艾洪滨. 2015. 人体解剖生理学[M]. 2版. 北京：科学出版社.

谢聪聪，周敬华，齐亚楠，等. 2018. 生殖道微生物与生殖健康[J]. 中国计划生育学杂志，26（10）：5.

Chen X D，Lu Y E，Chen T，et al. 2021. The female vaginal microbiome in health and bacterial vaginosis[J]. Front Cell Infect Microbiol，11：631972.

France M T，Fu L，Rutt L，et al. 2022. Insight into the ecology of vaginal bacteria through integrative analyses of metagenomic and metatranscriptomic data[J]. Genome Biol，23（1）：66.

France M，Alizadeh M，Brown S，et al. 2022. Towards a deeper understanding of the vaginal microbiota[J]. Nat Microbiol，7（3）：367-378.

Kamińska D，Gajecka M. 2017. Is the role of human female reproductive tract microbiota underestimated?[J]. Benef Microbes，8（3）：327-343.

Mendling W. 2016. Vaginal microbiota[J]. Adv Exp Med Biol，902：83-93.

Wang J F，Li Z Z，Ma X L，et al. 2021. Translocation of vaginal microbiota is involved in impairment and protection of uterine health[J]. Nat Commun，12：4191.

第十章　衰老与肠道微生态

　　生、老、病、死是地球上所有生物的常见现象，人类也跳不出这个自然规律。进入21世纪，随着现代科学技术发展，人们逐渐认识到实现"长生不老"是不现实的。但是，探索生命奥秘的过程中，人们逐渐意识到人类的衰老速度及寿命的长短是可以进行人为干预的。"如何抗衰老"这个课题再次回归，成为人类不懈追求的终极目标。

　　人体肠道微生态是一个复杂的生态系统，它既影响宿主的生存状态，又受宿主生存状态的影响。肠道微生态的变化，如肠道微生物菌群的种类、数量随着年龄的增长而发生了微妙变化，影响着机体的衰老状态。通过深入探究衰老背后的肠道微生态机制进而防治衰老相关疾病从而实现健康长寿将会成为现实。

第一节　衰老概述

一、衰老的定义

　　衰老是生物体随着时间的推移而经历的自发及必然的过程，表现为结构和功能的衰退，适应能力下降和抵抗力减弱。从生理学角度看，衰老是从受精卵开始直到生命消亡以前的全部生命过程中所发生变化的总和，是发育的继续，很难截然划分何时发育终止而何时衰老开始。从病理学角度看，衰老是各种应激和劳损、损伤和感染、免疫反应衰退、营养不足、代谢障碍，以及疏忽和滥用药物累积的结果。从社会学角度看，衰老是个人对新鲜事物失去兴趣、超脱现实、喜欢怀旧。

　　尽管衰老可能被定义为身体组织系统的衰退和对环境适应能力的降低，但是衰老是一个相当复杂的生物过程，不仅在细胞和分子水平上发生，在组织和器官系统上也发生，并且是在许多层面上相互结合和相互作用的过程，其中导致衰老或对衰老作出反应的生化机制是衰老的核心，而不是用一个单一的、包罗万象的理论来解释衰老，比如单个基因或免疫系统的衰退。因此，应采用先进科学技术分析研究衰老生物过程，力争完整阐明其中复杂的生物途径，以及探索潜在的延长寿命的方法。

　　衰老是一种疾病吗？衰老是一个以多种病理为特征的过程，这些病理的总和不可避免地导致死亡，其生物学机制是机体内平衡紊乱和分子损伤的累积。如果疾病被定义为一种结构或功能的紊乱或异常，那么衰老肯定不是一种疾病，这是生命所必经的过程。目前对于我们是否应该衰老存在意见分歧，有的人认为这是一种自然现象，不应被干预，且昂贵的医疗费用将引发不平等现象的产生以及经济体系的崩溃，最终过剩的人口也将对有限的资源造成巨大的压力。支持的人认为干预衰老是医学进步的表现，将会延缓衰老相关的退化和死亡，为日后更有效治疗的研究提供可能。当然，无论一个人在追求寿命方面站在什么立场上，对与年龄相关的疾病作斗争的必要性没有异议。

二、衰老的生理特征

　　衰老是一个缓慢的过程，它不会在生命中的某一个时刻突然降临，也不可能每天都感觉到，特点为生理完整性的渐进性丧失，进而导致功能损伤和死亡风险增加。衰老的生理学特征表现在结构和功能两个方面。

（一）形态结构的衰老

　　在整体水平上或外在衰老表现为：老年人身高下降，脊柱弯曲，皮肤失去弹性，颜面皱褶增多，局部皮肤，特别是脸、手等处可见色素沉着，呈大小不等的褐色斑点，称为老年斑。汗腺、皮脂腺分泌减少使皮肤干燥，缺乏光泽。须发灰白，脱发甚至秃顶，眼睑下垂，角膜外周往往出现整环或半环白色狭带，称为老年环，是脂质沉积所致。

　　机体内部衰老器官的结构改变，主要源于细胞萎缩或细胞数量减少而使各个组织器官重量减轻，表现为牙齿咬合面的牙釉质和牙本质逐渐磨损，牙本质向牙髓腔内增厚，牙髓腔缩小，加上牙龈退化、萎缩，牙齿逐渐脱落；胃肠道黏膜和平滑肌萎缩，分泌消化液和消化酶的能力下降；肝脏体积缩小、重量减轻，肝细胞体积增大、数目减少，并且有肝细胞变性；肺和胸腔的老化，肺活量随着年龄增长而减小，而肺内残气量则增加；50岁以后心肌细胞发生褐色萎缩（脂褐素沉着于心肌细胞中所致），使部分人心脏重量减轻；血管弹性纤维收缩、断裂、消失，血管内膜常有动脉粥样硬化改变，中层常有钙质沉着，因而老年人血管弹性减退、阻力增加，易发生高血压和血管破裂；脑神经细胞数目减少，细胞萎缩，细胞内脂褐质（老年色素）沉着增多，脑的重量下降6%～11%，脑血流量减少约16%；肾脏萎缩变小，肾实质约减少1/3，肾血流量减少47%～73%，尿的浓缩能力和稀释能力均下降；男性睾丸萎缩和纤维化，体积变小，生成精子的能力逐渐下降或消失；产生血细胞的骨髓组织减少，红骨髓减少，黄骨髓增多，造血能力降低，至60岁时这种退化特别明显，红细胞的生成较白细胞的生成受影响更大。总而言之，各器官重量的改变程度大致可以反映器官衰老的程度。

（二）生理功能的衰退

衰老时机体各器官功能改变的总趋势是：器官的储备力减少，适应能力降低、抵抗力减退，有的整个器官功能丧失，有的表现出单位细胞功能减退，有的是单位细胞功能不变但组织总数减少，导致器官总的功能减退。

心血管系统包括循环和血管系统，主要的生理功能是保证血液、氧气和营养物质在全身体内的循环。衰老对心血管系统的结构和功能产生影响。在结构上，老年人心血管系统的特征是：心脏——左心室厚度增加和传导系统的退行性改变；血管——动脉僵硬程度增加和内皮功能障碍。在功能上，老年人循环系统的特征是左心室与动脉僵硬和功能的匹配改变，以及压力反射和自主反射减弱，整体表现为心血管功能下降。

呼吸系统的黏膜、腺体及平滑肌萎缩，纤维组织增生，气道钙化、变硬、管腔扩张，小气道杯状细胞增多，肺泡壁变薄、泡腔扩大、弹性降低，肺组织重量减轻，呼吸肌萎缩，肺弹性回缩力降低。带来的影响是鼻腔对气流的过滤和加温功能减退或丧失，整体气道防御功能下降，小气道分泌亢进，黏液潴留，气流阻力增加，导致肺活量降低，残气量增多，黏膜纤毛功能障碍增加，咳嗽强度降低和肌肉性能下降导致老年人气道通畅性差。总之，衰老会导致肺脏力学、呼吸肌肌力、气体交换和通气控制发生变化。随着年龄的增长，胸壁的僵硬度增加，呼吸肌肉的肌力降低，从而导致肺的闭合容量增强，1秒用力呼气量（FEV_1）减少。由于年龄因素引起的通气-灌注不相匹配，氧气弥散阻滞和解剖性分流致动脉氧分压随着年龄的增长而逐渐降低。此外，老年患者对高碳酸血症和低氧的通气反应减弱。

消化系统功能的改变表现为胃黏膜萎缩性变化，胃黏膜变薄、肌纤维萎缩，胃排空时间延长，消化道运动能力降低，尤其是肠蠕动减弱易导致消化不良及便秘。消化腺体萎缩，消化液分泌量减少，消化能力下降。口腔腺体萎缩使唾液分泌减少，唾液稀薄、淀粉酶含量降低；胃液量和胃酸度下降，胃蛋白酶不足，影响食物初级消化；胰蛋白酶、脂肪酶、淀粉酶的分泌减少、活性下降，对食物消化能力明显减退。胰岛素分泌减少，对葡萄糖的耐量减退。肝细胞数目减少、纤维组织增多，故解毒能力和合成蛋白的能力下降，致使血浆白蛋白减少，而球蛋白相对增加，进而影响血浆胶体渗透压，导致组织液的生成及回流障碍，易出现水肿。

神经细胞数量逐渐减少，脑重量减轻。据估计，脑细胞自30岁以后呈减少趋势，60岁以上减少尤其显著，到75岁以上时可降至年轻时的60%左右。脑血管硬化，脑血流阻力加大，氧及营养素的利用率下降，致使脑功能逐渐衰退并出现某些神经系统症状，如记忆力减退、健忘、失眠，甚至产生情绪变化及某些精神症状。衰老与许多神经系统疾病有关，这是由于大脑传输信号和进行交流的能力降低所致。脑部功能丧失是老年人中最不愿面对的疾病，其中包括阿尔茨海默病的人格丧失。随着年龄的增长，其他多种神经退行性疾病（如帕金森病或脑卒中突然发作）也越来越普遍。

随着年龄增长，内分泌系统的器官、组织、细胞及激素受体发生结构、功能改变，呈病理性减退。老年人甲状腺逐渐呈生理性老化，松果体逐渐退化，褪黑激素分泌量下降。老年人胸腺退化，致使血清中胸腺激素水平逐渐下降。性腺功能降低，尤以女性更年期后卵巢退化、雌激素大幅度减少最为明显，而维持生命的下丘脑-垂体-肾上腺系统、下丘脑-垂体-甲状腺系统基本保持正常，只是激素受体数量减少而致对促甲状腺素、生长激素、糖皮质激素等的敏感性改变，使老年人对葡萄糖和胰岛素的耐受力均下降。

人体免疫功能与机体衰老呈平行下降。老年期胸腺明显萎缩，血中胸腺素浓度下降，使T细胞分化、成熟和功能表达均相应极度降低。T细胞在抗原刺激下转化为致敏淋巴细胞的能力明显减弱，对外来抗原的反应减弱。B细胞对抗原刺激的应答随增龄而减弱，抗原和抗体间的亲和力下降；需要T细胞协助的体外免疫应答水平也随增龄而下降。老年人自身免疫功能大大增加，免疫细胞的识别能力随增龄而减弱，除攻击外来病原体外，还攻击自身组织，引起机体衰老死亡。

第二节　衰老机制的研究

随着衰老的进程，机体在生理和解剖学方面产生一系列的变化，表现在人体对内外环境适应能力逐渐减退，这是生物体在其生命后期阶段所出现的进行性、全身性、多因素共同作用的循序渐进的退化过程，是生命过程的必然规律。衰老过程具有九大特征（图10-1），这些特征又可被分为三类。其中，第一类是主要特征：基因组失稳、端粒损耗、表观遗传改变和蛋白质稳态丧失等是衰老主要的分子损害原因。第二类是拮抗特征：营养感应失调、线粒体功能障碍和细胞衰老，表现为在低水平时介导有益效应并保护有机体免受损害，而高水平时则介导有害效应。第三类是综合特征：干细胞耗竭和细胞间通信改变，即衰老的罪魁祸首，在体内平衡机制无法代偿累积的损害时出现。有学者将衰老分成两大类：一类是维持生命正常运转的程序性衰老。这是为了正确建立细胞数量，维持人体功能而设计的保护机制。另一类是损伤诱导性衰老，这是我们常说的，药品、手术、慢性炎症、毒素、不良生活习惯等对身体造成的损害的集合。简而言之：细胞的受损大于细胞再生的能力，人就逐渐走向衰老。

图10-1 衰老的九大特征

一、DNA复制发生错误

DNA是生命的原始密码，伴随着年龄的增长，DNA的复制过程可能会出现差错，部分密码子可能被意外替换、插入或删除，而这些错误进一步导致DNA、蛋白质结构发生错误，且有时难以被修复，最终导致细胞被破坏，甚至癌变。科学家在老年人的人体组织中观察到许多细胞积累了大量的遗传损伤，如果能够找到修复DNA的方法，或许就能改善甚至可能延缓衰老这一必经的过程。

二、基因表达错误

人体DNA的某些部分会被解读并转化为身体特征，这一过程称为表达，哪些基因最终得到表达，是由细胞中的一组蛋白质控制，这一过程被称为"表观遗传调节"。由于这一机制的存在，皮肤细胞与脑细胞即使拥有相同的DNA，却表现出不同的形态和功能。

随着年龄的增长，与DNA结合的蛋白质变得更松散，使得DNA的表达容易出现差错，不该表达的基因表达，而该表达的基因却"沉默不言"。这就意味着某些生命中必要的蛋白质没有被制造出来，而有害的、非必要的蛋白质却被制造出来了。例如，如果一个无意的错误导致抑制肿瘤的基因"沉默"，细胞就会不受控制地发生增生，甚至癌变。通过小鼠实验，科学家发现，逆转该类型的基因表达错误可以改善小鼠因衰老产生的神经系统退化，如记忆障碍等。

三、染色体端粒缩短

端粒的主要作用在于维持染色体的完整性。端粒是每条DNA链末端的保护帽，在细胞进行分裂的同时，端粒会进行染色体的复制，每复制一次，端粒就会缩短一点，一旦端粒消耗殆尽，细胞就无法再持续进行分裂，进而人体组织会出现衰老，并可能导致癌症和心血管病等疾病的发生。也就是说，端粒越短，机体的衰老程度越严重。

四、蛋白质退化失能

在我们的机体内，蛋白质可以不断产生，它们控制着细胞内几乎所有的功能。它们移动材料、传递信号、启动和关闭细胞功能，并能够塑造细胞结构。随着时间的推移，蛋白质会逐渐失去效力，因此蛋白质必须定期更新。随着年龄的增长，我们的身体失去了清除旧蛋白质的能力，导致无用的蛋白质堆积，如一种叫作淀粉样蛋白的蛋白质在大脑中异常堆积，是造成阿尔茨海默病的主要原因之一，可导致神经细胞功能退化，临床上常表现为记忆障碍、失语、行动障碍及人格和行为改变等。

五、衰老细胞"拒绝死亡"

当细胞经受压力并被破坏时，它们有时会停止分裂对抗死亡，变成"僵尸细胞"，并可能会感染周围的其他细胞，将炎症扩散到全身，这些细胞也被称为衰老细胞。随着年龄的增长，衰老细胞会不断积累。衰老生物学理论认为，机体的衰老伴随着细胞的衰老，同样，细胞衰老也是机体衰老的重要诱因——衰老细胞被怀疑是释放衰老信号的"罪魁祸首"。

六、线粒体功能失调

在细胞中，线粒体可为机体提供能量。然而，随着生物体及其细胞的衰老，这些"微型发电厂"可能会变得越来越低效和功能失调。当它们不能正常工作时，就会改变氧气的形态，从而对DNA和蛋白质造成损害。

七、新陈代谢失调

随着年龄的增长，细胞在检测体内的葡萄糖或脂肪含量时变得越来越不准确，因此一些细胞内脂肪和糖含量及比例失调。衰老细胞积累过多的脂肪不是因为老年人摄入了太多脂肪，而是因为细胞不能正常地消耗、代谢脂肪。

当老年人的身体不能正常代谢他们摄入的所有食物时，就会产生新陈代谢失调，可能导致胰岛素分泌减少或IGF-1通路受损，而这些因素常会导致糖尿病，这就是糖尿病在老年人中相当普遍的原因。

八、组织停止修复和更新

在一定程度上，几乎所有的细胞、组织都会进行更新，但是随着年龄增长，更新的速度会变慢，这也是导致组织损伤积累的部分原因。

干细胞是一类具有自我复制能力的多潜能细胞，在一定条件下，它可以分化成各类功能细胞，在许多组织中补充受损或死亡的细胞，是组织内部修复工具。然而，随着人类年龄的增长，干细胞逐渐消耗殆尽，活性降低，这就意味着机体组织修复能力减退，致使原本应该得到更新的组织实际上并没有得到更新。

九、细胞之间无法交流

为了保证身体功能正常运转，细胞必须不断地通过血液和免疫系统相互交流。但随着我们的身体变老，细胞变得反应迟钝，细胞的交流能力也随之变差，逐渐变成引起炎症的衰老细胞。由这些衰老细胞产生的炎症进一步阻断了健康细胞之间的交流。由于细胞无法交流，导致免疫系统无法有效清除病原体和衰老细胞，并逐渐加速衰老的进程。

2023年，López-Otín在*Cell*杂志撰文，将衰老在分子、细胞和系统上的九个特征基础上，增添了三个额外的衰老特征：巨自噬障碍、慢性炎症和生态失调。

巨自噬包括将细胞质物质隔离在双膜小泡中，即自噬体，自噬体与溶酶体融合以消化腔内的内容物。因此，自噬不仅参与蛋白稳态，还可以影响非蛋白大分子（如异位胞质DNA、脂质囊泡和糖原）和整个细胞器（包括因"线粒体自噬"而功能失调的线粒体，以及其他导致"溶性自噬"、"网状自噬"或"前自噬"的细胞器），以及入侵病原体（"异种"）。衰老相关的自噬行为减少是细胞器更新减缓的重要机制之一，证明其可以作为衰老的新标志。

炎症在衰老过程中增加（"炎性衰老"），伴有全身性表现以及病理性局部表型，包括动脉硬化、神经炎症、骨关节炎和椎间盘退化。相应地，炎症细胞因子和生物标志物（如CRP）的浓度随着年龄的增长而增加。血浆中IL-6水平的升高是老龄人群全因死亡率的预测性生物标志物。随着炎症加剧，免疫功能下降，这种现象可以通过对患者和小鼠组织血液中的髓系细胞和淋系细胞进行高维监测来捕捉。例如，与年龄相关的T细胞群（称为Taa细胞）由耗竭状态的记忆细胞组成，这些细胞通过颗粒酶介导促炎作用。T细胞群的变化引起促炎症的Th1和Th17细胞功能亢进，免疫监视功能缺陷（对消除病毒感染、恶性或衰老细胞有负面影响），自我耐受性丧失（随之而来的是与年龄相关的自身免疫性疾病的增加），以及生物屏障的维持和修复减少，这些都有利于系统性炎症。

近年来，肠道微生物菌群已成为多种生理过程中的一个关键因素，如营养消化和吸收、抵御病原体和生产必需代谢产物（如维生素、氨基酸衍生物、次级胆汁酸和SCFA）。肠道微生物群还向外周/中枢神经系统和其他远处的器官发出信号，并对宿主健康的总体维持产生强烈的影响。细菌-宿主双向交流的扰乱导致了肠道生态失调，并导致多种病理状况，如肥胖、2型糖尿病、溃疡性结肠炎、神经系统疾病、心血管疾病和癌症。这一领域的进展引起了人们对探索衰老过程中肠道微生物群变化的极大兴趣。

综上所述，一切生物体都会发生衰老。衰老过程是生物体内自发的必然过程，即使生活在最适宜的环境中也会逐渐衰老并且衰老是随着时间的推移而不断发展的过程。衰老使生物体的生理功能降低，增加了生病和死亡的机会。在同一类生物中，不同个体间衰老的进程是不同的，尤其在生命的后期，这种差异性更为明显。只有那些衰老较慢的个体才有可能获得长寿。衰老虽然是内在的自发过程，但外界条件可以加速或延缓这种过程的进行，如环境温度可以改变动物的寿命。正因如此，人们才有可能通过改善生活环境去谋求长寿。

第三节　衰老与肠道微生态研究现状

1908年诺贝尔生理学或医学奖得主梅契尼科夫指出肠道菌群与人体健康尤其是衰老有关，美国"人类微生物组计划"（HMP）项目和欧盟的"人类肠道宏基因组计划"（MetaHIT）研究揭示，依据人体中正常菌群的分布，可将人体微生态系统分为胃肠道、口腔、泌尿生殖道、皮肤和呼吸道五个系统，其中肠道微生态系统是最主要和最复杂的系统。健康成人的肠道栖息着约10^{14}个细菌，是人体细胞总数的10倍，这些菌群与宿主处于共生状态，是细菌与人类经过亿万年互为环境、同步进化的结果。人类肠道内不同部位菌群的构成是不同的，共同构成一个"极其复杂的肠道微生态体系"。健康情况下，肠内正常微生物群与宿主间处于生理的、和谐的、相互依赖又相互制约的状态，维系着肠道的"微生态平衡"，这是健康的标志。

在生命早期，肠道菌群是依据肠黏膜的成熟程度和食物的多样化按一定的顺序形成的。正常情况下，出生时肠道少量细菌定植，出生后由于和空气、饮食及外界环境接触，细菌迅速从口、鼻及肛门侵入。生后数小时粪便首先出现肠球菌、链球菌和肠杆菌等需氧或兼性厌氧菌，生后48小时粪便中细菌数量可达 $10^8 \sim 10^9$ cfu/g（湿便），肠道细菌出现的时间和种类受到内源性因素如肠黏膜的成熟程度、黏液、胎便中的生长促进或抑制因子，或外源性因素如分娩情况、母亲情况（使用抗生素）和环境中细菌数量的影响。至出生后7～10天时，随着需氧菌或兼性厌氧菌首先定植和生长，消耗氧气，为肠腔创造了一个高度还原状态，利于厌氧菌的生长，专性厌氧菌如类杆菌、梭菌和双歧杆菌增多并且逐渐占优势，约占细菌总数的98%，在单纯母乳喂养的婴儿肠道中双歧杆菌占优势，而在配方奶喂养的婴儿肠道中双歧杆菌波动较大，通常类杆菌和梭菌占优势。开始添加辅食以后，母乳喂养和配方奶喂养婴儿的肠道菌群的差别逐渐缩小和消失，随着双歧杆菌、类杆菌和优杆菌的增加，梭菌和链球菌也增多。断乳以后，随着食物的多样化，肠道菌群的多样化也逐渐增多，也越来越复杂，向成人型菌群过渡，在2～3岁时形成以厌氧菌占绝对优势需氧菌占劣势的稳定菌群，维持至青年及中年。当进入老年期时，全身功能衰退，肠道菌群组成和功能急剧变化：多样性下降，双歧杆菌数量减少，产SCFA菌属减少，尤其是产丁酸菌减少，有害菌的腐败性细菌，如大肠杆菌、梭菌、肠球菌等增多，可促进蛋白质降解为氨气（NH_3）、硫化氢（H_2S）、胺类、酚类，这些作为毒性产物，可导致老化（图10-2，图10-3）。

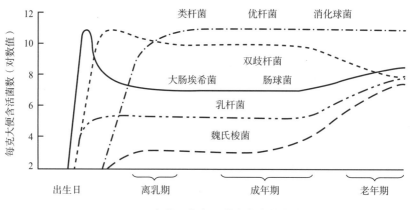

图10-2 人类一生中肠道微生态的变化

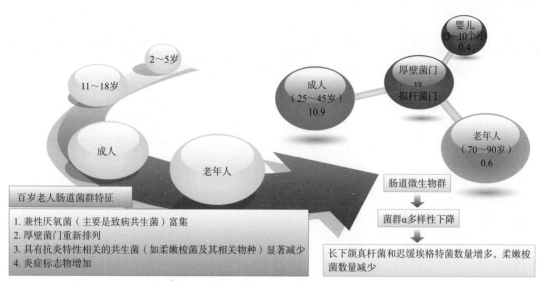

图10-3 老年人及百岁老人肠道微生态特征

一、老年人肠道微生态特点

老年人肠道菌群与青年人肠道菌群组成在特定细菌种类组成上存在差异。影响老年人肠道菌群组成的主要因素是饮食、生活方式、药物和居住环境。随着年龄的增长，牙齿脱落，胃酸、消化液和消化酶分泌减少，胃肠动力不足导致消化和吸收功能下降。身体功能也慢慢减退，食欲、体力自然大不如前，饮食的数量及多样性相较于年轻人明显下降，户外活动及锻炼的频率也逐渐下降。在老年人的饮食结构当中，蔬菜和水果占有的比例明显低于年轻的成年人，摄入的蔬菜和水果比例下降与老年人便秘息息相关。老年人的用药情况也对肠道微生态产生一定的影响，有研究表明大约有30%的处方药是用于老年人的，其中最为常见的是抗生素，这会造成营养吸收不良和腹泻，其中艰难梭菌所引发的抗生素相关腹泻约占此类腹泻的25%，尤其是长期住院并施加抗生素治疗的老年患者，通常会在使用并中断抗生素治疗后2～3周发病，虽然甲硝唑及万古霉素的治疗可缓解症状，但易迁延不愈，最终降低患者的生活质量，并提高病死率。

老年人肠道微生态的特征是：微生物菌群多样性下降；机会致病菌的丰度增加；代谢产生短链脂肪酸相关的种群，尤其是产生丁酸盐的物种减少。老年人群的肠道菌群较成年人个体间差异甚至更大。年龄在65岁及以上爱尔兰老年人群中拟杆菌门占据优势。有队列研究发现，随着年龄的增长，厚壁菌门与拟杆菌门的比率发生相应变化，如婴儿（3周至10个月大）的比率为0.4，不受限制的西方式饮食的成人（25～45岁）为10.9，老年人（70～90岁）则为0.6。居住环境如康复机构或医院与健康社区，以及重叠的饮食结构如低脂/高纤维 *vs* 中脂/高纤维 *vs* 中脂/低纤维 *vs* 高脂/低纤维，肠道菌群构成和多样性出现分化，长期护理老年人群的肠道菌群多样性远不如健康社区居民，后者与健康年轻人相似。

生活中，百岁老人往往是长寿的同义词，这一群体中的肠道菌群可作为推测老年人健康肠道菌群的依据。在一项纳入中国的老年人（90～99岁）和百岁老人（≥100岁）的研究中，发现百岁老人肠道菌群多样性较高，其中能够发酵底物产短链脂肪酸的梭菌属明显增加，艾克曼菌、双歧杆菌等有益菌的数量增加。黏液真杆菌在百岁老人中明显增加，被认为是一种可预测长寿的细菌。因此，有学者认为，给患有衰老相关疾病的老年人移植百岁老人的粪便滤液，使之获得健康的肠道菌群，或可缓解症状及提高生活质量。

总的来说，老年人肠道菌群的多样性减少，有益菌种减少（双歧杆菌）且兼性厌氧菌增多，与青年人比较，老年人厚壁菌门、放线菌门减少，而变形菌门增多。

二、衰老与肠道微生态概述

近年来，随着检测菌群代谢及基因检测技术的飞速发展，人们对肠道菌群的认识有了飞速的进展，同时随着人类寿命的延长及生活方式的变化，"肠道菌群与衰老"成为当下一个新兴的研究领域。

（一）肠道微生态的代谢

肠道菌群可影响机体的代谢状况。2013年，Rampelli等第一次发表了年轻和老年个体细菌宏基因组数据，其中观察到涉及色氨酸代谢的肠道菌群基因随着年龄增长而增加，这一发现与老年人血清中色氨酸减少的发现一致，而色氨酸血清水平的下降与老年期痴呆有关。老年型微生物组水解蛋白质的能力增强，合成赖氨酸、缬氨酸、亮氨酸和异亮氨酸的能力下降，这可能导致必需氨基酸的缺乏和肌肉萎缩。

（二）肠道微生态的抗自由基作用

体内自由基的含量随增龄而积累，有研究表明：双歧杆菌、粪链球菌、蜡样芽孢杆菌、乳杆菌的超氧化物歧化酶（superoxide dismutase，SOD）活性较高。SOD能歧化氧自由基产生的过氧化氢，解除其毒性作用，是重要的抗衰老物质。正常肠道菌群含有的SOD随增龄而衰减，许多疾病和衰老过程中氧自由基起着重要的作用。

（三）肠道微生态与免疫衰老

正常菌群可作为抗原刺激使机体发生免疫反应，肠道中定植的双歧杆菌有类似抗原刺激的作用，该菌在肠道中的定植可使机体发生主动免疫反应。研究证实：双歧杆菌可加强脾细胞和吞噬细胞功能，增强机体抗肿瘤的能力，并能诱导机体产生一定量的白细胞介素，说明双歧杆菌能增强宿主的特异性和非特异性免疫。1969 年 Wolford 首次提出：衰老过程中，以免疫系统的衰老出现最早，对机体的影响也最大，是衰老的必经阶段。在免疫衰老过程中，许多功能性分子如凋亡相关分子、免疫突触形成所介导的分子及 T 细胞活化所需的协同刺激信号等发生的增龄性改变，诱发机体产生异常的免疫应答，这一与年龄增长高度相关的免疫功能失调的学说称为"免疫衰老"，表现为对抗外来抗原能力下降而对自身抗原免疫应答亢进，可导致老年人发病率和病死率增加。

（四）肠道微生态与炎性衰老

肠道免疫系统参与炎性因子的产生，随着年龄增加，肠道菌群的组成发生改变，可导致异常的肠道免疫激活；肠道微生态的失衡可导致机体发生致病性炎症反应，局部肠黏膜的炎症反应最终导致全身慢性低度炎症反应的发生。Salminen 课题组发现，老年人肠道双歧杆菌的数量与 TNF-α 和 IL-10 的表达呈负相关，增加双歧杆菌的数量可减轻炎症反应。Biagi 等也发现，IL-8、IL-10 等与机会致病菌的数量呈正相关，与产丁酸和抗炎作用的肠道微生物（普拉梭菌）呈负相关，肠道菌群失调可导致炎性因子表达的增加。

第四节 肠道微生态与老年相关性疾病

肠道微生态是机体后天获得、具有多种功能的一个重要"器官"，如参与机体的消化、代谢调节、免疫屏障等多种功能。其构成特征在婴幼儿期、成年期和老年期各不相同，但在老年期呈现出退化或老化趋势，这一变化可能与老年人肠黏膜屏障退化、慢性低度炎症，进而与老年人多种慢性疾病有关。正常的肠道微生态有助于维持宿主的健康状态。老年期肠道内的细菌多样性减少、优势菌种改变、有益菌比例减少、促炎细菌比例上升，从而导致老年人各种生理功能的衰退，疾病易感性增加。目前发现，肠道菌群失调除与肠易激综合征、炎症性肠病有关外，还与肥胖、2 型糖尿病、血管硬化、阿尔茨海默病、帕金森病、营养不良、衰弱等多种疾病有关。大量证据显示，肠道微生物可通过免疫因子、神经内分泌以及神经调节机制影响大脑功能，因此，保持机体肠道菌群生态平衡对于老年人健康有着重要意义。

一、肠道微生态与神经退行性疾病

神经退行性疾病是神经元结构或功能逐渐丧失甚至死亡而导致功能障碍的一类疾病，包括帕金森病、阿尔茨海默病、亨廷顿病、肌萎缩侧索硬化（俗称渐冻症）及脊髓性肌萎缩等。阿尔茨海默病及帕金森病主要发生于中老年，随着人口老龄化，阿尔茨海默病及帕金森病的发病人数日益增多，而亨廷顿病、肌萎缩侧索硬化及脊髓性肌萎缩等在各个年龄都可能发生。目前，这类疾病病因尚不明确并无法治愈，严重威胁着人类健康的同时也造成了巨大的经济负担。

神经退行性疾病的发生机制：①蛋白质错误折叠和聚集。蛋白质聚集可以通过各种细胞事件调节，包括各种不同类型的压力、分子拥挤或局部微环境，如金属离子浓度。此外，不同的翻译后修饰如磷酸化、泛素化或类泛素化修饰，能改变蛋白质的构象和生物功能，也能影响蛋白质折叠和聚集，从而在神经退行性疾病中发挥关键作用。故神经退行性疾病有一个共同的病理特征：蛋白质的错误折叠以及异常聚集形成淀粉β折叠丝状结构。②神经炎症和神经退行性疾病及脑损伤有密切联系。在神经退行性疾病的发生和发展中，脑内始终存在着以胶质细胞激活为主要特征的炎症反应。炎症反应是一把双刃剑。一方面，它诱发或加重神经系统的退行性病变。例如，激活的小胶质细胞可产生和释放细胞因子、炎症趋化因子、一氧化氮（NO）、活性氧自由基（ROS）等，小胶质细胞过度活化并释放ROS、NO和细胞因子，导致神经元的损伤，且会导致神经变性以外的血管损伤。另一方面，炎症反应在某些特定情况下也有利于神经系统损伤的修复，例如，分别由调节性T细胞和神经元产生的抗炎细胞因子和抗炎神经肽，具有保护神经元抵抗神经炎症的作用，从而减缓神经退行性疾病的进程。③细胞程序性死亡及衰老。多年来，神经退行性疾病相关细胞程序性死亡分子机制都是研究热点之一，即使存在不少争议，但可以确定的是，细胞程序性死亡是某些神经退行性疾病的一个重要特征。细胞程序性死亡不是神经退行性疾病患者神经细胞的主要死亡方式，但它对神经损伤的影响也是不可忽视的。衰老也是一些神经退行性疾病的重要影响因素。

神经退行性疾病的发生就像启动了生命的计时器，随着疾病的发展，患者可出现各种相应的功能障碍，渐渐失去正常生活的能力，甚至最终走向死亡。

帕金森病是一种常见的神经系统变性疾病，多见于老年人，平均发病年龄为60岁左右，可影响1%～2%的65岁以上人口，我国65岁以上人群帕金森病的患病率大约是1.7%，以黑质多巴胺能神经元变性、缺失、减少，神经元α-突触核蛋白（α-syn）沉积及路易小体形成为病理特征，可有震颤、肌强直、动作迟缓、姿势平衡障碍的运动症状及胃肠功能紊乱、睡眠行为异常和抑郁等非运动症状，最常见的胃肠道症状是便秘、食欲减退、体重减轻、吞咽困难、流涎和胃食管反流。α-syn是一种由140个氨基酸残基组成的神经元蛋白。生理条件下，α-syn在中枢神经系统中充分表达，并参与神经递质调节，而病理性α-syn与帕金森病发病直接相关。除存在于黑质等中枢神经系统外，α-syn还存在于交感、副交感神经系统及受神经丛支配的肠道及心脏等。有研究发现肠道菌群失调可能导致α-syn错误折叠并通过脑-肠轴影响包括中枢神经、自主神经及肠道周围神经在内的各级神经功能。错误折叠的α-syn常先于肠黏膜下和肌间神经丛中检测到，而不是大脑内。有研究对帕金森病患者的肠道微生物群进行了测序，发现帕金森病患者粪便中普雷沃菌的含量平均减少了近80%。

肠道菌群紊乱可引起肠道屏障及肠黏膜渗透性改变，这一改变不仅可影响胃肠上皮细胞及免疫系统，同时也可作用于肠神经系统的神经元及神经胶质细胞，并可通过致病菌及细胞因子产生的脂多糖来上调肠道局部及系统性炎症反应，其中双向的脑-肠轴在调节炎症反应的过程中具有重要作用。肠道细菌通过启动固有免疫应答反应增强α-syn的炎症作用并导致α-syn的错误折叠。错误折叠的α-syn不仅可激活小胶质细胞分泌ROS、TNF-α、IL-6和IL-1β等促炎因子，还可激活抗原提呈细胞，在主要组织相容性复合体-Ⅱ类分子（MHC-Ⅱ）和共刺激信号作用下促进原始T细胞向效应T细胞分化、克隆、增殖成Th1、Th2和Th17等细胞亚型。Th1和Th17可穿过血脑屏障并迁移至脑内病灶，通过α-syn特异性MHC-Ⅱ复合物激活小胶质细胞分泌促炎因子，激活小胶质细胞介导的固有免疫应答，产生神经毒性作用及多巴胺神经元凋亡或死亡，最终导致帕金森病发生。

阿尔茨海默病（AD）是老年期痴呆最常见的病因，其特征是进行性下降的认知功能。该病的主要特征是β淀粉样蛋白（Aβ）沉积，随后形成斑块和由高磷酸化tau蛋白组成的神经原纤维缠结。这些沉积可引发神经系统炎症，导致突触丧失和神经元死亡。但目前仍不清楚是什么触发淀粉样斑块的形成，但已知的是肠道微生物群在这一过程中起着重要的作用。关于tau蛋白，这是一种高度可溶性的蛋白，能调节轴突微管的稳定性。根据tau蛋白假说，这种蛋白的改变和沉积导致了神经退行性病变。根据发病年龄阿尔茨海默病可分为65岁之前开始的早发型和65岁之后开始的晚发型。占所有病例1%～5%的早发型阿尔茨海默病大多数与基因突变有关。这些突变可导致Aβ的沉积及聚集特性增强，并最终导致阿尔茨海默病的发生，而Aβ聚集在疾病的发病机制中是至关重要的。大多数阿尔茨海默病病例是晚发型阿尔茨海默病，这些基因编码的蛋白质参与淀粉样前体蛋白代谢、免疫反应、炎症、细胞内转运或脂质代谢，表明其具有潜在的致病因素。其他非遗传性导致晚发型阿尔茨海默病的危险因素包括脑血管疾病、脑损伤、高血压、2型糖尿病和肥胖。

肠道菌群是大量淀粉样蛋白的来源。目前研究得最深入的细菌淀粉样蛋白是大肠杆菌产生的淀粉样蛋白纤维。淀粉样蛋白的产生有助于细菌细胞相互结合形成生物膜，抵抗物理或免疫因素的破坏。虽然细菌淀粉样蛋白在一级结构上不同于中枢神经系统淀粉样蛋白，但在三级结构上却有相似之处。暴露于肠道中的细菌淀粉样蛋白可引起免疫系统的启动，从而增强对脑内神经元淀粉样蛋白内源性产生的免疫反应。研究发现，暴露于能够产生淀粉样蛋白纤维的大肠杆菌的大鼠与非暴露大鼠相比，在肠道和大脑神经元中的α-syn沉积增加，小胶质细胞和星形胶质细胞增生增强，TLR2、IL-6和TNF的表达增加。

二、肠道微生态与动脉粥样硬化

心血管疾病仍然是发达国家死亡和致残的主要原因。美国每3例死亡中就有1例死于心血管疾病，欧洲每4例死亡中就有1例死于心血管疾病。此外，心血管疾病的常见危险因素，如肥胖、2型糖尿病（T2DM）和代谢综合征的持续增加，促使人们寻找更有效的策略与行动来预防和改变这些心血管疾病的进程。最近，人们对人类肠道微生物群在心血管疾病和代谢紊乱中的作用产生了极大的兴趣，随着基因组测序技术和生物信息学的发展我们已能够对这些微生物进行详细的鉴定和表征，细菌的组成和在心脏代谢紊乱发病机制中的潜在作用受到了广泛的关注。越来越多的证据表明，肠道菌群可影响宿主代谢。最近的研究表明，肠道微生物群产生大量代谢物，其中一些代谢物被吸收到体循环中并具有生物活性，而其他代谢物则被宿主酶进一步代谢，进一步影响宿主代谢。

动脉粥样硬化斑块内含有细菌DNA，在动脉粥样硬化斑块中观察到的细菌类群也存在于同一个体的肠道中，表明肠道的微生物群落可能是斑块内的细菌来源，可能影响斑块的稳定性进而影响心血管疾病的发展。除了肠道微生物群外，在人类动脉粥样硬化斑块中同样也检测到了口腔微生物群的分类特征。肠道菌群的宏基因组测序结果显示，具有不稳定斑块与稳定斑块患者的肠道菌群组成发生了改变，心血管疾病患者的肠道微生物组可能产生更多的促炎分子。有研究报道，肠道微生物群与大鼠心肌梗死严重程度之间存在联系。在啮齿动物模型研究中，给予植物乳杆菌可使心肌梗死后梗死面积的显著减少并与左心室功能的改善有关。另一个动物模型研究表明，给予植物乳杆菌鼠李糖乳杆菌可减轻实验性心肌梗死后的左心室肥大和心力衰竭。这些结果可能表明，益生菌与标准药物联合使用，可为心力衰竭患者提供额外的益处，如降低心肌梗死的严重程度。

肠道菌群可通过多种途径与宿主产生相互作用，包括三甲胺（TMA）/氧化三甲胺（TMAO）途径、SCFA途径及初级和次级胆汁酸（BA）途径。除了肠道菌群组成的改变，肠道菌群的代谢产物同样能够对心血管疾病产生影响，尤其是菌群代谢产物TMA的肝脏氧化产物TMAO，作为动脉粥样硬化和心脏代谢疾病的潜在启动因子受到了广泛关注。TMA是一种由肠道微生物群产生的有机化合物。具体而言，含有TMA成分（如胆碱、磷脂酰胆碱和左旋肉碱）的膳食营养素主要为微生物代谢提供碳源，然后，多种微生物酶（TMA 裂解酶）将 TMA 作为废物产生，TMA 被肝脏中的黄素单加氧酶快速氧化为 TMAO，然后释放到循环中。有研究发现，当给予具有完整肠道菌群的小鼠喂食富含胆碱的食物时，能够导致血浆 TMAO 水平升高，促进泡沫细胞的形成，并增加主动脉粥样斑块的负担。相反，无菌鼠和短期内使用抗生素抑制肠道菌群的小鼠产生 TMAO 的能力降低，减少了动脉粥样硬化负担。有研究对杂食者和素食者的肠道菌群组成和功能进行比较后发现，素食者肠道菌群产生 TMA 的能力明显较杂食者低。近期研究表明，使用 TMA 裂解酶的小分子抑制剂可以抑制肠道菌群产生 TMA 和 TMAO 的能力，减少泡沫细胞的形成，通过此途径是否可以减少人类心血管疾病风险目前尚不清楚，但这是未来研究的一个重要领域。然而，尽管这些观察结果高度说明血浆 TMAO 水平与心血管疾病风险相关，关于 TMAO 的致病作用及解释 TMAO 如何直接或间接促进心血管疾病的潜在机制联系仍需要进一步的研究。

三、肠道微生态与老年内分泌疾病

在衰老的过程中，下丘脑-垂体轴产生激素的分泌模式会发生变化，对末端激素负反馈调节的敏感性也会发生变化，且随着年龄的增长，血糖稳态也趋于不平衡。伴随着这些内分泌改变，可出现体脂含量上升、骨质疏松、肌力下降。此外，衰老与慢性病、炎症、营养状况低下等密不可分，这些因素都会影响内分泌系统。传统上由于相关的身体功能下降，激素活性的降低在衰老过程中被认为是有害的，激素替代疗法的概念被认为是一种治疗干预，以阻止或扭转这种下降。然而，这些变化中的一些是对衰老有益的适应，而激素干预往往会造成严重的不利影响。

随着年龄的增长，骨量、肌肉质量和功能下降，导致跌倒和骨折的风险增加。骨质疏松症是由成骨细胞和破骨细胞之间的不平衡引起的，破骨细胞和成骨细胞之间的过程通常是耦合的，并受骨细胞信号的影响，骨细胞嵌入矿化骨中，起着机械负荷传感器的作用，绝经期雌激素缺乏或老年男性雌激素和雄激素同时丧失被认为是导致骨质疏松的主要内分泌因素。越来越多的证据表明，骨细胞基本的胞内过程，如氧化应激增加、细胞衰老、炎症、骨细胞凋亡、DNA 损伤、晚期糖基化终产物的形成在骨质疏松症和脆性骨折的发展中也起着重要作用。这些与年龄相关的内在机制与衰老过程中内分泌系统的变化相结合，并且随着年龄的增长，内分泌疾病的发病率也越来越高，包括 2 型糖尿病。

葡萄糖稳态是通过葡萄糖摄取、利用和产生之间的平衡来维持的，并受到胰岛素的严格激素控制。随着年龄的增长，葡萄糖稳态趋于不平衡。最早从生命的第四个十年开始，空腹血糖每十年升高约 0.055mmol/L。胰岛素以脉冲方式分泌，包括两种典型的脉冲：脉冲间隔约为 6 分钟的高频脉冲和脉冲间隔约为 90 分钟的低频脉冲，即使是健康的老年人也有胰岛素分泌紊乱，高频脉冲的振幅和数量在基础状态和受刺激状态下都有特征性的降低，且低频脉冲的频率也降低。衰老是否是导致葡萄糖稳态在整个人类生命周期中逐渐失衡的原因是一个持续争论的问题，因为随着时间的推移，身体会发生复杂的生理变化。有研究发现，随着年龄的增长，胰岛素作用的逐渐下降主要归因于机体状态的改变，尤其是内脏脂肪的百分比逐渐升高，相对肥胖程度和脂肪沉积部位似乎是决定胰岛素作用效果的关键变量，且这些因素反过来又受到总能量摄入、体力活动减少、药物和疾病的影响。

糖尿病的发病是一个连续的过程，在老年人中，胰岛 B 细胞功能障碍和缺乏在糖尿病的病理生理学中发挥着更重要的作用，老年人糖尿病发病率比年轻人高，即使在没有肥胖的情况下，肌肉中的胰岛素抵抗也会增加。糖尿病的发病率因所采用的标准而异。65 岁以上的人群中至少有 25% 患有糖尿病，其中只有 58% 的人通过 2 小时口服葡萄糖耐量试验（≥11.1mmol/L）才能检测到。因此，大多数临床医生会建议健康的老年人进行糖尿病筛查，如果发现糖尿病前期，针对患者的生活方式进行干预可以预防糖尿病及其伴随的微血管和大血管并发症的发展。

衰老时各器官功能改变的总趋势是器官的储备力减少、适应能力降低、抵抗力减退，有的是整个器官功能丧失，如更年期后妇女卵巢的排卵功能丧失；有的表现出单位细胞功能减退，如老年人神经细胞外形完整，但传导速度减慢；有的是单位细胞功能不变，但组织总数出现减少，导致器官总的功能减退。

人类一直梦想着身体状况保持良好，机体每个器官都处于最佳健康状态（理想的健康），直到死亡降临那一刻（健康状态不佳），实际上这一过程是无法实现的。把人类的生命权且看作一条直线，把理想的健康放在直线的左端，而把健康状态不佳放在右端，那么很明显，任何向左的变化（从微生态制剂益生菌、益生元、合生元或后生元获益）都可以被认为是有益健康，甚至可以有理由认为，如果一个人逐渐从左向右沿着我们预想的线移动（例如，随着年龄的增长），那么停止或减缓这个过程就可以被认为是一种有益健康的行为（长寿）。从这个角度来看，每个人都可能从益生菌、益生元、合生元或后生元中获得健康益处，延缓衰老（图10-4）。

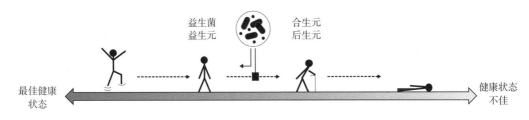

图10-4 微生态制剂具有维持健康、抗衰老的功效

（王　伟　庾庆华　武庆斌）

参 考 文 献

Farr J N，Almeida M. 2018. The spectrum of fundamental basic science discoveries contributing to organismal aging[J]. J Bone Miner Res，33（9）：1568-1584.

López-Otín C，Blasco M A，Partridge L，et al. 2013. The hallmarks of aging[J]. Cell，153（6）：1194-1217.

López-Otín C，Blasco M A，Partridge L，et al. 2023. Hallmarks of aging：an expanding universe[J]. Cell，186（2）：243-278.

Thursby E，Juge N. 2017. Introduction to the human gut microbiota[J]. Biochem J，474（11）：1823-1836.

Wilmanski T，Diener C，Rappaport N，et al. 2021. Author correction：gut microbiome pattern reflects healthy ageing and predicts survival in humans[J]. Nat Metab，3（4）：586.

第十一章　微生态制剂

　　微生态制剂又称微生态调节剂，是根据微生态学原理，利用对宿主有益的正常微生物或其促进物质制备成的制剂，具有维持或调整微生态平衡、防治疾病和增进宿主健康的作用。微生态制剂的研制和应用是微生态学理论在临床实践中的最直接体现，极大地推动了微生态学的发展。微生态制剂主要包括益生菌（probiotics）、益生元（prebiotics）、合生元（synbiotics）和后生元（postbiotics）。益生菌是指给予一定数量的、能够对宿主健康产生有益作用的活的微生物；益生元是指可以被宿主体内的微生物选择性利用的底物，有促进机体健康的作用，不同的益生元可以刺激不同肠道定植菌的生长，具有修饰肠道菌群的巨大潜力；合生元是指益生菌与益生元制成的复合制剂；后生元又称益生素，是指任何由益生菌产生的代谢活性因子或释放的分子，能够以直接或间接方式对宿主产生有益的影响。研究揭示，宿主-肠道菌群相互作用的原理，是通过后生元介导，驱使生态系统在不同的生理环境中稳定或恢复，应用后生元可以增强免疫细胞的活性，促使肠道分泌产生 IgA 的浆细胞，从而杀灭侵入体内的细菌和病毒，纠正肠道菌群紊乱，能够对宿主产生有益影响，是微生态疗法的一个重大进展。

　　微生态制剂已经广泛地应用于医疗、保健、食品、农业、畜牧业和水产等领域，其中作为药物在临床使用的主要为益生菌。益生菌药物中应用较广泛的菌种有双歧杆菌、乳杆菌、酪酸梭菌和布拉酵母菌。

第一节　益　生　菌

一、人类对益生菌的认识过程

　　人类对益生菌的认识应该归功于俄国微生物学家梅奇尼科夫（Metchnikoff）和法国儿科医生蒂萨（Tisser）。20 世纪初期，诺贝尔奖获得者梅奇尼科夫（1907 年）首先从保加利亚酸奶中分离出保加利亚杆菌（可能为现在的保加利亚乳杆菌），并观察到这些细菌对人体发挥积极的作用，提出了通过食物补充有益菌可能改变肠道菌群和取代体内有害微生物，从而起到促进健康的观点。蒂萨（1906年）首先观察到腹泻儿童的大便中一种古怪的、"Y"形细菌（以后由他命名为双歧杆菌）比正常儿童减少，提出给病人补充这些细菌可以恢复正常肠道菌群。但直到1965年，里尔（Lilley）和斯蒂尔韦尔（Stillwell）才提出益生菌的概念，其英文"Probiotics"一词来源于希腊文，意思是"为了生命"，益生菌最初的含义是能刺激一种微生物生长的另一种微生物和物质。1971年，斯珀蒂（Sperti）认为益生菌是能够促进微生物生长的组织提取物，但这一定义没有被普遍接受。

1974年，派克（Parker）将益生菌定义为"能够促进肠道菌群平衡的微生物和物质"。1989年，富勒（Fuller）把益生菌定义为"能够通过促进肠道菌群平衡，对宿主发挥有益作用的口服的活的微生物"，此定义指出益生菌应该为活的微生物，排除了抗生素和此后称为后生元的物质。1996年，阿拉美（Arameo）等对益生菌作出进一步定义，益生菌是含生理性活菌或死菌（包括其组分和代谢产物），经口服或经由其他途径投入，旨在改善黏膜表面的微生物或酶的平衡，或刺激机体特异性或非特异性免疫机制，提高机体定植抗力或免疫力的微生物制剂。

大量的研究证实，益生菌的死菌体、菌体成分或其代谢产物（即后生元）也具有促进微生态平衡，对宿主有益的作用，这一定义当时被多数国内外学者所接受，但该定义范围比较广，不够确切。2001年10月，联合国粮食及农业组织和世界卫生组织（FAO/WHO）召集专家制定了《食物中益生菌健康及营养评价指南》，该指南将益生菌重新定义为"给予一定数量的、能够对宿主健康产生有益作用的活的微生物"，强调三大特点，即"活的微生物"、"给予一定的数量"和"对宿主健康有益"，并不是所有的经食物摄入的活的微生物均为益生菌。该指南建议，在某一菌株被称为益生菌之前，至少应按以下方法及标准进行评价。

二、益生菌评价标准

（一）益生菌属/种/株的鉴定

应明确益生菌的菌株及其种属，目前的证据表明益生菌的作用具有菌株特异性，因此鉴定某一菌株对健康的特异性作用非常重要，并且能够准确地实现对该菌株的监测及流行病学研究。菌株特性鉴定应采用目前通用的、确定的方法，推荐联合使用表型及基因型。其中，确定表型的关键方法是糖发酵试验及测定葡萄糖发酵的终产物。基因型测定推荐使用脉冲场凝胶电泳。

（二）益生菌株的体外试验

目前应用的体外试验包括：①胃酸的抵抗力；②胆汁的抵抗力；③对人肠上皮细胞和细胞系和（或）黏液的黏附力；④对潜在致病菌的抗菌活性；⑤降低致病菌的黏附力；⑥胆盐水解酶活性；⑦对避孕药物的抵抗力（阴道使用的益生菌）。

（三）益生菌株的安全性

长期的观察证实，食物中的乳杆菌和双歧杆菌是安全的。肠球菌最近已成为院内感染的重要病菌，并且对万古霉素耐药菌株日益增多，因此生产厂家有责任证实该益生菌株没有传播耐药性和其他机会致病的危险性。考虑到保证安全的重要性，即使使用普遍认为安全的菌种，对益生菌株也应进行以下特性的试验：①抗生素耐药谱；②某些代谢特性（如D-乳酸盐产生、胆汁解离）；③人体试验过程中副作用的评估；④进入市场以后副作用的流行病学监测；⑤如果评估的益生菌株属于已知的能产生针对哺乳动物毒素的种属，必须检测其产生毒素的能力；⑥如果评估的益生菌株属于已知的能产生溶血的种属，必须检测其溶血活性。为确保安全，还应进行实验以证实益生菌株在免疫受损动物中不具有感染的能力。

（四）益生菌株的动物实验及人体体内试验

标准的临床评价包括四个阶段：①安全性；②有效性，使用随机双盲安慰剂对照试验（DBPC）；③与标准治疗方法比较的效果；④监测。

（五）益生菌的声明及标识

在益生菌对健康有益的声明中，应注明该菌株的具体作用。标识应包含益生菌的属、种、株，贮存期末的最少活菌数量，发挥作用的使用剂量，健康功效及贮存条件等。

2012年FAO/WHO把益生菌的定义作了微调，修订为：当给予足够数量、活的微生物时，对宿主健康产生有益作用。特别强调：每一种益生菌都具有菌株特异性，不能由此推测其他益生菌具有相同作用，须证明该菌株对宿主健康的有效性；证明某一菌株对宿主健康具有有益作用不能等同于所有益生菌的特殊作用机制有关联。益生菌是经过驯化，可以通过发酵大量生产的细菌，不同于宿主乳汁、口腔和肠道等体内固有的有益菌，这些细菌仅存在于个体中，可以通过现代生物技术检测到，与益生菌是完全不同的概念。需要指出的是，传统方法发酵酸奶制品及其他发酵食品中的微生物，不具备益生菌作用，特殊添加益生菌的发酵制品除外。

三、益生菌菌株的筛选标准

益生菌药物的生命力，完全赖于其所选菌种菌株是否为严格按照微生态学规律精心筛选和制备的。早在1992年富勒（R. Fuller）就在他主编的《益生菌的科学基础》专著中提出了相应的标准，我国学者袁佩娜也提出了有关益生菌质量的标准，可归纳为：安全性、有效性、稳定性和可生产性。

（一）安全性

（1）微生物安全的先决条件是菌株的鉴定。FAO/WHO联合专家委员会提出首先要对待评价的益生菌菌株进行生物学上的分类，即利用生化与遗传学的方法明确菌株的属、种、株。

（2）应用于人类的益生菌应来自人体，且来源于健康人。

（3）菌株必须无致病性和无毒副作用，有安全应用的历史。

（4）明确菌株的抗生素耐药性图谱，不能携带可以转移的抗生素耐药基因。

（5）不能使胆盐早期分离。

（二）有效性

应根据使用目的、用途，通过动物实验证实菌株的有效功能和通过体外拮抗试验证实对致病性细菌的抑制作用等，从而选择有效的菌种，包括：①菌株能耐受胃酸和胆汁酸盐；②菌株能在消化道表面黏附定植；③菌株有免疫刺激作用，但没有促炎症反应作用；④对幽门螺杆菌、沙门菌、艰难梭菌等致病菌有拮抗作用。

（三）稳定性

益生菌制品中活菌的生物学、遗传学特性稳定。益生菌制品在生产、贮存和使用期间，应保持稳定的活菌状态。

（四）可生产性

生产用菌种应易于培养生产，适合于大规模工业生产，尽可能使生产工艺和流程简易化，还包括：①菌株在生产处理过程中存活力强，对各种工艺条件的耐受能力强；②在产品的使用和保存过程中保持稳定的存活状态。

（五）满足于人类使用益生菌的要求

作为益生菌的乳酸菌必须是那些被公认为安全的微生物，如果使用的是不具备生物

293

安全性有案可查的新菌种，在实际应用以前必须进行严格的毒理学和耐受性研究。

（1）作为筛选的第二个重要步骤是菌株的来源，主要是由益生菌产品的用途所决定。作为人使用的益生菌通常需要满足以下要求：

1）人体来源，有可考证的安全和耐受记录。

2）能在胃酸和消化道胆汁存在的情况下存活。

3）能改善肠道功能，纠正相关的各种肠道异常症状。

4）产生维生素，能释放有助于食物消化、促进基本营养物质的吸收，能够减少肠道内的致癌物和有毒物质的各种酶。

5）能黏附到人肠上皮细胞，在黏膜表面定植并能在消化道内生长繁殖。

6）能产生抗菌物质，并且对各种人体致病菌具有广谱抗菌作用。

7）能刺激免疫功能，增强宿主网状内皮细胞的防御功能。

（2）已有多项研究结果表明，益生菌菌株至少能暂时性地定植于人的胃肠消化道。在筛选新的益生菌时，着重考虑以下几个方面。

1）免疫学评价：消化道黏膜相关淋巴组织是人体内最大的免疫器官，能与进入体内的黏附性益生菌发生长时间的接触，而益生菌对黏膜的黏附是激发免疫作用的途径之一。益生菌的免疫激活功能对人急性胃肠炎的发生有预防和稳定作用，而且在研究其对大肠癌或膀胱癌的治疗作用时所观察到的益生菌的功能也与其免疫调节作用有关，因此，对于潜在的益生菌菌株，需要进一步研究其有益的免疫调节功能，并将体外试验获得的结果与人体临床试验结果进行比较。

2）产生抗菌物质：乳酸菌通常能产生包括细菌素、类细菌素物质、抗生素、短链脂肪酸（如乙酸、丙酸、丁酸和乳酸等）和H_2O_2等在内的一系列抗菌物质，这些物质有助于提高益生菌对胃肠道原有菌群的竞争力，增强益生菌的定植能力。

3）黏附能力：对于益生菌的部分应用领域而言，益生菌对小肠细胞的黏附作用非常重要。在新的筛选标准中，要求至少用2种不同的方法来研究益生菌对人肠细胞株或人回肠黏膜的黏附作用。

4）工艺方面的要求：益生性乳酸菌在食品中的应用还需要满足某些加工工艺的要求，如能达到比较高的活菌浓度、不需要苛刻的生长条件、能形成令人愉悦的风味与滋味等，这些特点对于生产功能性食品非常重要。此外，益生性乳酸菌在连续化培养或工业生产过程中作为菌种的遗传稳定性，以及食品贮藏、运输过程中存活性能也是不容小视的问题。

5）新增选择标准：除其他的免疫学评估指标外，新增的一些指标主要是以周围血液淋巴细胞或吞噬细胞的活化作用来衡量益生菌对免疫功能的增强或抑制作用，估计今后在这方面会出现更多新的选择标准。

四、益生菌的作用机制

　　益生菌是通过调节微生态失调，恢复微生物菌群多样性和纠正受干扰的肠道微生物群来实现对健康的益处，但是确切的作用机制尚未完全阐明，可能的作用机制如下（图11-1）。

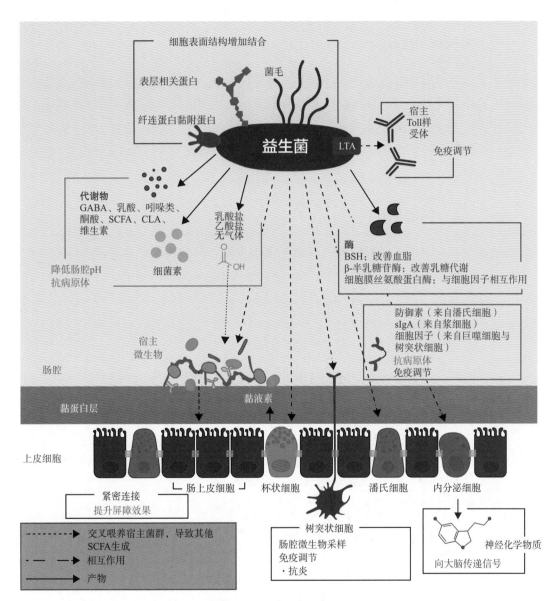

图11-1　益生菌的作用机制

注：LTA为胞壁酸；GABA为γ-氨基丁酸；SCFA为短链脂肪酸

（一）定植并使紊乱的肠道微生态正常化

　　益生菌通过黏附、竞争占位、产生细菌素和SCFA等拮抗病原体及其毒素，使得扰动微生物菌群组成正常化、致病负荷和感染减少、肠道功能恢复及免疫反应改善。

（二）增强屏障功能

益生菌作用于肠上皮细胞、杯状细胞和帕内特细胞，可增强肠上皮细胞的紧密连接，减少其通透性。刺激分泌黏液素、IgA 和防御素阻断病原体或人分子抗原透过肠壁。

（三）免疫调节作用

益生菌通过与上皮细胞和 DC 及单核/巨噬细胞和淋巴细胞的相互作用来调节宿主免疫反应。益生菌通过调节免疫反应和诱导 Treg 细胞的生成来帮助保持肠道稳态。益生菌在减少过敏作用中的潜在机制是，通过调节淋巴细胞 Th1/Th2 平衡转向 Th1 反应从而导致 Th2 细胞因子（如 IL-4、IL-5 和 IL-13）的分泌减少，以及降低 IgE 浓度和增加 C 反应蛋白与 IgA 的产生。

（四）与脑-肠轴相互作用

肠道微生物群对中枢神经系统的影响是多因素的，涉及神经、内分泌和免疫机制，主要通过细菌产生的代谢物影响大脑。益生菌产生的代谢产物，如 SCFA 可改变神经元兴奋性，肠道细菌产生广泛的神经活性化合物，包括多巴胺、γ-氨基丁酸、组胺、乙酰胆碱和血清素等影响大脑的功能。

五、益生菌的药理学特点

（一）益生菌的药效学特点

与化学药物、传统的生物制品及中成药不同，益生菌是一类新型药物，其作用方式和机制、剂量的标识和疗效评定等均有显著的特点。

1. 菌株特异性　益生菌药物的最大特点是其作用和疗效具有菌株特异性，也就是说，某些特定的益生菌菌株具有的作用并不代表所有该种或该属的益生菌均具有这一作用。菌株是指由不同来源分离的同一种、同一亚种或同一型的细菌，也称为该菌的不同菌株，如青春型双歧杆菌 DM8504 株等。有实验显示，同一菌种不同菌株的作用差别很大，甚至可能出现相反的作用。

2. 剂量依赖性　益生菌药物的另外一大特点是其作用和疗效具有剂量依赖性。体外研究和临床试验证实，益生菌要具备足够剂量才能够发挥作用，益生菌药物剂量不同，其效果有明显的差异。与化学药物的剂量标识不同，益生菌药物的剂量是以每个包装（片、袋）含有的细菌菌落数（CFU），即活菌的数量来标识的，一般在 1 亿～10 亿 CFU/

包装。各种产品和所使用的菌株不同，其发挥作用的剂量存在很大的差别，有的产品低剂量即可发挥作用，而另外的产品则需要较高的剂量。例如，婴儿双歧杆菌在每天1亿剂量时即可以缓解肠易激综合征的症状，VSL#3（一种混合制剂）则需要每天3000亿～4500亿。大量的资料证实，剂量与疗效成正比，即剂量越大，效果越显著。

鉴于以上特点，在选择和评价益生菌药物时，应该注意药物所含的菌株、剂量及上市后的临床效果评价。

（二）益生菌的药物代谢动力学特点

研究益生菌的药物代谢动力学应遵循与其他药物相同的原则，但是这类药为活的微生物，具有自我繁殖的能力，因此需要考虑以下特点（图11-2）。

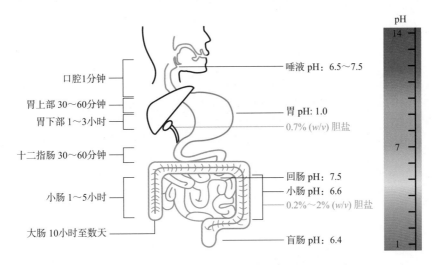

图11-2　食物在胃肠道中的pH、胆盐浓度和运输时间

1. 给药途径　益生菌药物的作用部位绝大部分在胃肠道，尤其是结肠，因此使用途径一般是口服或灌肠。此外，还需要考虑所使用的菌株在胃肠道中定植、存活和自我繁殖等影响因素，如是否能耐受胃酸和胆汁的灭活，对胃肠道中抗生素浓度的敏感性等。

2. 吸收和移位　一般认为胃肠道是益生菌作用的活性部位，不会出现因胃肠道消化、吸收而造成移位，但应该注意的是，在机体免疫功能严重受损的情况下，益生菌菌株有可能移位至肠道以外，引起感染。

3. 清除和排泄　目前认为，摄入的益生菌菌株不可能永久定植于人类和动物肠道，其清除和排泄被认为是由两个环节组成的：第一是消灭，细菌细胞的死亡很大程度上依赖于胃肠道微生态的组成，酶、灭活剂（胆盐）、上消化道胃酸的攻击、抗生素和抗真菌药物的应用、益生元的应用等。第二是排泄，即通过粪便排出体外，粪便中的回收率是

从粪便中回收的活细菌的数量部分。

目前对益生菌的药代动力学特性的研究仍处在初始阶段，需要大量工作以更好地研究益生菌在动物和人体内的时效和量效关系及影响因素等。

六、益生菌的分类

依据所使用的微生物不同，可将益生菌分为细菌制剂和真菌制剂，前者又可根据菌株的来源和作用机制，分为原籍菌制剂和共生菌制剂。

（一）原籍菌制剂

原籍菌制剂所使用的菌株来源于人体肠道原籍菌群，服用后可以直接补充原籍菌发挥作用，如双歧杆菌、乳杆菌、酪酸梭菌、粪链球菌等。

（二）共生菌制剂

共生菌制剂所使用的菌株来源于人体肠道以外，与人体原籍菌有共生作用，服用后能够促进原籍菌的生长与繁殖，或直接发挥作用，如芽孢杆菌、枯草杆菌等。

（三）真菌制剂

真菌制剂目前主要是布拉酵母菌，其作用机制类似原籍菌制剂。

此外，也可根据益生菌药物所使用细菌的种类是否单一分为单一菌株制剂和多种菌株的混合制剂，如三联、四联制剂等。

随着肠道微生物相关研究的不断深入，人们对宿主肠道健康重要性的认识逐渐提升，除了使用传统的乳杆菌和双歧杆菌外，研究者也开始寻找新的微生物作为益生菌，即下一代益生菌，如拟杆菌、柔嫩梭菌、阿克曼菌等被作为下一代益生菌的候选细菌。虽然人们在积极扩大益生菌的范畴，但是这些肠道土著细菌大多营养需求高、对氧气非常敏感，增加了纯培养难度，因此很难在大规模的生产中保持活性。另外，这些健康肠道中存在的细菌的安全性也有待进一步研究。拟杆菌是肠道中最普通的成员细菌之一，有一些作为益生菌的潜在特征，如发酵多种糖类物质产生有利于宿主肠道健康的短链脂肪酸。多形拟杆菌和脆弱拟杆菌可以有效利用碳水化合物，代谢复杂的多糖成为单糖，利于其他细菌生长。然而，多形拟杆菌和脆弱拟杆菌等拟杆菌也常从感染部位分离出来，尤其一些脆弱拟杆菌可以形成脓肿来逃避宿主的免疫反应，产生的肠毒素可以破坏肠道上皮紧密连接蛋白。此外，有研究表明阿克曼菌是很有潜力的下一代益生菌，因为它的减少或缺失和代谢紊乱等疾病相关。但是有报道发现，阿克曼菌在抗生素治疗后大量繁殖，它的抗生素耐药性尚不清楚。因此，下一代益生菌是把"双刃剑"，对菌株的安全性评价十分重要，如菌株耐药性基因、耐药基因的水平转移、抗生素敏感性等问题需要进行更深入的研究，但是下一代益生菌概念的引入，表明益生菌研究已达到一个新的水平。

第二节　益　生　元

益生菌的应用已有上百年的历史，而益生元（或称益生原）的发现要晚很多。20世纪80年代日本科学家发现低聚果糖等寡糖类碳水化合物经食用后可以逃逸小肠的消化，完整地进入结肠，促进结肠中双歧杆菌的增长，提高肠道中短链脂肪酸的水平，抑制卵磷脂酶阴性的芽孢梭菌等有害细菌的数量，以及降低蛋白质代谢后腐败类代谢产物的含量，有利于机体的健康。90年代初英国科学家完成了低聚果糖的人体试验，证明低聚果糖具有刺激结肠双歧杆菌生长的功能。由此，开启了益生元类功能食品的时代。1995年由吉布森（Gibson）和罗伯佛德斯（Roberfroid）将这种可以促进肠道双歧杆菌等有益菌增殖的物质命名为益生元，也称为双歧因子。

一、益生元的概念和特性

在1995年吉布森第一次提出益生元的定义，是指"在上消化道不能被分解的食物成分，进入结肠后可选择性地刺激结肠中的一种或几种有益菌（通常是双歧杆菌和乳杆菌）的生长，进而发挥对宿主有益的作用"。20多年来益生元的定义随着人类对肠道微生态作用与功能的深入了解也在不断地更新。国际益生菌和益生元科学协会（ISAPP）2017年在《自然综述》杂志中对益生元的定义做了最新版的修订。修订后的益生元定义为：可以被宿主微生物选择性地应用，从而对宿主起到健康促进作用的底物。与早期的定义相比，益生元的新版定义在应用范围方面做了如下几点扩充和说明。

（一）新版益生元的定义更加广泛

益生元不仅可以选择性地调控肠道中的微生物，同时也可以调控机体其他部位比如阴道和皮肤的微生物并发挥健康促进作用。因此，早期定义的益生元概念相对狭窄，特指口服后通过调控肠道菌群起到健康促进作用的益生元。在上消化道不能被消化酶分解是口服益生元必须满足的基本条件。新版的益生元定义由于在应用部位更为广泛，在上消化道不能被消化酶分解的特征没有被提及。

（二）益生元对宿主有多方面的健康促进作用

益生元的健康促进作用包括：在消化系统中抑制肠道中病原菌的生长，提高肠道免疫力等；在心血管系统中降低血脂和胰岛素抵抗等；在神经系统中可以产生对脑神经、能量代谢和认知有调控作用的代谢产物；在骨骼系统中改善矿物质的生物利用度等。

（三）益生元功能的认定存在一定的争议

如果动物实验和人体试验能够证明服用一种底物后宿主临床症状的改善是通过改变肠道微生态的结构和功能来实现的，就可以认定该底物具有益生元的功能。动物实验和人体试验是益生元功能验证中的必需证据。动物实验必须证明调节肠道菌群和促进宿主健康之间有着明确的因果关系，而人体试验要求具有合理入组和排除标准的双盲试验。

（四）早期的益生元主要包括碳水化合物类物质

其他物质，如多酚、不饱和脂肪酸符合上述益生元筛选标准的也可以称为益生元。

越来越多的证据显示，丁酸产生菌在维持人体健康方面起到了重要的作用。因此和益生元早期定义相比，新定义的益生元在选择性地调控宿主肠道微生态方面从过去强调必须促进双歧杆菌和（或）乳酸杆菌生长，扩充到促进其他肠道有益菌生长，特别是促进丁酸产生菌：罗斯菌、真杆菌和柔嫩梭菌的生长。在ISAPP对益生元的新版解释中，强调了采用分子微生态学手段，主要是宏基因组学测序技术评估益生元对肠道菌群全面的调控作用，有一些益生元可以直接刺激丁酸产生菌的生长，被称作益生元的直接作用；其次，益生元选择性地刺激部分有益菌生长后产生的代谢产物进一步促进丁酸产生菌的生长，被称为细菌之间的"互养"，也是益生元选择性地刺激有益菌生长的机制之一。因此，无论采取何种机制，只要能够证明促进宿主肠道内的有益菌生长都可以称为益生元。当然，益生元选择的另一个重要条件是不能够促进宿主肠道内病原菌的生长。

益生元选择性地促进肠道中有益菌的生长是益生元概念的核心。因此，益生元必须是细菌生长的底物，被细菌分解利用后促进其生长，而不是通过作用于宿主免疫或者肠道生理而起到健康促进作用的酶类或者其他生物活性物质。那些可以被细菌利用，促进肠道有益菌生长的可发酵膳食纤维应该属于益生元的范畴。而不可发酵的膳食纤维，虽然也有可能通过改善食糜在肠道中的转运时间或者改善肠道内容物的含水量来影响微生物的生长，不能算作益生元。根据前期动物实验与人体试验，目前公认的益生元主要包括低聚果糖、低聚半乳糖、低聚木糖、乳果糖、菊粉、聚葡萄糖等。图11-3显示了吉布森等根据益生元的新定义区别益生元和非益生元类物质。

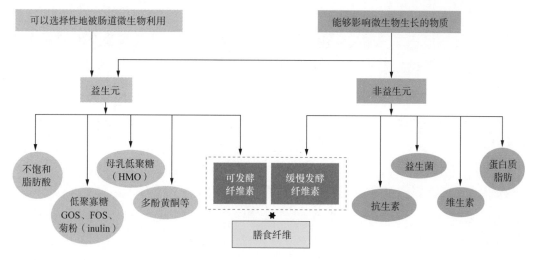

图11-3 益生元与非益生元

GOS：低聚半乳糖；FOS：低聚果糖

益生元的使用剂量就成为是否能真正起到益生元作用的关键。正确的益生元使用剂量是提供益生元功效的前提，但过高剂量的使用可能会引起胃肠胀气、腹痛、肠鸣或者腹泻等临床症状。益生元的推荐剂量是经过多个实验室的反复试验获得的，且与益生元的种类相关。目前成年人低聚果糖的日推荐剂量为12～15g，低聚木糖的推荐剂量为2～4g，菊粉的推荐剂量为15g。特别要指出的是，除了乳果糖以外的其他益生元在我国属于功能食品的范畴，不能作为药物使用。而乳果糖高剂量时可以作为治疗便秘、降低肝性脑病患者血液中氨含量的药物使用，低剂量时具有益生元的效果。乳果糖是横跨药物和功能食品的寡糖类产品，使用剂量是关键的因素。作为缓泻药物使用的乳果糖剂量为30～60g/d，作为益生元使用的剂量为每日小于10g。由于个体之间肠道微生态的结构和功能因受试者年龄、饮食、健康及其他因素而异，个体之间肠道微生态的结构与功能会影响益生元的功效。同时，长期使用益生元由于肠道菌群受到驯养，对益生元的降解会增强、用量增加，但功效可能逐渐减弱。

可以直接补充有利于机体健康的活的益生菌菌种从而维持肠道的微生态平衡。与益生菌相比，益生元作为食品添加剂具有贮存期长，对热和pH相对稳定，良好的口感和质感，可以耐受消化道内酸、蛋白酶及胆汁消化的特点。经过多年的深入研究，益生元在改善肠道微生态失衡、降低肠道pH、产生短链脂肪酸方面的作用已经得到广泛的认可。

二、益生元的生理作用及机制

越来越多的证据显示随着社会工业化的发展，特别是近30年食品加工业的进步，食品中膳食纤维含量逐年降低，导致人体肠道微生态的多样性显著下降，伴随着人类慢性疾病的发病率逐年升高。提高肠道菌群的多样性，提高肠道内有益菌如双歧杆菌、丁酸产生菌的数量已经成为改善居民健康水平、减缓慢性代谢性疾病发生的重要手段之一。益生元的生理功能是促进肠内有益菌繁殖，优化菌群平衡。一个健康平衡的肠道微生态群落，能够产生平衡的、多种多样的对机体健康有重要作用的代谢产物，对维持机体的免疫力，促进钙、镁、铁等营养物质的吸收起到重要的作用。益生元的主要健康功效包括抑制肠道中病原菌的生长，提高肠道免疫力；降低血脂和胰岛素抵抗；产生对脑神经、能量代谢和认知有调控作用的代谢产物；改善矿物质的生物利用度等。

人体临床研究多集中在低聚半乳糖、低聚果糖及菊粉这三种益生元当中。这三种益生元是目前世界各国研究最多，功能方面最获肯定的益生元。益生元的单糖组成结构和分子量展现出不同的刺激双歧杆菌生长的效果。菊粉和低聚果糖的对比研究已经证实，短链低聚果糖的主要发酵部位是盲肠和升结肠，具有明显的促进双歧杆菌生长的功能。相比之下，长链菊粉可以在全结肠进行发酵，但对双歧杆菌的促生长效应不如短链低聚果糖。与果聚糖类益生元相比，聚葡萄糖对双歧杆菌的生长刺激作用不强，但是对免疫系统具有调节作用。多项临床试验已经证实聚葡萄糖具有增强疫苗的免疫应答的功能。而且聚葡萄糖和低聚半乳糖组合能够改善婴儿的排便习惯，提高配方奶喂养婴儿的排便次数。

三、婴儿益生元

大量的研究已经证明母乳喂养和配方奶喂养的婴儿肠道菌群在结构方面存在着明显的差异。母乳喂养婴儿的肠道菌群以双歧杆菌为主，在早期肠道菌群的多样性比配方奶喂养的婴儿低，而配方奶喂养的婴儿肠道菌群更接近于成年人，菌群成熟提前。造成母乳喂养婴儿和配方奶喂养婴儿肠道菌群差异的主要原因在于母乳中含有大量的低聚糖，又称为母乳低聚糖（HMO），是婴儿发育生长初期维持肠道菌群正常发育的一种重要的益生元。母乳中的HMO是仅次于乳糖和脂肪的第三大固态物质，其浓度为12～13g/L，是牛奶的100倍，初乳中更是高达22～23g/L，是婴儿的天然食物。目前分离纯化出来的HMO就有200多种，而这些种复杂结构的低聚糖只有在母乳中存在，在除了人类以外的其他哺乳动物中都没有发现。HMO的作用有很多种，除了直接作用于婴儿免疫系统，促进婴儿免疫系统的发育外，HMO还是婴儿肠道有益菌双歧杆菌直接生长的底物，可以促进婴儿双歧杆菌的生长。因此，HMO是典型的益生元。

通过对HMO的研究获得了两方面的重要发现：第一，HMO在其他哺乳动物母乳中都没有发现，只有母乳中含有，说明低聚糖类化合物在婴儿消化道系统和免疫系统健康发育方面起到了重要的作用；第二，配方奶中需要补充低聚糖类底物，为婴儿肠道微生物中有益菌的正常繁殖提供营养底物。正是基于对HMO的研究结果，在配方奶中添加低聚糖类益生元促进婴儿双歧杆菌生长已经获得市场的广泛接受。与成年人可以使用的益生元相比，婴儿配方奶中允许使用的益生元种类比较少，主要包含低聚半乳糖（GOS）、低聚果糖（FOS）和聚葡萄糖。GOS和FOS是配方奶粉中最常添加的益生元。大量的临床双盲试验已经证明配方奶粉中添加8g/L的GOS和FOS的混合物（GOS：FOS=9：1）喂养后，配方奶喂养婴儿的肠道菌群结构和母乳喂养婴儿非常相似，其中双歧杆菌的数量和母乳喂养婴儿没有差别，证明了低聚糖类益生元在刺激双歧杆菌生长方面起到了与HMO一样的作用。同时，采用GOS和FOS的混合物喂养的婴儿粪便pH接近于母乳喂养婴儿，粪便中短链脂肪酸，特别是乙酸的含量显著增加。酸化的肠道环境有利于降低肠道内病原菌的数量。已经有多篇研究报道证明GOS和FOS的混合物喂养的婴儿粪便中厌氧芽孢梭菌，特别是艰难梭菌的数量显著降低。

越来越多的研究显示婴儿早期肠道菌群的正常发育对于建立正常的肠道功能和免疫系统的成熟有着重要的作用。配方奶中添加益生元后婴儿排便次数明显提高，粪便变软，接近于母乳喂养婴儿。添加益生元后提高了肠道中双歧杆菌的含量，调节了肠道菌群，影响了婴儿免疫系统的活性。一项多中心的双盲临床试验证实，婴儿服用含有GOS/FOS益生元的奶粉26周后粪便中sIgA的含量明显增加，接近于正常母乳喂养婴儿。多项双盲随机对照研究显示服用含益生元的婴儿配方奶能显著降低高危婴儿湿疹的发病率，证实了益生元对婴儿过敏性疾病的预防作用。

四、益生元的剂量与安全性

益生元被摄入后不能被人体肠道消化及吸收，到达结肠后被有益菌发酵产生短链脂肪酸和二氧化碳、氢气等气体。有研究显示每天摄入20g以上益生元可引起腹胀、肠鸣、嗳气等不适，而太低剂量的益生元不能达到促进肠道有益菌生长的功效，因此益生元合理服用剂量是必须考虑的一个重要因素。

第三节　合　生　元

一、合生元的概念

合生元是指足够数量的益生菌和益生元的混合物，可通过增进益生菌在胃肠道的存活和定植，以及有选择性地刺激一种或数量有限的有益菌的生长和（或）激活其代谢，产生短链脂肪酸，使益生作用更显著、持久，从而改善宿主健康。合生元这一术语用于益生元成分选择性地有利于益生菌生长的产品，这种组合的主要目的是提高益生菌在胃肠道的存活率。其特点是：①互补性，所选益生菌对宿主具有特定的有益作用，即菌株特异性，所选益生元能够选择性地增加肠道有益微生物菌群的数量，同时可促进益生菌菌株的繁殖和活性；②协同作用，益生元能够特异性地刺激所选益生菌的繁殖和活性，因此，所选益生元对益生菌具有高亲和力，能够改善益生菌在宿主体内的存活和繁殖。同时，益生元也可能增加对宿主有益的肠道菌群数量，但主要目标是摄入的益生菌。简而言之，合生元并非一种或几种益生菌和一种或几种益生元二者的简单相加，合生元中添加的益生元必须有实验数据证实能够增加制剂中益生菌在肠道中的存活率和促进其在肠道内的定植，也兼具促进宿主肠道中的有益菌生长的作用。其发挥的功效远大于益生菌和益生元各自作用的总和。这样的制剂才可以称为合生元。由于市场上益生菌和益生元的种类繁多，能够形成多种组合，不同的组合可能对宿主肠道微生态产生不同的调节作用，因此设计合理有效的合生元未来可以达到调控人体肠道菌群的目的。

合生元产品中常用的益生菌包括双歧杆菌、乳杆菌属的菌株和芽孢杆菌等。常用的益生元包括低聚半乳糖、低聚果糖、低聚木糖和菊粉等。由于益生菌和益生元种类繁多，合格的合生元是含有有效促进制剂中益生菌生长的对应益生元的品种。如果产品中有多种益生菌菌株，就要评估组合中的益生元是否选择性地刺激其中一种还是所有益生菌菌株的生长，是否选择性地促进人体肠道中其他有益菌的生长。同时，要证明人体服用后合生元制剂中的益生菌抵抗肠道内不利环境的能力比益生菌产品要强，在肠道内的存活数量更高。

二、母乳是天然的合生元

母乳中含有HMO和多种对健康有益的微生物，如乳杆菌和双歧杆菌等，二者与母乳其他成分协同有助于"导向性肠道菌群"的发育和成熟。因此，可以把母乳称为天然合生元。

HMO亦称天然益生元，是母乳仅次于乳糖和脂质的第三种最丰富的固体成分，其含量为12～15g/L。HMO能够耐受婴儿胃内的低pH，也能耐受胰腺和刷状缘酶的消化，以完整形式抵达远端小肠和结肠，在此有助于选择性地塑造婴儿肠道微生物群中特殊成员（如长双歧杆菌婴儿亚种、短双歧杆菌）的生长及发挥宿主-微生物相互作用。

长双歧杆菌婴儿亚种能够表达整套HMO降解酶，表现为相当特异"双歧因子"效应，而其他双歧杆菌及其他细菌只能断开和代谢复杂HMO分子的特定部分。HMO降解过程是在双歧杆菌的各种水解酶作用下水解为单糖分子或双糖类，而后迅速被肠道微生物菌群水解为乳酸及小分子有机酸（如SCFA），此过程体现出微生物通过群"互喂活动"的协同作用，进行连续降解和代谢复杂的HMO骨架。母乳中的细菌及其代谢产物如SCFA可促进健康肠道菌群的形成，并促进肠道和免疫功能的发育。

三、合生元的作用机制

合生元作用机制可能是益生元对益生菌选择性地刺激，激活益生菌在肠道的代谢活性，通过维护肠道生物结构、肠道有益菌群的增殖和抑制潜病原体发挥调节作用。合生元还可以降低肠道不良代谢产物浓度及使亚硝胺和致癌物质失活。益生元经发酵代谢产生SCFA、酮类、二碳化硫和乙酸甲酯等，有可能对宿主的健康产生积极影响。因此，合生元的理想特性包括抗菌、抗癌和抗过敏作用，还可以对抗肠道腐败物质及预防便秘和腹泻。另外，合生元可能在预防骨质疏松症，降低血脂和血糖水平，调节免疫系统及治疗肝性脑病等方面有着显著疗效。

四、合生元在儿科的临床应用

（一）构建婴幼儿健康肠道菌群

生命早期肠道菌群的建立和成熟是近期和远期健康的"关键窗口期"，在此时期给予恰当的干预有助于降低儿童期及远期发生感染性和非传染性疾病的风险。一项多国参与的双盲研究表明，合生元（GOS/FOS 9∶1和短双歧杆菌M-16V）对婴儿肠道菌群产生促双歧杆菌生长效应，恢复剖宫产婴儿的特征性双歧杆菌定植延迟和菌群失调。研究表明，补充GOS/FOS和短双歧杆菌M-16V的配方粉通过增加双歧杆菌的水平及降低肠道pH，对健康幼儿的粪便微生物群的发育产生了积极影响。

（二）预防新生儿败血症

败血症是一种以全身性炎症为特征的危及生命的疾病，是发展中国家新生儿死亡率高发的主要病因之一。一项大型随机、双盲基于社区（4558名，体重≥2000g健康新生儿）的研究发现，由植物乳杆菌ATCC菌株202195和低聚果糖组合成的合生元可有效预防印度新生儿败血症发生。

（三）免疫功能协调和预防/治疗过敏

婴儿肠道菌群的特征是早期双歧杆菌为优势菌，这对于免疫系统的发育和成熟起着重要作用。短双歧杆菌M-16V是从健康母乳喂养婴儿的肠道和母乳中分离出来的菌种，是健康新生儿肠道菌群的主要组成部分，主要作用可能是影响肠道菌群的发育、增强肠屏障功能和未成熟免疫系统的激活，对于预防和治疗过敏性疾病有着积极的作用。由母乳得到的启示，合生元组合（如GOS/FOS+短双歧杆菌M-16V）是一种富有吸引力的用于非母乳喂养婴儿的过敏管理方案。研究显示，合生元可以恢复剖宫产婴儿中双歧杆菌的定植延迟，使其更接近于阴道分娩和母乳喂养的婴儿。这种作用被认为可能降低这些婴儿中特应性皮炎/湿疹的发生率。另一项研究表明，对使用GOS/FOS+短双歧杆菌M-16V治疗12周的特应性皮炎婴儿随访1年后，其肠道菌群状态恢复至接近母乳喂养的健康婴儿，且哮喘样症状的发生率和哮喘药物的使用率都有所降低，提示在生命早期进行营养干预可能产生长期作用。

合生元是益生菌和益生元的混合物，除发挥各自有益作用之外，还具有互补或协同效应，并非一种或几种益生菌和一种或几种益生元二者的简单组合，对构建婴幼儿健康肠道菌群，预防感染，免疫功能发育、协调和预防/治疗过敏有着重要作用。

第四节　后　生　元

一、后生元的概念

2021年ISAPP将后生元（postbiotics）定义为：为宿主提供健康益处的无生命微生物和（或）其相关成分的制剂。后生元必须含有灭活的微生物细胞或细胞成分，无论含或不含代谢产物，都能够产生健康效益。后生元制剂的组成包括：①经特殊方法（如喷雾干燥法）灭活的微生物细胞；②微生物细胞裂解物；③活菌分泌或细菌裂解后释放的可溶性因子（产物或代谢副产物），如各种酶、多肽（细菌素和凝集素）、磷壁酸、肽聚糖衍生多肽、多糖、细胞表面蛋白和有机酸（3-苯乳酸和丙酸）；④微生物代谢产物（如SCFA、色氨酸衍生的吲哚）、维生素/辅助因子。自然死亡的益生菌或热处理灭活的益生菌、纯化的微生物代谢产物（如蛋白质、肽、胞外多糖、SCFA、不含细胞成分的滤液和化学合成的化合物）和疫苗不是后生元。后生元的作用部位不仅限于肠道。后生元必须在宿主表面使用，如口腔、肠道、皮肤、泌尿生殖道或鼻咽部。注射方式超出了后生元的应用范围。

二、后生元的作用机制

目前尚未完全阐明各种后生元产生独特益处的作用机制。但是研究数据显示，后生元作为重要的信号因子，通过与机体的交互对话（cross-talk）在宿主的局部和全身水平都具有潜在的生理功能。这些功能特性能够积极地影响菌群内稳态、宿主代谢和免疫应答以及宿主应对有害变化的弹性。

后生元无致病性、无毒性且能够抵抗酶的水解。已证明灭活益生菌可调节免疫系统，细胞壁成分可增强免疫功能。益生菌通过增加对肠上皮细胞的黏附而抑制病原体。后生元具有多种表观遗传修饰功能，如DNA甲基化、磷酸化、泛素化、组蛋白乙酰化和RNA干扰等，参与宿主细胞的表观遗传控制。这些修饰可影响免疫调节、竞争性排斥和调节上皮细胞屏障功能，在预防癌症、炎症性肠病和自身免疫性疾病中发挥了有益的作用。

大多数后生元的活性成分是在发酵过程中产生的，包括SCFA、肽类、酶类、细胞表面蛋白、细菌素、多糖和维生素等，具有吸收、新陈代谢及弥散能力，作为信号传递到宿主不同组织和器官而引发多种生物学反应。例如，SCFA具有抗氧化、免疫调节、抗癌和抗炎的特性，更重要的是作为细胞的能量来源，有助于调节能量稳态。

后生元可刺激健康的肠道菌群及增强肠道免疫功能，进而保持肠道健康。源自益生菌的生物活性成分对肠道屏障功能的保护作用与活益生菌相似，这些生物活性成分可增强肠道黏蛋白的表达，防止LPS或TNF-α诱导的肠屏障损伤，下调肠道黏蛋白2（MUC2）和增强闭锁连接蛋白-1（ZO-1），防止肠道的完整性遭到破坏。后生元还可通过增加针对病原体的抗体反应、影响肠道屏障功能和肠道免疫达到增强抵抗感染的能力。如后生元通过激活$\alpha_2\beta_1$整合素胶原受体，增强对诸如布拉酵母等物种的屏障功能及改善上皮细胞的血管形成。益生菌如短双歧杆菌、乳酸双歧杆菌、婴儿双歧杆菌、脆弱拟杆菌、乳杆菌、大肠杆菌和普氏栖粪杆菌等均具有与后生元相似的特性。

由不同益生菌来源获得的后生元，其生物活性和（或）对健康的作用也不同。研究表明，后生元主要的生物活性是免疫调节、拮抗病原体、抗炎、抗增殖、抗氧化、降低胆固醇、抗高血压、护肝等。如由乳杆菌菌株和双歧杆菌菌株所获得的后生元，可改变肠道菌群结构及其相应代谢产物，恢复肠屏障功能，抑制内毒素血症和降低肾脏交感神经活性。后生元的抗菌活性成分，包括细菌素、酶类、小分子物质和有机酸等，对革兰氏阳性和革兰氏阴性微生物均具有抑菌或杀菌特性。这些作用可能会影响肠道菌群内稳态及宿主的代谢和信号传导通路，因此，后生元在功能性食品领域应用前景广阔。

三、后生元在生命早期的应用

生命早期，婴儿肠道菌群处在发育阶段，肠道的消化和免疫功能以及屏障完整性仍不成熟。后生元与益生菌相比具有独特的优势，包括避免肠道菌群移位、预防菌血症及防止抗生素耐药基因的传递等，成为治疗许多疾病的重要策略。因此，后生元在儿童中的应用备受关注。

母乳中的HMO、细菌及其代谢产物如SCFA可促进生命早期及后期健康肠道菌群的形成，并促进肠道和免疫功能的发育。因此，母乳成为婴儿配方奶粉的模型，可为无法获得足够母乳的婴儿提供营养解决方案。临床数据表明，婴儿配方粉中添加的HMO含量最多的成分2′-岩藻糖半乳糖（2′-FL），具有良好的安全性和耐受性，可使呼吸道感染发病率显著减少，其功效与母乳中的2′-FL相似，即直接通过肠上皮细胞的相互作用或间接通过调节肠道微生物群（包括刺激双歧杆菌）促进免疫功能的发育和预防感染性疾病。有趣的是，采用短双歧杆菌C50和嗜热链球菌065在牛奶基质上发酵制备婴儿配方粉，发酵过程中，在嗜热链球菌065的转糖基酶作用下，可获得一种后生元3′-半乳糖基乳糖（3′-GL），其分子结构与母乳中的3′-GL一致，具有维护肠功能屏障和抗炎症作用。应用短双歧杆菌C50和嗜热链球菌065发酵婴儿配方粉喂养早产儿、足月儿及高风险特应性皮炎婴儿的数项临床研究结果表明，受试配方粉具有以下多种功效：增加肠道双歧杆菌数量，减少成人样菌种数量；粪便中抗脊髓灰质炎病毒IgA的滴度显著升高；腹泻发作的程度更轻微，更少出现婴儿脱水；胸腺显著增大；粪钙卫蛋白水平降低，sIgA分泌增加；消化系统和呼吸系统潜在过敏不良事件发生率低等。

近几年，有学者尝试发酵婴儿配方粉添加益生元对婴儿进行早期营养干预的效果。一项随机、对照、双盲试验研究了在婴儿配方奶粉中添加益生元GOS/FOS 9∶1（浓度为0.8g/100ml）、短双歧杆菌C50和嗜热链球菌065发酵婴儿配方粉（后生元）的安全性和疗效。研究结果显示，联合使用益生元和后生元是安全的，且耐受性良好，可以支持正常生长。此外，研究还表明，受试配方粉可减少婴儿哭闹，且报告的婴儿肠绞痛发生率更低。另一项随机、对照、双盲临床试验对联合添加益生元GOS/FOS 9∶1（浓度为0.8g/100ml）、短双歧杆菌C50和嗜热链球菌065发酵婴儿配方粉进行研究，母乳喂养的婴儿作为参照组。结果显示，在喂食益生元和后生元的婴儿中，粪便菌群的成分和代谢活性更接近于母乳喂养婴儿，肠道菌群中的pH降低，乙酸和sIgA水平升高，双歧杆菌数量增加及艰难梭菌减少。因此，联合使用益生元和后生元呈现出良好的预期效果。

灭活乳酸杆菌LB加发酵培养基质可减少急性腹泻儿童的大便次数，显著缩短腹泻病程，显著改善儿童慢性腹泻和临床症状，显著减少IBS患者每周排便次数及改善腹痛、腹胀和生活质量，可有效预防抗生素相关性腹泻。研究证明灭活副干酪乳杆菌33（LP33）可安全、有效地改善屋尘螨诱发的过敏性鼻炎患者的生活质量。灭活的植物乳杆菌L-137、副干酪乳杆菌CBA L74和戊型乳杆菌b240可能通过增强黏膜免疫，提高呼吸道抗感染能力，有效预防呼吸道感染。

总之，后生元为生命早期营养提供了新的营养解决方案，对于早期有效干预婴儿肠道菌群紊乱，调节免疫功能发育和成熟，促进婴儿健康成长有着极其重要的作用，是临床微生态疗法一个里程碑式的突破。

第五节　微生态制剂的安全性

乳杆菌、双歧杆菌、粪链球菌和酪酸梭菌等主要分离自健康人的肠道，作为人体的一部分，这些正常菌群是人类进化过程中形成的，并且有些菌株作为发酵菌种应用，已经有上百年的历史。来自肠道以外的菌株如布拉酵母菌、蜡样芽孢杆菌和地衣芽孢杆菌也已在临床应用有几十年的历史，因此益生菌的安全性得到了时间的验证。迄今为止，在全球范围内极少有益生菌药物引起严重毒副作用的报道，但是应用活的微生物作为药物使用，益生菌药物的安全性始终应引起重视和关注。目前对益生菌安全性的担心主要是药物所使用的菌株是否会引起潜在的感染，是否会携带和传递耐药性，以及是否会产生有害的代谢产物。

一、潜在的感染

正常情况下，机体内处于平衡状态的肠道菌群不会表现出异常和致病性，而对宿主起一定的保护和健康促进作用。一旦这种平衡被打破，正常区系中的某些种也可能表现出致病能力，而在某种动物体内属于正常区系的菌株在另一种动物体内可能是潜在致病性的菌株。作为益生菌药物，所需满足的最基本的条件之一是不引起感染。但当机体处于易感状态时，如肠道未成熟、炎症或免疫功能不全时，益生菌就可能会突破肠壁，成为条件致病菌引起感染，这种现象称作移（易）位。由于益生菌广泛、无差别的应用，已经有很多益生菌引起感染的报道。

益生菌菌株发生的感染表现多样，大多报道是服用益生菌后出现菌血症，此外还包括感染后出现肝脓肿、肺炎、抗生素相关性腹泻、心内膜炎，以及关节炎、冠状动脉炎等，大多数感染和菌血症病例可以通过使用合适的抗生素得到有效治疗。有研究认为几乎所有益生菌菌株引起的感染和菌血症均与潜在的免疫缺陷、慢性疾病或机体功能衰退相关，主要危险因素是机体功能衰退或伴有恶性肿瘤和未成熟的新生儿，而腹泻、肠道感染、空肠造口术等导致肠道黏膜上皮屏障受损，心脏瓣膜病、中央静脉置管，同时服用益生菌耐药的广谱抗生素等也都可以增加感染发生的机会。此外，益生菌菌株的黏附

特性与感染相关，过强的黏附能力可能会增加菌株在宿主中引起感染的机会。有报道从发生心内膜炎患者体内分离到的鼠李糖乳杆菌全部具有血小板凝集作用，而其他的菌株该反应则只有一半。早产儿和新生儿应用益生菌治疗应持谨慎态度，因为婴儿免疫系统发育尚不成熟，盲目给予益生菌，将导致真菌或菌血症的风险显著增加。一项对74种不同对照临床试验结果的荟萃分析表明，在0～18岁的儿童中使用益生菌和共生菌与健康风险增加相关。然而，因摄入益生菌而导致健康人死亡的病例罕见。

益生菌菌株应具有不同的抗菌敏感性。大剂量的青霉素或氨苄西林联合或不联合氨基糖苷类抗生素最常用于治疗乳杆菌感染。一项回顾性研究表明，100%的乳杆菌对氨苄西林、克林霉素和红霉素敏感，96%对青霉素敏感，67%对庆大霉素敏感。双歧杆菌通常对β-内酰胺类、糖肽和红霉素敏感，而由酵母菌菌株引起的真菌血症可以用氟康唑、两性霉素B或伏立康唑治疗。

二、携带并传递抗生素耐药性

由于抗生素的广泛使用，细菌耐药已成为重要的安全问题。耐药基因在抗生素选择性压力或环境作用下，可以在不同细菌之间相互传递，在肠道正常菌之间、肠道正常菌与致病菌之间存在着耐药基因转移现象。微生物体内的耐药基因存在于质粒上，耐药性微生物携带的某种耐药基因可能随着质粒的迁移而在不同种属之间进行传递。乳酸菌等具有主动或被动的通过接合质粒或转座子与其他细菌交换遗传物质的潜在能力，这种潜在的能力是其能够从其他细菌获得抗生素耐药基因的前提。食物链是耐药基因在肠内传播的主要途径，发酵乳品和发酵肉类食品在使用前未经过加热处理，就可能使得其中的菌株进入人类的胃肠道，与肠道的正常菌群或肠道的过路菌接触而传播耐药基因，使得原本敏感的菌株表现出耐药的表型。益生菌菌株的耐药性是由菌株本身所携带的天然耐药基因决定的，如果益生菌菌株携带耐药基因，耐药因子可能在不同菌群中传递而发生扩散，导致抗生素对患者无效。

益生菌与肠道共生菌或致病菌之间抗生素耐药基因的转移是一个重要的安全问题（图11-4）。人类肠道细菌天然存在多种抗生素耐药基因。一项研究揭示，新生婴儿、儿童或成人耐药基因不仅在肠道双歧杆菌中普遍存在，儿童和成人肠道细菌有更强大的耐药基因库。目前采用宏基因组技术已经能够在不同人群中研究和比较肠道菌群中抗生素耐药基因的多样性和动态变化。例如，一项针对162人的研究发现了1093个耐药基因，其中中国人的耐药基因数量最多，其次是丹麦人和西班牙人。

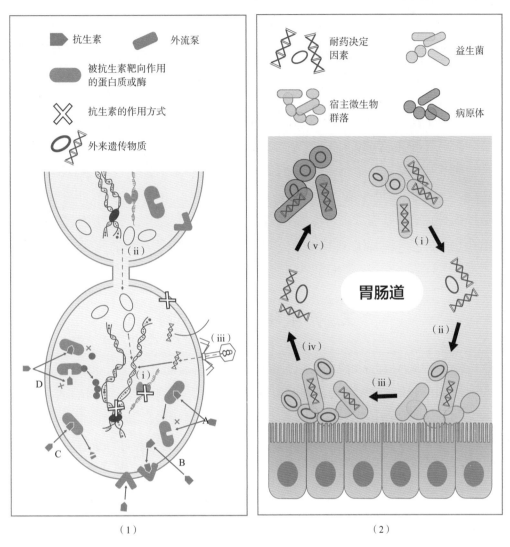

（1）　　　　　　　　　　　　　（2）

图 11-4　人体肠道中的抗生素与耐药性

（1）抗生素的作用方式、耐药基因传递以及抗生素耐药性的生化机制。抑菌或杀菌抗生素可以通过抑制参与细胞壁合成酶、抑制小核糖体亚基或大核糖体亚基蛋白质翻译或抑制细菌细胞中核酸代谢发挥作用，如图中的紫色 ✚ 所示。细菌通过（ⅰ）基因突变或通过水平基因转移获得移动质粒，包括（ⅱ）与性菌毛偶联或（ⅲ）通过转化或在噬菌体协助下直接摄取 DNA 片段。耐药性的生化过程包括（A）改变抗生素靶位点，（B）减少抗生素摄取，（C）抗生素灭活，以及（D）产生对抗生素耐药的替代靶点。（2）人类肠道中抗性基因转移模型。来自含有耐药基因的益生菌（ⅰ）将耐药基因或质粒转移到宿主肠道细菌；（ⅱ）随着时间的推移，肠道菌群可建立抗生素抗性基因库；（ⅲ）这些基因又可转移到胃肠道内的机会性病原体；（ⅴ）最终结果，导致抗生素耐药

　　益生菌在临床上广泛应用，其安全性也越来越受到关注。2011 年，美国卫生保健研究和质量局（US Agency for Healthcare Research and Quality）基于对 622 个 RCT 的系统评价，发布了有关益生菌安全性的报告：临床研究所用的大多数益生菌菌株是安全的，抗生素耐药基因可能会在益生菌与胃肠道中的共生菌或致病菌之间传递或转移是益生菌安

全性的另一个方面的问题。某些芽孢杆菌菌株益生菌显示出高水平耐药性。除保加利亚乳杆菌外，多种乳杆菌菌株如嗜酸乳杆菌、鼠李糖乳杆菌（LGG）、约氏乳杆菌和卷曲乳杆菌对万古霉素具有天然耐药性，然而这些乳杆菌的耐药基因位于染色体上，不易转移至其他菌属。研究发现罗伊乳杆菌ATCC 55730可转移四环素和林可霉素耐药特征，因此被新的罗伊乳杆菌DSM 17938菌株取代。屎肠球菌SF68可能传递万古霉素耐药基因，临床应用应谨慎。2020年7月，中国农业科学院基金工程实验室指出：细菌类益生菌可作为耐药基因库，机制包括固有耐药、基因突变和水平转移（获得性耐药），其中水平转移可导致耐药基因在益生菌与肠道菌群之间的相互传递（如乳酸杆菌和肠球菌的多种菌株都具有耐药基因的可转移性）（见图9-4），这可能是临床应用的潜在风险。真菌类益生菌如布拉酵母菌CNCM I-745，天然耐受抗生素且不与细菌间发生遗传物质传递。

三、产生有害的代谢产物

微生物在不同的生存环境下，其代谢特性有可能不完全相同；微生物代谢产生的复杂产物在不同的动物体内和动物不同的生理阶段，可能会发挥不同的作用。益生菌可产生H_2O_2和天然抗生素类物质，减少肠道内氨及胺等毒性物质，抑制产胺腐败菌的生长，吸收肠道内毒素，减少内毒素的来源及其对肝脏的损伤，通过对有害菌的抑制而阻碍前致癌物质转化成活性致癌物，从而降低癌症的发病率。但是益生菌具有多种酶的活性，同样有可能产生对机体有害的代谢产物。一些具有潜在危害性的代谢产物和对机体有影响的代谢酶包括D型乳酸、氨基酸脱羧酶活性、硝基还原酶活性等。在正常人的肠道中，主要是肠道菌具有氨基酸脱羧酶的活性，可将游离的氨基酸转化为生物胺类物质；具有氨基酸脱羧酶活性的菌株能够将食品来源的氨基酸脱羧产生生物胺，过量摄入生物胺会引起恶心、呕吐、发热等食物中毒症状；如果胺聚集的同时有亚硝酸盐存在就有可能生成亚硝胺，该物质可以诱发肝癌。

口腔菌群在硝酸盐的还原中发挥重要的作用，尤其是乳杆菌，具有较强的硝酸还原酶活性；食物中含有较多的硝酸盐成分，会被口腔中的细菌还原为亚硝酸盐。过量的亚硝酸盐会在胃的酸性环境中引起婴儿正铁血红蛋白血症，并且亚硝酸盐还是形成亚硝胺的前体；乳杆菌和双歧杆菌也具有硝基还原酶活性，通常它们的活性较低。

乳酸菌在生长过程中会产生一定量的乳酸，过多的乳酸会导致乳酸酸中毒，已有添加益生菌的药物（嗜酸乳杆菌和双歧杆菌）引发D型乳酸酸中毒的报道。类杆菌属和双歧杆菌属在大肠中能够降解结合型胆盐，如果在小肠内胆盐发生解离就会影响脂肪的消化吸收，在大肠内结合型胆盐没有解离也将影响肠肝循环，也会使脂肪的消化和吸收受到影响；部分肠道细菌可以产生糖苷酶或芳香氨基酶破坏肠黏膜从而引起感染。

关于益生菌菌株是否能产生有害的代谢产物目前仅限于认识，其对临床的影响尚不清楚。

四、致病性/毒性

微生物在哺乳动物肠道中存活，包括允许黏附哺乳动物细胞的黏附机制，为生长提供代谢物的黏蛋白降解和提高肠道环境中存活的胆盐水解酶活性，这是许多天然微生物群的特征，但作为评估微生物毒力的衡量标准显然不可靠。

通过微生物组基因测序分析测定是否存在致病相关基因及其表达的毒力因子，是目前评价益生菌致病性或毒性的主要手段。商业销售的益生菌，如乳杆菌或双歧杆菌菌种，尚未发现其与致病性相关的基因。肠球菌存在许多毒力因子，包括溶血素、明胶酶或DNA酶活性，或结构基因 *cylL*、*ace*、*asal* 和 *esp*。链球菌的致病物种可产生溶血素，以及结合和激活人纤溶酶原的表面烯醇化酶。地衣状芽孢杆菌、脓疱杆菌和枯草杆菌菌株偶尔被报告为食物中毒的病原体。对于合格安全推定（QPS）状态，欧洲食品安全局（EFSA）要求通过基于PCR的方法（*hbl* 和 *nhe* 基因）和细胞毒性测定来证明不存在芽孢杆菌毒素。

五、扰乱正常微生物区系导致过度免疫刺激

添加外源微生物可改变体内微生物区系的组成，引起体内微生态系统发生动态平衡的改变，部分正常菌株出现过度繁殖、异位定植、数量增多等不平衡状态，机体免疫反应也随之出现异常改变。有研究报道，给健康小鼠非经口途径摄入益生菌时，其细胞壁组分会引起免疫不良反应，如发热、关节痛、主动脉和胆管的损伤或者自身免疫病，这些不良反应都是由细胞因子介导的。

长期使用益生菌会引起肠道免疫系统的改变，这在新生儿中表现得尤为明显，补充益生菌有利于双歧杆菌、乳杆菌为主的肠道菌群建立，可促进免疫系统的成熟。益生菌通过免疫刺激和免疫调节来发挥对机体的免疫作用，而免疫刺激和免疫调节作用具有两面性。实验研究证实，乳酸菌能诱导产生抗炎因子IL-12和IFN-γ，这些因子可抑制特异性免疫反应和过敏反应。益生菌还会影响妇女的正常妊娠，孕期Th2细胞增多有助于产妇正常分娩，而Th1细胞增多则有流产倾向，临床试验亦提示益生菌有可能诱导Th1细胞产生IFN-γ，进而导致流产。

六、胃肠道副作用

益生菌具有良好的依从性和耐受性。研究报道，益生菌的不良反应发生率为4%，多为皮疹、恶心、胃胀、腹胀和便秘等，且多与赋形剂的成分和含量有关，如添加牛奶蛋白过敏原。

微生态制剂被认为是比较安全的一类药物，迄今为止在全球范围内没有微生态制剂引起严重毒副作用的报道。2001年FAO/WHO在制定的《食物中益生菌健康及营养评价指南》中强调，生产厂家有责任证实所使用的益生菌菌株没有传播耐药性和其他机会致病的危险性。考虑到保证安全的重要性，即使使用普遍认为安全的菌种，对益生菌菌株也应进行以下特性的试验：①抗生素耐药谱；②某些代谢特性（如D-乳酸盐产生，胆汁解离）；③人体试验过程中副作用的评估；④进入市场以后副作用的流行病学监测；⑤如果评估的益生菌菌株属于已知的能产生针对哺乳动物毒素的种属，必须检测其产生毒素的能力；⑥如果评估的益生菌菌株属于已知的能产生溶血的种属，必须检测其溶血活性。为确保安全，还应进行实验以证实益生菌菌株在免疫受损动物中不具有感染的能力。鉴于目前肠球菌已成为医院内感染的重要病菌，并且对万古霉素耐药菌株日益增多，FAO/WHO建议益生菌中不宜使用肠球菌。

2018年9月以色列研究者在 *Cell* 上发表的一篇文章引起了益生菌行业的强烈反响。该研究发现，益生菌在宿主体内的定植情况有明显的个体差异和菌株特异性，同一种益生菌产品在19例健康志愿者肠道中表现出不同的定植情况，在一部分人的肠道中容易定植，而在另一部分人的肠道中完全不能够定植。研究首次显示了人肠道抵抗益生菌的定植，提出了益生菌能否在肠道中定植很大程度上取决于志愿者肠道中固有菌群的组成和结构。事实上，肠道菌群的个体差异可能决定益生菌菌株能否定植，也是同一个益生菌不一定对所有人有效，不一定对同种炎症性肠病有效的原因。我们既要杜绝益生菌"万能论"，也要警醒益生菌"无效论"，科学地认识微生态制剂，以临床研究为依据，考虑宿主肠道菌群特征，有大量数据研究基础的微生态制剂，才会有利于人体健康。未来，微生态制剂的使用，特别是益生菌，应该以宿主肠道菌群特征为基础，在全面了解肠道菌群的组成和结构的前提下，进行靶向干预。

总之，无论是商业销售还是消费者使用益生菌，下述10条内容可作为"黄金"法则，真真切切为健康带来益处。

（1）知道益生菌的正确定义。

（2）微生物裂解物、非活细菌和不能定植的孢子不能作为益生菌。

（3）有详尽的益生菌"身份"证明。

（4）单株或多株产品：作出正确的选择（有科学依据）。

（5）避免益生菌菌株和产品有抗生素耐药基因。

（6）选择能对胃肠环境耐受的益生菌菌株。

（7）益生菌菌株必须能够定植于肠道。

（8）选择能与肠道菌群产生积极作用的益生菌。

（9）服用益生菌前确认益生菌菌株的安全性，并评估受试者的健康状况。

（10）优先选择有临床疗效的益生菌。

（吴婷婷　庚庆华　武庆斌）

参 考 文 献

Gibson G R，Hutkins R，Sanders M E，et al. 2017. Expert consensus document：the International Scientific Association for Probiotics and Prebiotics（ISAPP）consensus statement on the definition and scope of prebiotics[J]. Nat Rev Gastroenterol Hepatol，14（8）：491-502.

Hill C，Guarner F，Reid G，et al. 2014. The International Scientific Association for Probiotics and Prebiotics consensus statement on the scope and appropriate use of the term probiotic[J]. Nat Rev Gastroenterol Hepatol，11（8）：506-514.

Plaza-Diaz J，Ruiz-Ojeda F J，Gil-Campos M，et al. 2019. Mechanisms of action of probiotics[J]. Adv Nutr，10：S49-S66.

Salminen S，Collado M C，Endo A，et al. 2021. The International Scientific Association of Probiotics and Prebiotics（ISAPP）consensus statement on the definition and scope of postbiotics[J]. Nat Rev Gastroenterol Hepatol，18（9）：649-667.

Swanson KS，Gibson GR，Hutkins R，et al. 2020. The International Scientific Association for Probiotics and Prebiotics（ISAPP）consensus statement on the definition and scope of synbiotics[J]. Nat Rev Gastroenterol Hepatol，17（11）：687-701.

Toscano M，De Grandi R，Pastorelli L，et al. 2017. A consumer's guide for probiotics：10 golden rules for a correct use[J]. Dig Liver Dis，49（11）：1177-1184.

Vinderola G，Sanders M E，Salminen S. 2022. The concept of postbiotics[J]. Foods，11（8）：1077.